S. GOLDBERG

Die Wahrscheinlichkeit

Samuel Goldberg

Die Wahrscheinlichkeit

Eine Einführung in Wahrscheinlichkeitsrechnung und Statistik

Mit 30 Bildern und 44 Tabellen

3., unveränderte Auflage

Vieweg

Autorisierte Übersetzung: *Klaus Wigand*

Original English language edition entitled "Probability: An Introduction"
published by Prentice-Hall, Inc. Englewood Cliffs, N. J.

1. Auflage 1964
2. Auflage 1967
 1. Nachdruck 1969
3., unveränderte Auflage 1972
 1. Nachdruck 1973
 2. Nachdruck 1975
 3. Nachdruck 1978

ISBN-13: 978-3-528-08176-8 e-ISBN-13: 978-3-322-83781-3
DOI: 10.1007/978-3-322-83781-3

Vorwort zur deutschen Ausgabe

Gemessen an der Unzahl der Veröffentlichungen und Bücher über Wahrscheinlichkeitsrechnung und Statistik in den angloamerikanischen Länder ist die deutsche Literatur darüber nicht sehr zahlreich. Insbesondere fehlen angesichts der zunehmenden Bedeutung dieses Gebietes genügend einfache, breite und gründliche Darstellungen für alle, die sich mit den grundlegenden modernen wahrscheinlichkeitstheoretischen Gedankengängen vertraut machen wollen.

In den USA und auch in anderen Ländern befaßt man sich mit Plänen, die Wahrscheinlichkeitsrechnung und Statistik in den Unterricht der höheren Schulen einzubauen. Fortbildungskurse für Lehrer, wie sie von der National Science Foundation eingerichtet wurden, dienen bereits diesem Ziel. In Verbindung mit ihnen ist das Werk des Verfassers entstanden. Die Übersetzung ist für einen entsprechenden Kreis deutscher Leser gedacht, für die es eine ganze Reihe von Vorzügen mitbringt, die stichwortartig angegeben seien:

1. Moderne Darstellung der Wahrscheinlichkeitstheorie, gegründet auf Mengenalgebra und moderner Funktionsauffassung. Das erste Kapitel ist zugleich eine gute Einführung in die Mengenalgebra.
2. Beschränkung auf endliche Ereignisräume. Das bedeutet Verzicht auf infinite Hilfsmittel, Konzentration auf den Kern, das wahrscheinlichkeitstheoretische Denken. (Einer Übertragung der Ergebnisse in das Infinite sind jedoch alle Brücken geschlagen.)
3. Durchsichtiger deduktiver Aufbau, ständig gestützt durch anschauliche Beispiele und ausführliche Erläuterungen.
4. Bei klarer Hervorhebung des mathematischen Gehaltes bleiben die praktischen Anwendungen stets im Blickfeld und halten das Interesse wach.
5. Zahlreiche Übungen, davon die Hälfte mit Lösungen. Eine Fundgrube für jeden, der das Buch im Selbststudium oder für seinen Unterricht verwenden will.

Indem das Buch die wohlabgewogene Mitte zwischen extrem-abstrakter und einseitig-praktischer Richtung hält, wird es viele deutsche Leser ansprechen, die zu dieser Einführung greifen werden, bevor sie an das Studium weiterführender Werke denken.

Klaus Wigand

Inhaltsverzeichnis

Die angegebenen Seitenzahlen beziehen sich auf den Abschnitt, die zugehörigen Übungen und ihre Lösungen am Schluß des Werkes.

V Binomialverteilung und einige Anwendungen

I. Mengen

1. Beispiele von Mengen; Grundbegriffe

Der allgemeine Begriff der Menge, dessen grundlegende Rolle in der Mathematik zuerst in dem Werk des Mathematikers *Georg Cantor* (1845/1918) herausgestellt wurde, hat in bedeutsamer Weise Struktur und Sprache der modernen Mathematik beeinflußt. Insbesondere wird jetzt die mathematische Theorie der Wahrscheinlichkeit am klarsten mit Hilfe von Ausdrücken und Symbolen der Mengenlehre formuliert. Aus diesem Grunde widmen wir das erste Kapitel der elementaren Mathematik der Mengen. Weitere zusätzliche Gegenstände der Mengenlehre werden im Buch überall dort herangezogen, wo es erforderlich scheint.

Der Mengenbegriff ist in der Mathematik bereits hinreichend tiefliegend, als daß er (wenigstens im Rahmen dieses Buches) durch noch einfachere Begriffe erklärt werden könnte. Daher beschränken wir uns hier unter Berufung auf die Sprachkenntnis und die Erfahrungswelt des Lesers darauf, klarzumachen, was man mit dem Wort „Menge" bezeichnet. Eine Menge ist lediglich eine Zusammenstellung oder Zusammenfassung von Dingen beliebiger Art: Menschen, Zahlen, Bücher, Versuchsergebnissen, geometrischen Figuren usw. So können wir von der Menge aller ganzen Zahlen sprechen, von der Menge aller Ozeane oder von der Menge aller möglichen Augen, wenn mit zwei Würfeln gewürfelt wird, oder von der Menge, die aus den Städten Berlin und Hamburg und all ihren Einwohnern besteht, oder von der Menge aller Geraden (einer gegebenen Ebene) durch einen Punkt.

Die Zusammenfassung der Dinge (Objekte) muß *wohlbestimmt* (*well-defined*) sein. Damit meinen wir folgendes: Für irgend ein Ding erlaubt die Frage „Gehört dieses Ding zu dieser Zusammenfassung?" genau eine eindeutige Antwort „ja" oder „nein". Dabei ist es nicht notwendig, daß wir persönlich über die nötige Kenntnis verfügen, um entscheiden zu können, welche Antwort richtig ist. Wir müssen lediglich wissen, daß von beiden Antworten „ja" oder „nein" genau eine richtig ist. Wir wollen ferner annehmen, daß kein Ding (Objekt) einer Menge doppelt gezählt wird; d.h. die Objekte sind *unterschieden* (*distinct*). Daraus ergibt sich, daß wir beim Registrieren der Objekte einer Menge in einer Liste kein Objekt noch einmal aufnehmen dürfen, das bereits erfaßt worden ist. So enthält z.B. nach dieser Abmachung die Menge der

Buchstaben des Wortes „Banane" nicht 6 Buchstaben, sondern nur die vier wohlunterschiedenen Buchstaben *b*, *a*, *n*, *e*.
Die folgende Definition faßt unsere bisherigen Erörterungen zusammen und führt einige zusätzliche Bezeichnungen und Begriffe ein.

Definition 1.1

Eine *Menge* (*set*) ist eine bestimmte Zusammenfassung wohlunterschiedener Objekte*). Die einzelnen Objekte, die zusammen eine gegebene Menge bilden, heißen ihre *Elemente*; jedes Element *gehört zu* der Menge, ist *Glied* der Menge oder *ist* in der Menge *enthalten*. Ist a ein Objekt und A eine Menge, so schreiben wir
$a \in A$ als Abkürzung für „a ist ein Element von A" und $a \notin A$ als Abkürzung für „a ist nicht Element von A".
Wenn eine Menge endlich viele Elemente besitzt, wird sie als eine *endliche* (*finite*) Menge bezeichnet, anderenfalls als eine *unendliche* (*infinite*) Menge.

So bilden z.B. die positiven ganzen Zahlen 1, 2, 3, ..., auch natürliche Zahlen genannt, eine unendliche Menge von Zahlen. Eine Menge ist endlich, bedeutet, daß man die Elemente in gewisser Ordnung aufführen und dann zählen kann, bis *ein letztes Element erreicht ist*. Möglicherweise kann eine Menge, wie z.B. die Menge der Sandkörner am Strande der Nordseeinsel Norderney, eine fantastisch große Anzahl von Elementen besitzen und dessenungeachtet eine endliche Menge sein.

Gewöhnlich wird eine Menge genauer beschrieben, indem man
1. alle ihre Elemente wie in einer *Liste* verzeichnet und in geschweifte Klammern setzt (sogenannte Listen- oder Raster-Methode, *roster method;* Umfangsdefinition) oder
2. eine *definierende Eigenschaft* in Klammern angibt mit der Maßgabe, daß alle Objekte, die diese Eigenschaft besitzen, aber auch nur diese Objekte, Elemente dieser Menge sein sollen (Inhaltsdefinition).

Wir werden im folgenden diese Gedanken weiter besprechen und in Beispielen zusätzliche Bezeichnungsweisen einführen.

Beispiel 1.1.

Die Menge, deren Elemente die ganzen Zahlen 0, 5 und 12 sind, ist eine endliche Menge mit drei Elementen. Wenn wir diese Menge mit A bezeichnen, dann läßt sie sich bequem nach der „Listen"-Methode

*) Die Cantor-Definition lautet:
Eine Menge ist eine Zusammenfassung bestimmter wohlunterschiedener Objekte unserer Anschauung oder unseres Denkens — welche die Elemente der Menge genannt werden — zu einem Ganzen. Vgl. *Breuer*, 1. Aufl., S. 7.

schreiben: $A = \{0, 5, 12\}$. Die Aussagen „$5 \in A$" und „$6 \notin A$" sind beide wahr.

Beispiel 1.2

Wenn wir $V = \{a, e, i, o, u\}$ schreiben, so haben wir die Menge der Vokale des Alphabets durch das Verzeichnis ihrer fünf Elemente definiert. Um V durch eine definierende Eigenschaft zu bezeichnen, schreiben wir

$$V = \{x \mid x \text{ ist ein Vokal des Alphabets}\},$$

gelesen: „V ist die Menge der Elemente x, wobei x ein Vokal des Alphabets ist" oder einfacher: „V ist die Menge der Vokale des Alphabets". Die geschweiften Klammern werden stets zur näheren Kennzeichnung einer Menge verwendet; der vertikale Strich bedeutet soviel wie „derart, daß" oder „wobei" oder „für welche". Das Symbol x ist lediglich ein nichtssagendes Füllzeichen (*placeholder*), ein Platzhalter; jedes andere Symbol ließe sich mit gleicher Berechtigung verwenden. So können wir z.B. auch schreiben

$$V = \{* \mid * \text{ ist ein Vokal des Alphabets}\}.$$

Gelegentlich wird eine geringfügige Abweichung dieser Bezeichnungsweise verwendet. Es sei vorher mit A die Menge aller Buchstaben des Alphabets bezeichnet, dann können wir schreiben

$$V = \{* \in A \mid * \text{ ist ein Vokal}\},$$

wörtlich: „ V ist die Menge jener Elemente $*$ von A derart, daß $*$ ein Vokal ist" oder einfacher „V ist die Menge der Elemente von A, die Vokale sind".

Beispiel 1.3

Es sei R die Menge aller reellen Zahlen. Dann ist $B = \{-2, 2\}$ dieselbe Menge wie die Menge $\{x \in R \mid x^2 = 4\}$. Die Menge $\{x \in R \mid x^2 = -1\}$ hat keine Elemente, weil das Quadrat irgendeiner reellen Zahl stets nichtnegativ ist. Bedeutet C aber die Menge aller komplexen Zahlen, dann enthält $\{x \in C \mid x^2 = -1\}$ die Elemente $i = \sqrt{-1}$ und $-i$.

Beispiel 1.4

Eine Primzahl ist eine positive ganze Zahl größer als 1, die nur durch 1 und sich selbst teilbar ist. Die Tatsache, daß die Menge $\{p \mid p \text{ ist eine Primzahl}\}$ eine unendliche Menge ist, wurde zuerst von *Euklid* (330?/275 v. Chr.) im neunten Buch seiner Elemente bewiesen. Streng genommen ist die Listen-Methode ungeeignet für unendliche Mengen, denn es ist angesichts der unendlichen Anzahl der Glieder unmöglich, diese alle ausführlich und vollständig aufzuführen. Die Schreibweise

$$\{2, 3, 5, 7, 11, 13, 17, 19, \ldots\},$$

bei der einige Elemente der Menge aufgeführt werden, gefolgt von drei Punkten mit der Bedeutung „und so weiter" an Stelle von offenbar weggelassenen Elementen, ist ein oft gebrauchter, aber logisch unbefriedigender Ausweg aus dieser Schwierigkeit. (Vgl. Übung 1.3.) Um eine unendliche Menge genau zu beschreiben, muß man eine definierende Eigenschaft dieser Menge angeben, wie wir es bei der Einführung der Menge der Primzahlen taten.

Beispiel 1.5

In einer Ebene kann mit Hilfe eines rechtwinkligen xy-Koordinatensystems jeder Punkt der Ebene durch ein geordnetes Paar reeller Zahlen, seine x- und seine y-Koordinate, dargestellt werden (Bild 1a). In der analytischen Geometrie beschäftigt man sich mit Punktmengen, deren Koordinaten gewisse Bedingungen erfüllen. So ist z.B. die Menge $\{(x, y) \mid y = x\}$ die Menge aller Punkte (der Ebene) mit gleichen

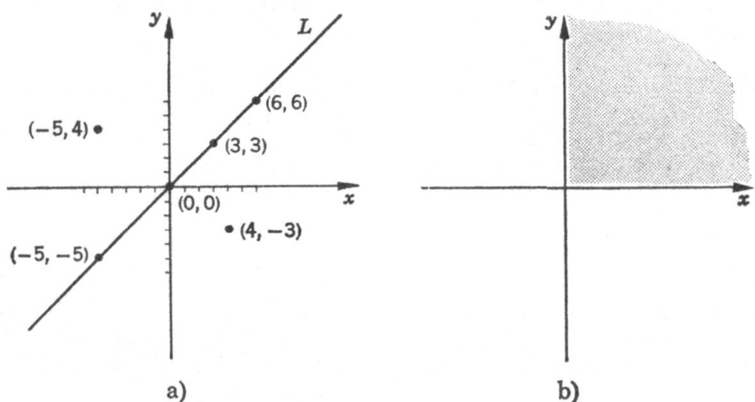

Bild 1. Punktmengen in der Ebene

x- und y-Koordinaten. Die unendliche Punktmenge bildet die Gerade L, von der ein Stück in Bild 1a gezeichnet ist; sie verläuft durch den Ursprung und halbiert den ersten und dritten Quadranten. Wir bezeichnen die Linie L als den Graphen der Menge $\{(x, y) \mid y = x\}$.

Entsprechend ist die ganze x-Achse der Graph der Menge $\{(x, y) \mid y = 0\}$ und die positive x-Achse der Graph der Menge $\{(x, y) \mid x > 0$ und $y = 0\}$. Die Menge $\{(x, y) \mid x > 0$ und $y > 0\}$ ist die Menge der Punkte, für die sowohl die x- wie die y-Koordinate positiv ist. Der Graph besteht also aus dem ganzen ersten Quadranten (mit Ausschluß der Achsen), wie es Bild 1b zeigt.

Eine Relation (in der Form von Gleichungen oder Ungleichungen zwischen x und y) kann als ein „Mengen-Auswähler" (*set-selector*) angesehen werden, und der Graph stellt gerade die Punkte (von allen Punkten der Ebene) dar, die durch die Bedingung ausgewählt werden, daß ihre Koordinaten die gegebene Relation erfüllen.

Obgleich es zunächst seltsam erscheinen mag, so wird es sich doch als bequem erweisen, von Mengen zu sprechen, die keine Glieder besitzen.

Definition 1.2

Eine Menge ohne Elemente heißt eine *leere Menge* oder *Leermenge*.

So ist z.B. die Menge $\{x \in R \mid x^2 = -1\}$ im Beispiel 1.3 eine Leermenge. Ein anderes Beispiel liefert die Menge aller Linienzüge, mit denen das Haus in Bild 2 ohne Absetzen des Zeichenstiftes und ohne zweimaliges Durchlaufen eines Linienstückes gezeichnet werden kann. Die Frage, ob diese Menge leer ist oder nicht, ist von gewissem Interesse.

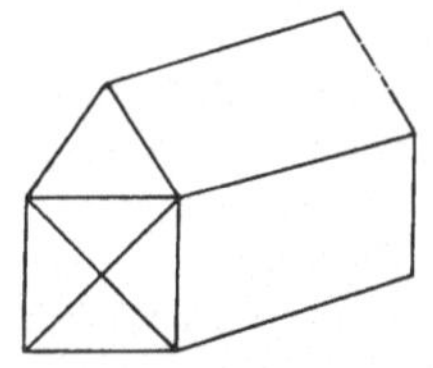

Bild 2. Figur, in einem Zuge zu zeichnen

Ist die Menge nämlich leer, so heißt dies, daß die Figur nicht unter den gegebenen Bedingungen gezeichnet werden kann. (Der Leser möge sich selbst davon überzeugen, daß die Menge leer ist.) Es wird sich herausstellen, daß es weniger geringfügige Gründe gibt, den Begriff der leeren Menge einzuführen.

Wir beschließen diesen Abschnitt mit einer weiteren Definition.

Definition 1.3

Zwei Mengen A und B heißen dann und nur dann *gleich* (geschrieben $A = B$), wenn sie genau die gleichen Elemente haben. Wenn eine der Mengen ein Element besitzt, das nicht in der anderen Menge vorkommt, sind sie ungleich, und wir schreiben $A \neq B$.

$A = B$ bedeutet also, daß jedes Element von A auch ein Element von B ist und jedes Element von B ein Element von A ist. Gleiche Mengen sind identische Mengen, und diese Identität wird durch das Gleichheitszeichen symbolisiert.

Diese Definition hat einige bemerkenswerte Folgen. Zunächst ist klar, daß es auf die Reihenfolge der Elemente in der Menge nicht ankommt. So ist z.B. die Menge $\{a, b, c\}$ gleich der Menge $\{c, a, b\}$, da sie genau die drei gleichen Elemente besitzen.

Ferner: Sind Mengen durch Eigenschaften ihrer Elemente definiert, so können sie gleich sein, obgleich die definierenden Eigenschaften äußerlich verschieden sind. So besitzen die Menge aller geraden Primzahlen und die Menge der reellen Lösungen von $x+3 = 5$ verschiedene definierende Eigenschaften; jedoch sind sie gleiche Mengen, denn jede enthält die Zahl 2 als ihr einziges Element.

Bis jetzt haben wir von *einer* Leermenge gesprochen, wenn sie keine Elemente besitzt. Aus der Definition 1.3 folgt aber, daß zwei leere Mengen gleich sind. Damit sie ungleich wären, müßte eine der Mengen ein Element haben, das nicht in der anderen Menge vorkommt; das ist aber unmöglich, da keine leere Menge ein Element enthält. Wir sind also berechtigt, von *der* Leermenge zu sprechen *). Wir bezeichnen die Leermenge durch das Symbol $\emptyset$.

Übungen

1.1

Bei den folgenden acht Mengen ist anzugeben, ob sie endlich oder unendlich sind. Sind sie endlich, so ist ferner die Anzahl der Elemente zu zählen. Wo es möglich ist, soll die Menge gliedweise hingeschrieben werden.

a) Fußnoten in diesem Abschnitt.
b) Buchstaben im Wort „Wahrscheinlichkeit".
c) Ungerade natürliche Zahlen.
d) Primzahlen kleiner als eine Million.
e) Linienzüge, mit denen die Figur in Bild 3 gezeichnet werden kann, ohne den Bleistift abzusetzen oder eine Linie doppelt zu ziehen.

---

*) Die folgende wahre Geschichte handelt von dem Versuch eines bekannten Mathematikprofessors, seinem fünfjährigen Sohn den feinen Unterschied zwischen dem unbestimmten Artikel „ein(e)" und dem bestimmten Artikel „der (die, das)" klarzumachen.

Eines Tages hörte er, wie sein Sohn eine Weile nach dem Abheben des Telefonhörers sagte: „Bedaure, Sie haben die falsche Nummer gewählt." (Würden nicht viele von uns etwas ähnlich Inkorrektes sagen?!) Nachdem der Sohn den Hörer aufgelegt hatte, rief ihn der Vater zu sich und belehrte ihn freundlich: „Was Du gesagt hast, wäre richtig, wenn es nur eine einzige falsche Nummer gäbe. Aber da es viele mögliche falschen Nummern gibt, wäre es genauer, zu sagen 'Bedaure, Sie haben *eine* falsche Nummer gewählt'."

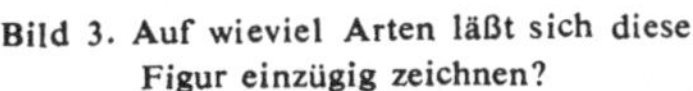
Bild 3. Auf wieviel Arten läßt sich diese Figur einzügig zeichnen?

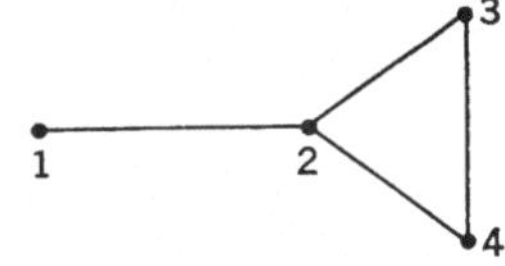

f) Punkte (einer Ebene), die genau 5 Einheiten von dem Ursprung 0 entfernt liegen.
g) Reelle Zahlen, die der Gleichung $x^2-3x+2=0$ genügen.
h) Mögliche Ergebnisse des Experimentes, eine Karte aus einem Spiel von 52 Karten zu ziehen.

1.2
Ein Student, beeindruckt von der Begriffswelt der Mengenlehre, schrieb den folgenden Text. Übersetze ihn in die übliche deutsche Prosa.
Es sei C die Menge der Kinder von Herrn und Frau Schmidt. Bis zum 1. März 1958 war C gleich der Leermenge. Von diesem Datum bis zum 15. März 1959 enthielt die Menge C genau ein Element, dann wuchs die Anzahl der Elemente auf zwei!

1.3
Die Unzulänglichkeit, eine Menge nur durch einige Elemente anzugeben und die restlichen Elemente durch Punkte anzudeuten, soll an der Menge A aller Zahlen der Form

$$n^2+(n-1)(n-2)(n-3) \quad \text{mit positivem ganzen } n$$

erläutert werden. Zeige, daß die ersten drei Elemente (die für $n=1, 2, 3$ erhalten werden) 1, 4, 9 sind, so daß man versucht ist, $A=\{1, 4, 9, \ldots\}$, zu schreiben. Hiernach würde kaum jemand zögern, als nächstes Element 16 anzugeben, während sich dafür in Wirklichkeit (für $n=4$) 22 ergibt. Es ist nun in der Tat möglich, eine definierende Eigenschaft einer Menge mit den ersten drei Elementen 1, 4, 9 so anzugeben, daß ihr viertes Element (der Größe nach) irgendeine Zahl, z.B. 94, ist. Gib eine derartige definierende Eigenschaft an.

1.4
Es sei $A=\{0, 1, 2, 3, 4\}$. Bestimme die Elemente der folgenden Mengen:

a) $\{x \in A \mid 2x-4=0\}$ b) $\{x \in A \mid x^2-4=0\}$
c) $\{x \in A \mid x^3-4x^2+3x=0\}$ d) $\{x \in A \mid x^2=0\}$
e) $\{x \in A \mid x+1>0\}$ f) $\{x \in A \mid 2x+1 \leqq 0\}$
g) $\{x \in A \mid x^2-5x+4 \geqq 0\}$ h) $\{x \in A \mid x^2-x<0\}$

1.5
x und y seien die Koordinaten eines Punktes der Ebene. Stelle die folgenden Mengen fest und erläutere die Ergebnisse geometrisch:

a) $\{(x, y) \mid x+y=5 \text{ und } 3x-y=3\}$ b) $\{(x, y) \mid x+y=5 \text{ und } 2x+2y=3\}$
c) $\{(x, y) \mid x+y=5 \text{ und } 2x+2y=10\}$

1.6

Zeige, daß die Relation der Mengengleichheit folgende Eigenschaften besitzt. Sie ist

(R) *reflexiv*, d.h. für jede Menge gilt $A = A$.

(S) *symmetrisch*, d.h. für irgendwelche Mengen A und B folgt aus $A = B$ auch $B = A$.

(T) *transitiv*, d.h. für irgendwelche Mengen A, B, C folgt aus $A = B$ und $B = C$ auch $A = C$.

(*Bemerkung*: Eine Relation, die reflexiv, symmetrisch und transitiv ist, heißt eine *Äquivalenzrelation*.)

1.7

Bestimme, ob $A = B$ oder $A \neq B$ ist.

a) $A = \{2, 4, 6\}$, $B = \{4, 6, 2\}$

b) $A = \{1, 2, 3\}$, $B = \{\text{Mars, Venus, Jupiter}\}$

c) $A = \{* \mid * \text{ ist ein gleichseitiges Dreieck}\}$
$B = \{* \mid * \text{ ist ein gleichwinkliges Dreieck}\}$

d) $A = \{x \mid x^2 - 2x + 1 = 0\}$, $B = \{x \mid x - 1 = 0\}$

e) $A = \{x \mid 2x^2 - 5x + 2 = 0\}$, $B = \{x \mid 2x^3 - 5x^2 + 2x = 0\}$

1.8

Welche der folgenden Aussagen sind wahr? Erläutere dies.

a) $2 = \{2\}$, b) $2 \in \{2\}$, c) $0 = \emptyset$, d) $0 \in \emptyset$.

2. Teilmengen

Jedes Element der Menge der Vokale des Alphabets ist natürlich auch ein Element der Menge aller Buchstaben. In ähnlicher Weise ist jede Zahl in $\{2, 4, 6\}$ ein Element der Menge aller geraden Zahlen, und jede reelle Zahl in der Menge $\{x \mid x > 3\}$ kommt auch in $\{x \mid x > 0\}$ vor. Wir werden uns nun in diesem Abschnitt mit der einfachen, aber wichtigen Beziehung beschäftigen, wie sie in diesen Beispielen angedeutet ist.

Definition 2.1

Eine Menge A heißt eine *Teilmenge* oder Untermenge (*subset*) der Menge B (geschrieben $A \subseteq B$), wenn jedes Element von A auch ein Element von B ist.

So schreiben wir z.B. $\{1, 3\} \subseteq \{1, 2, 3\}$, weil jedes der beiden Elemente in $\{1, 3\}$ auch zu $\{1, 2, 3\}$ gehört; ferner $\{1, 3\} \subseteq \{x \mid x \geqq 1\}$ und $\{1, 3\} \subseteq \{1, 3\}$. Die Definition der Teilmenge schließt ein, daß eine Menge Teilmenge von sich selbst ist, d.h. es gilt stets $A \subseteq A$. Mit den durch die Übung 1.6 eingeführten Begriffen können wir sagen, daß die *Mengeneinschließung* (*set inclusion*), die Eigenschaft einer Menge, Teilmenge einer anderen Menge zu sein, eine reflexive Relation ist. Sie ist auch transitiv, denn aus $A \subseteq B$ und $B \subseteq C$ folgt $A \subseteq C$. Die

Mengeneinschließung ist aber nicht symmetrisch. Als Gegenbeispiel wählen wir $A = \{a\}$ und $B = \{a, b\}$. Dann gilt $A \subseteq B$, aber nicht $B \subseteq A$.
Es ist bemerkenswert, daß die Definition der Mengengleichheit im vorigen Abschnitt mit Hilfe der Teilmengen-Beziehung ausgedrückt werden kann. Die Definition 1.3 kann dann in der Form ausgesprochen werden, daß $A = B$ dann und nur dann ist, wenn $A \subseteq B$ und $B \subseteq A$.
Tabelle 1 erläutert den Begriff der Teilmenge; sie lenkt unseren Blick zugleich auf eine Beziehung zwischen der Anzahl der Teilmengen und der Anzahl der Elemente einer Menge. Wir bezeichnen die Anzahl der Elemente einer Menge A mit $n(A)$.

Tabelle 1

Menge A	$n(A)$	Teilmengen von A	Anzahl der Teilmengen von A
$\emptyset$	0	$\emptyset$	$1(= 2^0)$
$\{a\}$	1	$\emptyset, \{a\}$	$2(= 2^1)$
$\{a, b\}$	2	$\emptyset, \{a\}, \{b\}, \{a, b\}$	$4(= 2^2)$
$\{a, b, c\}$	3	$\emptyset, \{a\}, \{b\}, \{c\}, \{a, b\}, \{a, c\}, \{b,c\}, \{a, b, c\}$	$8(= 2^3)$
$\{a, b, c, d\}$	4	$\emptyset, \{a\}, \{b\}, \{c\}, \{d\}, \{a, b\}, \{a, c\}, \{a, d\}\ \{b, c\}, \{b, d\}, \{c, d\}, \{a, b, c\}, \{a, b, d\}, \{a, c, d\}, \{b, c, d\}, \{a, b, c, d\}$	$16(= 2^4)$

Die Zahlen in der letzten Spalte dieser Tabelle führen uns zu der Vermutung, daß eine Menge von n Elementen 2^n Teilmengen besitzt. Für den Beweis benötigen wir ein Prinzip, das den Kern aller Zählvorgänge darstellt, und das immer wieder bei der Berechnung von Wahrscheinlichkeiten gebraucht wird.

Grundlegendes Zählprinzip:

a) Wenn eine Aufgabe auf N_1 verschiedenen Wegen gelöst werden kann, und eine andere Aufgabe auf N_2 verschiedenen Wegen, dann können beide Aufgaben in der gegebenen Reihenfolge auf N_1N_2 verschiedenen Wegen gelöst werden.
b) Allgemeiner: Nehmen wir an, daß ein gewisser Auftrag in einer bestimmten Reihenfolge in n (n positiv ganz) kleineren Abschnitten (welche wir Aufgaben nennen wollen) erledigt werden soll. Die erste Aufgabe kann in N_1 verschiedenen Arten erfüllt werden. Nach dem die erste Aufgabe erfüllt ist, kann die zweite auf N_2 verschiedene Arten gelöst werden. Nach Beendigung der beiden ersten

Aufgaben kann die dritte auf N_3 verschiedene Arten erfüllt werden usw. bis schließlich alle bis auf die letzte Aufgabe erledigt sind; diese $n$te Aufgabe kann auf n verschiedene Arten gelöst werden. Der gesamte Auftrag kann dann auf $N_1 N_2 N_3 \ldots N_n$ verschiedenen Wegen erledigt werden, wobei wohlverstanden zwei Wege zur Erfüllung des Gesamtauftrages dann und nur dann als verschieden angesehen werden, wenn wenigstens eine Aufgabe bei beiden Wegen auf verschiedene Art gelöst worden ist.

Das *Baumdiagramm* (*tree diagram*) in Bild 4 erläutert a) für den besonderen Fall $N_1 = 3$ und $N_2 = 2$. Von einem Punkt aus zeichnen wir $N_1 = 3$ Strecken. Von jedem der Endpunkte ziehen wir $N_2 = 2$ Strecken. Die Gesamtzahl der Wege, erst die Aufgabe 1 und dann die Aufgabe 2

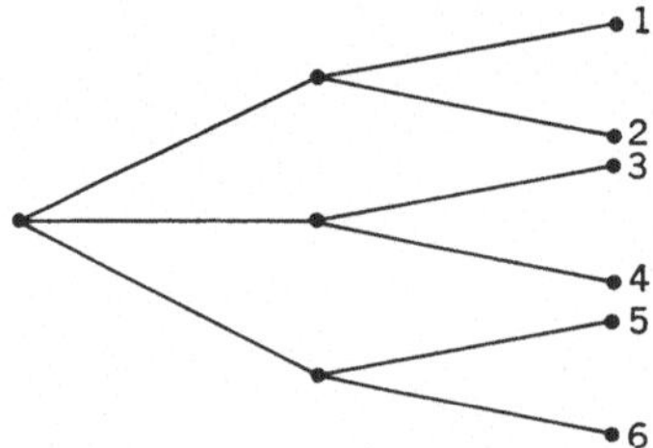

Bild 4. Baumdiagramm

zu erledigen, ist gleich der Gesamtzahl der Zweige dieses Baumes. Wenn wie in a) nur zwei Aufgaben vorhanden sind, ergibt sich das grundlegende Prinzip unmittelbar aus der Definition der Multiplikation. Zu jedem der N_2 Wege der Aufgabe 2 gibt es N_1 Wege für die vorherige Erledigung der Aufgabe 1. Daher können beide Aufgaben auf $N_1 + N_1 + \ldots + N_1$ Arten erledigt werden, wobei die Anzahl der Summanden N_2 beträgt. Das ergibt das Produkt $N_1 N_2$.

Das allgemeine Prinzip wird durch vollständige Induktion bewiesen. Wir stellen dies bis zur Übung 2.10 zurück und erläutern zunächst einmal die Verwendung dieses Prinzips.

Beispiel 2.1

Wir werfen einen grünen und dann einen roten Würfel. Wieviel verschiedene Zahlen können diese Würfel zeigen? Unsere Arbeit besteht darin, die Ergebnisse dieser beiden Würfe zu verzeichnen. Dies kann in der Weise geschehen, daß wir zuerst die Zahl auf dem grünen Würfel notieren (Aufgabe 1), dann die auf dem roten Würfel (Aufgabe 2). Bei der Erledigung der Aufgabe 1 können sich 6 Zahlen ergeben, ebenso bei der Aufgabe 2. Es gibt also $6 \cdot 6 = 36$ Möglichkeiten für die Zahlenzusammenstellungen der beiden Würfel.

Beispiel 2.2

Wieviele „Wörter" mit drei Buchstaben lassen sich aus den sechs Buchstaben des Wortes „Cantor" bilden, wenn kein Buchstabe mehr als einmal verwandt werden darf? Unsere Arbeit besteht in der Konstruktion derartiger „Wörter" aus drei Buchstaben. Diese kann erledigt werden, indem der erste Buchstabe ausgewählt wird (Aufgabe 1), dann der zweite (Aufgabe 2) und schließlich der dritte Buchstabe (Aufgabe 3). Die Aufgabe 1 kann auf sechs verschiedene Arten erledigt werden, da in „Cantor" sechs verschiedene Buchstaben vorkommen. Nachdem ein Buchstabe ausgewählt ist, bleiben noch 5 Buchstaben und damit 5 Wege für die Erfüllung der Aufgabe 2 und in ähnlicher Weise 4 Möglichkeiten für die Aufgabe 3, wenn die beiden ersten Buchstaben schon gewählt sind. Insgesamt können daher $6 \cdot 5 \cdot 4 = 120$ verschiedene „Wörter" mit drei Buchstaben gebildet werden.

Beispiel 2.3

Als ein Poker-Blatt sei eine Menge von fünf Karten aus einem Spiel von 52 Karten bezeichnet. Wieviel verschiedene Poker-Blätter mit vier gleichen Werten, z.B. vier Königen oder vier Neunen, gibt es? Unser Auftrag besteht hier darin, aus der Menge der 52 Karten eine Teilmenge von 5 Karten auszusuchen, so daß diese vier Karten desselben Wertes enthält. Diesen Auftrag können wir erfüllen, indem wir nacheinander die folgenden Aufgaben lösen:

I. Wir wählen aus den 13 möglichen Werten einen Wert aus.

II. Wir suchen vier Karten dieses unter (I) gewählten Wertes, wobei wir auf die Reihenfolge nicht achten.

III. Unter den verbleibenden 48 Karten suchen wir willkürlich eine heraus. Bei jedem derartigen Vorgehen erhalten wir sicher ein Poker-Blatt der gewünschten Art. Gehen wir alle Möglichkeiten der Erledigung des Auftrages durch, so erhalten wir alle Möglichkeiten für derartige Poker-Blätter. Es gibt also soviel verschiedene Poker-Blätter mit vier gleichen Werten, wie es Möglichkeiten zur Erledigung des Auftrages gibt. Nun kann Aufgabe I auf 13 Arten gelöst werden, Aufgabe II auf nur eine Art (da es nur eine Menge von vier Karten dieses gleichen Wertes gibt) und Aufgabe III auf 48 verschiedene Arten. Daher gibt es $13 \cdot 1 \cdot 48 = 624$ verschiedene Poker-Blätter mit vier Karten gleichen Wertes.

In Kap. 3 werden wir auf unser grundlegendes Zählprinzip zurückkommen, da es die Grundlage für alle Formeln der Kombinatorik bildet. Hier wollen wir es nur noch zum Beweis des folgenden Satzes verwenden.

Theorem 2.1

Es sei A eine Menge von n Elementen ($n \geqq 0$ ganz). Dann gibt es 2^n verschiedene Teilmengen von A.

Beweis: Für $n = 0$ ist $A = \emptyset$, und die einzige Teilmenge von $\emptyset$ ist $\emptyset$ selbst. Da $2^0 = 1$ ist, ist der Satz für diesen Sonderfall richtig. Es sei nun $n \geqq 1$. Wir denken uns die n Elemente von A in einer Reihenfolge hingeschrieben. Unser Auftrag, eine Teilmenge von A zu bilden, kann in folgende n Aufgaben zerlegt werden. Aufgabe 1: Wir entscheiden, ob das erste Element von A ein Element der Teilmenge sein soll oder nicht. Wenn ja, so schreiben wir ein $\in$, wenn nicht, ein $\notin$. Die Aufgabe 2 besteht in der entsprechenden Entscheidung für das zweite Element usw. Da A nun n Elemente besitzt, haben wir n Aufgaben zu erledigen, d.h. n Entscheidungen zu fällen, jede symbolisiert entweder durch $\in$ oder durch $\notin$. Ist z.B. $A = \{a, b, c, d\}$, dann bestimmt die Entscheidungsfolge $\in\in\notin\in$ die Teilmenge $\{a, b, d\}$, die Folge $\in\in\in\in$ bestimmt A selbst, und $\notin\notin\notin\notin$ bestimmt die leere Teilmenge $\emptyset$. Allgemein werden nun soviel verschiedene Teilmengen von A gebildet werden können, wie es verschiedene Folgen von Entscheidungen gibt. Da nun jede Entscheidung auf zwei Arten ($\in$ und $\notin$) gefällt werden kann, können wir nach den grundlegenden Zählprinzip schließen, daß es $2 \cdot 2 \cdot 2 \ldots 2 = 2^n$ verschiedene Entscheidungsfolgen, also auch 2^n verschiedene Teilmengen von A gibt.

Das Bilden von Teilmengen einer gegebenen Menge erzeugt eine große Zahl neuer Mengen. So hat eine Menge von 20 Elementen 2^{20} oder mehr als eine Million verschiedene Teilmengen. Wie die folgenden Beispiele zeigen, ist man gewöhnlich nur an einer geringen Zahl aller dieser Teilmengen wirklich interessiert.

Beispiel 2.4

Ein grüner und ein roter Würfel werden geworfen. Die Menge S der möglichen Ergebnisse hat 36 Elemente. Unter Benutzung der Abkürzung (x, y) für „ der grüne Würfel zeigt die Zahl x und der rote Würfel die Zahl y" erhalten wir

$$\begin{array}{cccccc} (1,1) & (1,2) & (1,3) & (1,4) & (1,5) & (1,6) \\ (2,1) & (2,2) & (2,3) & (2,4) & (2,5) & (2,6) \\ \cdot & \cdot & \cdot & \cdot & \cdot & \cdot \\ \cdot & \cdot & \cdot & \cdot & \cdot & \cdot \\ (6,1) & (6,2) & (6,3) & (6,4) & (6,5) & (6,6) \end{array}$$

Nach dem Satz 2.1 gibt es 2^{36} Teilmengen. Es sind aber nur wenige von besonderen Interesse, selbst für Würfelspieler. Es sind etwa die folgenden:

I. S_1 = Menge der Würfe, für die die Augensumme 7 beträgt.
$S_1 = \{(1,6), (2,5), (3,4), (4,3)\ (5,2), (6,1)\}$

II. S_2 = Menge der Würfe mit der Augensumme 11.
$S_2 = \{(5,6), (6,5)\}$

III. S_3 = Menge der Würfe, bei denen die Augensumme entweder 7 oder 11 beträgt.
$S_3 = \{(1,6), (2,5)\ (3,4), (4,3), (5,2)\ (6,1), (5,6), (6,5)\}$

Wenn irgendein Experiment gemacht wird (wie in diesem Beispiel), so können wir nach der Menge der möglichen Ergebnisse fragen. Derartige Mengen und ihre Teilmengen haben eine große Bedeutung in der mathematischen Theorie der Wahrscheinlichkeit.

Beispiel 2.5

Das Sekretariat einer Universität hat in einer Liste den Namen, den Wohnort, die Straße und die Telefonnummer von jedem der 2000 Studenten der philosophischen Fakultät registriert. Ist A die Menge dieser Studenten, so beträgt die Anzahl der Teilmengen die astronomische Zahl 2^{2000}. Aber das mathematische Institut interessiert sich für die Planung der Vorlesungen nur für die Zahl der Elemente der Teilmenge von A, die Mathematik studieren. Ein Student will vielleicht die Teilmenge der Studenten wissen, die aus seiner Heimatstadt sind. Wenn nun jede Information über einen Studenten in einer Lochkarte verankert ist, dann kann diese Teilmenge von A durch eine Maschine heraussortiert werden. In der Tat haben derartige Sortiermaschinen gerade den Zweck, schnell gewisse Teilmengen aus einer gegebenen Menge herauszusuchen.

Wir schließen mit einem Beispiel, das geeignet ist, dem Leser den Unterschied zwischen Elementsein (Zeichen $\in$) und Mengeneinschliessung (Zeichen $\subseteq$) klarzumachen.

Beispiel 2.6

Es sei die Menge M der Mehrheiten in einem Ausschuß von vier Personen betrachtet, von denen jeder eine Stimme hat. Die Personen seien mit a, b, c, d bezeichnet. Eine Mehrheit ist dann selbst eine Menge von drei oder mehr dieser Ausschußmitglieder. Die Menge M hat also Mengen als Elemente, und wir schreiben unter Verwendung von Doppelklammern:

$$M = \{\{a, b, c\}, \quad \{a, b, d\}, \quad \{a, c, d\}, \quad \{b, c, d\}, \quad \{a, b, c, d\}\}$$

Es is also $\{a, b, c\}$ ein Element von M, aber, obwohl selber eine Menge, ist $\{a, b, c\}$ keine Teilmenge von M. (Warum?) Dagegen ist $\{\{a, b, c\}\}$ eine Teilmenge von M, da ihr einziges Element, nämlich $\{a, b, c\}$, in der Tat ein Element von M ist.

Übungen

2.1

Es sei S die Menge der Ergebnisse, wenn ein grüner und ein roter Würfel geworfen werden (vgl. Beispiel 2.4). Im folgenden sind einige Teilmengen von S angegeben. Es ist für jede von ihnen die kennzeichnende Eigenschaft anzugeben.

a) $\{(1,1), (2,2), (3,3), (4,4), (5,5), (6,6)\}$
b) $\{(1,1), (1,2), (1,3), (1,4), (1,5), (1,6)\}$
c) $\{(1,3), (2,2), (3,1)\}$
d) $\{(1,3), (1,4), (1,5), (1,6), (2,4), (2,5), (2,6), (3,5), (3,6), (4,6)\}$

2.2

$A = \{1, 2, 3\}$. Bestimme die Mengen B, für die $\{1\} \subseteq B$, $B \subseteq A$ und $B \neq A$ ist.

2.3

Es wird behauptet, daß es nur eine Menge A gibt, so daß $A \subseteq B$ gilt. Um welche Menge B handelt es sich?

2.4

A sei eine beliebige Menge. Die Menge aller Teilmengen von A heißt die *Potenzmenge* (*power set*) von A und wird mit 2^A bezeichnet. (Wenn A eine Menge von n Elementen ist, dann hat die Potenzmenge 2^A nach Theorem 2.1 die Zahl von 2^n Elementen. Diese Tatsache rechtfertigt die Bezeichnung „Potenzmenge" und den Gebrauch des Symbols 2^A dafür.) Erkläre die Richtigkeit der folgenden Aussagen für die Menge $A = \{x, y, z\}$:

a) $\emptyset \notin A$, aber $\emptyset \in 2^A$. b) $x \in A$, aber $x \notin 2^A$.
c) $\{x, y\} \notin A$, aber $\{x, y\} \in 2^A$.
d) A ist ein Element, aber keine Teilmenge von 2^A.
e) $\{A\}$ ist kein Element, aber eine Teilmenge von 2^A.

2.5

Welche der folgenden Aussagen ist richtig und warum?

a) $\{1\} \in \{\{1\}\}$ b) $\{1\} \subseteq \{\{1\}\}$ c) $\{1\} \in \{1, \{1\}\}$ d $\{1\} \subseteq \{1, \{1\}\}$

2.6

Nenne ein Beispiel von zwei Mengen A und B, so daß sowohl $A \in B$ als auch $A \subseteq B$ richtig sind.

2.7

Der Graph der Punktmenge $C = \{(x \mid y) \mid x^2+y^2 = 4\}$, wo x und y reelle Zahlen bedeuten, ist die Kreislinie mit dem Zentrum $(0 \mid 0)$ und dem Radius 2. Bestimme die Graphen der folgenden Teilmengen von C:

a) $\{(x \mid y) \in C \mid x = 0\}$ b) $\{(x \mid y) \in C \mid x = 2\}$
c) $\{(x \mid y) \in C \mid x = 3\}$ d) $\{(x \mid y) \in C \mid x > 0\}$
e) $\{(x \mid y) \in C \mid y \geqq 0\}$ f) $\{(x \mid y) \in C \mid y = \sqrt{4-x^2}\}$

2.8

a) Folgt aus $z \in A$ und $A \subseteq B$ notwendigerweise $z \in B$?
b) Wenn $z \in A$ und $A \in B$, ist dann auch notwendigerweise $z \in B$?

2.9
Zeichne zur Erläuterung des grundlegenden Zählprinzips das Baumdiagramm für $n = 3$ und $N_1 = 4$, $N_2 = 3$ und $N_3 = 2$.

2.10
Nimm die Richtigkeit des grundlegenden Zählprinzips für z. B. $n = 2$ an, d.h. für einen „Auftrag", der nur aus zwei Aufgaben besteht. Beweise den Satz für jede beliebige ganze positive Zahl n durch vollständige Induktion.

In den folgenden Übungen ist die Verwendung des grundlegenden Zählprinzips zu erläutern. Zeichne, wo es angebracht ist, ein Baumdiagramm.

2.11
Jemand hat fünf Münzen in seiner Tasche. Er gibt davon jeweils eine seinem Sohn und eine seiner Tochter. Auf wieviel verschiedene Arten ist dies möglich?

2.12
In wieviel verschiedenen Reihenfolgen können die Nummern 1, 2, 3, 4, 5 ausgerufen werden?

2.13
Die Wählscheibe eines Telefons enthalte die zehn Löcher für die zehn Ziffern 0, 1, 2, ..., 9; bei acht von diesen Löchern seien (wie in manchen Ländern üblich) auch Buchstaben angegeben. Wieviel verschiedene Telefonnummern sind möglich, die aus zwei Buchstaben und einer fünfstelligen Zahl (natürlich ohne 0 am Anfang) bestehen?

2.14
Wieviel dreiziffrige gerade Zahlen können aus den Ziffern 1, 5, 6 und 8 gebildet werden, wenn keine Ziffer mehrmals auftritt?

2.15
Auf wieviel verschiedene Arten können zwei Buchstaben aus der Menge $\{a, b, c\}$ ausgewählt werden?

Der Leser wird feststellen, daß diese Frage noch zu ungenau gestellt ist und zu einer Beantwortung präzisiert werden muß. Wir müssen wissen, wie die Buchstaben ausgewählt werden, und wir müssen festlegen, wann die Ergebnisse unserer Auswahl als verschieden gelten sollen. Wir nennen vier Möglichkeiten, für die die Frage zu beantworten ist.

a) Der erste Buchstabe wird gewählt. Dann wird der zweite aus den beiden übriggebliebenen hinzugenommen, d.h. Wiederholungen sind nicht zugelassen. Dabei achten wir auf die *Ordnung*, d.h. auf die Reihenfolge, in der die Buchstaben ausgewählt werden. Zwei ausgewählte Paare von gleichen Buchstaben gelten also als verschieden, wenn ihre Ordnung verschieden ist.

b) Der erste Buchstabe wird gewählt. Der zweite kann aus der gesamten Menge genommen werden, d.h. Wiederholungen sind gestattet. Dabei achten wir wieder auf die Ordnung wie in a).

c) Wiederholungen sind nicht erlaubt wie in a). Die Ordnung wird außer acht gelassen, d.h. wir betrachten zwei ausgewählte Paare nur dann als verschieden, wenn sie verschiedene Mengen sind.
d) Wiederholungen sind wie unter b) erlaubt, auf die Ordnung wird nicht geachtet.

2.16

Auf wieviel verschiedene Arten kann man zwei Karten aus einem Spiel von 52 Karten auswählen? Betrachte verschiedene Auslegungen dieser Frage wie beim vorangegangenen Problem.

2.17

Auf wieviele Arten können 3 [4, n] Münzen geworfen werden? (n ganze Zahl).

2.18

Zwei Karten werden nacheinander aus einem Spiel von 52 Karten gezogen. Auf wieviel Arten kann man

a) erst Pik und dann Herz, b) erst Pik, dann Herz oder Karo,
c) erst Pik und dann ein anderes Pik ziehen?

2.19

Wie 2.18. Es soll aber nun die erste Karte nach dem Ziehen wieder in das Spiel zurückgesteckt werden, bevor die zweite gezogen wird.

2.20

Es sei die Menge $A = \{1, 2, 3, \ldots, 365\}$ gegeben.

a) Aus dieser Menge sollen zwei Zahlen, jedesmal aus der vollen Menge, unter Beachtung der Ordnung ausgewählt werden. Das Ergebnis ist ein geordnetes Zahlenpaar. Wieviele gibt es?
b) Es sollen, jedesmal aus der vollen Menge A, drei Zahlen geordnet ausgewählt werden. Wieviele geordnete Zahlentripel ergibt dies?
c) Dieselbe Frage für r Zahlen. (Bemerkung: Eine allgemeine Definition eines *geordneten r-Tupels* (*ordered r-tuple*) wird in Abschnitt 5 gegeben.)

2.21

a) Auf wieviel Arten kann man drei unterscheidbare Bälle in zwei [drei, n] numerierte Fächer legen?
b) Wieviele Arten gibt es, r unterscheidbare Bälle in zwei [drei, n] numerierte Fächer zu legen?

3. Operationen auf Mengen

Bei jeder Mengenbetrachtung ist es notwendig, eine bestimmte Menge von Elementen, genannt die *Universalmenge* (*universal set*) oder *Grundmenge*, zu definieren, auf welche wir uns beschränken. Dieser Punkt ist in beredter Weise von *Langer* herausgestellt worden:

In der gewöhnlichen Unterhaltung nehmen wir solche Beschränkung auf eine Grundmenge an, wenn wir sagen „Jeder weiß, daß ein neuer Krieg kommt" und dabei „Jeder" eigentlich nur auf die Erwachsenen von normaler Intelligenz und europäischer Kultur beziehen, nicht auf Babys in ihrer Wiege oder Bewohner der Wildnis. Im allgemeinen reicht diese stillschweigende Übereinkunft aus. Wenn diese Behauptung angefochten wird, z.B. wenn sich jemand erbietet, eine Person zu finden, für die dies nicht zutrifft, dann ist es von Bedeutung, genau zu wissen, wie weit die Grenzen der Anwendung reichen. Behauptungen dieser Art erfordern eine eigene Kunst, durch welche die Opposition die entgegengesetzten Fälle herausfindet – in dem Beispiel die Personen, die nicht dieses Wissen besitzen – und der Verfechter scheidet sie als „nicht gemeint durch seine Behauptung" aus. Die Grundmenge der Umgangssprache ist undeutlich genug, um diesen Prozeß so lange laufen zu lassen, wie die Feindseligkeit der beiden Gegner andauert. Logiker und Mathematiker finden jedoch keinen Gefallen an Haarspaltereien. Ihre Grundmenge muß so genau bestimmt sein, daß keine Erörterung darüber nötig ist, was dazu gehört oder nicht*).

Die festgesetzte Grundmenge werden wir mit $\mathfrak{U}$ bezeichnen. Nachdem nun die Grundmenge $\mathfrak{U}$ für einen besonderen Fall festgesetzt worden ist, müssen alle anderen Mengen im Rahmen dieser betreffenden Untersuchung Teilmengen von $\mathfrak{U}$ sein. Selbstverständlich können in den verschiedenen Fällen die Grundmengen verschieden sein. In dem einen Problem kann $\mathfrak{U}$ eine Menge Personen sein, eine andere Menge Personen in einem anderen Problem, eine Menge Zahlen in einem dritten usw. Wir definieren nun die drei Grundoperationen auf Mengen.

Definition 3.1

Es seien A und B irgendwelche Teilmengen einer Grundmenge $\mathfrak{U}$. Dann definieren wir:

I. Das *Komplement* (*complement*) von A (in bezug auf $\mathfrak{U}$) ist die Menge der Elemente von $\mathfrak{U}$, die *nicht* zu A gehören. Das Komplement von A wird mit A' bezeichnet; die betreffende Grundmenge ergibt sich aus dem Zusammenhang. In Symbolen

$$A' = \{x \in \mathfrak{U} \mid x \notin A\}.$$

II. Der *Durchschnitt* (*intersection*) von A und B ist die Menge der Elemente, die sowohl zu A wie zu B (zu A *und* B) gehören. Er wird mit $A \cap B$ bezeichnet, gelesen „A Schnitt B" („A *cap* B" oder „A *intersection* B"). In Symbolen

$$A \cap B = \{x \mid x \in A \text{ und } x \in B\}.$$

III. Die *Vereinigung* (*union*) von A und B ist die Menge der Elemente, die zu A *oder* zu B gehören. Sie wird mit $A \cup B$ bezeichnet, gelesen

*) *Susanne K. Langer*, An Introduction to Symbolic Logic. 2nd ed., Dover Publications, 1953, S. 68.

„A Union B" oder „A Bund B" („*A cup B*", „*A union B*"). In Symbolen

$$A \cup B = \{x \mid x \in A \text{ oder } x \in B\}.$$

Merke $\cup$ wie der Anfangsbuchstabe von Union! Man spricht etwas ausführlicher in den drei Fällen auch von Komplement- oder Ergänzungsmenge, Durchschnittsmenge und Vereinigungsmenge.
Hier ist nun eine Erläuterung der Bedeutung des Wortes „oder" in der Mathematik am Platze. In der Umgangssprache ist diese Konjunktion doppeldeutig. Manchmal wird sie in einschließendem Sinne inklusiv gebraucht, dann bedeutet „p oder q" soviel wie „p oder q oder p und q". In anderen Fällen wird sie ausschließend exklusiv verwendet: „p oder q" bedeutet dann „p oder q, aber nicht beides". Wie wir es durch die Formulierung hervorgehoben haben, ist die Definition der Vereinigungsmenge in einschließendem Sinne zu verstehen, gleichbedeutend mit dem üblichen Gebrauch des „und/oder". In dieser Weise werden wir hinfort das Wort „oder" in der mathematischen Sprache verwenden. Die Wörter „nicht", „und" und „oder" sind in der Definition 3.1 kursiv gedruckt, sie stellen die Schlüsselwörter in den Definitionen des Komplements, des Durchschnitts und der Vereinigung von Mengen dar.
Die folgenden Beispiele zeigen, wie man durch Anwendung der in 3.1 definierten Operationen aus gegebenen Mengen neue Mengen erhalten kann.

Beispiel 3.1

Die Grundmenge $\mathfrak{U}$ sei die Menge der Buchstaben des Alphabets, A die Teilmenge der Vokale, B die Teilmenge, die die ersten drei Buchstaben enthält, also $A = \{a, e, i, o, u\}$, $B = \{a, b, c\}$.
Dann ist nach der Definition 3.1
A' = Menge der Konsonanten,

$$B' = \{d, e, f, \ldots, x, y, z\}, \quad A \cup B = \{a, b, c, e, i, o, u\}, \quad A \cap B = \{a\}.$$

Beispiel 3.2

Die Grundmenge $\mathfrak{U}$ bestehe aus allen Einwohnern Hamburgs. A bezeichne die Menge der männlichen Hamburger, B die Menge der Einwohner Hamburg-Altonas und C die Menge der Mitglieder des Hamburger Sportvereins (HSV). Dann ist A' = Menge der weiblichen Einwohner Hamburgs, B' = Menge der Hamburger, die nicht in Hamburg-Altona leben, C' = Menge der Hamburger, die nicht Mitglied des HSV sind, $A \cap B$ = Menge der männlichen Einwohner von Hamburg-Altona, $A \cup B$ = Menge der Einwohner Hamburgs, die männlichen Geschlechts sind oder in Hamburg-Altona leben, $B \cap C$ = Menge der Mitglieder des HSV, die in Hamburg-Altona wohnen.

A, B, C seien Teilmengen der Grundmenge $\mathfrak{U}$. Da A' und $B \cap C$ selbst Mengen sind, können wir ihren Durchschnitt $A' \cap (B \cap C)$ bilden, die Menge aller Elemente in $\mathfrak{U}$, die nicht zu A, aber sowohl zu B und C gehören. In analoger Weise können wir das Komplement $(B \cap C)'$ des Durchschnitts $B \cap C$ bilden; wir erhalten dann die Menge der Elemente von $\mathfrak{U}$, die nicht sowohl zu B wie zu C gehören, d.h. die nicht gleichzeitig zu B und C gehören. Im allgemeinen erhält man bei der Ausführung unserer drei definierten Operationen auf Mengen wieder neue Mengen, auf die sie erneut angewendet werden können. Wir erläutern dies an einem Beispiel.

Beispiel 3.3

$\mathfrak{U} = \{1, 2, 3, 4, 5, 6, 7\}$ sei die Grundmenge. Wir betrachten nun die Teilmengen

$$A = \{1, 2, 3\}, \quad B = \{2, 4, 6\}, \quad C = \{1, 3, 5, 7\}.$$

In Anwendung der Definition 3.1 finden wir

$$\begin{aligned} &A' = \{4, 5, 6, 7\}, \quad B' = \{1, 3, 5, 7\} = C, \quad C' = \{2, 4, 6\} = B, \\ &A \cup B = \{1, 2, 3, 4, 6\}, \quad A \cup C = \{1, 2, 3, 5, 7\}, \quad B \cup C = \mathfrak{U}, \\ &A \cap B = \{2\}, \quad A \cap C = \{1, 3\}, \quad B \cap C = \emptyset. \end{aligned}$$

Wir können nun fortfahren, Komplemente, Vereinigungen und Durchschnitte dieser Mengen zu bilden, z.B.

$$\begin{aligned} &(A')' = \{4, 5, 6, 7\}' = \{1, 2, 3\} = A, \\ &(A \cup B)' = \{1, 2, 3, 4, 6\}' = \{5, 7\}, \\ &(B \cap C)' = \emptyset' = \mathfrak{U}, \\ &(A \cap B) \cup C = \{2\} \cup \{1, 3, 5, 7\} = \{1, 2, 3, 5, 7\}, \\ &(A \cup C) \cap (A \cap C) = \{1, 2, 3, 5, 7\} \cap \{1, 3\} = \{1, 3\}, \text{ usw.} \end{aligned}$$

Es erscheint nützlich, die Mengen und die Operationen mit ihnen bildlich darzustellen. Ein Rechteck veranschaulicht die Grundmenge $\mathfrak{U}$. Eine Teilmenge A von $\mathfrak{U}$ wird durch eine Kreisfläche innerhalb des Rechtecks dargestellt. Dann wird das Komplement A' von A durch den anderen Bereich außerhalb des Kreises wiedergegeben, wie es Bild 5 zeigt.

Derartige Diagramme werden als *Venn-Diagramme* bezeichnet (nach dem englischen Logiker *John Venn*, 1834/83; sie wurden vor ihm schon von *Leonhard Euler*, 1707/83, verwendet). Sie können nun auch für den Fall von zwei Teilmengen A und B von $\mathfrak{U}$ gezeichnet werden. In Bild 6 sind die vier sich nicht überschneidenden Bereiche bezeichnet; sie entsprechen den vier Möglichkeiten für irgendein Element $x \in \mathfrak{U}$:

1. $x \in A$ und $x \in B$, d.h. $x \in A \cap B$ (Bereich R_1)
2. $x \in A$ $x \notin B$, $x \in A \cap B'$ (Bereich R_2)
3. $x \notin A$ $x \in B$, $x \in A' \cap B$ (Bereich R_3)
4. $x \notin A$ $x \notin B$, $x \in A' \cap B'$ (Bereich R_4)

Wie Tabelle 2 zeigt, können Komplemente, Vereinigungsmengen und Durchschnitte der Mengen A und B durch einen Bereich oder durch Kombinationen von Bereichen in Bild 6 dargestellt werden.

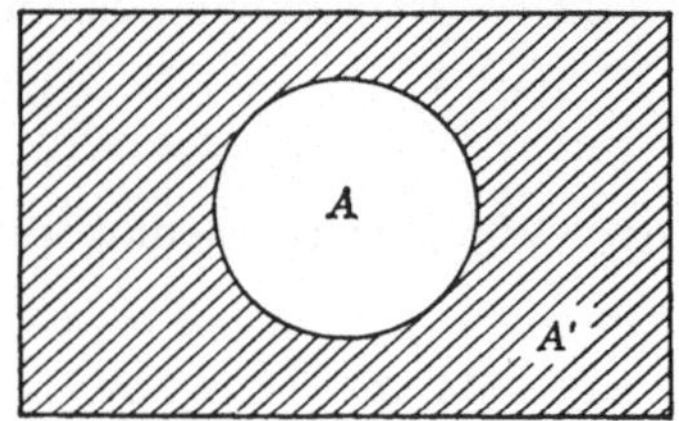

Bild 5. Menge und Komplementmenge

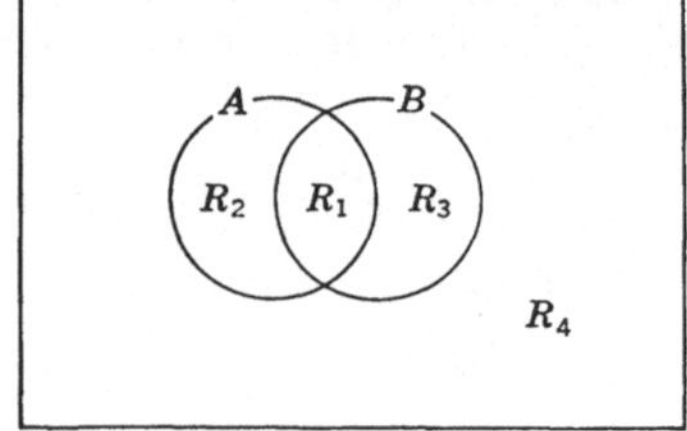

Bild 6. Vier Bereiche bei zwei Mengen (Venn- oder Euler-Diagramm)

Ist irgendeine Menge als operativer Ausdruck von A und B geschrieben, so können wir weiterhin leicht die zugehörige Kombination von Bereichen bestimmen, die diese Menge darstellt. Die Menge $(A \cap B)'$ enthält z.B. jene Elemente, die nicht in $A \cap B$, d.h. in R_1, sind. $(A \cap B)'$ ist also durch den Bereich R_2 & R_3 & R_4 dargestellt.

Tabelle 2

Menge	Bereich in Bild 6
$\mathfrak{U}$	R_1 & R_2 & R_3 & R_4
A	R_1 & R_2
B	R_1 & R_3
$A \cup B$	R_1 & R_2 & R_3
$A \cap B$	R_1
A'	R_3 & R_4
B'	R_2 & R_4

Angenommen, es sei nun $A \subseteq B$. In diesem Falle wird die Menge A im Venn-Diagramm oft durch einen Kreis dargestellt, der ganz in dem Kreis liegt, der die Menge B darstellt. Wir ziehen es jedoch vor, Bild 6 zu verwenden. Aber da wir wissen, daß jedes Element in A auch in B ist, schließen wir, daß der Bereich R_2 leer ist, d.h. $A \cap B' = \emptyset$. Ferner müssen nun die Bereiche R_1 & R_2 und R_1 dieselbe Punktmenge darstellen, d.h. $A = A \cap B$. Analog stellen R_1 & R_3 und R_1 & R_2 & R_3 gleiche

Mengen dar, d.h. $B = A \cup B$. In dieser Weise erkennen wir, daß die folgenden Aussagen gleichwertig sind, indem alle feststellen, daß jedes Element von A auch Element von B ist:

1. $A \subseteq B$, 2. $A \cap B' = \emptyset$, 3. $A = A \cap B$, 4. $B = A \cup B$.

Für eine andere Anwendung des Venn-Diagrams benötigen wir die

Definition 3.2

Zwei Mengen heißen *elementefremd, disjunktiv* oder sich *gegenseitig ausschließend* (*disjoint, mutually exclusive*), wenn sie keine Elemente gemeinsam haben, d.h. wenn $A \cap B = \emptyset$.

Wenn A und B elementefremd sind, zeichnet man gewöhnlich ein Venn-Diagramm mit zwei sich nicht überlappenden Kreisen für die Mengen A und B. Wir können jedoch auch wieder unser Bild 6 verwenden, wenn wir nur vermerken, daß der Bereich R_1 die Leermenge sein soll.

Beispiel 3.4

Ist S irgendeine Menge, so soll $n(S)$ die Anzahl ihrer Elemente bezeichnen. Wenn A und B elementefremde Mengen sind, dann ist die Anzahl der Elemente in A oder in B gleich der Summe der Anzahl der Elemente in A und der Anzahl der Elemente in B, d.h.

$$n(A \cup B) = n(A)+n(B), \quad \text{wenn} \quad A \cap B = \emptyset. \tag{3.1}$$

Um eine Formel für $n(A \cup B)$ zu finden, wenn A und B nicht notwendigerweise elementefremd sind, gehen wir folgendermaßen vor. $A \cap B'$ und $A \cap B$ sind elementefremde Mengen (warum?), deren Vereinigung (vgl. Bild 6) die Menge A ergibt. Nach (3.1) ist

$$n(A \cap B')+n(A \cap B) = n(A).$$

Da auch $A \cap B$ und $A' \cap B$ elementefremde Mengen sind, deren Vereinigungsmenge B ist, so gilt entsprechend

$$n(A \cap B)+n(A' \cap B) = n(B).$$

Wenn wir diese beiden Gleichungen addieren und auf beiden Seiten $n(A \cap B)$ abziehen, erhalten wir

$$n(A \cap B')+n(A \cap B)+n(A' \cap B) = n(A)+n(B) - n(A \cap B).$$

Bei Heranziehung des Bildes 6 erkennen wir, daß die linke Seite der Gleichung die Anzahl der Elemente in dem Bereich R_1 & R_2 & R_3

ergibt. Aber dieser Bereich stellt die Vereinigungsmenge $A \cup B$ dar. Also erhalten wir die Formel

$$n(A \cup B) = n(A)+n(B)-(A \cap B), \tag{3.2}$$

die für beliebige Mengen A und B gilt. Wenn A und B elementefremd sind, reduziert sich (3.2) wieder auf (3.1), weil dann $n(A \cap B) = n(\emptyset) = 0$.

Wir betrachten ein Spiel mit 52 Karten. Die Menge der 52 Wahlmöglichkeiten bilde die Grundmenge $\mathfrak{U}$. A bzw. B seien die Mengen der Asse bzw. der Pik-Karten. Dann ist $n(A) = 4$ und $n(B) = 13$. Es ist aber $n(A \cup B) \neq 17$, weil A und B nicht elementefremd sind. Vielmehr ist $n(A \cap B) = 1$, weil das Pik-As sowohl zu A wie zu B gehört. Nach (3.2) finden wir den genauen Wert $n(A \cup B) = 16$. Man bestätigt, daß es 16 verschiedene Karten gibt, die As oder Pik sind.

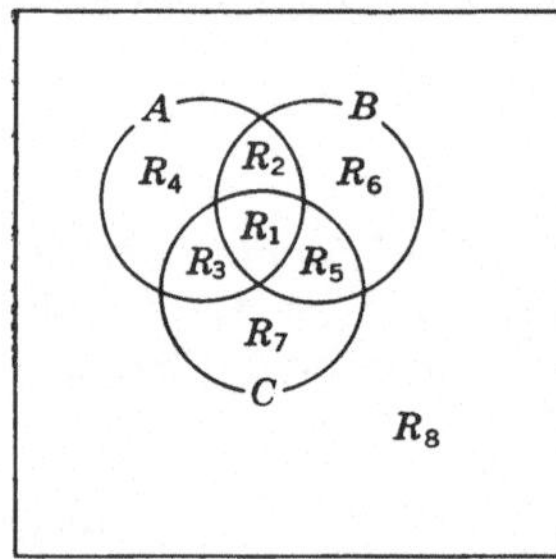

Bild 7. Venn-Diagramm bei drei Mengen

Das allgemeine Venn-Diagramm im Falle von drei Teilmengen A, B und C stellt Bild 7 dar. Die acht sich nicht überlappenden Bereiche entsprechen den folgenden acht Möglichkeiten für beliebige Elemente $x \in \mathfrak{U}$:

1.	$x \in A$	und	$x \in B$	und	$x \in C$	(Bereich R_1)
2.	$x \in A$	und	$x \in B$	und	$x \notin C$	(Bereich R_2)
3.	$x \in A$	und	$x \notin B$	und	$x \in C$	(Bereich R_3)
4.	$x \in A$	und	$x \notin B$	und	$x \notin C$	(Bereich R_4)
5.	$x \notin A$	und	$x \in B$	und	$x \in C$	(Bereich R_5)
6.	$x \notin A$	und	$x \in B$	und	$x \notin C$	(Bereich R_6)
7.	$x \notin A$	und	$x \notin B$	und	$x \in C$	(Bereich R_7)
8.	$x \notin A$	und	$x \notin B$	und	$x \notin C$	(Bereich R_8)

Für die spätere Arbeit sollte man stets die Zuordnung der verschiedenen Teilmengen von $\mathfrak{U}$ zu den Bereichen des Venn-Diagramms in Bild 7 vor Augen haben. Der Leser möge dazu die in Tabelle 3 zusammengestellen Beispiele durchgehen.

Tabelle 3

Menge	Bereich in Bild
$\mathfrak{U}$	R_1 & R_2 & R_3 & R_4 & R_5 & R_6 & R_7 & R_8
A	R_1 & R_2 & R_3 & R_4
B	R_1 & R_2 & R_5 & R_6
C	R_1 & R_3 & R_5 & R_7
$A \cap B$	R_1 & R_2
$A \cup B$	R_1 & R_2 & R_3 & R_4 & R_5 & R_6
$(A \cup B) \cap C$	R_1 & R_3 & R_5
A'	R_5 & R_6 & R_7 & R_8
$A' \cap (A \cap B)$	Kein Bereich (Leermenge)
$B \cap C$	R_1 & R_5
$(A \cap B') \cap C'$	R_4

Ausgehend von zwei oder mehr Teilmengen einer Grundmenge können durch Bilden ihrer Komplemente, Vereinigungen und Durchschnitte zahlreiche andere Teilmengen erhalten werden. Im nächsten Abschnitt werden wir gewisse interessante und wichtige Beziehungen zwischen diesen Teilmengen betrachten. Wir schließen hier mit einem Beispiel, in welchem sich das Venn-Diagramm als recht nützlich erweist.

Beispiel 3.5

Eine Anzahl Personen kann man nach der Zugehörigkeit zu Blutgruppen und nach dem Vorhandensein des Rhesusfaktors einteilen, indem man die Blutproben auf die Gegenwart der drei Faktoren *A*, *B* und Rh untersucht. Das Blut gehört zur Gruppe *AB*, wenn es sowohl *A* wie *B* enthält, zur Gruppe *A*, wenn es nur *A* aber nicht *B*, zur Gruppe *B*, wenn es *B* aber nicht *A*, und zur Gruppe *O*, wenn es weder *A* noch *B* enthält. Außerdem wird es als Rhesus positiv (+) bzw. negativ (—) bezeichnet, je nachdem der Rhesusfaktor Rh vorhanden ist oder nicht. Mit *A*, *B*, Rh seien nun die Mengen der Personen bezeichnet, deren Blut den betreffenden Faktor enthält; dann können alle Personen in acht Kategorien nach dem Venn-Diagramm Bild 8 eingeteilt werden.

Wir wollen nun annehmen, daß sich bei einer Reihenuntersuchung von 100 Personen folgende Liste ergeben hat:

50 enthalten den Faktor *A*, 52 B, 40 Rh, 20 *A* und *B*, 13 *A* und Rh, 15 *B* und Rh, 5 *A*, *B* und Rh.

Wieviele Personen gehören der Blutgruppe A_- an?

Um diese Frage zu beantworten, müssen wir die Personenzahlen in die acht Bereiche des Bildes 8 eintragen. Der Trick dabei ist, die Liste in der entgegengesetzten Reihenfolge durchzugehen. Nach der letzten Angabe besitzen 5 Personen die Blutgruppe AB_+. Die 15 Personen, deren Blut die Faktoren B und Rh besitzen, müssen zu den Blutgrup-

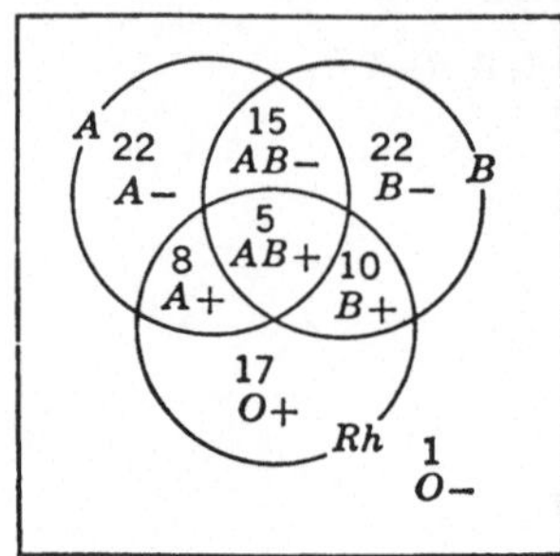

Bild 8. Venn-Diagramm in einem praktischen Beispiel

pen AB_+ oder B_+ gehören. Es bleiben also 15—5 = 10 Personen mit der Blutgruppe B_+ übrig. In dieser Weise können wir für jeden der acht Bereiche die zugehörige Anzahl Personen erhalten. Wir finden so, daß 22 Personen die Blutgruppe A_- besitzen.

Übungen

3.1

Es seien $\mathfrak{A} = \{a, b, c\}$, $A\{a\}$, $B = \{b\}$. Bestimme die Elemente der Mengen A', B', $A \cup B$, $A \cap B$, $A' \cap B'$, $A' \cap (A \cup B)$.

3.2

Bestimme in dem Venn-Diagramm Bild 6 die Bereiche oder Kombinationen von Bereichen, die die folgenden Mengen darstellen: a) $(A \cup B)'$, b) $A' \cup B'$, c) $A \cup B'$, d) $(A')'$, e) $(A' \cap B)' \cup B$.

3.3

Die Grundmenge $\mathfrak{A}$ bestehe aus den acht möglichen Ergebnissen (Figur bzw. Bild, abgekürzt H, oder Zahl Z) des Werfens einer 1 Pf-, 5 Pf- und 10 Pf-Münze.

a) Wie lauten die Elemente von $\mathfrak{A}$?

b) Die Teilmenge A enthalte die Ergebnisse der Würfe, in denen bei der 1 Pf-Münze Figur (Eichenblätter) erscheint, die Teilmenge B die Ergebnisse, bei denen die drei Münzen das Gleiche zeigen, und Teilmenge C die, bei der die Anzahl der Bilder größer als die der Zahlen ist.
Aus welchen Elementen bestehen die folgenden Mengen: A', B', $A \cup B$, $A \cup C$, $B \cup C$, $A \cap B$, $A \cap C$, $B \cap C$, $A' \cap C$, $(A \cap B) \cap C$ und $(A \cap B') \cap C$?

3.4

Die Grundmenge bestehe aus den 52 Karten eines üblichen Kartenspiels. Es bezeichne P die Menge der Pik-Karten, K die Menge der Karo-Karten und B die Menge der zählenden Bildkarten (d.h. Zehn, Bube, Dame, König, As).

a) Bestimme die folgenden Mengen: $P \cap B, P', K \cap P, K \cap P'$ $K \cup P$, $(P \cup K) \cap B$.

b) Schreibe die nachstehenden Mengen in einer symbolischen Form wie unter a): Die Menge der Karten, die keine Bildkarten (zählenden Karten) sind; die Menge der Karten, die weder Pik- noch Bildkarten sind; die Menge der Kreuz- und Herzkarten, die keine Bildkarten sind.
(*Bemerkung*: Man versuche die letzte Menge auf wenigstens drei verschiedene Arten zu schreiben.)

3.5

Tabelle 4 ordnet 321 Gewerkschaftsmitglieder nach zwei Gesichtspunkten: 1. Der Zugehörigkeit zur Gewerkschaft in Jahren, 2. der Antwort auf die Frage: „Würden Sie bereit sein, einen Betrieb zu bestreiken, um die Neugründung eines anderen zu ermöglichen oder eine Lohnerhöhung zu erreichen?"

Tabelle 4

Antwort auf die Frage	Anzahl der Jahre der Zugehörigkeit zur Gewerkschaft				Insgesamt
	Weniger als 1	1 — 3	4 — 10	Über 10	
Ja	27	54	137	28	246
Nein	14	18	34	3	69
Unentschieden. .	3	2	1	0	6
Insgesamt:	44	74	172	31	321

Quelle: *Arnold M. Rose*, Union Solidarity, University of Minnesota Press, 1952, p. 77).

Die 321 Männer der Übersicht bilden unsere Grundmenge $\mathfrak{U}$ und wir definieren nun folgende Teilmengen von $\mathfrak{U}$:
J = Menge der Männer mit der Antwort „Ja"
N = Menge der Männer mit der Antwort „Nein"
A = Menge der Männer, die weniger als ein Jahr der Gewerkschaft angehören
B = Menge der Männer, die ihr 1 — 3 Jahre angehören
C = Menge der Männer, die ihr 4 — 10 Jahre angehören

a) Bestimme die Anzahl der Männer, die folgenden Mengen angehören: 1. $J \cap B$, 2. $J \cup B$, 3. $(J \cup N)' \cap A$, 4. $(N \cap C)'$.

b) Schreibe jede der folgenden Mengen allein mit den Symbolen $A, B, C, J, N, ', \cup$ und $\cap$ [Beispiel: Die Menge der Männer mit der Antwort „Ja", die weniger als vier Jahre der Gewerkschaft angehören, ist die Menge $J \cap (A \cup B)$.]:

I. Die Menge der Männer mit der Antwort „Ja", die 4 bis 10 Jahre der Gewerkschaft angehören.

II. Die Menge der Männer mit der Antwort „Ja", die wenigstens vier Jahre der Gewerkschaft angehören.

III. Die Menge der Männer mit unentschiedener Antwort.

IV. Die Menge der Männer mit unentschiedener Antwort, die über zehn Jahren der Gewerkschaft angehören. (Was sagt die Übersicht über diese Menge?)

3.6

Es sei $\mathfrak{U}$ die Menge aller Punkte der Ebene. In bezug auf ein rechtwinkliges Koordinatensystem können wir schreiben

$$\mathfrak{U} = \{(x, y) \mid x \in R \text{ und } y \in R\},$$

wobei R die Menge der reellen Zahlen bedeutet. Es seien ferner folgende Teilmengen von $\mathfrak{U}$ definiert:

$A = \{(x, y) \mid x \geqq 0\}$, $B = \{(x, y) \mid y \geqq 0\}$

$C = \{(x, y) \mid x+2y \leqq 6\}$, $D = \{(x, y) \mid y-x \geqq 0\}$.

Zeichne die Graphen der Mengen

a) A, b) B, c) C, d) D, e) $A \cap B$, f) $(A \cap B) \cap C$, g) $[(A \cap B) \cap C] \cap D$.

3.7

a) Es seien $n(\mathfrak{U})$, $n(A)$ und $n(A')$ die Anzahlen der Elemente der Mengen $\mathfrak{U}$, A und des Komplements A' von A. Drücke $n(\mathfrak{U})$ durch $n(A)$ und $n(A')$ aus.

b) Die in a) erhaltene Formel kann auch mit Hilfe der Formel (3.2) gewonnen werden. Zeige dies.

3.8

Ein Psychologe schickte bei einem Experiment 50 Mäuse in ein Labyrinth und berichtet folgende Zahlen: 25 Mäuse waren männlich, 25 waren vorher abgerichtet, 20 liefen am ersten Abzweigpunkt nach links, 10 waren vorher abgerichtete Männchen, 4 männliche Mäuse gingen nach links, 15 vorher abgerichtete Mäuse liefen nach links und 3 vorher abgerichtete männliche Mäuse liefen nach links. Zeichne das dazugehörige Venn-Diagramm und bestimme die Anzahl der weiblichen Mäuse, die nicht vorher abgerichtet waren und nicht nach links liefen.

3.9

Von den 63 amerikanischen Colleges einer Vereinigung zur Förderung kleiner Colleges waren 24 vor 1931 gegründet, hatten Koedukation und wiesen jährliche Unterhaltskosten für einen Studenten unter 1000 \$ aus. 41 waren vor 1931 gegründet und hatten Koedukation; 27 waren vor 1931 gegründet und hatten Unterhaltskosten unter 1000 \$; 45 waren vor 1931 gegründet; 52 hatten Koedukation; bei 34 betrugen die Unterhaltskosten unter 1000 \$; 4 waren nicht vor 1931 gegründet, hatten keine Koedukation und bei ihnen betrugen die Unterhaltskosten wenigstens 1000 \$. (Angaben aus „The New York Times" vom 11. Okt. 1959).

Ein Abiturient wünscht ein College zu besuchen, das Koedukation hat, verhältnismäßig neu ist (nicht vor 1931 gegründet) und dessen jährliche Unterhaltskosten weniger als 1000 \$ betragen. Wie viele unter den 63 kleinen Colleges kommen für ihn in Frage?

3.10

Zeige, daß jede der beiden angegebenen Mengen durch denselben Bereich des Venn-Diagramms in Bild 7 dargestellt wird.

a) $(A \cup B)'$ und $A' \cap B'$, b) $(A \cap B)'$ und $A' \cup B'$,

c) $(A \cup B) \cup C$ und $A \cup (B \cup C)$, d) $A \cap (B \cup C)$ und $(A \cap B) \cup (A \cap C)$.

3.11

A, B und C seien Teilmengen einer Grundmenge $\mathfrak{U}$. Ordne die folgenden Mengen so, daß jede Menge in dieser Folge eine Teilmenge der nächsten Menge ist:

$A \cup B, \mathfrak{U}, A \cap B, \emptyset, B, A \cup (B \cup C), (A \cap B) \cap C, (A \cup B) \cup C, \emptyset', B \cap A$

3.12

a) Zeige, daß $\mathfrak{U}' = \emptyset$ und $\emptyset' = \mathfrak{U}$.

b) Beweise, daß aus $A \subseteq B$ die Beziehung $B' \subseteq A'$ folgt.

c) Es sei $A \cup B = \emptyset$. Was folgt daraus für die Mengen A und B?

d) Folgt aus $A \cap B = \emptyset$, daß $A = \emptyset$ oder $B = \emptyset$ ist?

3.13

Als Grundmenge $\mathfrak{U}$ nehmen wir die Menge aller Menschen. Ferner definieren wir folgende Mengen:

M alle Männer, C alle College-Studenten,

I alle intelligenten Leute, S Studentinnen,

B Biertrinker, P Professoren,

W die gut angezogenen Leute.

Jeder der folgenden Sätze ist unter Verwendung dieser Bezeichnungen für Mengen und der Symbole $=, \neq, \emptyset, ', \cap, \cup$ in eine Gleichung oder Ungleichung zu übersetzen.

Beispiel: „Alle College-Studenten sind intelligent". Dieser Satz besagt, daß die Menge C der College-Studenten eine Teilmenge der Menge I der intelligenten Leute ist, also $C \subseteq I$. Der Gebrauch des Symbols $\subseteq$ ist uns aber nicht erlaubt. In Hinblick auf das auf S. 20 Gesagte schreiben wir den Satz daher in einer der folgenden gleichwertigen Formen $C \cap I = C$, $C \cup I = I$ oder $C \cap I' = \emptyset$.

In ähnlicher Weise bedeutet der Satz „Einige College-Studenten sind intelligent", daß der Durchschnitt $C \cap I$ wenigstens ein Element besitzt. Seine Übersetzung lautet also $C \cap I \neq \emptyset$.

a) Alle Professoren sind Biertrinker.

b) Kein Mann gehört zu den Studentinnen.

c) Kein männlicher College-Student ist gut gekleidet.

d) Die Studentinnen sind weder intelligent noch männlich.

e) Einige Professoren sind Biertrinker.

f) Unter den Professoren, die Bier trinken, sind einige nicht männliche Professoren.

g) Einige Professoren, die Bier trinken, sind weder intelligent noch gut gekleidet.

h) College-Studenten und Professoren sind Biertrinker.

i) Wenn jemand Biertrinker ist, ist er auch intelligent.
j) Wenn jemand intelligent ist, dann ist er auch Biertrinker.
k) Jemand ist ein Biertrinker dann und nur dann, wenn er intelligent ist.

3.14

Versuche nach der Lektüre des folgenden Textes die anschließenden Übungen zu lösen.

Es sei $\mathfrak{U}$ eine endliche Menge von n Personen. $\mathfrak{U}$ soll eine Regierungskörperschaft genannt werden. $\mathfrak{B} = 2^{\mathfrak{U}}$ sei die Potenzmenge von $\mathfrak{U}$ (vgl. Übung 2.4). Jedes Element von $\mathfrak{B}$ ist eine Teilmenge von $\mathfrak{U}$ und soll eine *Koalition* heißen. (Im besonderen sind die Leermenge $\emptyset$ und die Menge $\mathfrak{U}$ selbst Koalitionen. Insgesamt gibt es 2^n Koalitionen.)

Wir greifen eine Teilmenge W von $\mathfrak{B}$ heraus und schreiben $\mathfrak{B} = W \cup W'$, wobei W' das Komplement von W in bezug auf $\mathfrak{B}$ ist. Da W und W' elementefremd sind, gehört jede Koalition entweder zu W (der Menge der gewinnenden Koalitionen) oder zu W' (der Menge der nichtgewinnenden Koalitionen).

Es sei nun die Menge W' betrachtet. Ein Element von W' soll eine Verlust-Koalition heißen, wenn sein Komplement (in bezug auf $\mathfrak{U}$) eine Gewinn-Koalition ist. Dann ist die Menge L der Verlust-Koalitionen definiert durch

$$L = \{A \mid A \in W' \text{ und } A' \in W\}.$$

(*Bemerkung*: W' bedeutet die Ergänzungsmenge zu W in bezug auf $\mathfrak{B}$, während A' die Ergänzungsmenge von A in bezug auf $\mathfrak{U}$ ist. Diese Verwirrung entsteht aus dem Umstand, daß $\mathfrak{U}$ Grundmenge für alle Mengen ist, deren Elemente Personen sind, während $\mathfrak{B}$ als Grundmenge für alle Mengen dient, deren Elemente Koalitionen, d.h. Mengen von Personen sind.)

Eine Koalition, die nicht gewinnen kann und deren Ergänzungsmenge ebenfalls nicht gewinnen kann, heißt eine blockierende Koalition. Die Menge B der blockierenden Koalitionen ist definiert durch

$$B = \{A \mid A \in W' \text{ und } A' \in W'\}.$$

In einigen Regierungskörperschaften befinden sich besonders wichtige Personen: Eine Person $x \in \mathfrak{U}$ heißt ein Diktator, wenn $\{x\} \in W$, d.h. wenn x das einzige Element einer Gewinn-Koalition ist. Eine Person $y \in \mathfrak{U}$ hat Vetomacht, wenn $\{y\} \in B$, d.h. wenn y das einzige Element einer blockierenden Koalition ist

In den folgenden Übungen sind einzelne Regierungskörperschaften angeführt und die Stimmrechte erläutert. Unter einer Gewinn-Koalition ist eine Menge von Personen zu verstehen, die über genug Stimmen verfügen, um bei der Abstimmung zu gewinnen. Es sind nun alle Gewinn-, Verlust- und blockierenden Koalitionen zu bestimmen. Ferner ist festzustellen, ob irgendwelche Mitglieder Diktatoren sind oder Vetomacht besitzen.

Übung 1

Ein Ausschuß besteht aus vier Personen, jede Person verfügt über eine Stimme. Es gilt das Mehrheitsprinzip, d.h. drei Stimmen sind nötig, um einen Vorschlag bei der Abstimmung durchzubringen.

Übung 2

Die 100 Aktien eines kleinen Unternehmens sind im Besitz von drei Aktionären. A besitzt 50, B 30 und C 20 Aktien. Jede Aktie hat eine Stimme, und einfache Stimmenmehrheit entscheidet.

Übung 3

Wie Übung 2, jedoch hat B eine seiner Aktien an A verkauft.

Übung 4

Ein Fakultätsausschuß an einer Universität besteht aus fünf Studenten und vier Professoren der Fakultät. Um einen Vorschlag durchzubringen, müssen wenigstens vier Studenten und drei Professoren dafür stimmen. Jedes Ausschußmitglied verfügt über eine Stimme.

4. Mengenalgebra

Es gibt viele Wege, aus einer gegebenen Grundmenge $\mathfrak{U}$ andere Mengen zu erhalten. Insbesondere sind da die zahlreichen Mengen, die durch Bilden von Ergänzungs-, Vereinigungs- und Durchschnittsmengen von Teilmengen von $\mathfrak{U}$ entstehen. Der Leser wird nun (insbesondere in Hinblick auf die Ergebnisse in den Übungen 3.10 bis 3.12) vermuten, daß zwischen diesen so erhaltenen Mengen viele Beziehungen bestehen. Diese Beziehungen bilden den Gegenstand dieses Abschnitts.
Wir führen zunächst eine Anzahl bedeutender Gesetze (Theoreme) auf, denen die Mengen gehorchen. Alle folgen aus unseren Definitionen der Leermenge $\emptyset$, der Grundmenge $\mathfrak{U}$ und der Operationen, die durch $'$, $\cup$ und $\cap$ bezeichnet werden, zusammen mit der Definition der Gleichheit von Mengen.

Theorem 4.1

Es seien A, B und C irgendwelche Teilmengen einer Grundmenge $\mathfrak{U}$. Dann gelten die folgenden Gesetze.

Identitätsgesetze:

1a. $A \cup \emptyset = A$ 1b. $A \cap \mathfrak{U} = A$
2a. $A \cup \mathfrak{U} = \mathfrak{U}$ 2b. $A \cap \emptyset = \emptyset$

Idempotenzgesetze:

3a. $A \cup A = A$ 3b. $A \cap A = A$

Komplementgesetze:

4a. $A \cup A' = \mathfrak{U}$ 4b. $A \cap A' = \emptyset$
5a. $(A')' = A$

Kommutativgesetze:

6a. $A \cup B = B \cup A$ 6b. $A \cap B = B \cap A$

De Morgan-Gesetz:

7a. $(A \cup B)' = A' \cap B'$ 7b. $(A \cap B)' = A' \cup B'$

Assoziativgesetze:

8a. $A \cup (B \cup C) = (A \cup B) \cup C$
8b. $A \cap (B \cap C) = (A \cap B) \cap C$

Distributivgesetze:

9a. $A \cup (B \cap C) = (A \cup B) \cap (A \cup C)$
9b. $A \cap (B \cup C) = (A \cap B) \cup (A \cap C)$

Bemerkungen: Viele dieser Gesetze sind uns dem Namen nach von der gewöhnlichen Zahlenalgebra bekannt. So ist die Addition und die Multiplikation von Zahlen kommutativ, d.h. es gilt für irgendwelche Zahlen a und b

$$a+b = b+a \quad \text{und} \quad ab = ba.$$

In analoger Weise drücken die Gesetze 6a und 6b aus, daß es bei der Bildung der Vereinigung oder des Durchschnitts von zwei Mengen nicht darauf ankommt, in welcher Reihenfolge diese hingeschrieben werden. Für irgendwelche Zahlen a, b und c gelten weiterhin die assoziativen Gesetze

$$a+(b+c) = (a+b)+c \quad \text{und} \quad a(bc) = (ab)c.$$

Die Analogie zu 8a und 8b ist klar. Das assoziative Gesetz 8a drückt aus, daß man dieselbe Menge erhält, wenn man A mit der Vereinigungsmenge von B und C vereinigt oder wenn man die Vereinigungsmenge von A und B mit C vereinigt. In der gewöhnlichen Algebra kennen wir ein distributives Gesetz

$$a(b+c) = (ab)+(ac)^{*}).$$

Dieses ist analog zu 9b, einem der beiden distributiven Gesetze für Mengen.
Wird zu einer Zahl null addiert, so ergibt sich dieselbe Zahl; 0 heißt daher ein neutrales Element in bezug auf die Addition. In gleicher Weise heißt die 1 ein neutrales Element in bezug auf die Multiplikation, da für jede beliebige Zahl a die Gleichung $a \cdot 1 = a$ gilt. Wie die Gesetze 1a und 1b zeigen, ist die Leermenge $\emptyset$ eine neutrale Menge in bezug auf das Vereinigen und die Grundmenge $\mathfrak{U}$ eine neutrale Menge in bezug auf das Bilden des Durchschnitts.

---

*) Gewöhnlich wird die rechte Seite ohne Klammern, das Gesetz in der Form $a(b+c) = ab+ac$ geschrieben. Durch Setzen der Klammern wird die Analogie augenfälliger.

Wegen dieser Analogien wird $A \cup B$ oft die *logische Summe* und $A \cap B$ das *logische Produkt* der Mengen A und B genannt. Aber diese Analogien mit der gewöhnlichen Algebra sind nicht durchgehend, wie ein Blick auf die Idempotenzgesetze lehrt. Wenn a eine Zahl ist, gilt $a+a = 2a$; wenn A eine Menge ist, dann gilt aber $A \cup A = A$.
Es ist sehr lehrreich, zu versuchen, diese Gesetze in Worten auszusprechen. 7a behauptet, daß die Ergänzungsmenge der Vereinigung von zwei Mengen gleich dem Durchschnitt ihrer Ergänzungsmengen ist, und nach 7b ist die Ergänzungsmenge des Durchschnitts zweier Mengen gleich der Vereinigung ihrer Ergänzungsmengen. Es soll schließlich darauf hingewiesen werden, daß alle Gesetze des Theorems 4.1 paarweise auftreten mit Ausnahme des Gesetzes 5a. Auf die Bedeutung dieser Tatsache werden wir nach den Beweisen dieser Gesetze zurückkommen.
Unsere Beweise führen wir mit Hilfe der sogenannten *Mitgliedstabellen* (*membership tables*)*). Die grundlegenden Tabellen für die Ergänzung, den Durchschnitt und die Vereinigung sind die folgenden Tabellen 5 bis 7. Statt Mitgliedstabellen sagt man auch *Zugehörigkeitstafeln.*

Tabelle 5

A	A'
$\in$	$\notin$
$\notin$	$\in$

Tabelle 6

A	B	$A \cap B$
$\in$	$\in$	$\in$
$\in$	$\notin$	$\notin$
$\notin$	$\in$	$\notin$
$\notin$	$\notin$	$\notin$

Tabelle 7

A	B	$A \cup B$
$\in$	$\in$	$\in$
$\in$	$\notin$	$\in$
$\notin$	$\in$	$\in$
$\notin$	$\notin$	$\notin$

In der ersten Spalte der Tabelle 5 verzeichnen wir die beiden Möglichkeiten für ein Element der Grundmenge $\mathfrak{U}$: es kann $x \in A$ oder $x \notin A$ sein. Wenn $x \in A$ ist, dann $x \notin A'$ und wenn $x \notin A$, dann ist $x \in A'$. Diese Tatsachen folgen aus der Definition der Ergänzungsmenge und sind in den beiden Spalten der Tabelle 5, der Mitgliedstabelle für A', zusammengefaßt.
In bezug auf die beiden Mengen A und B gehört jedes Element der Grundmenge $\mathfrak{U}$ zu genau einer der folgenden Kategorien: 1. $x \in A$ und $x \in B$, 2. $x \in A$ und $x \notin B$, 3. $x \notin A$ und $x \in B$, 4. $x \notin A$ und $x \notin B$. Diese vier Möglichkeiten sind links der Linie in der Tabelle 6, der Mitgliedstabelle für $A \cap B$, dargestellt. Rechts davon, in der Spalte

*) Ein Vergleich dieser Tabellen mit den Wahrheitswerttabellen der Logik zeigt die formale Übereinstimmung und die Analogie der Zeichen $\cap$, $\cup$, $\in$, $\notin$ mit den Zeichen $\wedge$, $\vee$, *W*, *F*, der Logik. Vgl. Grundzüge der Math., Bd. 1. S. 12, und Handbuch der Schulmath., Band 5, III, 3,3.

unter $A \cap B$, ist die Zugehörigkeit zum Durchschnitt von A und B notiert. Nach der Definition gehört x zum Durchschnitt $A \cap B$ (Zeile 1), wenn $x \in A$ und $x \in B$, während in allen Fällen $x \notin A \cap B$ ist (Zeile 2 bis 4).

Die Tabelle 7 kann entsprechend erläutert werden. Es ist die Mitgliedstabelle für $A \cup B$. Wir wissen, daß $x \in A \cup B$ dann und nur dann gilt, wenn x wenigstens zu einer der Mengen A und B gehört. Daher erscheint das Zeichen $\in$ unter $A \cup B$ in den Zeilen 1 bis 3 der Tabelle 7, aber in Zeile 4 steht ein $\notin$.

Mit Hilfe dieser Grundtabellen können wir Mitgliedstabellen für andere Mengen konstruieren. Die Einzelheiten dieser Konstruktionen sowie die Gründe für die Verwendung dieser Mitgliedstabellen beim Beweisen der Gleichheit von Mengen können am besten an einigen Beispielen erläutert werden.

Beispiel 4.1

Um das De Morgan-Gesetz

$$(A \cup B)' = A' \cap B'$$

zu beweisen, gehen wir folgendermaßen vor. Da in dem Gesetz die beiden willkürlichen Mengen A und B auftreten, verzeichnen wir zunächst in den beiden ersten Spalten der Tabelle 8 die vier Möglichkeiten für ein Element x. Die Menge $(A \cup B)'$ wird erhalten, indem man zunächst die Menge $A \cup B$ bildet und dann ihre Ergänzungsmenge nimmt. Wir schließen also eine Spalte für $A \cup B$ und eine weitere für $(A \cup B)'$ an, die wir mit Hilfe der Grundtabellen 7 und 5 ausfüllen. Um die Menge $A' \cap B'$, die im Gesetz auftritt, zu erhalten, bilden wir zunächst die Mengen A' und B' und dann ihren Durchschnitt. Das ergibt die Spalten 5 bis 7 der Tabelle 8. Die Glieder in jeder Zeile der Spalte 5 erhalten wir aus den Gliedern der entsprechenden Zeilen der Spalte 1 unter Benutzung der Grundtabelle 5 für A'. Spalte 6 wird ebenso aus Spalte 2 hergeleitet. Schließlich ergibt sich die Spalte 7 aus den Spalten 5 und 6 unter Verwendung der Grundtabelle 7 für den Durchschnitt.

Tabelle 8

1	2	3	4	5	6	7
A	B	$A \cup B$	$(A \cup B)'$	A'	B'	$A' \cap B'$
$\in$	$\in$	$\in$	$\notin$	$\notin$	$\notin$	$\notin$
$\in$	$\notin$	$\in$	$\notin$	$\notin$	$\in$	$\notin$
$\notin$	$\in$	$\in$	$\notin$	$\in$	$\notin$	$\notin$
$\notin$	$\notin$	$\notin$	$\in$	$\in$	$\in$	$\in$

Nun kommt die entscheidende Beobachtung: *Die beiden Spalten 4 und 7 sind identisch.* Enthält eine Zeile der Spalte 4 ein $\in$, so steht in der gleichen Zeile auch in Spalte 7 ein $\in$. Entsprechendes gilt für die $\notin$. Wir schließen daraus, daß ein Element von $\mathfrak{U}$ zu $A' \cap B'$ gehört, sobald es zu $(A \cup B)'$ gehört, d.h. es gilt

$$(A \cup B)' \subseteq A' \cap B'. \qquad (4.1)$$

Überdies, wenn ein Element nicht zu $(A \cup B)'$ gehört, dann gehört es nicht zu $A' \cap B'$. Es folgt also (warum), daß jedes Element, welches zu $A' \cap B'$ gehört, auch zu $(A \cup B)'$ gehören muß, also ist

$$A' \cap B' \subseteq (A \cup B)'. \qquad (4.2)$$

Aus (4.1) und (4.2) schließen wir weiter, daß

$$(A \cup B)' = A' \cap B'.$$

Damit ist das Gesetz 7a von De Morgan bewiesen.

Bevor wir ein weiteres Beispiel bringen, sei auf die auffällige Ähnlichkeit des eben geschilderten Beweisverfahrens mit der Bestätigung der Beziehungen mit Hilfe von Venn-Diagrammen hingewiesen. In Bild 9

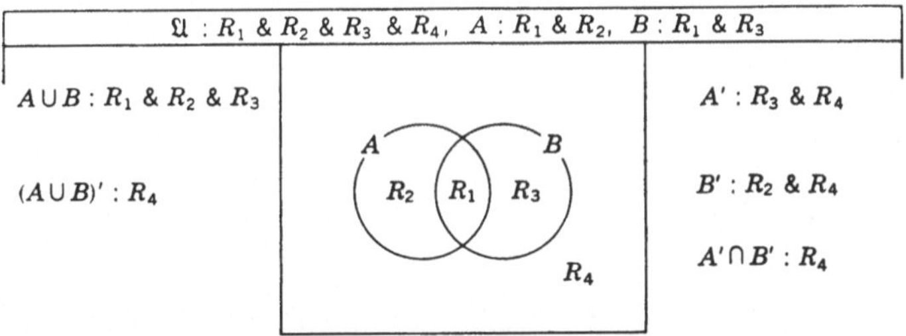

Bild 9. Beweis des De Morgan-Gesetzes an Hand des Diagramms

wenden wir diese Methode auf das eben bewiesene De Morgan-Gesetz an. In dem Feld über dem üblichen Rechteck finden sich die Angaben: Die Grundmenge $\mathfrak{U}$ ist durch das gesamte Rechteck dargestellt, die Menge A durch den Bereich R_1 & R_2, die Menge B durch den Bereich R_1 & R_3. (Im Bild verwenden wir den Doppelpunkt im Sinne von „ist dargestellt durch", wenn es zwischen einer Menge und einem Bereich des Venn-Diagramms steht.) Links des Rechtecks sind die Schritte notiert, die zu dem durch die linke Seite des De Morgan-Gesetzes dargestellten Bereich führen; rechts finden wir den Bereich, der durch die rechte Seite dieser Gleichung wiedergegeben wird. Danach werden $(A \cup B)'$ und $A' \cap B'$ durch denselben Bereich R_4 gekennzeichnet. Damit ist das De Morgan-Gesetz 7a mit Hilfe eines Venn-Diagramms bestätigt.

Da die vier Bereiche in Bild 9 entsprechend den vier Spalten der Tabelle 8 numeriert sind, können wir im Venn-Diagramm jeden Schritt in dem Aufbau der Tabelle 8 verfolgen. So ist die Tatsache, daß die Spalte 1 in Zeile 1 und 2 $\in$'s enthält, in Bild 9 dadurch ausgedrückt, daß A durch R_1 & R_2 dargestellt wird. Daß die Spalten 4 und 7 identisch sind und $\in$'s nur in Zeile 4 enthalten, zeigt sich in Bild 9 darin, daß sowohl $(A \cup B)'$ und $A' \cap B'$ durch denselben Bereich R_4 wiedergegeben werden. Obgleich die Methode der Mitgliedstabellen zum Beweise aller in Frage kommenden Gesetze ausreicht, kann die Verwendung von Venn-Diagrammen dem besseren Verstehen dieser Gesetze dienen. Wir geben ein weiteres Beispiel, bei dem beide Verfahren verwendet werden.

Beispiel 4.2

Um das distributive Gesetz 9b in Theorem 4.1 zu beweisen, konstruieren wir eine Mitgliedstabelle mit acht Spalten (Tabelle 9). Das Gesetz ist durch die Feststellung bewiesen, daß die Spalten mit den Überschriften $A \cap (B \cup C)$ und $(A \cap B) \cup (A \cap C)$ übereinstimmen.

Tabelle 9

A	B	C	$B \cup C$	$A \cap (B \cup C)$	$A \cap B$	$A \cap C$	$(A \cap B) \cup (A \cap C)$
$\in$	$\in$	$\in$	$\in$	$\in$	$\in$	$\in$	$\in$
$\in$	$\in$	$\notin$	$\in$	$\in$	$\in$	$\notin$	$\in$
$\in$	$\notin$	$\in$	$\in$	$\in$	$\notin$	$\in$	$\in$
$\in$	$\notin$	$\notin$	$\notin$	$\notin$	$\notin$	$\notin$	$\notin$
$\notin$	$\in$	$\in$	$\in$	$\notin$	$\notin$	$\notin$	$\notin$
$\notin$	$\in$	$\notin$	$\in$	$\notin$	$\notin$	$\notin$	$\notin$
$\notin$	$\notin$	$\in$	$\in$	$\notin$	$\notin$	$\notin$	$\notin$
$\notin$	$\notin$	$\notin$	$\notin$	$\notin$	$\notin$	$\notin$	$\notin$

In Bild 10 ist das gleiche distributive Gesetz unter Verwendung des entsprechenden Venn-Diagramms bewiesen. Die acht Bereiche in Bild 10 sind entsprechend den acht Spalten der Tabelle 9 numeriert,

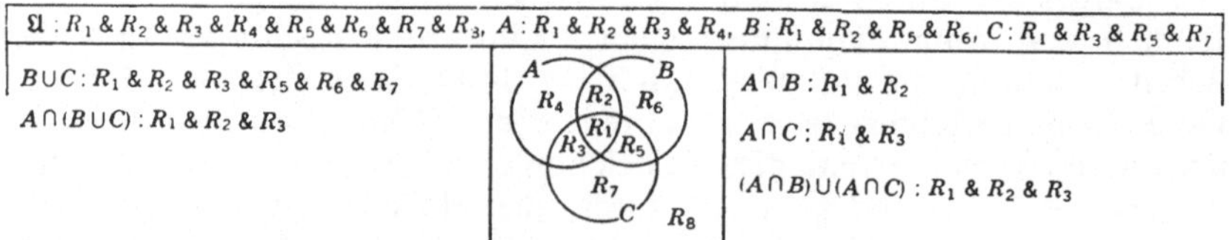

Bild 10. Zum Beweis eines Distributivgesetzes

um wie im Beispiel 4.1 die Übereinstimmung der Mitgliedstabelle mit dem Venn-Diagramm zu zeigen.
Der Beweis der anderen Gesetze des Theorems 4.1 sei dem Leser überlassen. In den folgenden Beispielen soll erläutert werden, wie aus diesen Gesetzen weitere hergeleitet werden können.

Beispiel 4.3

Es seien A und B beliebige Teilmengen der Grundmenge $\mathfrak{U}$. Dann gilt

$$A = (A \cap B) \cup (A \cap B'). \tag{4.3}$$

Beweis:

$$\begin{aligned} (A \cap B) \cup (A \cap B') &= A \cap (B \cup B') && \text{nach 9b} \\ &= A \cap \mathfrak{U} && \text{nach 4a} \\ &= A && \text{nach 1b} \end{aligned}$$

Beispiel 4.4

Mit A und B seien wieder irgendwelche Teilmengen von $\mathfrak{U}$ bezeichnet. Dann gilt

$$A = (A \cup B) \cap (A \cup B'). \tag{4.4}$$

Beweis:

$$\begin{aligned} (A \cup B) \cap (A \cup B') &= A \cup (B \cap B') && \text{nach 9a} \\ &= A \cup \emptyset && \text{nach 4b} \\ &= A && \text{nach 1a} \end{aligned}$$

Nach diesen beiden Beispielen sei eine Bemerkung über das paarweise Auftreten der Gesetze im Theorem 4.1 angebracht. Es erscheint hier nämlich das sogenannte *Dualitätsprinzip* (*duality principle*): Ersetzen wir in einer Aussage $\emptyset$ durch $\mathfrak{U}$, $\mathfrak{U}$ durch $\emptyset$, $\cup$ durch $\cap$ und $\cup$ durch $\cap$, wo sie auch immer auftreten, so entsteht wieder eine (gültige) Aussage. Diese neue Aussage heißt zu der anderen *dual*. So ist im Theorem 4.1 das Gesetz 1b dual zum Gesetz 1a, ebenso 1a dual zu 1b usw. Das Duale zu 5a ist wieder 5a; das Gesetz 5a heißt daher *selbstdual*.
Ebenso sind die Gleichungen (4.3) und (4.4) duale Gleichungen. Der Beweis von (4.4) kann erhalten werden, indem man im Beweis von (4.3) die betreffenden Symbole durch ihre duale Symbole ersetzt. Da im Theorem zu jedem Gesetz auch das duale Gesetz existiert, können wir jeden Schritt des Beweises von (4.4) durch das duale Gesetz rechtfertigen, das zum Beweis des entsprechenden Schrittes bei (4.3) gedient hat. In dieser Weise kann das duale Gesetz *jedes* Gesetzes bewiesen werden, das aus dem Theorem 4.1 hergeleitet werden kann. Dies ist die Kernidee des Dualitätsprinzips. Die volle Bedeutung des Dualitätsprinzips kann eigentlich erst richtig erkannt werden, wenn die Mengen-

algebra rein formal als mathematisches System behandelt wird. In dieser abstrakten Behandlung als *Boole-Algebra* (nach dem englischen Logiker *George Boole*, 1815/1864) ist die Mengenalgebra nur eine konkrete Interpretation eines abstrakten Systems, das auch noch andere bedeutende Interpretationen besitzt*). Es sei hierzu auf die Literatur verwiesen.

Späterhin werden wir auch die Vereinigung und den Durchschnitt von mehr als zwei Mengen betrachten müssen. Wegen der assoziativen Gesetze 8a und 8b des Theorems 4.1 können wir die Klammern weglassen, wenn Mengen durch das Zeichen $\cup$ oder durch $\cap$ verbunden werden. So kann z.B. $A \cap B \cap C \cap D$ als $(A \cap B) \cap (C \cap D)$, als $(A \cap (B \cap C)) \cap D$ oder als $((A \cap B) \cap C) \cap D$ geschrieben werden, da alle diese Mengen gleich sind (vgl. Übung 4.9). Entsprechendes gilt auch für die Vereinigung von mehr als zwei Mengen. Wir vereinbaren daher

Definition 4.1

Es sei n eine natürliche Zahl, und es seien $B_1, B_2, \ldots, B_n$ gegebene Mengen. Dann bezeichnen wir die Menge der Elemente, die *allen* gegebenen Mengen angehören, mit

$$B_1 \cap B_2 \cap \ldots \cap B_n$$

und die Menge der Elemente, die wenigstens einer der gegebenen Mengen angehören, mit

$$B_1 \cup B_2 \cup \ldots \cup B_n.$$

Viele Gesetze des Theorems 4.1 können jetzt auf die Vereinigung oder den Durchschnitt von mehr als zwei Mengen verallgemeinert werden. Wir stellen einige dieser Formeln im folgenden Theorem zusammen.

Theorem 4.2

Es sei n eine natürliche Zahl. $A, B_1, B_2, \ldots, B_n$ seien Teilmengen der Grundmenge $\mathfrak{U}$. Dann gilt

$$(B_1 \cup B_2 \cup \ldots \cup B_n)' = B_1' \cap B_2' \cap \ldots \cap B_n'. \tag{4.5}$$

$$(B_1 \cap B_2 \cap \ldots \cap B_n)' = B_1' \cup B_2' \cup \ldots \cup B_n'. \tag{4.6}$$

*) Der sogenannte Aussagenkalkül der Logik ist eine andere Interpretation der Boole-Algebra. Wir dürfen daher erwarten, daß die logische Analyse von Aussagen und das Studium von Mengen viele gemeinsame Züge tragen werden. Die Ähnlichkeit zwischen den Wahrheitswerttafeln der Logik und den hier verwendeten Zugehörigkeitstafeln (Mitgliedstabellen) ist nur ein Beispiel von vielen.

$$A \cup (B_1 \cap B_2 \cap \ldots \cap B_n)$$
$$= (A \cup B_1) \cap (A \cup B_2) \cap \ldots \cap (A \cup B_n). \quad (4.7)$$

$$A \cap (B_1 \cup B_2 \cup \ldots \cup B_n)$$
$$= (A \cap B_1) \cup (A \cap B_2) \cup \ldots \cup (A \cap B_n). \quad (4.8)$$

Beweis: Wir beweisen nur (4.5) und überlassen die übrigen Beweise dem Leser. Der Beweis wird mit Hilfe der vollständigen Induktion geführt. Für $n = 1$ reduzieren sich beide Seiten von (4.5) auf B_1', d.h. (4.5) ist für $n = 1$ erfüllt. Für $n = 2$ wird aus (4.5) das De Morgan-Gesetz 7a des Theorems 4.1, angewendet auf B_1 und B_2, und (4.5) ist daher wiederum erfüllt.

Wir nehmen nun an, daß (4.5) für $n = k$ erfüllt ist, wobei k eine natürliche Zahl ist, und zeigen, daß (4.5) auch für $n = k+1$ richtig ist. Indem wir die k ersten Mengen zusammenfassen, erhalten wir

$$(B_1 \cup B_2 \cup \ldots \cup B_{k+1})' = [(B_1 \cup B_2 \cup \ldots \cup B_k) \cup B_{k+1}]'.$$

Die Anwendung des De Morgan-Gesetzes 7a auf die Mengen $(B_1 \cup B_2 \cup \ldots \cup B_k)$ und B_{k+1} liefert

$$(B_1 \cup B_2 \cup \ldots \cup B_{k+1})' = (B_1 \cup B_2 \cup \ldots \cup B_k)' \cap B_{k+1}'$$
$$= (B_1' \cap B_2' \cap \ldots \cap B_k') \cap B_{k+1}',$$

wobei die letzte Gleichheit aus unserer Induktionsannahme folgt, daß (4.5) für $n = k$ wahr sein soll. Nach Weglassen der überflüssigen Klammern im letzten Ausdruck können wir schreiben

$$(B_1 \cup B_2 \cup \ldots \cup B_{k+1})' = B_1' \cap B_2' \cap \ldots \cap B_{k+1}'.$$

Das ist aber genau (4.5) für $n = k+1$.

Wir haben also gezeigt, daß (4.5) für $n = 1$ und $n = 2$ richtig ist, ferner, daß die Richtigkeit von (4.5) für $n = k+1$ aus der Annahme der Richtigkeit für $n = k$ folgt. Nach dem Prinzip der vollständigen Induktion ist also (4.5) für alle natürlichen Zahlen n erfüllt.

Bemerkung: (4.5) und (4.6) sind Verallgemeinerungen der De Morgan-Gesetze, (4.7) und (4.8) sind verallgemeinerte distributive Gesetze.

Übungen

4.1

Im Text werden nur die Gesetze 7a und 9b des Theorems 4.1 bewiesen. Vervollständige den Beweis des Theorems 4.1 durch Konstruktion der Mitgliedstafeln auch bei den anderen Gesetzen. Bestätige jedes Gesetz überdies mit einem geeigneten Venn-Diagramm, dessen Bereiche entsprechend den Spalten der Mitgliedstafel numeriert sind.

4.2

Wieviel Spalten sind in einer Mitgliedstafel für ein Gesetz nötig, in dem vier (fünf, n) beliebige Mengen auftreten? (n natürliche Zahl)

4.3

Konstruiere Mitgliedstafeln zum Beweise der folgenden Gesetze für die Teilmengen A, B und C einer Grundmenge $\mathfrak{U}$.

a) $(A' \cap B')' = A \cup B$ b) $[A' \cap (A \cup B)]' = A \cup B'$

c) $(A \cap B) \cap (A \cap B') = \emptyset$ d) $A \cap (A \cup B) = A \cup (A \cap B) = A$

e) $(A' \cap (B \cap C))' = A \cup B' \cup C'$

4.4

Beweise die eben aufgeführten Gesetze allein mit Hilfe der Gesetze des Theorems 4.1. Die benutzten Gesetze sind bei jedem einzelnen Schritt des Beweises anzugeben.

4.5

Bestätige jedes einzelne Gesetz der Übung 4.3 mit Hilfe eines passenden Venn-Diagramms.

4.6

a) Aus einem Venn-Diagramm liest man sofort ab, daß $A \cap C$ und $B \cap C$ elementefremd sind, wenn A und B elementefremd sind. Beweise dies, indem du zeigst, daß $(A \cap C) \cap (B \cap C) = \emptyset$, wenn $A \cap B = \emptyset$. Gib beim Beweis die vom Theorem 4.1 benutzten Gesetze jeweils an.

b) Zeige an Beispielen, daß aus $A \cap B \cap C = \emptyset$ nicht $A \cap B = \emptyset$, $A \cap C = \emptyset$ oder $B \cap C = \emptyset$ folgt.

4.7

a) Betrachte die folgenden richtigen Schlußweisen.

Hypothesen: 1. Alle College-Studenten sind Biertrinker.
2. Alle Biertrinker sind gut gekleidet.

Schluß: Alle College-Studenten sind gut gekleidet.

Schreibe die Hypothesen und den Schluß mit Hilfe der Symbole der Mengentheorie (vgl. Übg. 3.13) und beweise die Richtigkeit des Schlusses, d.h. zeige, daß der Schluß richtig ist, sofern die beiden Hypothesen richtig sind. Bei jedem Schritt des Beweises ist das benutzte Gesetz aus dem Theorem 4.1 zu nennen.

b) Beweise wie in a) die Richtigkeit der folgenden Schlußweise.

Hypothesen: 1. Alle College-Studenten sind Biertrinker.
2. Kein Biertrinker ist gut gekleidet.

Schluß: Kein College-Student ist gut gekleidet.

4.8

Wenn A und B die Teilmengen einer Grundmenge $\mathfrak{U}$ sind, so wird die *symmetrische Differenz* von A und B, bezeichnet mit $A \Delta B$, als folgende Menge definiert:

$$A \Delta B = (A \cap B') \cup (A' \cap B)\,.$$

a) Konstruiere die Mitgliedstafel für $A \Delta B$.

b) Bestimme in einem geeigneten Venn-Diagramm den Bereich, der die Menge $A \Delta B$ darstellt.

c) Beweise mit Hilfe von Mitgliedstafeln die folgenden Gesetze:

I. $A \Delta \emptyset = A$ II. $A \Delta \mathfrak{U} = A'$ III. $A \Delta A = \emptyset$
IV. $A \Delta A' = \mathfrak{U}$ V. $A \Delta B = B \Delta A$ VI. $A \Delta (B \Delta C) = (A \Delta B) \Delta C$
VII. $A \cap (B \Delta C) = (A \cap B) \Delta (A \cap C)$

d) Die Gesetze unter c) sind mit Hilfe der Gesetze des Theorems 4.1 herzuleiten.
e) Verwende Venn-Diagramme zum Beweis der Gesetze unter c). f) Zeige, daß

$$A \Delta (B \cap C) = (A \Delta B) \cap (A \Delta C)$$

kein Gesetz ist, d.h. daß es Mengen A, B, C gibt, für die diese Gleichung nicht erfüllt ist. Untersuche mit Hilfe von Mitgliedstafeln oder auf andere Weise, welche zusätzliche Bedingungen A, B, C genügen müssen, damit die Gleichung gilt.

4.9
Beweise, daß $(A \cap B) \cap (C \cap D)$ und $(A \cap (B \cap C)) \cap D$ gleiche Mengen sind. Bei der Herleitung sind die einzelnen verwendeten Gesetze des Theorems 4.1 anzugeben.

4.10
Die Formeln (4.6) bis (4.8) sind durch vollständige Induktion zu beweisen.

4.11
Es sei wenigstens eine Teilmenge einer bestimmten Grundmenge $\mathfrak{U}$ gegeben. Mit den gegebenen Mengen sollen alle möglichen Operationen, bezeichnet durch die Symbole $\cap$, $\cup$ und $'$, ausgeführt werden. Irgendwelche dabei neu entstehenden Mengen können wiederum mit anderen neuen oder den gegebenen Mengen verbunden werden. Es sollen nun sämtliche Mengen angegeben werden, die entstehen, wenn dieser Vorgang beliebig weit fortgesetzt wird. Die anfänglich gegebenen Mengen seien
a) $\mathfrak{U}$, b) $\emptyset$, c) A (= eine Teilmenge von $\mathfrak{U}$), d) A und A'.

4.12
Es sei $\mathfrak{A}$ eine Menge der Teilmengen einer bestimmten Grundmenge $\mathfrak{U}$, d.h. die Elemente von $\mathfrak{A}$ sind Teilmengen von $\mathfrak{U}$. Die Menge $\mathfrak{A}$ heißt eine *Mengenalgebra*, wenn folgende Bedingungen erfüllt sind:
1. $\mathfrak{A}$ ist nicht leer.
2. Aus $A \in \mathfrak{A}$ folgt $A' \in \mathfrak{A}$.
3. Aus $A \in \mathfrak{A}$ und $B \in \mathfrak{U}$ folgt $A \cup B \in \mathfrak{A}$.

Beweise die folgenden Sätze unter der Annahme, daß $\mathfrak{A}$ eine Mengenalgebra ist.
a) $\mathfrak{U} \in \mathfrak{A}$ b) $\emptyset \in \mathfrak{A}$ c) Aus $A \in \mathfrak{A}$ und $B \in \mathfrak{A}$ folgt $A \cap B \in \mathfrak{A}$.

4.13
Zeige, daß im folgenden Mengenalgebren vorliegen (vgl. Übg. 4.11 und 4.12).
a) $\mathfrak{A} = \{\mathfrak{U}, \emptyset\}$
b) $\mathfrak{A} = \{\mathfrak{U}, \emptyset, A, A'\}$, wenn A eine Teilmenge von $\mathfrak{U}$ ist.
c) $\mathfrak{A} = 2^{\mathfrak{U}}$, die Menge aller Teilmengen von $\mathfrak{U}$.

5. Kartesische Produktmengen

Unterscheiden wir in einem Paar von Objekten zwischen einem ersten und einem zweiten (das vom ersten nicht verschieden zu sein braucht) Objekt, so nennen wir dies ein *geordnetes Paar* (*ordered pair*). Bezeichnen wir das erste Objekt mit a, das zweite mit b, so wird das geordnete Paar in der Form (a, b) geschrieben. Dieses geordnete Paar ist nicht mit der Menge $\{a, b\}$ zu verwechseln, In der Menge $\{a, b\}$ gibt es kein erstes Element, da die Reihenfolge, in der die Elemente hingeschrieben werden, keine Rolle spielt. Es ist also $\{a, b\} = \{b, a\}$, während wir zwischen (a, b) und (b, a) zu unterscheiden wünschen. Wir setzen also fest (definieren), daß zwei geordnete Paare dann und nur dann gleich sind, wenn sie in ihren ersten und wenn sie in ihren zweiten Elementen übereinstimmen, d.h.

$$(a, b) = (c, d) \text{ dann und nur dann, wenn } a = c, \text{ und } b = d. \quad (5.1)$$

Wir haben bereits geordnete Paare verwendet und werden sie auch weiter benötigen. Im Beispiel 1.5 und in den Übungen 1.5 und 2.7 haben wir geordnete Paare reeller Zahlen betrachtet. In bezug auf ein rechtwinkliges Koordinatensystem deuten wir (x, y) als einen Punkt der durch die Achsen bestimmten Ebene. Nach (5.1) sind zwei derartige geordneten Paare reeller Zahlen dann und nur dann gleich, wenn sie denselben Punkt darstellen.

Die Objekte in einem geordneten Paar brauchen jedoch keine Zahlen zu sein. So können wir zum Beispiel das Ergebnis des zweimaligen Werfens einer Münze durch eines der folgenden Paare (H, H), (H,Z), (Z, H), (Z, Z) angeben, wenn wir H für „Figur (Bild oder dergl.)" und Z für „Zahl" schreiben. Dabei bezeichnet das erste Objekt des Paares das Ergebnis des ersten Wurfes und das zweite Objekt das des zweiten Wurfes. Da wir zwischen den Ergebnissen (H, Z) und (Z, H) zu unterscheiden wünschen, läuft dies auf die Verwendung von geordneten Paaren hinaus.

Der Begriff des geordneten Paares kann auch durch Ausdrücke mit Mengen definiert werden; dann kann man (5.1) beweisen. Um ein geordnetes Paar zu kennzeichnen, genügt es anzugeben, welche beiden Objekte das Paar bilden und welches Objekt das erste sein soll. So ist das geordnete Paar (a, b) bestimmt, wenn wir die Menge $\{a, b\}$ der Objekte des geordneten Paares und die Menge $\{a\}$ kennen, die das erste Objekt angibt. Dies führt auf die

Definition 5.1

Es seien a und b irgendwelche Objekte. Dann ist das geordnete Paar (a, b) definiert durch

$$(a, b) = \{\{a, b\}, \{a\}\}. \quad (5.2)$$

Theorem 5.1

Zwei geordnete Paare (a, b) und (c, d) sind dann und nur dann gleich, wenn $a = c$ und $b = d$ ist.

Beweis: Nach der Definition ist

$$(c, d) = \{\{c, d\}, \{c\}\},$$

und diese Menge ist ersichtlich mit der Menge identisch, die (a, b) definiert, wenn $a = c$ und $b = d$ ist. Damit ist der Teil des Beweises, der sich auf das „dann" bezieht, erledigt. Um das „nur dann" zu beweisen, nehmen wir $(a, b) = (c, d)$ an, d.h.

$$\{\{a, b\}, \{a\}\} = \{\{c, d\}, \{c\}\} \tag{5.3}$$

und beweisen, daß dann $a = c$ und $b = d$ folgt. Nun sind zwei Mengen gleich, wenn sie dieselben Elemente haben. Aus (5.3) folgt nun zunächst, daß entweder 1. $\{a, b\} = \{c, d\}$ und $\{a\} = \{c\}$ oder 2. $\{a, b\} = \{c\}$ und $\{a\} = \{c, d\}$ ist.
Im 1. Falle schließen wir von $\{a\} = \{c\}$ auf $a = c$ und von $\{a, b\} = \{c, d\}$ dann weiter auf $b = d$.
Im 2. Falle folgt aus $\{a, b\} = \{c\}$ in Hinblick auf $\{a, a\} = \{a\}$ die Beziehung $a = b = c$. Aus $\{a\} = \{c, d\}$ wird dann $\{a\} = \{a, d\}$, woraus $d = a$ folgt. Im 2. Falle ist also $a = b = c = d$ und die Behauptung stimmt auch. Damit ist der vollständige Beweis erbracht.
Haben wir zwei Mengen, so können wir immer geordnete Paare bilden, indem wir jeweils das erste Objekt jedes Paares aus der einen Menge und das zweite Objekt aus der zweiten Menge nehmen. Diese einfache Bemerkung wird sich als recht bedeutungsvoll erweisen und führt zu besonderen Bezeichnungsweisen.

Definition 5.2

Sind A und B Mengen, so versteht man unter dem (kartesischen) Produkt (*Cartesian product*) $A \times B$ von A und B die Menge aller geordneten Paare (a, b), wobei a zu A und b zu B gehört. In Symbolen geschrieben:

$$A \times B = \{(a, b) \mid a \in A \text{ und } b \in B\}.$$

Damit haben wir einen weiteren Weg, um neue Mengen aus gegebenen Mengen zu erhalten: die Produktbildung.

Beispiel 5.1

Wenn $A = \{\mathrm{H}, \mathrm{Z}\}$ und $B = \{1, 2, 3\}$ ist, dann ist
$A \times B = \{(\mathrm{H}, 1) (\mathrm{H}, 2), (\mathrm{H}, 3), (\mathrm{Z}, 1), (\mathrm{Z}, 2), (\mathrm{Z}, 3)\}$,
$B \times A = \{(1, \mathrm{H}), (1, \mathrm{Z}), (2, \mathrm{H}), (2, \mathrm{Z}), (3, \mathrm{H}), (3, \mathrm{Z})\}$,
$A \times A = \{(\mathrm{H}, \mathrm{H}), (\mathrm{H}, \mathrm{Z}), (\mathrm{Z}, \mathrm{H}), (\mathrm{Z}, \mathrm{Z})\}$,
$B \times B = \{(1, 1), (1, 2), (1, 3), (2, 1), (2, 2), (2, 3), (3, 1), (3,2), (3, 3)\}$

Das Beispiel zeigt die Bedeutung des (kartesischen) Produkts in der Wahrscheinlichkeitsrechnung. Man betrachte etwa die folgenden Experimente: 1. Wurf einer Münze, 2. Wahl einer Zahl unter den ersten drei natürlichen Zahlen. Jedes Element von A stellt das Ergebnis eines Münzwurfs dar, jedes Element von B ist ein Ergebnis des zweiten Experiments. Nun denken wir uns ein zusammengesetztes Experiment, in welchem zuerst eine Münze und dann eine Zahl gewählt wird. Die Ergebnisse können nun durch geordnete Paare wie (H, 2) usw. angegeben werden. Alle möglichen Ergebnisse des zusammengesetzten Experiments werden also durch die Produktmenge $A \times B$ geliefert.
Es sei bemerkt, daß $B \times A$ nicht dieselbe Menge wie $A \times B$ ist. Die Menge $B \times A$ umfaßt nämlich alle möglichen Ergebnisse des davon verschiedenen zusammengesetzten Experiments, bei dem zuerst die Zahl gewählt und dann die Münze geworfen wird. Werfen wir die Münze zweimal, so erhalten wir ein Ergebnis, das ein Element der Menge $A \times A$ ist. Wählen wir schließlich aus der Menge B eine Zahl und dann noch einmal eine Zahl aus B, dann entsprechen die möglichen Ergebnisse den Elementen von $B \times B$. Wir müssen ergänzen, daß nicht alle zusammengesetzten Experimente auf kartesische Produkte führen. Wählen wir z.B. eine Zahl aus der Menge B und dann eine Zahl aus den *restlichen* Zahlen von B, dann ist die Menge der möglichen Ergebnisse

$$\{(1,2), (1,3), (2,1), (2,3), (3,1), (3,2)\},$$

kein kartesisches Produkt, obwohl ihre Elemente geordnete Paare sind. Damit werden wir uns ausführlicher im nächsten Kapitel beschäftigen.

Beispiel 5.2

Es wurde bereits erwähnt, daß jedes geordnete Paar reeller Zahlen als Punkt einer Ebene aufgefaßt werden kann. Ist R die Menge der reellen Zahlen, dann ist jedem geordneten Paar in $R \times R$ genau ein Punkt zugeordnet, und umgekehrt ist jedem Punkt genau ein geordnetes Paar aus der Menge $R \times R$ zugeordnet. Diese eineindeutige Zuordnung von Punkten und Paaren reeller Zahlen ist die Grundidee der ebenen analytischen Geometrie. Eine Ebene mit einem Achsenkreuz heißt nach *René Descartes* (1596/1650), einem Begründer der analytischen Geometrie, eine kartesische Ebene. Der Graph irgendeiner Teilmenge von $R \times R$ ist definiert als die Menge der Punkte, die den geordneten Paaren dieser Teilmenge entsprechen.
So ist z.B. die Menge

$$\{(x, y) \mid x^2+y^2 = 9\}$$

eine Teilmenge von $R \times R$, deren Graph ein Kreis mit dem Mittelpunkt im Ursprung und dem Radius 3 ist. Der Graph von $R \times R$ selbst ist die ganze Ebene.

Wir können geordnete Tripel, allgemein geordnete r-Tupel, durch geordnete Paare ausdrücken. Ein geordnetes Tripel (oder 3-Tupel) ist z.B. ein geordnetes Paar, dessen erstes Glied ein geordnetes Paar ist:

$$(a, b, c) = ((a, b), c). \tag{5.4}$$

In gleicher Weise können wir geordnete Quadrupel (4-Tupel) als geordnete Paare definieren, deren erste Glieder geordnete Tripel sind:

$$(a, b, c, d) = ((a, b, c), d).$$

Allgemein ist dann ein r-Tupel definiert durch

$$(a_1, a_2, \ldots, a_r) = ((a_1, a_2, \ldots, a_{r-1}), a_r). \tag{5.5}$$

Aus diesen Definitionen kann geschlossen werden, daß zwei geordnete r-Tupel dann und nur dann gleich sind, wenn ihre entsprechenden Objekte gleich sind, d.h. es ist

$$(a_1, a_2, \ldots, a_r) = (b_1, b_2, \ldots, b_r)$$

dann und nur dann, wenn

$$a_1 = b_1, a_2 = b_2, \ldots, a_r = b_r.$$

Der Beweis bleibe als Übung für den Leser.

Wie man das kartesische Produkt zweier Mengen A und B als eine Menge von geordneten Paaren (2-Tupeln) definiert hat, so können wir auch das Produkt von r Mengen als eine Menge von r-Tupeln definieren.

Definition 5.3

Es sei r eine natürliche Zahl grösser als 1, und $A_1, A_2, \ldots, A_r$ seien Mengen. Das kartesische Produkt $A_1 \times A_2 \times \ldots \times A_r$ dieser Mengen ist die Menge aller geordneten r-Tupel $(a_1, a_2, \ldots, a_r)$, bei denen a_1 zu A_1, a_2 zu $A_2, \ldots, a_r$ zu A_r gehören. In Symbolen:

$$A_1 \times A_2 \times \ldots A_r = \{(a_1, a_2, \ldots, a_r) \mid a_j \in A_j \text{ für } j = 1, 2, \ldots, r\}$$

Beispiel 5.3

Es sei $A = \{\mathrm{H}, \mathrm{Z}\}$. Das Produkt $A \times A \times A$ ist die Menge von geordneten 3-Tupeln, in welchen jedes der drei Objekte entweder H oder Z ist. Ein derartiges 3-Tupel ist (H, Z, H); insgesamt gibt es acht.

Wie bereits bei der Besprechung des Beispiels 5.1 erwähnt, kann jedes derartige 3-Tupel als Ergebnis eines zusammengesetzten Experiments aufgefaßt werden, bei dem eine Münze dreimal geworfen wird.
Ist die Anzahl der Elemente in jeder der Mengen $A_1, A_2, \dots, A_r$ gegeben, so müssen wir in der Lage sein, die Anzahl der geordneten r-Tupel in dem Produkt dieser Mengen zu bestimmen. Wir bezeichnen die Anzahl der Elemente der Menge A mit $n(A)$.

Theorem 5.2

Wenn r eine natürliche Zahl ist und $A_1, A_2, \dots, A_r$ irgendwelche Mengen sind, dann ist

$$n(A_1 \times A_2 \times \dots \times A_r) = n(A_1)n(A_2)\dots n(A_r). \qquad (5.6)$$

Beweis: $A_1 \times A_2 \times \dots \times A_r$ besitzt so viel Elemente, wie es r-Tupel $(a_1, a_2, \dots, a_r)$ mit $a_1 \in A_1, a_2 \in A_2, \dots, a_r \in A_r$ gibt. Das Objekt a_1 kann auf $n(A_1)$ verschiedene Weisen gewählt werden. Dann können wir das Objekt a_2 auf $n(A_2)$ verschiedene wählen usw. bis zum Objekt a_r, das auf $n(A_r)$ verschiedene Weisen gewählt werden kann. Nach dem grundlegenden Zählprinzip (S. 9) ist daher die Anzahl der r-Tupel durch das Produkt $n(A_1)\,n(A_2)\dots n(A_r)$ gegeben. Damit ist der Satz bewiesen.

Beispiel 5.4

Es sei $A = \{\mathrm{H}, \mathrm{Z}\}$ und $B = \{1, 2, 3, 4, 5, 6\}$. Dann hat das kartesische Produkt $A \times A \times B$

$$n(A)n(A)n(B) = 2 \cdot 2 \cdot 6 = 24 \text{ Elemente}.$$

Jedes Element ist ein 3-Tupel, das als ein Ergebnis der 24 möglichen Ergebnisse eines Experiments aufgefaßt werden kann, bei dem wir eine Münze zweimal werfen und dann einmal würfeln. (H, H, 6) würde angeben, das zweimal „Figur" gefallen und eine 6 gewürfelt worden wäre.

Übungen

5.1

Es sind $A = \{1,2\}$, $B = \{2,3\}$ und $C = \{3\}$ drei Teilmengen der Grundmenge $\mathfrak{U} = \{1, 2, 3\}$. Notiere die Elemente der folgenden Mengen:

a) $A \times A$ b) $C \times C$ c) $A \times B$ d) $B \times A$
e) $(A \times B) \cap (B \times C)$ f) $(A \times B) \cup (B \times C)$ g) $(A \times \mathfrak{U}) \cap (\mathfrak{U} \times B)$ h) $A \times B \times C$

5.2

Zeichne den Graphen der Mengen in a) bis d) der vorhergehenden Übung. Wie würde man den Graphen der Menge unter h) darstellen können?

5.3

a) Zeige, daß $A \times B = B \times A$ ist, wenn $A = B$. Gilt auch das Umgekehrte?

b) Beweise: $A \times B = \emptyset$ gilt dann und nur dann, wenn $A = \emptyset$ oder $B = \emptyset$.

c) $A \times B \subseteq C \times D$ gilt, wenn $A \subseteq C$ und $B \subseteq D$. Dies ist zu beweisen. Ist die Umkehrung ebenfalls richtig?

5.4

Beweise

a) $A \times (B \cap C) = (A \times B) \cap (A \times C)$, b) $A \times (B \cup C) = (A \times B) \cup (A \times C)$.

5.5

A und B seien Teilmengen einer Grundmenge $\mathfrak{U}$. Beweise

$$(A \times \mathfrak{U}) \cap (\mathfrak{U} \times B) = A \times B .$$

5.6.

Das geordnete Paar (a, b) ist als eine bestimmte Menge durch Formel (5.2) definiert. Wie viele verschiedene Elemente enthält die Menge (a, b)? (Beachte auch den Fall $a = b$.)

5.7

a) Zeige für die durch Formel (5.4) definierten 3-Tupel, daß

$$(a, b, c) = (d, e, f)$$

dann und nur dann, wenn $a = d, \quad b = e, \quad c = f$.

b) Beweise ganz allgemein für r-Tupel (r natürliche Zahl größer als 1) durch vollständige Induktion, daß zwei geordnete r-Tupel dann und nur dann gleich sind, wenn ihre entsprechenden Objekte gleich sind.

5.8

Es sei A eine Menge mit n Elementen. Wie viele Elemente enthalten dann die folgenden Mengen?

a) $A \times A$ b) $\{(x, y) \mid x \in A, y \in A \text{ und } x \neq y\}$

c) $A \times A \times A$ d) $\{(x, y, z) \mid x \in A,\ y \in A,\ z \in A,\ x \neq y,\ x \neq z,\ y \neq z\}$

e) Beschreibe für jede der Mengen in a) bis d) ein Experiment, dessen Ergebnisse durch Elemente der Menge dargestellt werden können.

Ergänzende Lektüre

1. *Breuer, J.*, Einführung in die Mengenlehre. Hermann Schroedel Verlag, Hannover 1964.
2. *Behnke-Süß-Fladt*, Grundzüge der Mathematik, Band 1, Verlag Vandenhoeck und Ruprecht, Göttingen 1958.
3. *Wolff, G.*, Handbuch der Schulmathematik. Band 1, Teil III; Band 2, Teil III und Band 5, Teil III.
4. *Papy, G.*, Die ersten Elemente der Mathematik. Otto Salle Verlag, Frankfurt/M 1962.

5. *Kemeny-Snell-Thompson*, Introduction to finite mathematics, Prentice-Hall, 1957.
6. Mathematical Association of America, Committee on the Undergraduate Program, Elementary Mathematics of sets. 1958.
7. *May, K. O.*, Elements of modern mathematics. Addison-Wesley Publishing Company 1959.
8. *Suppes, P.*, Introduction to Logic. D. van Nostrand Co. 1957.

II. Wahrscheinlichkeit in endlichen Ereignisräumen

1. Ereignisräume

Wahrscheinlichkeitsfragen entstehen bei der Betrachtung von wirklichen oder vorgestellten Experimenten und ihren Ergebnissen. Unsere erste Aufgabe bei der exakten Behandlung der Wahrscheinlichkeitstheorie muß es daher sein, einen geeigneten mathematischen Weg zur Beschreibung eines Experiments zu finden.

Denken wir etwa an das Werfen einer Münze. Wir sehen gewöhnlich „Figur" und „Zahl" als die einzig möglichen Ergebnisse oder Ereignisse an. Wenn wir diese mit H bzw. Z bezeichnen, dann wird jedes Ergebnis eines Experiments genau einem Element der Menge $\{H, Z\}$ entsprechen. Diese Menge heißt ein *Ereignisraum* (*sample space*) für das Experiment, auch *Stichprobenraum.*

Nun wollen wir eine 1 Pf- und eine 5 Pf-Münze werfen. Wie ist das Ergebnis dieses Versuchs anzugeben? Wir können bei jedem Wurf dieser beiden Münzen die Anzahl der erhaltenen „Figuren" (H) aufschreiben. Dann entspricht jedes Ergebnis dieses Versuchs genau einem der Elemente der Menge $S_1 = \{0, 1, 2\}$. S_1 ist ein Ereignisraum für das Experiment. Wir sagen mit Absicht *ein* und nicht der Ereignisraum, denn wir können uns noch andere Wege denken, die Ergebnisse dieses Versuchs zu beschreiben. In der Tat, wenn wir die Münzen werfen und z.B. nur feststellen, ob wir einmal „Figur" (H) erhalten, dann würden wir bei der Frage „Ergab der Wurf der 1-Pf-Münze Figur?" in Verlegenheit geraten. Unsere Methode, die Ergebnisse zu kennzeichnen, war zu grob; indem wir nur die Anzahl der „Figuren" angaben, haben wir Informationen verschenkt.

Wir erhalten eine bessere Fallunterscheidung, wenn wir feststellen, ob beide Münzen Figur (HH), ob die 1 Pf-Münze Figur und die 5 Pf-Münze Zahl (HZ), ob die 1 Pf-Münze Zahl und die 5 Pf-Münze Figur (ZH) oder beide Münzen Zahl (ZZ) zeigen. Nun entspricht jedes Ergebnis eines Versuchs genau einem Element in der Menge

$$S_2 = \{HH, HZ, ZH, ZZ\}.$$

S_2 ist ein anderer Ereignisraum für dieses Experiment. S_2 ist das (kartesische) Produkt $A \times A$, wobei $A = \{H, Z\}$. Dabei haben wir hier bei den geordneten Paaren vereinfachend HH für (H, H), HZ für (H, Z) usw. geschrieben. Wenn wie in diesem Beispiel kein Mißverständnis möglich ist, werden wir auch bei geordneten r-Tupeln diese vereinfachte Schreibung verwenden.

Diese Situation ist typisch für die meisten Fälle. Ob wir die Ereignisse in der einen oder einer anderen Weise beschreiben, ist keine Frage, die unsere Theorie beantwortet. Wir stellen ausdrücklich fest, daß es also für ein gegebenes Experiment keinen bestimmten Ereignisraum gibt. Verschiedene Personen oder sogar dieselbe Person zu verschiedenen Zeiten werden die Ergebnisse verschieden beschreiben. Dagegen legen wir fest, daß jeder Ereignisraum den folgenden Erfordernissen genügen soll.

Definition 1.1

Ein *Ereignisraum* S für ein wirkliches oder gedachtes Experiment ist eine Menge, die folgende Bedingungen erfüllt: 1. Jedes Element von S bezeichnet ein Ergebnis des Experiments, 2. jedem Ergebnis des Experiments entspricht ein und nur ein Element von S.

Obgleich viele Ereignisräume diese Bedingungen erfüllen und daher dazu dienen können, einen Versuch zu beschreiben, gibt es manche, die dazu besser geeignet sind als andere. Als Richtschnur kann gelten, daß man in die Beschreibung des Ausfalls eines Versuchs möglichst viele Einzelheiten aufnehmen soll. Man stelle sich etwa vor, daß man die Ergebnisse so genau in einem Notizbuch aufzuschreiben habe, daß man später alle eindringlichen Fragen nach ihnen beantworten kann.

Beispiel 1.1

Ein grüner und ein roter Würfel sollen geworfen werden. Die Menge

$$S_1 = \{0 \text{ Sechsen, genau eine Sechs, } 2 \text{ Sechsen}\}$$

ist eine Menge, die die Bedingungen der Definition 1.1 erfüllt und die als Ereignisraum für diesen Versuch dienen kann. Das gleiche gilt für

$$S_2 = \{2, 3, 4, 5, 6, 7, 8, 9, 10, 11, 12\},$$

wenn wir vereinbaren, daß ein Element von S_2 die Summe der geworfenen Augen bedeutet. Aber weder bei S_1 noch bei S_2 sind die Ergebnisse genügend fein unterteilt, um die Frage zu beantworten, ob die Anzahl der Augen auf dem roten Würfel größer als die auf dem grünen Würfel ist. Um alle auftretenden Fragen zu berücksichtigen, müssen wir die Augen bei jedem der beiden Würfel notieren. Das führt dazu, als Ereignisraum die Menge S (wie auf S. 12 definiert) von 36 geordneten Paaren zu nehmen. Dabei bezeichnet dann (x, y) das Ergebnis, bei dem der rote Würfel die Zahl x und der grüne Würfel die Zahl y

zeigt. Da x und y natürliche Zahlen in der Menge

$$D = \{1, 2, 3, 4, 5, 6\}$$

sind, kann der Ereignisraum als das Produkt

$$S = D \times D = \{(x, y) \mid x \in D \text{ und } y \in D\} \tag{1.1}$$

geschrieben werden. Es sei bemerkt, daß D selbst als Ereignisraum für den Versuch genommen werden kann, bei dem nur ein Würfel geworfen wird. Schließlich sind

$$S_3 = \{0 \text{ Sechsen, } 2 \text{ Sechsen}\}$$

und

$$S_4 = \{0 \text{ Sechsen, } (1{,}6), \text{ genau eine Sechs, } (6{,}6)\}$$

Beispiele für Mengen, die bei dem Zweiwürfelversuch nicht als Ereignisräume dienen können. Beide Mengen verstoßen nämlich gegen die Bedingung (2) in der Definition 1.1. Dem Ergebnis (1,6) entspricht kein Element von S_3 und es entsprechen ihm zwei Elemente von S_4.

Ein Ereignisraum kann eine unendliche Menge sein. Es soll z.B. eine Münze so lange geworfen werden, bis zum ersten Male „Figur" erscheint. Es ist logisch vorstellbar, daß wir eine unendliche Folge von Zahlen erhalten und daß Figur niemals erscheint. Dieses Ergebnis bezeichnen wir mit ω. Wenn Figur geworfen wird, dann kennzeichnen wir das Ergebnis durch die Nummer des Wurfes, bei dem zuerst Figur erscheint. Unser Ereignisraum ist daher

$$S = \{\omega, 1, 2, 3, \ldots\},$$

und dies ist sicher eine unendliche Menge. Als ein weiteres Beispiel nehmen wir den Versuch, einen Punkt aus der Menge der Punkte einer Einheitsstrecke zu wählen. (Dieser gedachte Versuch kann etwa in der Form ausgeführt werden, daß besonders spitze Pfeile auf die Strecke abgeschossen werde.) Da wir jedem Punkt auf der Geraden genau eine reelle Zahl zuordnen können, können wir als Ereignisraum die unendliche Menge

$$S = \{x \in R \mid 0 \leqq x \leqq 1\}$$

nehmen, wobei R die Menge der reellen Zahlen bezeichnet.

Wie unsere Erörterungen zeigen, besteht ein Weg, die Ergebnisse eines Versuchs einwandfrei zu erfassen, darin, einen zugeordneten Ereignisraum anzugeben. Da wir von der Wahrscheinlichkeit eines Ereignisses stets in Verbindung mit einem wirklichen oder gedachten Experiment sprechen, *beginnt unsere mathematische Theorie mit der Angabe eines*

Ereignisraumes, durch den wir den Versuch definieren. Während es die allgemeine Wahrscheinlichkeitstheorie sowohl mit endlichen wie mit unendlichen Ereignisräumen zu tun hat, *beschränken wir uns in diesem Buch auf endliche Ereignisräume.*

Beispiel 1.2

Aus einer großen Personenmenge werden r Personen herausgewählt und ihre Geburtstage (nicht ihre Geburtsjahre) notiert. Wir wollen für diesen Versuch einen passenden Ereignisraum angeben. Dazu numerieren wir die Tage des Jahres von 1 bis 365 und lassen Personen, die in Schaltjahren am 29. Februar geboren sind, außer Betracht. Das geordnete r-Tupel (17, 3, 131, ..., 78), wobei die erste Zahl der Geburtstag der ersten, die zweite Zahl der Geburtstag der zweiten Person usw. ist, sei z.B. ein Ergebnis des Experiments. Jeder Geburtstag ist ein Element der Menge

$$A = \{1, 2, 3, \ldots, 365\},$$

aber ein Ergebnis des Versuchs wird nur in Form eines r-Tupels von Zahlen angegeben, die alle in A auftreten. (Siehe Übung I.2.20)*). Wir definieren den Ereignisraum daher durch die Produktmenge

$$S = A \times A \times A \times \ldots \times A = \{(x_1, x_2, \ldots, x_r) \mid x_i \in A \text{ für } i = 1, 2, \ldots, r\}. \tag{1.2}$$

Der Ereignisraum S enthält 365^r Elemente. Wenn $r \geqq 4$ ist, dann enthält S mehr als eine Billion r-Tupel. Trotzdem ist S ein endlicher Ereignisraum für alle Werte von r. Hierhin gehörige Wahrscheinlichkeitsfragen werden wir daher durch unsere Theorie beantworten. (Wir setzen dieses Problem in Beispiel 2.1 fort.)

Beispiel 1.3

Welchen Ereignisraum sollen wir bei dem Experiment verwenden, bei dem eine Bridgehand (13 Karten) aus einem Spiel von 52 gezogen wird? Da es bei den 13 Karten nicht auf ihre Reihenfolge ankommt, können wir eine Bridgehand als eine Teilmenge von 13 Karten aus der Menge von 52 Karten ansehen. Wir bezeichnen mit $A_p, K_p, \ldots, 2_p$

---

*) Hinweise auf Sätze (Theoreme), Definitionen, Beispiele, Übungen oder Formeln des gleichen Kapitels erhalten nur ihre Nummer in diesem Kapitel. Bei Hinweisen auf diese Dinge in anderen Kapiteln wird noch die Nummer des Kapitels davorgesetzt. Übung I.2.20 bedeutet also die 20. Übung im 2. Abschnitt des ersten Kapitels. Die Angabe 2.20 würde sich auf die Übung 2.20 im 2. Abschnitt dieses (zweiten) Kapitels beziehen.

Pik-As, Pik-König usw. Die Indizes $h, k, +$ verwenden wir entsprechend für Herz, Karo und Kreuz. Dann stellt

$$D = \{A_p, \ldots, 2_p, A_h, \ldots, 2_h, A_k, \ldots, 2_k, A_+, \ldots, 2_+\} \quad (1.3)$$

die Menge der 52 Karten des Spieles dar. Für unser Experiment nehmen wir als Ereignisraum die Menge S aller 13-elementigen Untermengen von D; symbolisch geschrieben

$$S = \{B \mid B \subseteq D \text{ und } n(B) = 13\}. \quad (1.4)$$

Die hierhin gehörigen Fragen werden wir mit Hilfe unserer Theorie beantworten, da S endlich ist. Das Problem, $n(S)$, d.h. die Anzahl der möglichen Bridgehände zu bestimmen, wird im dritten Kapitel wieder aufgegriffen.

Übungen

1.1

Wir beschreiben einige Versuche. In jedem Falle ist ein geeigneter Ereignisraum anzugeben.

a) Eine Karte wird aus einem Spiel von 52 Karten gezogen.

b) Drei Münzen werden geworfen.

c) Ein Junge hat eine 1 Pf-, eine 5 Pf-, eine 10 Pf-, und eine 50 Pf-Münze in seiner Tasche. Er nimmt zwei Münzen heraus, zuerst eine, dann die zweite.

d) Zwei verschiedene Dinge werden in zwei numerierte Kästen getan.

e) Zwei nichtunterscheidbare Objekte werden in zwei numerierte Kästen getan.

f) Alle Familien mit zwei Kindern werden erfaßt. Die Geschlechter der Kinder (das des ältesten zuerst) werden registriert.

g) Von den Familien mit drei Kindern werden die Geschlechter der Kinder dem Alter nach (das des ältesten zuerst) registriert.

h) Von den Familien mit r Kindern werden die Geschlechter dem Alter nach (das des ältesten zuerst) verzeichnet.

i) r Münzen werden geworfen.

j) Eine Pokerhand (5 Karten) werden aus einem gewöhnlichen Kartenspiel von 52 Karten gezogen.

1.2

Aus sechs Jungen eines Klubs soll ein Ausschuß von drei Jungen gebildet werden. Die Jungen seien A, B, C, D, E, F.

a) Nenne die 20 Elemente des diesem Experiment zugeordneten Ereignisraumes S. Bestimme die Teilmenge von S, die jene Ergebnisse enthält, in denen b) A, c) sowohl A wie auch B, d) A oder B gewählt wurden, e) A nicht gewählt wurde. Wie viele Elemente hat die Teilmenge?

1.3

Beantworte in bezug auf die Übung 1.1.c die Frage, in wie vielen Fällen der Junge weniger als 15 Pf aus der Tasche nimmt.

1.4

Es sei S der Ereignisraum von 36 Elementen des Beispiels 1.1. Ferner sei E die Teilmenge von S, deren Elemente Ergebnisse bezeichnen, für welche die Summe der Augen auf den Würfeln größer als 9 ist, und F die Teilmenge, deren Elemente Ergebnisse sind, bei denen die geworfenen Augen auf beiden Würfeln gleich sind. Bestimme die Elemente der folgenden Mengen:

a) $E \cap F$ b) $E \cup F$ c) $E' \cap F$ d) $E \cap F'$ e) E' f) F'

1.5

Das Experiment besteht darin, aus einem Hut, der sechs Zettel mit den Zahlen 1, 2, 3, 4, 5, 6 enthält, einen Zettel zu ziehen. Untersuche, welche der folgenden Mengen geeignete Ereignisräume sind und welche nicht.

a) $S = \{1, 2, 3, 4, 5, 6\}$ b) $S = \{1, 2, 3, 4, 5\}$

c) $S = \{$ungerade Zahl, gerade Zahl$\}$ d) $S = \{1, 3, 5,$ gerade Zahl$\}$

e) $S = \{1, 2,$ Zahl kleiner als 6, $6\}$

f) $S = \{$Zahl kleiner als 3, 3, Zahl größer als 3$\}$

1.6

Ein Versuch besteht in der Auswahl von r Glühbirnen aus einer großen Anzahl von maschinell hergestellten Lampen und im Testen dieser ausgewählten Glühbirnen. Eine Glühbirne kann gut (g) oder schlecht (s) sein. Bestimme einen Ereignisraum für dieses Experiment und vergleiche mit den Ereignisräumen in den Übungen 1.1(h) und 1.1(i). Beobachtung!

1.7

Von zwei Urnen enthält die Urne 1 eine schwarze Kugel und zwei weiße Kugeln, die Urne 2 zwei schwarze Kugeln und eine weiße Kugel. Das Experiment besteht darin, zuerst eine Urne auszusuchen und dann daraus eine Kugel zu ziehen. Definiere hierfür einen passenden Ereignisraum.

2. Ereignisse

Die Wahrscheinlichkeitstheorie beginnt damit, daß ein Ereignisraum als mathematisches Gegenstück eines Experiments gekennzeichnet wird. *Der Ereignisraum dient als Grundmenge bei allen Fragen, die sich bei diesem Experiment erheben.*

Bei einem Versuch können wir an den verschiedensten Ereignissen interessiert sein. Bei dem dreimaligen Werfen einer Münze sei z.B.

$$S = \{\text{HHH}, \text{HHZ}, \text{HZH}, \text{ZHH}, \text{HZZ}, \text{ZHZ}, \text{ZZH}, \text{ZZZ}\} \tag{2.1}$$

der zugeordnete Ereignisraum. Wir können nun nach dem Ereignis „Die Anzahl der Figuren übertrifft die Anzahl der Zahlen" fragen. Für jeden Ausfall des Experiments läßt sich feststellen, ob dieses Ereignis eintritt oder nicht. Wir finden, daß HHH, HHZ, HZH und ZHH die einzigen Elemente sind, die den zutreffenden Fällen entsprechen; wenn der Ausfall des Experiments einem anderen Element von S entspricht, dann tritt dieses Ereignis nicht ein. Statt zu sagen, das Ereignis „Die Anzahl der Figuren übertrifft die Anzahl der Zahlen" tritt ein, können wir also auch sagen, daß das Ergebnis des Experiments einem Element der Menge

$$A = \{\text{HHH}, \text{HHZ}, \text{HZH}, \text{ZHH}\}$$

entspricht. Ersichtlich ist A eine *Teilmenge* des Ereignisraumes S. Die Teilmenge A kann daher als mathematisches Gegenstück des Ereignisses „Die Anzahl der Figuren übertrifft die Anzahl der Zahlen" genommen werden. In ähnlicher Weise finden wir die folgende Zuordnung zwischen Ereignissen und Teilmengen von S:

Beschreibung des Ereignisses	*Entsprechende Teilmenge von S*
Die Anzahl der Figuren H übertrifft die Anzahl der Zahlen	$A = \{\text{HHH}, \text{HHZ}, \text{HZH}, \text{ZHH}\}$
Anzahl der Figuren H beträgt genau 2	$B = \{\text{HHZ}, \text{HZH}, \text{ZHH}\}$
Die Anzahl der Figuren ist wenigstens 2	$C = \{\text{HHH}, \text{HHZ}, \text{HZH}, \text{ZHH}\} = A$
Der zweite Wurf zeigt Figur	$D = \{\text{HHH}, \text{HHZ}, \text{ZHH}, \text{ZHZ}\}$
Alle drei Würfe zeigen die gleiche Seite	$E = \{\text{HHH}, \text{ZZZ}\}$
Die Anzahl der Figuren ist kleiner als 2	$C' = \{\text{HZZ}, \text{ZHZ}, \text{ZZH}, \text{ZZZ}\}$
Der zweite Wurf ergibt nicht Figur	$D' = \{\text{HZH}, \text{HZZ}, \text{ZZH}, \text{ZZZ}\}$
Der zweite Wurf ergibt Figur *und* die Anzahl der Figuren ist genau 2	$D \cap B = \{\text{HHZ}, \text{ZHH}\}$
Der zweite Wurf ergibt Figur *oder* die Anzahl der Figuren ist genau 2	$D \cup B = \{\text{HHH}, \text{HHZ}, \text{HZH}, \text{ZHH}, \text{ZHZ}\}$

Dieses Beispiel führt uns zu folgender

Definition 2.1

Es sei ein Ereignisraum S gegeben. Ein *Ereignis* ist eine Teilmenge von S. Wir sagen, daß ein *Ereignis E eintritt*, wenn das Ergebnis eines Experiments einem Element der Teilmenge E entspricht.

Diese Definition wird es ermöglichen, daß die Sprache und Bezeichnungsweise der Mengenlehre weitgehend in der Wahrscheinlichkeitstheorie verwendet werden kann. Zur Erläuterung sei ein bestimmter Versuch durch den Ereignisraum S und ein Ausfall des Versuches durch ein Element $o \in S$ gekennzeichnet. Dann können wir unsere alltägliche Ausdrucksweise und den Symbolismus folgendermaßen gegenüberstellen:

Ereignis E	Teilmenge E des Ereignisraumes S
Ereignis F	Teilmenge F des Ereignisraumes S
Das Ereignis E tritt ein	$o \in E$
Das entgegengesetzte Ereignis von E (nicht-E)	E' (die Ergänzungsmenge von E)
Das Ereignis E tritt nicht ein	$o \in E'$
Das Ereignis E oder F	$E \cup F$ (Vereinigung von E und F)
Es tritt das Ereignis E oder F ein	$o \in (E \cup F)$
Ereignis E und F	$E \cap F$ (Durchschnitt von E und F)
Sowohl das Ereignis E wie das Ereignis F treten ein	$o \in (E \cap F)$
Das Ereignis E ist unmöglich	$E = \emptyset$
Das Ereignis E tritt bestimmt ein	$E = S$
Die Ereignisse E und F schließen sich aus	$E \cap F = \emptyset$
Wenn das Ereignis E eintritt, dann tritt auch das Ereignis F ein	$E \subseteq F$ (E ist eine Teilmenge von F)

Wegen ihrer augenfälligen Bedeutung werden wir weiterhin die alltägliche Sprechweise der linken Spalte verwenden. Dabei wollen wir uns aber des Umstandes bewußt bleiben, daß jeder derartige Satz durch einen entsprechenden mengentheoretischen Ausdruck der rechten Spalte beschrieben werden kann und daher in unserer mathematischen Theorie einen ganz genauen Sinn besitzt.

Beispiel 2.1

Wir greifen unser Beispiel 1.2 auf, in dem r Personen ausgewählt und ihre Geburtstage registriert wurden. Wir definierten einen Ereignisraum S für dieses Experiment und fanden, daß er 365^r Elemente hat. Es sei nun E das Ereignis, daß wenigstens zwei unter den r Personen denselben Geburtstag haben. Wir wollen $n(E)$, die Anzahl der Elemente der Teilmenge E bestimmen. Es stellt sich heraus, daß es einfacher ist, zunächst $n(E')$, die Anzahl der Elemente bei dem zu E entgegengesetzten Ereignis zu bestimmen und dann die Formel (vgl. I.3.7)

$$n(E)+n(E') = n(S) = 365^r$$

zu verwenden, um $n(E)$ zu erhalten.

Nun ist E' das Ereignis, daß keine zwei der r Personen den gleichen Geburstag besitzen. $n(E')$ ist gleich der Anzahl der Möglichkeiten, aus der ganzen Menge der 365 Geburtstage (Zahlen) *r verschiedene* Geburtstage (Zahlen) herauszusuchen. Der Geburtstag der ersten Person kann auf 365 Arten herausgegriffen werden, der der zweiten Person auf 364 Arten, der der dritten Person auf 363 Arten und so weiter bis zur

r-ten Person. Sein Geburtstag, der ja von allen anderen verschieden sein soll, kann auf $365-(r-1) = 365-r+1$ Arten gewählt werden. Nach unserem fundamentalen Zählprinzip schließen wir

$$n(E') = 365 \cdot 364 \cdot 363 \ldots (365-r+1)\,.$$

Daraus ergibt sich

$$n(E) = 365^r - 365 \cdot 364 \cdot 363 \ldots (365-r+1) \qquad (2.2)$$

für die Anzahl der Möglichkeiten, daß von r herausgegriffenen Personen wenigstens zwei denselben Geburtstag haben. (Fortsetzung im Beispiel 3.6.)

Übungen

2.1

Bestimme in bezug auf die Übung 1.1a) die Teilmengen, die folgenden Ereignissen entsprechen:

Die ausgewählte Karte ist a) eine Pik-Karte, b) ein Bube, eine Dame oder ein König, c) Pik-As.

2.2

Ein grüner und ein roter Würfel werden geworfen (Übg. 1.1). Es sei A das Ereignis, daß die Summe der Augen gerade, und B das Ereignis, daß die Augenzahl auf dem grünen Würfel ungerade ist.

a) Verzeichne die Elemente der Teilmengen A und B.

b) Gib eine genaue Beschreibung des Ereignisses $A \cap B$.

c) Wie viele Elemente der Ereignisraumes S treten in dem Ereignis $A \cup B$ auf?

2.3

Es sei S der Ereignisraum des Beispiels 1.2. Mit E werde das Ereignis bezeichnet, daß eine ausgewählte Person am 3. Januar, mit F das Ereignis, daß eine ausgewählte Person am 28. Januar geboren ist.

a) Schreibe E, F und $E \cap F$ als kartesische Produktmengen.

b) Zähle die Anzahl der Elemente in E, F, $E \cap F$ und $E \cup F$.

2.4

A, B und C seien irgendwelche Ereignisse eines Ereignisraumes S. Nur mit Hilfe der Symbole $\cap$, $\cup$, $'$, A, B, C sind Ausdrücke dafür hinzuschreiben, daß von A, B, C

a) wenigstens eines eintritt,
b) nur A eintritt,
c) A und B eintreten, aber nicht C,
d) alle drei eintreten,
e) keines eintritt,
f) genau eins eintritt,
g) genau zwei eintreten,
h) höchstens zwei eintreten.

(*Hinweis*: Verwende das Bild 7 auf S. 22 und bestimme den Bereich, der dem jeweiligen Ereignis entspricht.)

2.5

Wir beziehen uns auf Übg. 1.1e). E sei das Ereignis, daß der erste Kasten leer ist, F das Ereignis, daß der zweite Kasten leer ist, und G das Ereignis, daß der zweite Kasten beide Objekte enthält. Zeige die Richtigkeit der folgenden Beziehungen.
a) $E \cap F = \emptyset$ b) $E \subseteq G$ c) $F \subseteq G'$ d) $S = E' \cup F'$

2.6

Es sei S der in Übg. 1.7 definierte Ereignisraum. E bezeichne das Ereignis, daß die erste Urne gewählt wird, F das Ereignis, daß eine weiße Kugel gezogen wird. Beschreibe die folgenden Ereignisse mit Worten und verzeichne ihre Elemente: $E \cap F$, E', $E' \cap F$, F', $E \cup F$.

3. Wahrscheinlichkeit eines Ereignisses

Bei einem (wirklichen oder vorgestellten) Versuch gibt es viele Ereignisse, deren Eintreten für uns von Interesse sein könnte. Das heißt in unserer mathematischen Sprache, daß wir bei einem gegebenen Ereignisraum S viele Teilmengen von S bilden können. Ist

$$S = \{o_1, o_2, \ldots, o_n\} \tag{3.1}$$

ein endlicher Ereignisraum, der die n Elemente $o_1, o_2, \ldots, o_n$ enthält, dann gibt es in der Tat 2^n verschiedene Teilmengen von S, und da jede Teilmenge ein Ereignis ist, gibt es 2^n verschiedene Ereignisse. Wir sind in diesem Abschnitt nun in der Lage, zu definieren, was wir unter der „Wahrscheinlichkeit eines Ereignisses" verstehen.
Zunächst wollen wir gewisse besondere Ereignisse herausgreifen. Diese sollen die Bausteine bilden, aus denen wir die anderen Ereignisse konstruieren.

Definition 3.1

Ein Ereignisraum S sei gegeben. Dann verstehen wir unter einem *Elementarereignis* (*simple event*) eine Teilmenge von S, die nur ein Element enthält.

Nach dieser Definition gibt es n Elementarereignisse

$$\{o_1\}, \{o_2\}, \ldots, \{o_n\}. \tag{3.2}$$

Das Ereignis $\{o_1, o_2\}$ ist kein Elementarereignis, sondern die Vereinigung zweier Elementarereignisse:

$$\{o_1, o_2\} = \{o_1\} \cup \{o_2\}.$$

Entsprechend ist

$$\{o_2, o_4, o_6\} = \{o_2\} \cup \{o_4\} \cup \{o_6\}.$$

Alle nichtleeren Ereignisse sind demnach Elementarereignisse oder Vereinigungen von zwei oder mehr Elementarereignissen. Den nichtleeren Ereignissen können wir noch das *Leerereignis* $\emptyset$ zufügen. Die Vereinigung aller n Elementarereignisse in (3.2) ergibt den gesamten Ereignisraum

$$S = \{o_1\} \cup \{o_2\} \cup \ldots \cup \{o_n\}.$$

Wir ordnen zunächst nur den Elementarereignissen Wahrscheinlichkeiten zu.

Definition 3.2

Es sei S der in (3.1) definierte Ereignisraum. Wir ordnen jedem Elementarereignis $\{o_j\}$ eine *Zahl* $P(\{o_j\})$ zu, die wir die *Wahrscheinlichkeit* des Ereignisses $\{o_j\}$ nennen. Diese Zahlen (Wahrscheinlichkeiten) können willkürlich zugeordnet werden, wobei sie nur folgende beiden Bedingungen erfüllen müssen:

I. Die Wahrscheinlichkeit jedes Elementarereignisses ist eine nichtnegative Zahl, d.h.

$$P(\{o_j\}) \geqq 0 \quad (j = 1, 2, \ldots, n). \tag{3.3}$$

II. Die Summe aller den Elementarereignissen zugeordneten Wahrscheinlichkeiten des Ereignisraumes beträgt 1, d.h. es ist

$$\sum_{j=1}^{n} P(\{o_j\}) = P(\{o_1\}) + P(\{o_2\}) + \ldots + P(\{o_n\}) = 1. \tag{3.4}$$

Wir werden sagen, daß eine Zuordnung von Wahrscheinlichkeiten zu den Elementarereignissen von S *annehmbar* (*acceptable*) ist, wenn sie I und II erfüllt. Eine derartige annehmbare Zuordnung bezeichnen wir als eine *Wahrscheinlichkeitsverteilung* (kurz: *Verteilung*).

Nach der Bedingung II ist die Wahrscheinlichkeit jedes Elementarereignisses nicht größer als 1, während sie nach I größer oder gleich 0 ist, d.h. es gilt

$$0 \leqq P(\{o_j\}) \leqq 1 \quad (j = 1, 2, \ldots, n). \tag{3.5}$$

Trotz dieser Einschränkungen gibt es viele Möglichkeiten, den Elementarereignissen Wahrscheinlichkeiten zuzuordnen. Davon nun einige Beispiele.

Beispiel 3.1

Eine Münze wird geworfen. Der Ereignisraum sei $S = \{H, Z\}$. Wir haben also die beiden Elementarereignisse $\{H\}$ und $\{Z\}$. Dann ist jede der folgenden Zuordnungen von Wahrscheinlichkeiten zu diesen Elementarereignissen annehmbar bzw. zulässig:

1. $P(\{H\}) = P(\{Z\}) = \frac{1}{2}$
2. $P(\{H\}) = \frac{1}{3}$ und $P(\{Z\}) = \frac{2}{3}$
3. $P(\{H\}) = 1$ und $P(\{Z\}) = 0$

In der Tat, ist p irgendeine reelle Zahl zwischen 0 und 1, dann ist

$$P(\{H\}) = p \quad \text{und} \quad P(\{Z\}) = 1-p$$

eine Wahrscheinlichkeitsverteilung zu den beiden Elementarereignissen $\{H\}$ und $\{Z\}$. Es gibt daher unendlich viele Wahrscheinlichkeitsverteilungen entsprechend den Wahlmöglichkeiten der Zahl p. Viele werden sicherlich die Wahl $P(\{H\}) = P(\{Z\}) = \frac{1}{2}$ für die „natürliche" halten. Wir wollen nicht auf die psychologischen Gründe für diese gefühlsmäßige Einstellung eingehen, sondern nur drei Gesichtspunkte herausstellen:

1. Diese Wahl ist weder mehr noch weniger annehmbar als jede andere annehmbare Wahl. Eine Zuordnung von Wahrscheinlichkeiten zu Elementarereignissen ist entweder annehmbar oder nicht; es gibt keine Grade von Annehmbarkeit. Die Definition 3.2 verlangt nur, daß wir dabei die beiden Bedingungen erfüllen.
2. Diese „natürliche" Wahl wird nicht durch die Erfahrung mit wirklichen Münzen diktiert. Die Erfahrung mit wirklichen Münzen zeigt, daß diese gewöhnlich keineswegs „idealen" Münzen entsprechen: sie sind nicht vollkommen kreisförmig und symmetrisch ausgewogen, Figur und Zahl sind ebenfalls ungleich.
3. Nichtsdestoweniger treffen wir doch diese Wahl, um eine Theorie für die „idealen" oder „richtigen" Münzen zu entwickeln, da diese uns sowohl logisch wie psychologisch anspricht. Aber noch bedeutsamer ist der Umstand, daß die Theorie für „ideale" Münzen eine Grundlage für das Testen der wirklichen Münzen und für Schlüsse liefert, ob es entsprechend der Abweichungen der empirischen Ergebnisse mit einer wirkliche Münze von den Voraussagen der Theorie vernünftig ist, die wirkliche Münze als „ideal" anzusehen. Der letzte Gesichtspunkt deutet auf die Nützlichkeit der Wahrscheinlichkeitstheorie bei statistischen Schlüssen hin.

Beispiel 3.2

Wir werfen einen grünen und einen roten Würfel und verwenden als Ereignisraum die im Beispiel 1.1 definierte Menge S. Sie besteht aus 36 Elementarereignissen. Als „natürliche" Wahrscheinlichkeitsverteilung zu diesen Elementarereignissen wird man die ansehen, bei der jedem Elementarereignis die Wahrscheinlichkeit $\frac{1}{36}$ zugeordnet wird. Dies ist eine annehmbare Zuordnung, da beide Bedingungen erfüllt sind:

die Wahrscheinlichkeit jedes Elementarereignisses ist nichtnegativ, die Summe aller Einzelwahrscheinlichkeiten (Wahrscheinlichkeiten aller Elementarereignisse) ist 1. Selbstverständlich gibt es auch hier unendlich viele andere Wahrscheinlichkeitsverteilungen.

Beispiel 3.3

Eine beliebige Person der Bevölkerung eines gewissen Landes wird gefragt: „Was meinen Sie, wird es einen neuen Weltkrieg geben?" Wir ordnen die Antworten in folgende drei Klassen ein: „ja", „nein", „unentschieden". Unser Ereignisraum enthält also drei Elemente entsprechend diesen drei Antworten:

$$S = \{\mathrm{J}, \mathrm{N}, \mathrm{UE}\}.$$

Dies sind drei Elementarereignisse. Das Beispiel zeigt, daß wir oft überhaupt keine Grundlage für die Zuordnung von Wahrscheinlichkeiten zu den Elementarereignissen eines Versuchs haben. Beim Fehlen von Informationen über die Meinungen der Bevölkerung können wir nichts weiter tun, als die Werte für die Wahrscheinlichkeiten ungefähr abzuschätzen. Wir können jedoch die Zuordnung

$$P(\{\mathrm{J}\}) = p, \quad P(\{\mathrm{N}\}) = q, \quad P(\{\mathrm{UE}\}) = r$$

treffen, wobei wir nur wissen, daß p, q, r nichtnegativ sind und ihre Summe 1 ist:

$$p \geqq 0, \quad q \geqq 0, \quad r \geqq 0, \quad p+q+r = 1.$$

Erfahren wir, daß 60% der Bevölkerung einen neuen Krieg erwartet, 30% keinen Krieg erwartet und 10% unentschieden ist, dann erscheint es natürlich, $p = 0{,}6$, $q = 0{,}3$ und $r = 0{,}1$ zu wählen.

Es ist nun ein leichtes, die Wahrscheinlichkeit *irgendeines* Ereignisses zu definieren. Es sei ein endlicher Ereignisraum S und eine Wahrscheinlichkeitsverteilung für die Elementarereignisse gegeben. Weiter sei E irgendein Ereignis. Dann kann E entweder I. die Leermenge $\emptyset$, II. ein Elementarereignis, oder III. die Vereinigung von zwei oder mehr verschiedenen Elementarereignissen sein. Mit dem Fall II haben wir uns schon beschäftigt. Die folgenden Definitionen beziehen sich auf die Fälle I und III.

Definition 3.3

Die Wahrscheinlichkeit $P(\emptyset)$ der leeren Menge $\emptyset$ ist null, d.h. $P(\emptyset) = 0$.

Definition 3.4

Ist E die Vereinigung von zwei oder mehr verschiedenen Elementarereignissen, dann ist die mit $P(E)$ bezeichnete Wahrscheinlichkeit von E gleich der Summe der Wahrscheinlichkeiten dieser Elementarereignisse. (Selbstverständlich darf jedes Elementarereignis nur genau einmal gezählt werden.)

Beispiel 3.4

Ein grüner und ein roter Würfel werden geworfen. Als Ereignisraum S wählen wir den, der die bekannten 36 geordneten Paare enthält. Jedem der 36 Elementarereignisse von S ordnen wir die Wahrscheinlichkeit $\frac{1}{36}$ zu. Es sei nun A das Ereignis „Summe der geworfenen Augen beträgt 7", dann ist

$$A = \{(1,6)\} \cup \{(2,5)\} \cup \{(3,4)\} \cup \{(4,3)\} \cup \{(5,2)\} \cup \{(6,1)\}.$$

Nach der Definition 3.4 finden wir

$$P(A) = \tfrac{1}{36} + \tfrac{1}{36} + \tfrac{1}{36} + \tfrac{1}{36} + \tfrac{1}{36} + \tfrac{1}{36} = \tfrac{1}{6}.$$

Für das Ereignis B „Summe der geworfenen Augen beträgt 11" erhalten wir entsprechend

$$B = \{(5,6)\} \cup \{(6,5)\}$$

und nach Definition 3.4

$$P(B) = \tfrac{1}{36} + \tfrac{1}{36} = \tfrac{1}{18}.$$

Beispiel 3.5

Aus einem üblichen Spiel von 52 Karten wird eine Karte gezogen. Wir nehmen als Ereignisraum die Menge D des Beispiels 1.3 und fragen nach der Wahrscheinlichkeit, daß diese Karte ein Pik ist. Wir ordnen nun jedem der 52 Elementarereignisse von D die gleiche Wahrscheinlichkeit zu. Das Ereignis, daß die gezogenen Karte Pik zeigt, ist die Vereinigung der folgenden 13 Elementarereignisse:

$$\{A_p\}, \{K_p\}, \ldots, \{2_p\}.$$

Daher gilt

$$P(\text{die gezogene Karte zeigt Pik}) = \underbrace{\tfrac{1}{52} + \tfrac{1}{52} + \ldots + \tfrac{1}{52}}_{\text{13 Summanden}} = \tfrac{13}{52} = \tfrac{1}{4}$$

In analoger Weise ist das Ereignis, daß die gezogene Karte ein As oder Pik ist, die Vereinigung der folgenden 16 Elementarereignisse: $\{A_p\}, \{A_h\}, \{A_k\}, \{A_+\}, \{K_p\}, \{D_p\}, \ldots, \{2_p\}$.

Also ist

$$P(\text{Die gezogene Karte ist ein As oder Pik}) = \underbrace{\tfrac{1}{52} + \tfrac{1}{52} + \ldots + \tfrac{1}{52}}_{\text{16 Summanden}} = \tfrac{16}{52} = \tfrac{4}{13}.$$

Beispiel 3.6

Wir setzen das Beispiel 2.1 fort und berechnen die Wahrscheinlichkeit für das Ereignis E, daß wenigstens zwei unter den r herausgewählten Personen den gleichen Geburtstag haben. Wir nehmen an, daß alle geordneten r-Tupel des Ereignisraumes S untereinander gleichmöglich sind. (Diese Annahme wäre natürlich falsch, wenn die r Personen etwa aus einem Verein von Zwillingen gewählt würden. Aber selbst wenn man die Wahl aus allen Einwohnern der USA treffen würde, würde die Tatsache, daß die Geburtenzahlen sich auf die Monate verschieden verteilen, unser mathematisches Modell nur als erste Annäherung an die Wirklichkeit erscheinen lassen.) Wir ordnen also jedem der 365^r Elementarereignisse von S dieselbe Wahrscheinlichkeit $\frac{1}{365^r}$ zu. Daher ist

$$P(E) = n(E) \cdot \frac{1}{365^r}.$$

Setzen wir den in Formel (2.2) gefundenen Ausdruck für $n(E)$ ein, so ergibt sich

$$P(E) = 1 - \frac{365 \cdot 364 \cdot \ldots (365 - r + 1)}{365^r}. \tag{3.6}$$

In der Tabelle 10 ist die Wahrscheinlichkeit $P(E)$ für verschiedene Werte von r auf zwei Stellen hinter dem Komma genau angegeben. Man beachte die überraschende Tatsache, daß die Wahrscheinlichkeit, unter einer so kleinen Gruppe von 23 Personen wenigstens zwei mit demselben Geburstag zu finden, größer als $\frac{1}{2}$ ist.

Tabelle 10

r	10	20	22	23	24	30	40	50
$P(E)$	0,12	0,41	0,48	0,51	0,54	0,71	0,89	0,97

Beispiel 3.7

Zwei Münzen werden geworfen. Wir definieren den Ereignisraum S durch

$$S = \{\mathrm{HH}, \mathrm{HZ}, \mathrm{ZH}, \mathrm{ZZ}\}$$

und fragen nach der Wahrscheinlichkeit für das Ereignis, daß wenigstens einmal H fällt.

Erste Lösung. Jedem der vier Elementarereignisse von S ordnen wir die Wahrscheinlichkeit $\frac{1}{4}$ zu. Das Ereignis E ist die Vereinigung von drei Elementarereignissen

$$E = \{HH\} \cup \{HZ\} \cup \{ZH\} \quad \text{und daher ist} \quad P(E) = \tfrac{1}{4} + \tfrac{1}{4} + \tfrac{1}{4} = \tfrac{3}{4}.$$

Zweite Lösung. Wir ordnen den Elementarereignissen folgende Wahrscheinlichkeiten zu:

$$P(HH\} = P(\{HZ\}) = \tfrac{1}{2}, \qquad P(\{ZH\}) = P(\{ZZ\}) = 0.$$

Das Ereignis ist auch hier die Vereinigung derselben drei Elementarereignisse, aber nun gilt

$$P(E) = \tfrac{1}{2} + \tfrac{1}{2} + 0 = 1 .$$

Die beiden Lösungen ergeben für die Wahrscheinlichkeit desselben Ereignisses E verschiedene Werte. Das darf uns nicht überraschen, denn nach Definition 3.4 hängt die Wahrscheinlichkeit eines Ereignisses davon ab, welche Wahrscheinlichkeiten vorher den Elementarereignissen zugeordnet worden waren. Bei verschiedenen Wahrscheinlichkeitsverteilungen wie hier bei den Lösungen können sich für E verschiedene Wahrscheinlichkeiten ergeben. Welche Wahrscheinlichkeiten man den Elementarereignissen zuordnet, ist keine mathematische Frage, sondern hängt von unserer Einschätzung der Wirklichkeit ab, auf die die Theorie angewendet wird. Die Annahmen in der ersten Lösung sind natürlich für „ideale" Münzen, während man die Annahmen bei der zweiten Lösung treffen wird, wenn man sicher ist, daß die erste Münze so beschwert ist, daß bei ihr ständig Figur (H) erscheint.

Wir schließen mit drei Bemerkungen.

1. Aussagen der Wahrscheinlichkeitsrechnung haben wie in der ganzen Mathematik die Form von Bedingung und Folge „Wenn das und das angenommen wird, dann folgt das und das". Ziehen wir eine Karte aus einem vollen Spiel von 52 Karten und fragen, „wie groß ist die Wahrscheinlichkeit, eine Pik-Karte zu erhalten?", so werden wir wie in dem Beispiel 3.5 antworten „Die Wahrscheinlichkeit, Pik zu erhalten, beträgt $\frac{1}{4}$". Eine vollständige Antwort dagegen würde so aussehen: „Wenn wir als Ereignisraum die Menge D wählen, die 52 Elemente enthält, jedes für jede der 52 Karten des Spieles, und wenn wir jedem dieser 52 Elementarereignisse von D die gleiche Wahrscheinlichkeit $\frac{1}{52}$ zuordnen, dann beträgt die Wahrscheinlichkeit, daß Pik gezogen wird, $\frac{1}{4}$". Die ersten Teile des Bedingungssatzes werden gewöhnlich weggelassen, wenn aus dem Zusammenhang hervorgeht, welcher Ereignisraum und welche Zuordnungen von Wahrscheinlichkeiten zu den Elementarereignissen gewählt worden sind.

Erhalten jedoch zwei Personen bei demselben Problem verschiedene Werte für die Wahrscheinlichkeit desselben Ereignisses, so muß man die verwendeten Voraussetzungen oder Annahmen genau formulieren. Jedes Ergebnis mag folgerichtig aus den Annahmen hergeleitet worden sein; dann können beide Ergebnisse voneinander abweichen, weil verschiedene Ereignisräume oder verschiedene Wahrscheinlichkeitsverteilungen zugrundegelegt wurden. Wird jedoch von beiden Personen derselbe Ereignisraum gebraucht und werden den Elementarereignissen durch beide die gleichen Wahrscheinlichkeiten zugeordnet, dann muß man bei verschiedenen Werten für die Wahrscheinlichkeit desselben Ereignisses schließen, daß mindestens eine der beiden Personen einen logischen Fehler begangen hat.

Die Situation ist hier analog zu der in der ebenen Geometrie. Die Sätze „Die Winkelsumme im Dreieck beträgt 180°" und „Die Winkelsumme im Dreieck ist kleiner als 180°" sind sicher verschieden. Wir können aber nicht sagen, ob sie richtig oder falsch sind, da keiner ein vollständiger mathematischer Satz ist. Die Voraussetzungen müssen ausdrücklich angegeben oder stillschweigend angenommen werden. So ist die erste Aussage richtig, wenn wir sie so formulieren: „Die Winkelsumme im Dreieck beträgt 180°, wenn wir die Axiome der Euklidischen Geometrie zugrundelegen." Die zweite Aussage ist richtig in der Form „Die Winkelsumme im Dreieck ist kleiner als 180°, wenn die Axiome der Lobatschefski-Geometrie zugrunde gelegt werden". Sowohl die Euklidische Geometrie wie die Nichteuklidischen Geometrien sind fruchtbare mathematische Theorien, und da sie in ihren Voraussetzungen abweichen, wundert es niemand, wenn sie in den Ergebnissen verschieden sind. Welche Geometrie in einem bestimmten Fall gebraucht werden soll, ist keine mathematische Frage, sie ist aber von grossem Interesse für die (z.B. die Physiker), die die Geometrie auf die Wirklichkeit anwenden.

2. Unsere Definitionen sind nur auf Ereignisse und ihre Wahrscheinlichkeiten beschränkt. Einige Autoren formulieren die Theorie in sprachlich anderer, aber sonst im Wesen gleichen Weise.

3. Des öfteren wird eine bestimmte Zuordnung von Wahrscheinlichkeiten zu den Elementarereignisse eines Ereignisraumes S durch gewisse Eigenschaftswörter vorgenommen. Sagen wir z.B., daß wir eine „faire" oder „echte" Münze werfen, so meinen wir damit, daß die beiden Elementarereignisse H und Z die gleiche Wahrscheinlichkeit haben sollen (jede also $= \frac{1}{2}$). Wenn wir davon sprechen, daß zwei „faire" oder „ideale" Würfel geworfen werden, dann verstehen wir darunter, daß jedem der 36 Elementarereignisse des üblichen Ereignisraumes die Wahrscheinlichkeit $\frac{1}{36}$ zukommen soll. Verlangen wir, daß aus n verschiedenen Zahlen eine „willkürlich" gewählt werden soll, dann

ordnen wir stillschweigend jedem der n Elementarereignisse des zugehörigen Ereignisraumes die Wahrscheinlichkeit $\frac{1}{n}$ zu. Weitere Beispiele später. In den folgenden Problemen und Übungen halten wir uns an diese Übereinkunft.

Übungen

3.1

In dem Beispiel 3.4 sei jedem der 36 Elementarereignisse „natürlich" die Wahrscheinlichkeit $\frac{1}{36}$ zugeordnet. Die Wahrscheinlichkeiten der folgenden Ereignisse sind zu bestimmen.

a) Die Augensumme der Würfel ist kleiner als 4.

b) Der eine Würfel zeigt eine 3 und der andere eine Zahl kleiner als 3.

c) Die Augensumme der Würfel ist 2 oder 12.

3.2

Ein Buchstabe soll willkürlich aus dem Alphabet gewählt werden. Wie groß ist die Wahrscheinlichkeit, daß dieser

a) ein Vokal, b) ein Konsonant ist,

c) in der alphabetischen Ordnung dem u vorangeht und ein Vokal ist,

d) auf t folgt und ein Vokal ist, e) auf v folgt und ein Vokal ist.

3.3

Aus sechs Personen A, B, C, D, E, F soll ein Ausschuß von drei Personen gebildet werden (vgl. Übg. 1.2).

a) Gib einen passenden Ereignisraum an und ordne den Elementarereignissen von S annehmbare Wahrscheinlichkeiten zu.

Bestimme dann die Wahrscheinlichkeit, daß b) A, c) A und B, d) A oder B, e) A nicht f) weder A noch B gewählt wird bzw. werden.

3.4

Es sei der Ereignisraum $S = \{o_1, o_2, o_3, o_4\}$ gegeben. Den Elementarereignissen werden Wahrscheinlichkeiten wie folgt zugeordnet:

$$P(\{o_1\}) = P(\{o_2\}), \quad P(\{o_3\}) = P(\{o_4\}) = 2\,P(\{o_1\}).$$

Bestimme $P(\{o_1, o_3\})$.

3.5

Gib im folgenden einen passenden Ereignisraum an, ordne den Elementarereignissen Wahrscheinlichkeiten zu und bestimme dann daraus die gesuchte Wahrscheinlichkeit.

a) Wahrscheinlichkeit, daß beim Wurf von drei Münzen genau zweimal „Zahl" erscheint.

b) Ein Fach bleibt leer, wenn zwei unterscheidbare Objekte in zwei Fächer verteilt werden. Vgl. Übung 1.1d.

c) Wahrscheinlichkeit, daß ein Fach leer bleibt, wenn zwei nichtunterscheidbare Objekte auf zwei Fächer verteilt werden. Vgl. Übg. 1.1e.

d) Bestimme die Wahrscheinlichkeit, aus den Familien mit zwei [drei; r] Kindern eine Familie ohne Jungen zu finden. Vgl. Übg. 1.1f – h.

e) r Münzen werden geworfen. Wie groß ist die Wahrscheinlichkeit, daß beim Wurf aller Münzen nur Figuren erscheinen. Vgl. Übg. 1.1i.

f) Ein Würfel wird in der Weise beschwert, daß die Wahrscheinlichkeit für das Erscheinen von j Augen proportional zu j ist. Wie groß ist die Wahrscheinlichkeit, daß beim Würfeln eine ungerade Zahl erscheint?

g) Ein Monat eines Jahres wird willkürlich gewählt, und wir notieren den Wochentag, der auf den 13. Tag dieses Monats fällt. Bestimme die Wahrscheinlichkeit, daß der 13. Tag ein Sonntag ist.

3.6

Aus der Gruppe von 321 Gewerkschaftsmitgliedern in Tafel 4 (S. 25) soll ein Mann willkürlich herausgegriffen werden. Ein passender Ereignisraum und die Wahrscheinlichkeiten für die Elementarereignisse sind festzusetzen. Danach ist die Wahrscheinlichkeit zu bestimmen, daß dieser Mann mit.

a) „ja" antwortet,

b) „ja" antwortet und der Gewerkschaft vier oder mehr Jahre angehört,

c) „unentschieden" antwortet und weniger als vier Jahre in der Gewerkschaft ist,

d) „unentschieden" antwortet und über 10 Jahre in der Gewerkschaft ist.

3.7

Bestimme in Übg. 2.3 die Wahrscheinlichkeit für die Ereignisse $E \cap F$ und $E \cup F$. Wähle für die Elementarereignisse von S dieselben Wahrscheinlichkeiten wie im Beispiel 3.6.

3.8

Bestimme die Wahrscheinlichkeit, daß unter r Personen wenigstens eine ist, die den gleichen Geburtstag wie Du besitzt. Verwende Logarithmen oder suche den kleinsten Wert von r, für den die Wahrscheinlichkeit wenigstens $\frac{1}{2}$ ist.

3.9

Auf einem Tisch werden drei Quadrate 1, 2, 3 gezeichnet. Dann werden drei Karten mit den Nummern 1, 2, 3 gemischt und auf die drei Quadrate gelegt. Als Ergebnis erscheint eine Permutation der Zahlen 1, 2, und 3.

a) Zähle die 6 Permutationen auf, die den Ereignisraum bilden.

b) Ordne allen Elementarereignissen gleiche Wahrscheinlichkeiten zu.

c) Wenn die Karte mit der Nummer j auf das Quadrat j fällt, sagen wir, im Quadrat j wird ein Spiel gemacht. Dieses Ereignis bezeichnen wir mit $E_j (j = 1, 2, 3)$. Berechne die Wahrscheinlichkeit für die folgenden Ereignisse:

$$E_1, E_2, E_3, E_1 \cup E_2, E_1 \cap E_2, E_1 \cap E_2 \cap E_3, E_1 \cup E_2 \cup E_3$$

d) Ist $P(E_1 \cup E_2) = P(E_1) + P(E_2)$? Warum nicht? Schreibe die richtige Formel für $P(E_1 \cup E_2)$ an.

3.10

Bestimme die Wahrscheinlichkeit, daß ein Spieler bei den folgenden Spielen gewinnt. Vorher Ereignisraum und Wahrscheinlichkeiten festlegen.

a) Zwei weiße und vier schwarze Kugeln werden in eine Urne getan und gut gemischt. Der Spieler zieht eine Kugel. Er gewinnt, wenn die gezogene Kugel schwarz ist.
b) Wie a), der Spieler wirft jedoch zuvor eine Münze, deren eine Seite weiß und deren andere Seite schwarz angestrichen ist. Er gewinnt, wenn die gezogene Kugel die gleiche Farbe wie die geworfene Münze zeigt.

4. Einige Wahrscheinlichkeitsgesetze

Aus den Definitionen des vorangehenden Abschnitts ziehen wir nun einige Schlüsse. Wir nehmen dabei durchweg an, daß ein endlicher Ereignisraum

$$S = \{o_1, o_2, \ldots, o_n\} \tag{4.1}$$

gegeben und daß den Elementarereignissen von S eine Wahrscheinlichkeitsverteilung zugeordnet ist.

Um die herzuleitenden Sätze veranschaulichen zu können, wollen wir zunächst die Definitionen des vorhergehenden Abschnitts bildhaft ausdrücken. Wir benutzen zur Darstellung des Ereignisraumes S und der Ereignisse (Teilmengen) in S die Grundidee des Venn-Diagramms, nur verwenden wir jetzt Punkte, um die Elemente von S zu bezeichnen. Jeder Punkt gibt ein Elementarereignis an, nämlich das Elementarereignis, das als einziges Glied das durch den Punkt dargestellte Element enthält. Wir denken uns in jedem Punkt eine Fahne errichtet, auf die wir die jeweils zugeordnete Wahrscheinlichkeit schreiben. Die Fahne in dem Punkte, der dem Ereignis o_i entspricht, trägt den Wert $P(\{o_i\})$, $i = 1, 2, 3, \ldots, n$ (Bild 11). Nach der Definition 3.2 sind die Zahlen

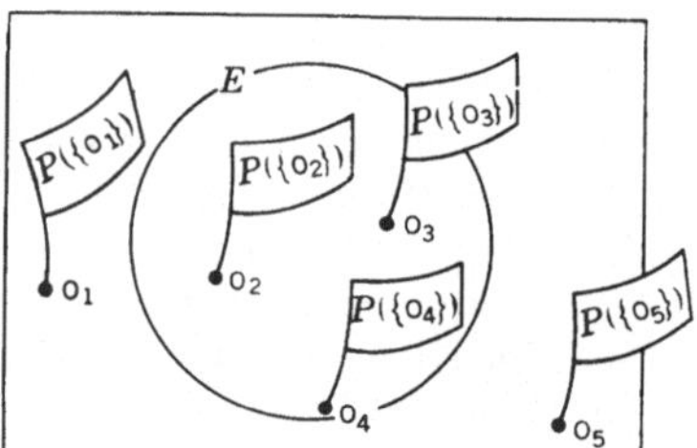

Bild 11. Veranschaulichung der Wahrscheinlichkeitsverteilung (Funktion) durch „Zahlen auf Fahnen"

auf den Fahnen alle nichtnegativ und ihre Summe beträgt 1. Wir zeigen nun, daß wir unsere Definitionen so beschreiben können: *Die Wahrscheinlichkeit von E ist die Summe der Werte auf den Fahnen, die in Elementen von E errichtet sind.*

Ist $E = \emptyset$, so erscheinen im E darstellenden Bereich keine Punkte und daher auch keine Fahnen. Damit wir gemäß Def. 3.3 $P(\emptyset) = 0$ erhalten, vereinbaren wir zu sagen, daß die Summe der Zahlen auf den Fahnen 0 ist, wenn keine Fahne vorhanden ist. Ist E ein Elementarereignis, dann erscheint genau ein Punkt in dem Bereich, der E darstellt, und die in diesem Punkt errichtete Fahne trägt die Zahl $P(E)$. Ist E die Vereinigung von zwei oder mehr—sagen wir x—verschiedenen Elementarereignissen, dann enthält der E darstellenden Bereich x Punkte, und wenn wir die Zahlen auf den in diesen Punkten errichteten Fahnen addieren, so addieren wir die Wahrscheinlichkeiten der Elementarereignisse, deren Vereinigung E ist. So erhalten wir nach Def. 3.4 die Wahrscheinlichkeit $P(E)$. Der Satz am Ende des vorigen Abschnitts ist damit für alle Ereignisse E richtig. Wir haben daher freie Hand, die anschauliche Sprechweise der „Zahlen auf Fahnen" zu gebrauchen, wenn sich dies als nützlich erweisen sollte.

Theorem 4.1

$P(S) = 1$, d.h. die Wahrscheinlichkeit für den Ereignisraum S ist 1.

Beweis: Der Ereignisraum S ist die Vereinigung aller n Elementarereignisse

$$S = \{o_1\} \cup \{o_2\} \cup \ldots \cup \{o_n\} .$$

Nach der Definition 3.4 und unserer Vereinbarung 3.2 ist die Summe

$$P(S) = \sum_{i=1}^{n} P(\{o_i\}) = 1 ,$$

d.h. die Summe aller den Elementarereignissen zugeordneten Wahrscheinlichkeiten beträgt 1.

In unserem Bild ist der Beweis gleich einfach. Um $P(S)$ zu finden, müssen wir die Zahlen auf den in Elementen von S errichteten Fahnen addieren, d.h. wir müssen die Zahlen auf *allen* Fahnen addieren, und wir wissen, daß diese Summe 1 ist.

Theorem 4.2

Sind E und F Ereignisse, so daß $E \subseteq F$ ist, dann gilt $P(E) \leqq P(F)$, d.h. wenn E in F enthalten ist, dann kann die Wahrscheinlichkeit von E die von F nicht übertreffen.

Beweis: Nach Voraussetzung ist jedes Element von E ein Element von F. Jedes Elementarereignis unter denen, die die Vereinigung E bilden, ist auch Elementarereignis unter denen, deren Vereinigung F ist. Da die Wahrscheinlichkeit jedes Elementarereignisses nichtnegativ ist, ist die Summe der Wahrscheinlichkeiten der Elementarereignisse von F wenigstens so groß wie die Summe der Wahrscheinlichkeiten der Elementarereignisse von E. Das ist aber genau die Behauptung.

Im Venn-Diagramm würden alle Punkte, die Elemente von E darstellen, auch in dem Bereich liegen, der F entspricht. Um $P(E)$ zu finden, müssen wir die Zahlen auf den Fahnen addieren, die in Punkten von E errichtet sind. Alle diese Zahlen und dazu noch die — falls vorhanden —, die zu Punkten von F, aber außerhalb von E gehören, ergeben summiert $P(F)$. Es ist daher $P(E) \leqq P(F)$.

Das Theorem 4.2 sagt folgendes aus: Folgt aus dem Eintreten des Ereignisses E das Eintreten des Ereignisses F, dann muß die Wahrscheinlichkeit von F mindestens so groß wie die von E sein.

Theorem 4.3

Für irgendein Ereignis E ist $0 \leqq P(E) \leqq 1$.

Beweis: Es ist $E \subseteq S$, da ein Ereignis nach Definition eine Teilmenge des Ereignisraumes S ist. Nach den Theoremen 4.1 und 4.2 schließen wir daher $P(E) \leqq P(S) = 1$. Aus $\emptyset \subseteq E$ folgt nach dem Theorem 4.2 $P(\emptyset) \leqq P(E)$. Da $P(\emptyset) = 0$, so ist unser Beweis vollständig.

Die extremen Werte 0 und 1 verdienen eine besondere Beachtung. Wir wissen, daß $P(\emptyset) = 0$ und $P(S) = 1$. Nach unserer Definition des unmöglichen und des sicheren Ereignisses (siehe Liste nach der Definition 2.1) ist die Wahrscheinlichkeit eines unmöglichen Ereignisses 0, die eines sicheren Ereignisses 1. Die Umkehrungen sind aber falsch. Aus $P(E) = 0$ können wir *nicht* schließen, daß E unmöglich ist. Ebenso können wir aus $P(E) = 1$ *nicht* schließen, daß das Ereignis E sicher oder gewiß ist. In der 2. Lösung des Beispiels 3.7 ist das Ereignis {ZH, ZZ}, daß bei der ersten Münze Z(Zahl) fällt, sicher nicht die leere Menge. Nach unseren Annahmen über die Wahrscheinlichkeiten der Elementarereignisse hat jedoch dieses Ereignis die Wahrscheinlichkeit 0. Im gleichen Beispiel hat das Ereignis {HH, HZ} die Wahrscheinlichkeit 1, aber es ist nicht sicher, da es nicht den gesamten Ereignisraum umfaßt.

Der Grund für diesen Sachverhalt ist darin zu suchen, daß wir für Elementarereignisse die Annahme der Wahrscheinlichkeit 0 zugelassen haben. Wenn wir, wie es einige Autoren tun, verlangen würden, daß die Wahrscheinlichkeit jedes Elementarereignisses positiv sein soll, dann würde nur ein „leeres" Ereignis die Wahrscheinlichkeit 0 haben und nur der gesamte Ereignisraum die Wahrscheinlichkeit 1. Es wird sich jedoch bei Problemen, die mit unendlichen Ereignisräumen zu tun haben, herausstellen, daß Ereignisse existieren müssen, die nicht unmöglich sind, die aber die Wahrscheinlichkeit 0 besitzen. Wir wollen diesen Dingen hier nicht weiter nachgehen. Unsere Definitionen sind jedoch so gehalten, daß der Leser nicht nachher von diesen Tatsachen überrascht zu werden braucht, wenn es an die Behandlung von Wahrscheinlichkeiten in unendlichen Ereignisräumen geht.

Theorem 4.4

Sind E und F zwei Ereignisse, dann gilt

$$P(E \cup F) = P(E)+P(F)-P(E \cap F). \tag{4.2}$$

In Worten: Die Wahrscheinlichkeit, daß wenigstens eines der Ereignisse E und F eintritt, wird erhalten, indem man die Wahrscheinlichkeit, daß E eintritt, und die Wahrscheinlichkeit, daß F eintritt, addiert und dann die Wahrscheinlichkeit subtrahiert, daß sowohl E und F eintreten.

Beweis: Zunächst seien die Wahrscheinlichkeiten aller Elementarereignisse addiert, die Elemente von E sind. Ihre Summe ist $P(E)$. Dann werden die Wahrscheinlichkeiten aller Elementarereignisse addiert, die Elemente von F sind. Ihre Summe ist $P(F)$. In der Summe $P(E)+P(F)$ haben wir $P(\{o_i\})$ genau dann eingeschlossen, wenn $o_i \in E \cup F$. Für jedes $o_i \in E \cap F$ haben wir jedoch $P(\{o_i\})$ zweimal addiert, einmal in der Summe $P(E)$, das andere Mal in der Summe $P(F)$. Die Summe der Wahrscheinlichkeiten der Elementarereignisse, die zweimal gezählt wurden, beträgt $P(E \cap F)$. Daher ist $P(E)+P(F)-P(E \cap F)$ genau die Summe der Wahrscheinlichkeiten aller Elementarereignisse in $E \cup F$, wenn jedes einmal gerechnet wird. Diese Summe ist jedoch $P(E \cup F)$.

Der Leser zeichne sich ein Venn-Diagramm und mache sich dieses Theorem mit Hilfe der „Zahlen auf Fahnen" klar. Vor weiteren Erläuterungen des Theorems 4.4 seien zwei Folgerungen daraus angegeben.

Theorem 4.5

Schließen sich die beiden Ereignisse E und F gegenseitig aus, dann gilt

$$P(E \cup F) = P(E)+P(F). \tag{4.3}$$

Beweis: In diesem Falle ist $P(E \cap F) = P(\emptyset) = 0$, woraus nach 4.4 die Behauptung folgt.

Theorem 4.5 besagt: Die Wahrscheinlichkeit für das Eintreten von wenigstens eines von zwei Ereignissen, die sich *gegenseitig ausschließen*, ist gleich der Summe der Einzelwahrscheinlichkeiten. Man beachte: Formel (4.2) gilt für irgend zwei Ereignisse, Formel (4.3) dagegen nur dann, wenn diese sich ausschließen.

Theorem 4.6

Sind E und E' zwei komplementäre (sich ergänzende) Ereignisse, so gilt

$$P(E') = 1-P(E). \tag{4.4}$$

In Worten: Man erhält die Wahrscheinlichkeit, daß E *nicht* eintritt, indem man die Wahrscheinlichkeit, daß E eintritt, von 1 abzieht.

Beweis: E und E' sind sich gegenseitig ausschließende Ereignisse, da $E \cap E' = \emptyset$. Daher gilt nach (4.3)

$$P(E \cup E') = P(E)+P(E').$$

Da $E \cup E' = S$ der gesamte Ereignisraum und $P(S) = 1$ ist, so folgt nach Theorem 4.1

$$1 = P(E)+P(E'),$$

was mit (4.4) übereinstimmt.

In weniger formaler Ausdrucksweise besagt (4.4), daß wir die Summe der Zahlen auf allen Fahnen erhalten, wenn wir die Summe der Zahlen auf den Fahnen in E zu der Summe der Zahlen der Fahnen außerhalb von E addieren.

In den folgenden Beispielen sollen die Formeln zur Berechnung von Wahrscheinlichkeiten angewendet werden.

Beispiel 4.1

Es werden drei Münzen geworfen. Es ist die Wahrscheinlichkeit gesucht, daß wenigstens einmal H (Figur bzw. Bild oder dgl.) dabei ist. Den acht Elementarereignissen des Ereignisraumes

$$S = \{\text{HHH}, \text{HHZ}, \text{HZH}, \text{ZHH}, \text{HZZ}, \text{ZHZ}, \text{ZZH}, \text{ZZZ}\}$$

ordnen wir gleiche Wahrscheinlichkeiten zu. Ist E das Ereignis „wenigstens eine Figur", dann ist das komplementäre Ereignis „keine Figur". Nach Theorem 4.6 folgt

$$P(E) = 1-P(E') = 1-P(\{\text{ZZZ}\}) = 1-\tfrac{1}{8} = \tfrac{7}{8}.$$

Bemerkung: Wir hätten natürlich $P(E)$ auch direkt als Summe von 7 Einzelwahrscheinlichkeiten berechnen können. Das Beispiel ist so einfach, daß jede Methode leicht anzuwenden ist. In verwickelteren Fällen ist es jedoch oft angebrachter, zunächst die Wahrscheinlichkeit des komplementären Ereignisses zu bestimmen und dann die Formel (4.4) anzuwenden. Wir gingen beim Geburtstagsproblem so vor. Obwohl interessiert an dem Ereignis E (wenigstens zwei Personen haben den gleichen Geburtstag), betrachteten wir im Beispiel 2.1 zunächst das Ereignis E' (keine zwei Personen haben den gleichen Geburtstag).

Beispiel 4.2

Eine Zahl soll willkürlich aus der Menge der ersten 200 natürlichen Zahlen herausgegriffen werden. Wie groß ist die Wahrscheinlichkeit, daß die gewählte Zahl durch 6 oder durch 8 teilbar ist?

Es sei E das Ereignis „die natürliche Zahl sei teilbar durch 6" und F das Ereignis „die ganze Zahl sei teilbar durch 8". Dann ist $P(E \cup F)$ zu finden. Wir definieren $S = \{1, 2, 3, \ldots, 200\}$ und nehmen für jedes

Elementarereignis von S die Wahrscheinlichkeit $\frac{1}{200}$ an. Nun enthält $E[\frac{200}{6}]$*) $= 33$ natürliche Zahlen und ist daher die Vereinigung von 33 Elementarereignissen, von denen jedes die Wahrscheinlichkeit $\frac{1}{200}$ besitzt. Also ist $P(E) = \frac{33}{200}$. In gleicher Weise ist F die Vereinigung von $[\frac{200}{8}] = 25$ Elementarereignissen, und es ist daher $P(F) = \frac{25}{200}$. Da nun unter den ersten 200 Zahlen solche wie z.B. 24 und 48 sind, die sowohl durch 6 als auch durch 8 teilbar sind, so schließen sich die Ereignisse E und F nicht aus.

Wir müssen also $P(E \cap F)$ berechnen. Eine Zahl ist dann und nur dann sowohl durch 6 als auch durch 8 teilbar, wenn sie durch 24, das kleinste gemeinsame Vielfache von 6 und 8, teilbar ist. Da nun $[\frac{200}{24}] =$ 8 ganze Zahlen unter den ersten 200 ganzen Zahlen sind, die durch 24 teilbar sind, so ist $P(E \cap F) = \frac{8}{200}$. Aus Formel (4.2) folgt nun

$$P(E \cup F) = \frac{33}{200} + \frac{25}{200} - \frac{8}{200} = \frac{1}{4}.$$

(Übung 4.11 bringt eine Verallgemeinerung dieses Ergebnisses.)

Wir haben gesehen, daß es in vielen Beispielen vernünftig ist, allen einzelnen Elementarereignissen eines Ereignisraumes die gleichen Wahrscheinlichkeiten zuzuordnen. In diesem Falle ergibt sich für die Wahrscheinlichkeit eines Ereignisses eine einfache Formel.

Theorem 4.7

Es sei jedem der n Elementarereignisse des Ereignisraumes S in (4.1) die gleiche Wahrscheinlichkeit zugeordnet. (Diese Wahrscheinlichkeit muß dann $\frac{1}{n}$ sein.) Wenn das Ereignis E dann f Elemente enthält, ist

$$P(E) = \frac{f}{n}. \tag{4.5}$$

Mit anderen Worten, die Wahrscheinlichkeit für ein Ereignis ist gleich dem Verhältnis der Anzahl der Elemente des Ereignisses zu der Anzahl der Elemente des gesamten Ereignisraumes.

Beweis: Da E f Elemente enthält, ist E die Vereinigung von f Elementarereignissen des Ereignisraumes S. Nach der Definition ist $P(E)$ die Summe von f Wahrscheinlichkeiten, von denen jede gleich $\frac{1}{n}$ ist, also $P(E) = f \cdot \frac{1}{n} = \frac{f}{n}$.

*) Das Zeichen $[x]$ steht für die größte ganze Zahl kleiner oder gleich x. Es ist z.B. $[3{,}6] = 3$; $[\frac{4}{5}] = 0$; $[\frac{23}{4}] = 5$ usw.

Nennen wir den Ausgang eines Experiments „günstig" für E, sobald E eintritt, dann kann das Theorem 4.7 folgendermaßen gefaßt werden: Erlaubt ein Experiment n gleichmögliche Ausgänge (Fälle), dann ist die Wahrscheinlichkeit eines Ereignisses E das Verhältnis aus der Zahl der günstigen Fälle für E zu der Zahl aller möglichen Fälle. Dies ist die „klassische Definition" der Wahrscheinlichkeit von *Laplace* (1749/1827), von dem einige der ersten und bedeutendsten Beiträge zur mathematischen Theorie der Wahrscheinlichkeit stammen. Wir dürfen dabei nicht vergessen, daß diese Regel zur Berechnung von Wahrscheinlichkeiten nur angewendet werden kann, wenn für alle Elementarereignisse die gleiche Wahrscheinlichkeit angenommen worden ist. Die Formel (4.5) kann daher nicht in all den vielen bedeutenden Fällen verwendet werden, bei denen diese besondere Annahme über die Wahrscheinlichkeiten nicht vernünftig ist.

Gewöhnlich müssen wir zur Berechnung von $P(E)$ feststellen, welche Elemente des Ereignisraumes zu E gehören, und dann müssen wir die Wahrscheinlichkeiten der entsprechenden Elementarereignisse addieren. Ist jedoch das Theorem 4.7 anwendbar, so brauchen wir nur zu wissen, *wieviel* Elemente zu E gehören. Es ist daher äußerst wichtig, wirksame Methoden für das Zählen der Elemente von Mengen zu besitzen, die durch bestimmte Eigenschaften definiert sind. Im Beispiel 3.6 war die Wahrscheinlichkeit des Ereignisses, daß wenigstens zwei Personen den gleichen Geburtstag haben, leicht zu finden, weil wir in der Lage waren (Beispiel 2.1), die Elemente dieses Ereignisses in Anwendung des grundlegenden Zählprinzips zu zählen. Andere Zählverfahren werden wir im nächsten Kapitel besprechen. Bis dahin werden unsere Beispiele so gewählt werden, daß sie zu Ereignissen führen, deren Elemente explizit oder mit Hilfe des bisherigen Zählprinzips gezählt werden können. Wir beschließen diesen Abschnitt mit einer kurzen Betrachtung über die Beziehung zwischen der Wahrscheinlichkeit eines Ereignisses und der „Quote" (*odds*) des Ereignisses.

Definition 4.1

Es sei E ein Ereignis. Dann sagen wir, daß die *Quote für E* gleich a zu b ist, dann und nur dann, wenn

$$P(E)=\frac{a}{a+b}.$$

Wenn die Quote für E a zu b beträgt, dann beträgt die *Quote gegen E* b zu a.

Tabelle 11 gibt zu einigen Quoten die zugehörigen Wahrscheinlichkeiten.

Tabelle 11

Quoten für E	1 zu 1	2 zu 1	3 zu 1	3 zu 5	1 zu 2	12 zu 5
$P(E)$	$\frac{1}{2}$	$\frac{2}{3}$	$\frac{3}{4}$	$\frac{3}{8}$	$\frac{1}{3}$	$\frac{12}{17}$

Ist die Quote für E gegeben, so kann man mit Hilfe der Definition 4.1 die Wahrscheinlichkeit von E finden. Ist anderseits $P(E)$ gegeben, so schreiben wir $P(E)$ in der Form eines Bruches $\frac{a}{a+b}$ und können sofort die Quote für E in der Form a zu b angeben. Ist z.B. $P(E) = 0{,}7$, so schreiben wir

$$P(E) = \frac{7}{10} = \frac{7}{7+3}.$$

Die Quote für E beträgt also 7 : 3. Da die Quote oft verwendet wird, um die Wahrscheinlichkeiten von Ereignissen anzugeben, ist es nützlich, Quoten in Wahrscheinlichkeiten umrechnen zu können und umgekehrt.

Übungen

4.1

Zwei Würfel werden geworfen. Bestimme die Wahrscheinlichkeit, daß die Summe der obenliegenden Augen nicht 4 ergibt. Wie groß ist die Quote für E?

4.2

Aus einem üblichen Kartenspiel wird willkürlich eine Karte gezogen. E sei das Ereignis „die gezogene Karte ist ein As", F das Ereignis „die gezogene Karte ist ein Pik".

a) Sind E und F sich gegenseitig ausschließende Ereignisse?

b) Bestimme die Wahrscheinlichkeit, daß wenigstens eines der Ereignisse E und F eintritt.

c) Wie groß ist die Quote für das Ereignis $E \cup F$?

4.3

Ein Würfel wird zweimal geworfen. Wie groß ist die Quote dafür, daß wenigstens bei einem Wurf eine Zahl unter 3 erscheint?

4.4

Die Quoten a zu b und c zu d heißen gleich, wenn $a : b = c : d$ ist, d.h. wenn ihre Verhältniswerte gleich sind. Z.B. sind die Quoten 10 zu 5, 4 zu 2 und 2 zu 1 gleich.

a) Es ist zu zeigen, daß zwei Ereignisse, deren Quoten gleich sind, die gleichen Wahrscheinlichkeiten haben.

b) Zeige, daß die Quote gegen ein Ereignis gleich der Quote für das Komplementereignis E' ist.

4.5

Die Quote für das Ereignis E sei 2 zu 1, die für $E \cup F$ sei 3 zu 1. Welches ist der kleinste und der größte Wert für die Wahrscheinlichkeit des Ereignisses F, der damit verträglich ist?

4.6

Eine Karte wird willkürlich aus einem Spiel von 52 Karten gezogen. Die Karte wird zurückgesteckt und dann eine andere Karte willkürlich aus dem vollständigen Spiel gezogen.

a) Definiere einen passenden Ereignisraum für dieses Experiment und nimm für seine Elementarereignisse Wahrscheinlichkeiten an.

b) Bestimme die Wahrscheinlichkeit, daß wenigstens eine der gezogenen Karten Pik-As ist.

c) Wie groß ist die Quote dafür, daß keine von beiden Karten Pik-As ist?

4.7

Die vorhergehende Aufgabe ist unter der Bedingung zu lösen, daß die erste Karte nach dem Ziehen nicht zurückgesteckt wird, bevor die zweite gezogen wird.

4.8

Eine Maschine erzeugt Nägel. Es ist bekannt, daß 2‰ davon Ausschuß ist. Aus einer großen Menge Nägel werden zwei willkürlich herausgewählt.

a) Definiere einen passenden Ereignisraum für dieses Experiment und mach geeignete Annahmen über die Wahrscheinlichkeiten der Elementarereignisse.

b) Bestimme die Wahrscheinlichkeit, daß wenigstens einer der beiden Nägel schlecht ist.

4.9

Jemand schätzt, daß die Wahrscheinlichkeit der Annahme seiner Bewerbung durch die Firma A 0,7 beträgt, daß die Wahrscheinlichkeit der Ablehnung durch die Firma B 0,5 ist und daß die Wahrscheinlichkeit, von wenigstens einer Firma zurückgewiesen zu werden, 0,6 ist. Wie groß ist dann die Wahrscheinlichkeit, von wenigstens einer der beiden Firmen angenommen zu werden?

4.10

In Theorem 4.2 machen wir die Annahme, daß E eine eigentliche Teilmenge von F ist, d.h. daß $E \subseteq F$, aber $E \neq F$. Folgt hieraus $P(E) < P(F)$?

4.11

a) Eine Zahl wird beliebig aus der Menge der ersten 20 natürlichen Zahlen herausgegriffen. Wie groß ist die Wahrscheinlichkeit, daß diese Zahl durch 6 oder 8 teilbar ist?

b) Eine Zahl wird aus den ersten 2000 natürlichen Zahlen herausgewählt. Wie groß ist die Wahrscheinlichkeit, daß diese Zahl durch 6 oder 8 teilbar ist?

c) Die Ergebnisse unter a) und b) zusammen mit dem des Beispieles 4.2 lassen einen allgemeinen Satz vermuten, für den die vorstehenden Ergebnisse Sonderfälle sind. Wie lautet der Satz? Versuche ihn zu beweisen.

4.12

Beweise, daß für irgendwelche Ereignisse E und F die Ungleichungskette

$$P(E \cap F) \leqq P(E) \leqq P(E \cup F) \leqq P(E)+P(F) \text{ gilt.}$$

4.13

Es seien E und F irgendzwei Ereignisse und die Werte $P(E)$, $P(F)$ und $P(E \cap F)$ bekannt. Suche Formeln, die die folgenden Wahrscheinlichkeiten durch diese Werte ausdrücken. Sprich in Worten aus, welche Wahrscheinlichkeit damit bestimmt wird.

a) $P(E' \cup F')$ b) $P(E' \cap F')$ c) $P(E' \cup F)$

d) $P(E' \cap F)$ e) $P(E \cap F')$ f) $P((E \cap F)')$

4.14

Verallgemeinere das Theorem 4.4. Zeige dazu, daß die Wahrscheinlichkeit für das Eintreten wenigstens eines der drei Ereignisse E_1, E_2 und E_3 durch

$$P(E_1 \cup E_2 \cup E_3)$$
$$= P(E_1)+P(E_2)+P(E_3)-P(E_1 \cap E_2)-P(E_1 \cap E_3)-P(E_2 \cap E_3)+P(E_1 \cap E_2 \cap E_3) \tag{4.6}$$

gegeben ist.

Bemerkung: Überlege an einem Venn-Diagramm nach Bild 7, daß die Wahrscheinlichkeit jedes einzelnen Elementarereignisses in $E_1 \cup E_2 \cup E_3$ auch auf der rechten Seite der Gleichung (4.6) genau einmal gezählt wird.

4.15

Aus einem Spiel von 52 Karten wird eine Karte gezogen. Mit Hilfe der Formel (4.6) soll die Wahrscheinlichkeit gefunden werden, daß diese eine Pik-Karte, eine zählende Karte (As, Zehn, Konig, Dame, Bube) oder eine Zwei ist.

4.16

Berechne mit Hilfe der Formel (4.6) die Wahrscheinlichkeit, daß die Zahl, die willkürlich aus der Menge der ersten 200 natürlichen Zahlen gewählt wird, durch 6, 8 oder 10 teilbar ist.

4.17

Wir treffen zunächst eine Definition und stellen dann eine Behauptung auf, die mit Hilfe der Formel (4.6) zu beweisen ist.

Definition 4.2

Es sei k eine natürliche Zahl größer als 1. Wir sagen, daß die Ereignisse $E_1, E_2, \ldots, E_k$ sich *paarweise gegenseitig ausschließen*, dann und nur dann, wenn sich in allen möglichen Paaren von Ereignissen aus $E_1, E_2, \ldots, E_k$ die beiden Ereignisse gegenseitig ausschließen, d.h. wenn $E_i \cap E_k = \emptyset$ für alle $i \neq j$ aus $1, 2, \ldots, k$.

Theorem 4.8

Sind E_1, E_2 und E_3 Ereignisse, die sich paarweise gegenseitig ausschließen, dann gilt

$$P(E_1 \cup E_2 \cup E_3) = P(E_1)+P(E_2)+P(E_3). \tag{4.7}$$

4.18

Es sei nur $E_1 \cap E_2 \cap E_3 = \emptyset$ angenommen. Zeige an einem Beispiel, daß dann (4.7) nicht notwendig gilt (vgl. Übg. I.4.6b).

4.19
Beweise die folgende Verallgemeinerung des Theorems 4.8 durch vollständige Induktion.

Theorem 4.9

Es sei k eine natürliche Zahl größer als 1 und die Ereignisse $E_1, E_2, \ldots, E_k$ schließen sich paarweise gegenseitig aus. Dann gilt

$$P(E_1 \cup E_2 \cup \ldots \cup E_k) = P(E_1)+P(E_2)+ \ldots +P(E_k). \tag{4.8}$$

4.20
Wandele die Voraussetzung zum Theorem 4.9 in der Weise ab, daß $E_1, E_2, \ldots, E_k$ irgendwelche, nicht notwendig sich paarweise ausschließende Ereignisse sind. Beweise unter dieser schwächeren Voraussetzung, daß

$$P(E_1 \cup E_2 \cup \ldots \cup E_k) \leqq P(E_1)+P(E_2)+ \ldots + P(E_k).$$

4.21
a) Bestimme die Wahrscheinlichkeit, daß bei einem Blatt aus drei Karten (vgl. Übg. 3.9) wenigstens ein „Spiel" gemacht wird.
b) Berechne die Wahrscheinlichkeit, daß bei vier numerierten Quadraten und vier Karten ein Spiel gemacht wird. (Definiere zuerst einen Ereignisraum und mache geeignete Annahmen über die Wahrscheinlichkeiten der Elementarereignisse.)
c) Es soll nun eine Formel für die Wahrscheinlichkeit für wenigstens ein „Spiel" gefunden werden, wenn n Quadrate und n Karten (mit den Nummern $1, 2, \ldots, n$) verwendet werden. Definiere einen passenden Ereignisraum für dieses Experiment, bestimme die Anzahl der Elemente dieses Ereignisraumes und mache geeignete Annahmen über die Wahrscheinlichkeiten seiner Elementarereignisse. Es sei bemerkt, daß wir die Wahrscheinlichkeit für mindestens ein „Spiel" finden können, wenn wir eine Formel für $P(E_1 \cup E_2 \cup \ldots \cup E_n)$ hätten, worin E_j das Ereignis bedeutet, das ein Spiel auf dem j-ten Quadratfeld eintritt. Läßt sich diese Formel auf Grund von (4.2) und (4.6) erraten? Sonst versuche aus diesen beiden Formeln zunächst eine solche für den Sonderfall $n = 4$ herzuleiten. Die allgemeine Formel können wir hier noch nicht beweisen. Es handelt sich hier um ein berühmtes Problem der Wahrscheinlichkeitsrechnung, das zuerst von dem französischen Mathematiker *Montmort* (1678/1719) untersucht wurde.

5. Bedingte Wahrscheinlichkeit und verbundene Experimente

Es sei ein Experiment angenommen, und wir sind an der Wahrscheinlichkeit für das Eintreten eines Ereignisses E interessiert. Wir nehmen nun an, daß uns zusätzliche Informationen darüber vorliegen, ob ein Ereignis F eingetreten ist. In diesem Abschnitt behandeln wir nun, wie die Berechnung der Wahrscheinlichkeit von E durch das Wissen über das Ereignis F beeinflußt wird.

Wir betrachten zunächst ein Beispiel, bei dem wir die Antwort durch Überlegung finden können. Die hier verwendeten Methoden werden uns zu genauen Definitionen führen, die Teil unser mathematischen Theorie werden.

Beispiel 5.1

In einen Verein, in dem 5 männliche und 5 weibliche Mitglieder aktive Mitglieder sind, werden 2 Männer und 3 Frauen als passive Mitglieder aufgenommen. Aus der Gesamtzahl von 15 Personen soll eine Person willkürlich gewählt werden. Wir interssieren uns für die beiden folgenden Ereignisse:

$E =$ „die gewählte Person ist ein Mann"
$F =$ „die gewählte Person ist ein aktives Mitglied".

Als Ereignisraum nehmen wir eine Menge S von 15 Elementen, eines für jedes Vereinsmitglied. Da die Auswahl „willkürlich" sein soll, nehmen wir für jedes Elementarereignis die Wahrscheinlichkeit $\frac{1}{15}$ an. E ist die Vereinigung von acht Elementarereignissen, F die Vereinigung von zehn Elementarereignissen und $E \cap F$ die Vereinigung von fünf Elementarereignissen. Es ist daher

$$P(E) = \tfrac{8}{15}, \quad P(F) = \tfrac{10}{15} = \tfrac{2}{3}, \quad P(E \cap F) = \tfrac{5}{15} = \tfrac{1}{3}.$$

So weit ist dies nichts Neues. Es sei nun aber angenommen, daß wir erfahren haben, daß die gewählte Person ein aktives Mitglied ist. Wie groß ist die Wahrscheinlichkeit von E, nachdem uns dieses Ergebnis über den Ausgang des Experimentes bekannt ist? Viele werden die veränderte Wahrscheinlichkeit für E mit $\frac{5}{10}$ angeben. Sie schließen so: Da das Ereignis F eingetreten ist, wissen wir, daß eines von den zehn aktiven Mitgliedern gewählt wurde. Das Ereignis E tritt dann ein, wenn eines von den fünf männlichen aktiven Mitgliedern gewählt wird. Da die Wahl willkürlich sein soll, beträgt die Wahrscheinlichkeit, aus zehn Personen eine von fünf auszuwählen, $\frac{5}{10}$. Mit Hilfe des neuen Symbols $P(E \mid F)$ für die durch F geänderte oder bedingte Wahrscheinlichkeit schreiben wir

$$P(E) = \tfrac{8}{15} \text{ und } P(E \mid F) = \tfrac{1}{2}.$$

In diesem Fall nimmt die Wahrscheinlichkeit für E infolge der zusätzlichen Information über das Ereignis F ab.
Die einleuchtende Überlegung kann noch auf eine andere Weise beschrieben werden. Gewöhnlich, wenn ein Ereignisraum S und eine Wahrscheinlichkeitsverteilung zu den Elementarereignissen von S gegeben sind, berechnen wir die Wahrscheinlichkeit eines Ereignisses E, indem wir die Wahrscheinlichkeiten der Elementarereignisse addieren, deren Verei-

nigung E ist. Da $P(S) = 1$ und $E \cap S = E$ ist, können wir die Gleichung

$$P(E) = \frac{P(E \cap S)}{P(S)} \tag{5.1}$$

schreiben. Sie zeigt, daß $P(E)$ das Verhältnis der Wahrscheinlichkeit jenes Teils von E, der in S enthalten ist (das ist die Menge E selbst), zu der Wahrscheinlichkeit für S selbst (die 1 beträgt) ist.

Erfahren wir jedoch, daß das Ereignis F eingetreten ist, dann sind die Ergebnisse, die den Elementen von F', dem Komplement von F, entsprechen, nicht länger möglich. Im Lichte unserer neuen Information über den Ausgang des Experimentes ersetzt das Ereignis F den Ereignisraum S als die Menge deren Elemente allen *möglichen* Ergebnissen des Experimentes entspricht. In Hinblick hierauf erscheint es vernünftig in Analogie zu (5.1)

$$P(E \mid F) = \frac{P(E \cap F)}{P(F)} \tag{5.2}$$

zu schreiben. Dies besagt, daß die durch F bedingte Wahrscheinlichkeit $P(E \mid F)$ für E gleich dem Verhältnis der Wahrscheinlichkeit von jenem in F enthaltenen Teil von E (das ist $E \cap F$) zu der Wahrscheinlichkeit von F selbst ist.

Auf unser Beispiel 5.1 angewendet, ergibt sich wie vorher

$$P(E \mid F) = \frac{\frac{1}{3}}{\frac{2}{3}} = \tfrac{1}{2}.$$

Die Formel (5.2) bildet den Ausgangspunkt für unsere formale Definition der bedingten Wahrscheinlichkeit.

Definition 5.1

Es seien E und F zwei Ereignisse des Ereignisraumes S. Für die Elementarereignisse von S bestehe eine Wahrscheinlichkeitsverteilung derart, daß $P(E) > 0$ ist. Dann ist *die durch F bedingte Wahrscheinlichkeit von E* (*the conditional probability of E given F*), bezeichnet durch $P(E \mid F)$, definiert durch die Gleichung (5.2). Die durch F bedingte Wahrscheinlichkeit für E ist undefiniert, wenn $P(F) = 0$ ist.

Nach den Formeln (5.1) und (5.2) ist die Rolle von F bei der Berechnung von $P(E \mid F)$ analog der Rolle von S in der Berechnung von $P(E)$. Es ist nützlich, diese Analogie weiter zu verfolgen. Wenn wir erfahren haben, daß F eingetreten ist, dann kann F als ein neuer Ereignisraum angesehen werden, da alle möglichen Ergebnisse des Experimentes nun Elementen von F entsprechen müssen. Wir müssen nun nur noch sicherstellen, daß die Summe der Wahrscheinlichkeiten von F wie für jeden Ereignisraum gleich 1 ist. Tatsächlich ergibt die Addition jedoch $P(F)$. Ist $P(F) = 1$, dann ist alles in Ordnung. Ist aber $P(F) < 1$, so denken wir uns die Wahrscheinlichkeiten aller Elementarereignisse von F *proportional* vergrößert, indem wir jede durch denselben Wert $P(F)$ dividieren. Wir erhalten so neue Wahrscheinlichkeiten für die Elementarereignisse von F. In Hinblick auf die Beziehung zwischen den Original- und den neuen Wahrscheinlichkeiten der Elementarereignisse kann die Formel (5.2) folgendermaßen gedeutet werden: Die durch F bedingte Wahrscheinlichkeit für E ist die Summe der *neuen* Wahrscheinlichkeiten jener Elementarereignisse, deren Vereinigung das Ereignis $E \cap F$ ist, d.h. deren Vereinigung jener Teil von E ist, der im neuen Ereignisraum F eingeschlossen ist.

So ist $P(E \mid F)$ lediglich eine Wahrscheinlichkeit, berechnet für Ereignisse, die als Teilmengen des neuen Ereignisraumes F betrachtet werden. Daraus ergibt sich, daß die im Abschnitt 4 in bezug auf den Ereignisraum S bewiesenen Formeln ohne Änderung auf bedingte Wahrscheinlichkeiten, wie sie aus der Kenntnis des Eintretens von F folgen, übertragen werden können.

Beispiel 5.2

Drei Münzen werden geworfen, eine nach der anderen. E sei das Ereignis „wenigstens zweimal Bild" und F das Ereignis „die erste Münze zeigt Bild". Wir definieren den üblichen Ereignisraum, der aus den acht Ergebnissen HHH, HHZ, ..., ZZZ besteht, und ordnen jedem Elementarereignis die Wahrscheinlichkeit $\frac{1}{8}$ zu. Dann ist E die Vereinigung von vier, F die von vier und $E \cap F$ die von drei Elementarereignissen. Also gilt $P(E) = P(F) = \frac{4}{8}$ und $P(E \cap F) = \frac{3}{8}$. Die durch F bedingte Wahrscheinlichkeit für E beträgt

$$P(E \mid F) = \frac{P(E \cap F)}{P(F)} = \frac{\frac{3}{8}}{\frac{4}{8}} = \frac{3}{4}.$$

Wie zu erwarten, *erhöht* die Kenntnis der Tatsache, daß bei der ersten Münze Bild gefallen ist, die Wahrscheinlichkeit, wenigstens zweimal Bild zu bekommen. Sie beträgt vor dieser Information $P(E) = \frac{1}{2}$, nachher $P(E \mid F) = \frac{3}{4}$.

Beispiel 5.3

Aus den 321 Gewerkschaftsmitgliedern, über deren Ansichten wir in Tabelle 4 berichtet hatten, sei eine Person herausgeriffen. E sei das Ereignis „der Mann antwortet mit ja" und F das Ereignis „der Mann ist weniger als ein Jahr in der Gewerkschaft". Wie in Übung 3.6 erhalten wir

$$P(E) = \tfrac{246}{321}, \quad P(F) = \tfrac{44}{321}, \quad P(E \cap F) = \tfrac{27}{321}.$$

Daher gilt

$$P(E \mid F) = \frac{\frac{27}{321}}{\frac{44}{321}} = \tfrac{27}{44}.$$

Hier ist $P(E \mid F) < P(E)$, d.h. die Kenntnis des Umstandes, daß der Betreffende weniger als ein Jahr in der Gewerkschaft ist, *vermindert* die Wahrscheinlichkeit, daß er mit „ja" antwortet.

Beispiel 5.4

Eine Karte wird aus einem üblichen Standardspiel gezogen. E sei „die Karte ist Pik" und F „die Karte ist ein As". Dann gilt

$$P(E) = \tfrac{1}{4}, \quad P(F) = \tfrac{1}{13}, \quad P(E \cap F) = \tfrac{1}{52}.$$

und

$$P(E \mid F) = \frac{\frac{1}{52}}{\frac{1}{13}} = \tfrac{1}{4}.$$

Hier haben wir den Fall, daß $P(E)$ und $P(E \mid F)$ *gleich* sind: die Kenntnis, daß die Karte ein As ist, ändert die Wahrscheinlichkeit, daß es Pik ist, nicht.

Der bedeutende, aber besondere Fall, daß $P(E)$ und $P(E \mid F)$ gleich sind wie im Beispiel 5.4, wird im Abschnitt 7 behandelt werden, wo wir den Begriff der unabhängigen Ereignisse einführen. Für den Rest dieses Abschnitts seien einige Folgerungen aus der Definition 5.1, sowie Anwendungen der bedingten Wahrscheinlichkeiten auf sogenannte verbundene oder zusammengesetzte Ereignisse betrachtet.

Ist $P(E) > 0$, so können die Rollen von E und F in (5.2) vertauscht werden. Die durch E bedingte Wahrscheinlichkeit für F ist

$$P(F \mid E) = \frac{P(F \cap E)}{P(E)} = \frac{P(E \cap F)}{P(E)}, \tag{5.3}$$

wobei die letzte Gleichheit aus dem kommutativen Gesetz für den Durchschnitt von zwei Mengen folgt.

Lösen wir (5.2) und (5.3) nach $P(E \cap F)$ auf, so erhalten wir das folgende Ergebnis, das manchmal als das Gesetz von den verbundenen Wahrscheinlichkeiten bezeichnet wird:

$$P(E \cap F) = P(E)P(F \mid E) = P(F)P(E \mid F). \tag{5.4}$$

Von der Forme (5.4) wird ausgiebiger Gebrauch gemacht, wenn Wahrscheinlichkeiten von Ereignissen berechnet werden, die durch ein zusammengesetztes Experiment beschrieben sind. So ist das Experiment, bei dem wir eine Münze erst einmal, dann nochmals und schließlich ein drittes Mal werfen, ein Beispiel eines zusammengesetzten Experiments mit drei Versuchen. Haben wir zwei Urnen mit farbigen Kugeln, und wählen wir eine Urne und dann in der Urne eine Kugel, so haben wir ein verbundenes Experiment aus zwei Versuchen ausgeführt. Viele Experimente sind besser als eine Verbindung von zwei oder mehr Versuchen zu beschreiben: zuerst wird etwas getan (Versuch Nr. 1); dann nach diesem Versuch wird etwas weiteres getan (Versuch Nr. 2) usw. Ein Beispiel wird am besten die Verwendung von bedingten Wahrscheinlichkeiten bei solchen verbundenen Experimenten veranschaulichen.

Beispiel 5.5

Urne I enthalte drei grüne und fünf rote Kugeln. Urne II enthalte zwei grüne, eine rote und zwei blaue Kugeln. Wir wählen willkürlich eine Urne heraus und ziehen daraus beliebig eine Kugel. Wie groß ist die Wahrscheinlichkeit, daß wir eine grüne Kugel erhalten?
Die Daten des Problems sind übersichtlich im Baumdiagramm Bild 12 zusammengefaßt. Da die Urne willkürlich herausgewählt wird, schreiben

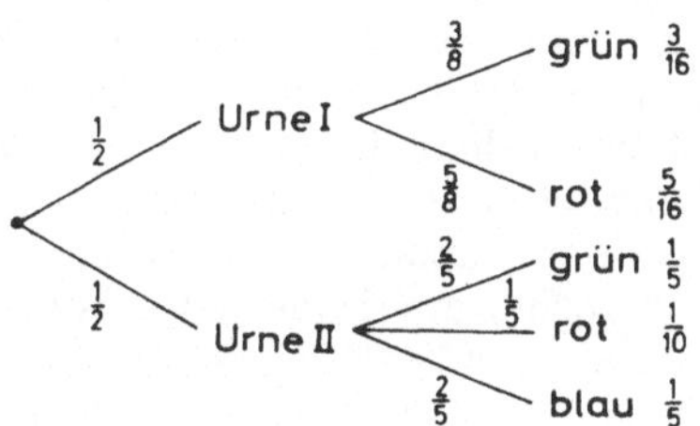

Bild 12. Baumdiagramm zu einer Urnenaufgabe

wir an jeden Zweig, der vom Ausgangspunkt zu einem Ergebnis des ersten Versuchs (Nummer der Urne) führt, die Wahrscheinlichkeit $\frac{1}{2}$. Außerdem sind die bedingten Wahrscheinlichkeiten für das Ziehen einer Kugel bestimmter Farbe aus einer gewählten Urne gegeben. Diese bedingten Wahrscheinlichkeiten erscheinen auf jedem Zweig, der von einer Urne zu einem Ergebnis des zweiten Versuchs (Farbe der Kugel) führt. Es folgen nun zwei Lösungen des im Beispiel gegebenen Problems.
Erste Lösung: Das Ereignis „grüne Kugel genommen" kann auf zwei sich gegenseitig ausschließenden Wegen geschehen: 1. wir wählen Urne I und ziehen eine grüne Kugel oder 2. Urne II und ziehen daraus

eine grüne Kugel. Das Ereignis „grüne Kugel genommen" ist die Vereinigung der sich gegenseitig ausschließenden in 1. und 2. beschriebenen Ereignisse. Nach der Formel (4.3) erhalten wir (in abgekürzter Schreibweise)

$$P(\text{grün}) = P(\text{Urne I und grün}) + P(\text{Urne II und grün}).$$

Jeder der Ausdrücke auf der rechten Seite ist die Wahrscheinlichkeit eines Durchschnitts von zwei Ereignissen. Formel (5.4) liefert

$$P(\text{grün}) = P(\text{Urne I})\ P(\text{grün} \mid \text{Urne I}) + P(\text{Urne II})\ P(\text{grün} \mid \text{Urne II}).$$

Aus den in Bild 12 gegebenen Zahlenwerten ergibt sich

$$P(\text{grün}) = \tfrac{1}{2} \cdot \tfrac{3}{8} + \tfrac{1}{2} \cdot \tfrac{2}{5} = \tfrac{31}{80}. \tag{5.5}$$

Zweite Lösung: Wir gehen zu unseren ersten Grundtatsachen zurück. Als Ereignisraum für das zusammengesetzte Experiment definieren wir die Menge

$$S = \{\text{Ig}, \text{Ir}, \text{IIg}, \text{IIr}, \text{IIb}\},$$

deren Elemente geordnete Paare sind, die die Ergebnisse der beiden Versuche bezeichnen, die das Experiment ausmachen, So bedeutet Ig, daß zuerst die Urne I und daraus die grüne Kugel gewählt wurden usw. (*g* grün, *r* rot, *b* blau).

Jeder der fünf Elementarereignisse von S entspricht einem Weg von links nach rechts in dem Baum des Bildes 12. Wir ordnen jedem Elementarereignis die Wahrscheinlichkeit zu, die durch das Produkt der Zahlen in dem Baum auf dem Wege von links nach rechts, wie er dem Elementarereignis entspricht, gegeben ist. Nach dieser Regel erhalten wir die in Tabelle 12 verzeichneten Wahrscheinlichkeiten; sie erscheinen ganz rechts am Ende jedes Weges durch den Baum. Es sei vermerkt, daß dies eine Wahrscheinlichkeitsverteilung zu den Elementarereignissen von S ist: jede Wahrscheinlichkeit ist nichtnegativ und die Summe aller Wahrscheinlichkeiten beträgt 1.

Tabelle 12

Elementarereignisse von S	{Ig}	{Ir}	{IIg}	{IIr}	{IIb}
Wahrscheinlichkeit	$\frac{1}{2} \cdot \frac{3}{8} = \frac{3}{16}$	$\frac{1}{2} \cdot \frac{5}{8} = \frac{5}{16}$	$\frac{1}{2} \cdot \frac{2}{5} = \frac{1}{5}$	$\frac{1}{2} \cdot \frac{1}{5} = \frac{1}{10}$	$\frac{1}{2} \cdot \frac{2}{5} = \frac{1}{5}$

Nun ist das Ereignis „grüne Kugel genommen" die Vereinigung der beiden Elementarereignisse {Ig} und {IIg}, also gilt

$$P(\text{grün}) = \tfrac{3}{16} + \tfrac{1}{5} = \tfrac{31}{80} \tag{5.6}$$

wie bei der ersten Lösung.

Der Leser kann einwenden, daß wir bei der ersten Lösung gegen unsere Regel verstoßen hätten, wonach die Angabe des Ereignisraumes und eine Zuordnung von Wahrscheinlichkeiten zu den Elementarereignissen *vor* der Berechnung von Wahrscheinlichkeiten zu erfolgen hat. Streng genommen ist diese Forderung berechtigt. Vergleichen wir jedoch (5.5) und (5.6), so stellen wir fest, daß der Ereignisraum und die Zuordnung der Wahrscheinlichkeiten bei der zweiten Lösung auch implizit in der ersten Lösung enthalten sind. Wir nehmen dazu an, daß ein zusammengesetztes Experiment aus n Versuchen als Ereignisraum immer die Menge S der geordneten n-Tupel hat, die die möglichen Ergebnisse des Experiments bezeichnen. Sind uns genügend Daten (in der Form von gewissen Wahrscheinlichkeiten und bedingten Wahrscheinlichkeiten) gegeben, um ein Baumdiagramm wie in Bild 12 ausfüllen zu können, dann wird eine Wahrscheinlichkeitsverteilung zu Elementarereignissen von S so wie bei der zweiten Lösung vorgenommen. Jedes Elementarereignis entspricht einem Weg durch den Baum, und das Produkt der Zahlen auf den Zweigen längs des Weges ist die dem entsprechenden Elementarereignis zugeordnete Wahrscheinlichkeit. Es kann gezeigt werden (vgl. Übg. 5.17), daß die sich ergebende Zuordnung von Wahrscheinlichkeiten zu den Elementarereignissen von S nicht nur annehmbar, sondern die *einzige* Zuordnung ist, die mit den Daten des Problems verträglich ist.

Die erste Lösung ist kürzer, direkter und leichter als die zweite Lösung. Es ist für viele Probleme über zusammengesetzte Experimente bezeichnend, daß wir es vorziehen, die unbekannten Wahrscheinlichkeiten auf direktem Wege aus den gegebenen Daten zu berechnen, und so die ausdrückliche Konstruktion eines Ereignisraumes und einer Zuordnung von Wahrscheinlichkeiten zu seinen Elementarereignissen vermeiden. Von nun an werden wir die kürzere Lösungsmethode verwenden, wissend, daß wir nötigenfalls auf unsere ersten Prinzipien und die längere, weniger direkte Lösungsmethode zurückgehen können, die der kürzeren zugrunde liegt.

Das in (5.4) ausgedrückte Theorem ist ein Sonderfall einer äußerst nützlichen Formel, die wir nun beweisen.

Theorem 5.1

Es sei n eine natürliche Zahl größer als 1 und es seien $E_1, E_2, \ldots, E_n$ irgendwelche n Ereignisse, für die $P(E_1 \cap E_2 \cap \ldots \cap E_{n-1}) \neq 0$. Dann gilt

$$P(E_1 \cap E_2 \ldots \cap E_n)$$
$$= P(E_1)P(E_2 \mid E_1)P(E_3 \mid E_1 \cap E_2) \ldots P(E_n \mid E_1 \cap E_2 \cap \ldots \cap E_{n-1}). \qquad (5.7)$$

Beweis: Die durch die Gleichung (5.7) ausgedrückte Behauptung werde mit S_n bezeichnet, die Menge der Zahlen n, für die S_n richtig ist, mit N. Wir beweisen durch vollständige Induktion, daß N die Menge aller natürlichen Zahlen größer als 1 ist.

I. $2 \in N$. Für S_2 lautet die Behauptung

$$P(E_1 \cap E_2) = P(E_1) P(E_2 \mid E_1).$$

Die Richtigkeit von S_2 folgt aus der Definition von $P(E_2 \mid E_1)$. Unsere Behauptung reduziert sich für $n = 2$ auf $P(E_1) \neq 0$, wodurch die bedingte Wahrscheinlichkeit definiert ist.

II. Es sei nun $k \in N$, wobei k irgendeine natürliche Zahl größer als 1 ist. Wir wollen beweisen, daß dann auch $(k+1) \in N$. S_k ist die Behauptung

$$P(E_1 \cap E_2 \cap \ldots \cap E_k) = P(E_1)\, P(E_2 \mid E_1) \ldots P(E_k \mid E_1 \cap E_2 \cap \ldots \cap E_{k-1}). \quad (5.8)$$

Aus der Definition der bedingten Wahrscheinlichkeit und den Eigenschaften des Durchschnitts folgt

$$\frac{P(E_1 \cap E_2 \cap \ldots \cap E_{k+1})}{P(E_1 \cap E_2 \cap \ldots \cap E_k)} = P(E_{k+1} \mid E_1 \cap E_2 \cap \ldots \cap E_k). \quad (5.9)$$

Multipliziert man nun die rechten Seiten und die linken Seiten der beiden Gleichungen (5.8) und (5.9) miteinander, so ergibt sich die Behauptung S_{k+1}:

$$P(E_1 \cap E_2 \cap \ldots \cap E_{k+1}) = P(E_1)\, P(E_2 \mid E_1) \ldots P(E_{k+1} \mid E_1 \cap E_2 \cap \ldots \cap E_k)$$

Wir haben also gezeigt, daß für jedes $k \geqq 2$ aus $k \in N$ auch $(k+1) \in N$ folgt.

Aus I. und II. schließen wir, daß N die Menge aller natürlichen Zahlen größer oder gleich 2 ist. Damit ist das Theorem 5.1 bewiesen.

Beispiel 5.6

Von einer Urne weiß man, daß sie x rote und $5-x$ grüne Kugeln enthält, kennt jedoch nicht den Wert von x (der 0, 1, 2, 3, 4, 5 sein kann). Herr Y. soll aus der Urne willkürlich eine von den fünf Kugeln ziehen. Ihre Farbe soll man erraten. Man hat gewonnen, wenn man richtig geraten hat, anderenfalls verloren.
Es soll nun jede der folgenden Strategien für das Erraten betrachtet werden.

Strategie 1. Rate, daß Y eine rote Kugel ziehen wird.

Strategie 2. Rate, daß Y eine grüne Kugel ziehen wird.

Strategie 3. Ziehe eine Kugel aus der Urne. Ist sie rot, so rate, daß auch Y eine rote Kugel ziehen wird. Ist sie grün, so rate, daß Y eine grüne Kugel ziehen wird.

Strategie 4. Ziehe eine Kugel aus der Urne und lege sie zurück. Dann ziehe wiederum eine Kugel und lege sie zurück. Sind beide Kugel rot, so rate, daß Y eine rote Kugel ziehen wird. Sind beide Kugeln grün, so rate, daß Y eine grüne Kugel ziehen wird. Ist die eine Kugel rot und die andere Kugel grün, dann ziehe noch einmal eine Kugel aus der Urne. Wenn diese Kugel rot ist, so rate, daß Y eine rote Kugel ziehen wird. Ist sie grün, so rate, daß Y eine grüne Kugel ziehen wird.

Strategie 5. Sonst wie Strategie 4 mit dem Unterschied, daß die erste Kugel vor dem Ziehen der zweiten *nicht* zurückgelegt wird. Ist ferner das Ziehen einer dritten Kugel nötig, so sollen die beiden gezogenen Kugeln vorher *nicht* zurückgelegt werden.

Wir wollen nun die Gewinnwahrscheinlichkeit ausrechnen. Diese wird von dem unbekannten Wert von x (der die Zusammensetzung des Urneninhalts bestimmt) und von der Strategie abhängen, für die wir uns entschließen. Wählen wir z.B. die Strategie 1 und raten rot. Y zieht eine rote Kugel aus der Urne mit der Wahrscheinlichkeit $\frac{x}{5}$. Setzen wir nacheinander $x = 0, 1, 2, 3, 4, 5$, so erhalten wir die Gewinnwahrscheinlichkeiten für die Strategie 1 (Tabelle 13, Spalte für Strategie 1). In der Tabelle 13 sind die Gewinnwahrscheinlichkeiten für jede Zusammensetzung des Urneninhalts und für jede der fünf Strategien verzeichnet. Wie diese berechnet werden, soll an ein paar Beispielen erläutert werden.

Tabelle 13

Anzahl der roten Kugeln in der Urne x	Gewinnwahrscheinlichkeit für Strategie				
	1	2	3	4	5
0	0	1	1	1	1
1	0,20	0,80	0,68	0,74	0,80
2	0,40	0,60	0,52	0,53	0,54
3	0,60	0,40	0,52	0,53	0,54
4	0,80	0,20	0,68	0,74	0,80
5	1	0	1	1	1

a) Wir nehmen $x = 2$ an und richten uns nach der Strategie 3. Dann gewinnen wir, sobald wir und Y beide rote Kugeln oder beide grüne

Kugeln ziehen. Zur Vereinfachung bezeichnen wir mit R_1 das Ereignis, daß die erste gezogene Kugel rot ist, mit R_Y das Ereignis, daß Y eine rote Kugel zieht, mit G_2 das Ereignis, das die zweite von uns gezogene Kugel grün ist, usw. Da sich die Ereignisse $R_1 \cap R_Y$ und $G_1 \cap G_Y$ gegenseitig ausschließen, gilt

$$\begin{aligned} P(\text{Gewinn}) &= P(R_1 \cap R_Y) + P(G_1 \cap G_Y) \\ &= P(R_1)P(R_Y \mid R_1) + P(G_1)P(G_Y \mid G_1). \end{aligned}$$

Der zweite Teil der Gleichung folgt aus Formel (5.4). Da Y aus der vollen Urne zieht, in der nach unserer Annahme zwei rote und drei grüne Kugeln liegen sollen, so ist

$$P(R_Y \mid R_1) = P(R_Y) = 0{,}4; \qquad P(G_Y \mid G_1) = P(G_Y) = 0{,}6.$$

Da weiter $P(R_1) = 0{,}4$ und $P(G_1) = 0{,}6$, so ergibt sich

$$P(\text{Gewinn}) = 0{,}4 \cdot 0{,}4 + 0{,}6 \cdot 0{,}6 = 0{,}52.$$

Dieser Wert erscheint in der Tabelle 13 in der Zeile für $x = 2$ und in der Spalte für Strategie 3. Das Baumdiagramm für diesen Fall ($x = 2$,

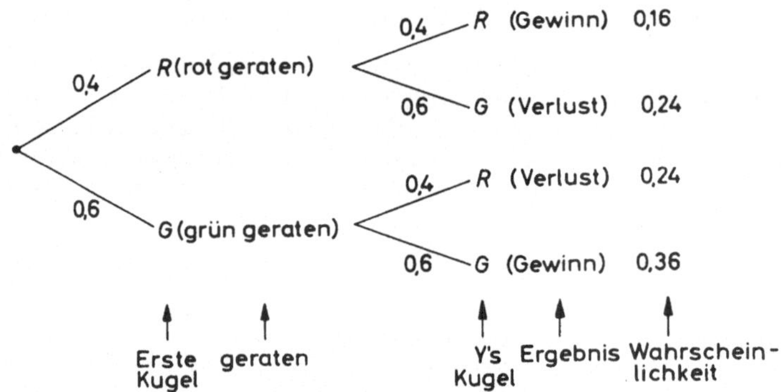

Bild 13. Baumdiagramm zur Strategie 3

Strategie 3) zeigt Bild 13. An ihm kann man recht gut die eben durchgeführte Berechnung verfolgen.

b) Wir nehmen $x = 2$ an und richten uns nach der Strategie 5. Das Baumdiagramm für die Strategie 5 (Bild 14) ist bedeutend verwickelter. Auch hier sind an die einzelnen Zweige die zugehörigen Wahrscheinlichkeiten für den Fall $x = 2$ angeschrieben. Wir stellen fest, daß es nun sechs sich gegenseitig ausschließende Gewinnwege gibt. So gewinnt man z.B., wenn das Experiment zu dem Ereignis $R_1 \cap G_2 \cap R_3 \cap R_Y$

führt, bei dem zuerst eine rote, dann eine grüne, dann wieder eine rote Kugel (weswegen man rot rät) zieht und dann Y auch eine rote Kugel zieht. Dieses Ereignis entspricht dem dritten Weg durch den

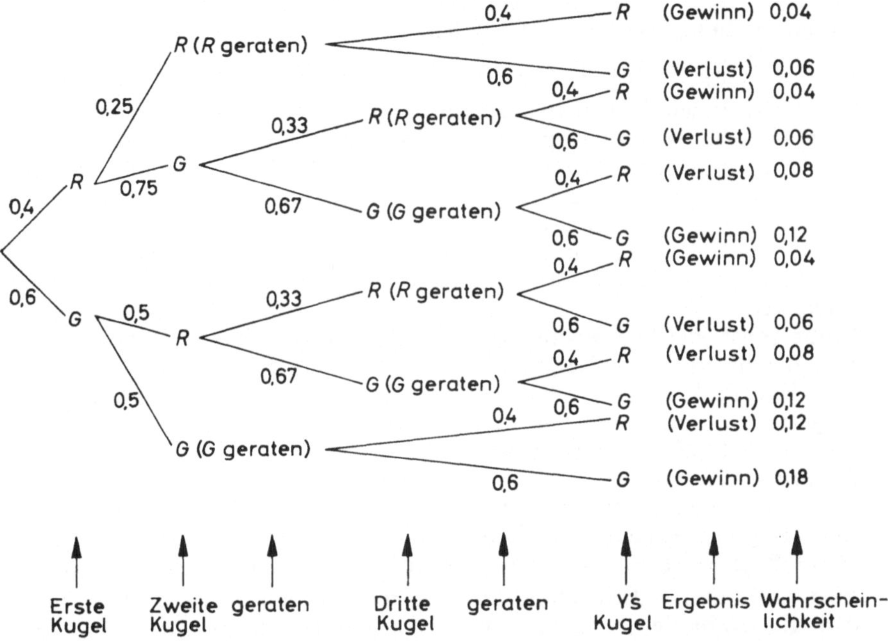

Bild 14. Baumdiagramm für die Strategie 5

Baum des Bildes 14. Wir finden daher die Wahrscheinlichkeit für dieses Ereignis durch Anwendung der Formel (5.7) für $n = 4$.

$$P(R_1 \cap G_2 \cap R_3 \cap R_Y)$$
$$= P(R_1) P(G_2 \mid R_1) P(R_3 \mid R_1 \cap G_2) P(R_Y \mid R_1 \cap G_2 \cap G_3) . \quad (5.10)$$

Es ist

$$P(R_Y \mid R_1 \cap G_2 \cap G_3) = P(R_Y) = 0{,}4 = P(R_1) .$$

Angenommen, daß man als erste Kugel eine rote zieht, dann bleiben, da man nicht zurücklegt, vier Kugeln in der Urne, von denen drei grün sind. Daher ist

$$P(G_2 \mid R_1) = 0{,}75 .$$

Erhält man jedoch eine rote und eine grüne Kugel, so wird die dritte Kugel aus einer Urne gezogen, die eine rote und zwei grüne Kugeln enthält. Die Wahrscheinlichkeit beträgt dann

$$P(R_3 | R_1 \cap G_2) = \tfrac{1}{3} \approx 0{,}33\,.$$

Einsetzen dieser Werte in (5.10) liefert

$$P(R_1 \cap G_2 \cap R_3 \cap R_Y) = 0{,}4 \cdot 0{,}75 \cdot 0{,}33 \cdot 0{,}4 = 0{,}04\,.$$

Diese Wahrscheinlichkeit erscheint am Ende des dritten Weges durch den Baum in Bild 14 und ist gerade das Produkt der Wahrscheinlichkeiten für die Zweige auf diesem Wege. Indem wir die Wahrscheinlichkeiten für alle Ereignisse (Wege), die zum Gewinn führen, addieren, finden wir für $x = 2$ und für die Strategie 5 die Gewinnwahrscheinlichkeit 0,54. Diese Zahl erscheint in der entsprechenden Zeile und Spalte der Tabelle 13. Auf diese Weise sind auch die anderen Werte der Tabelle 13 berechnet.

Unter sonst gleichen Bedingungen wird man die Strategie bevorzugen, die die höchste Gewinnwahrscheinlichkeit liefert. So wird man nach Tabelle 13, da die Wahrscheinlichkeiten in der Spalte 4 für alle möglichen Zusammensetzungen des Urneninhaltes mindestens so groß wie die in Spalte 3, die Strategie 4 der Strategie 3 vorziehen. Aus demselben Grunde wird man die Strategie 5 der Strategie 4 vorziehen. Weiß man jedoch aus irgendeinem Grunde, daß die Urne mehr rote als grüne Kugeln enthält (d.h. $x = 3, 4$ oder 5), dann wird man vernünftigerweise die Strategie 1 allen anderen Strategien vorziehen.

Eine vollständige Erörterung ist hier nicht möglich, da es klar ist, daß die Wahl der Strategie von einer ganzen Anzahl von Faktoren abhängt, die wir aus unserer Besprechung herausgelassen haben. Es kann z.B. ein Preis im Gewinnfalle und eine Buße bei Verlust zu erwarten sein. Es kann auch sein, daß man für die Information durch das Ziehen von einer Kugel oder mehr Kugeln vor dem Raten zahlen muß. Dadurch könnte einem dann die Strategie 3 mehr kosten als die Strategien 1 oder 2 und die Strategien 4 und 5 noch mehr als Strategie 3. Die einzuschlagende Strategie wird von all diesem Umständen, aber auch von unserer Vermutung über die Zusammensetzung des Urneninhalts abhängen. Diese Untersuchungen spielen eine große Rolle in den statistischen Entscheidungsproblemen.

Übungen

5.1

Ein grüner und ein roter Würfel werden geworfen.

a) Es soll die bedingte Wahrscheinlichkeit bestimmt werden, daß eine Summe größer als 10 geworfen wird, vorausgesetzt, daß der rote Würfel eine 5 zeigt.

b) Bestimme die bedingte Wahrscheinlichkeit für eine Augensumme kleiner als 6, unter der Bedingung, daß der rote Würfel eine 2 zeigt.

c) Wie groß ist die bedingte Wahrscheinlichkeit für die Augensumme 7 unter der Bedingung, daß der rote Würfel weniger als 4 Augen zeigt?

d) Wie ändert sich in den vorstehenden Übungen a) bis c) auf Grund der gegebenen Information die Wahrscheinlichkeit des betreffenden Ereignisses?

5.2

Eine einwandfreie Münze wird dreimal nacheinander geworfen. Bestimme die „Quote", dreimal „Bild(H)" zu erhalten. Wie ändert sie sich, wenn bekannt ist, daß der zweite Wurf Bild ergeben hatte?

5.3

Drei ununterscheidbare Gegenstände werden auf drei Kästen verteilt. Bestimme die bedingte Wahrscheinlichkeit dafür, daß alle drei im gleichen Kasten liegen, wenn bekannt ist, daß wenigstens zwei von ihnen in dem gleichen Kasten sind.

5.4

Aus sechs Personen A, B, C, D, E und F wurde ein Ausschuß von drei Personen gebildet (vgl. Übg. 3.3). Bestimme die bedingte Wahrscheinlichkeit, daß A und B gewählt wurden, wenn bekannt ist, daß weder C noch D gewählt wurden.

5.5

Aus den 321 Gewerkschaftsmitglieder der Tabelle 4 sollen zwei Personen (einer nach dem anderen) willkürlich ausgewählt werden. Wie groß ist die Wahrscheinlichkeit, daß beide Personen mit „ja" geantwortet haben?

5.6

Zwei Ferienkurse einer Schülergruppe, einer in Chemie, ein anderer in Geschichte, hatten folgendes Ergebnis: 4% der Schüler versagten in Chemie, 3% in Geschichte, 1% in beiden Kursen.

a) Wieviel % bestand in Chemie und versagte in Geschichte?

b) Wieviel % von denen, die in Chemie versagten, versagten auch in Geschichte?

c) Wie groß war der Prozentsatz derjenigen, die in Chemie versagten, unter denjenigen, die in Geschichte versagten?

5.7

a) Eine Münze wird dreimal nacheinander geworfen.

I. Bestimme die Wahrscheinlichkeit, daß der dritte Wurf Bild ergibt.

II. Wie groß ist die bedingte Wahrscheinlichkeit, daß der dritte Wurf Bild liefert, wenn die ersten beiden Würfe bereits jedesmal Bild ergeben hatten?

b) Eine Münze wird n Male nacheinander geworfen.

I. Definiere einen geeigneten Ereignisraum und ordne seinen Elementarereignissen eine Wahrscheinlichkeitsverteilung zu.

II. Bestimme die Wahrscheinlichkeit, daß der $n$te Wurf Bild ergibt.

III. Bestimme die bedingte Wahrscheinlichkeit, daß der $n$te Wurf Bild ergibt, wenn alle vorhergehenden Würfe bereits Bild geliefert hatten. (Frage: Hat die Münze ein Gedächtnis?)

5.8

Ein Einzelhandelsgeschäft zeigt in einer Zeitung folgendes an. Während einer bestimmten Woche erhält jeder Kunde, der bei einem Einkauf für wenigstens 10 Dollar Waren kauft, eine numerierte Karte. Gleichzeitig wird ein Doppel dieser Karte in eine große Trommel geworfen. Die Karten sind durchgehend numeriert, mit 1 beginnend. Am Ende der Woche werden die Karten in der Trommel gründlich gemischt und eine Karte gezogen. Ihre Nummer bestimmt den Gewinner eines ausgesetzten Preises. Wir nehmen an, daß während der Woche 200 Karten auf diese Weise ausgeteilt worden sind.

a) Wie groß ist die Wahrscheinlichkeit, daß die erste Ziffer der Gewinnummer eine 1 ist?
b) Wie groß ist die bedingte Wahrscheinlichkeit, daß die erste Ziffer der Gewinnummer 1 ist, wenn die Gewinnummer größer als 100 ist?
c) Berechne die Wahrscheinlichkeit, daß die erste Ziffer der Gewinnummer eine 9 ist.
d) Mit welcher Wahrscheinlichkeit ist die erste Ziffer der Gewinnummer eine 9, wenn bekannt ist, daß die Gewinnummer größer als 100 ist?
e) Es seien n Karten ausgeteilt worden. Es soll nun jede der neun Ziffern $1, 2, \ldots, 9$ mit der gleichen Wahrscheinlichkeit als erste Ziffer der Gewinnummer auftreten. Nenne alle die dann möglichen Werte von n.

5.9

Zwei defekte Radioröhren sind mit zwei guten zusammengepackt worden. Die Röhren sollen nun solange getestet werden, eine nach der anderen, bis man die beiden defekten herausgefunden hat.

a) Konstruiere das Baumdiagramm für dieses Experiment.
b) Wie groß ist die Wahrscheinlichkeit, daß die zweite defekte Röhre auch als zweite getestet wird? als dritte? als vierte? Wie groß ist die Summe der drei hier berechneten Wahrscheinlichkeiten? Ist dies ein Wert, den man *vor* den Berechnungen erwartet hätte?

5.10

Eine Urne enthält g grüne und r rote Kugeln. Eine Kugel wird willkürlich gezogen. Sie wird zurückgelegt, wobei gleichzeitig c weitere Kugeln von der Farbe der gezogenen Kugel den Kugeln in der Urne zugefügt werden. Nun wird wiederum eine Kugel gezogen und ebenfalls mit c Kugeln ihrer Farbe in die Urne getan. Dieses Verfahren kann beliebig fortgesetzt werden und liefert ein Modell (es wurde zuerst von *G. Polya* untersucht) des Falles, bei dem das Ziehen einer Kugel von einer der beiden Farben die Wahrscheinlichkeit für die gezogenen Farbe im nächsten Zug erhöht. (*Polya* zog eine Analogie zu ansteckenden Krankheiten, bei denen jeder Krankheitsfall die Wahrscheinlichkeit weiterer Fälle erhöht.)

a) Bestimme die bedingte Wahrscheinlichkeit, daß die zweite Kugel rot ist, wenn erste Kugel rot ist.
b) Wie groß ist die Wahrscheinlichkeit, daß sich bei den ersten drei Ziehungen nur rote Kugeln ergeben?

c) Berechne die bedingte Wahrscheinlichkeit, daß die erste Kugel rot ist, wenn die zweite Kugel rot ist.

5.11

In einem Schubkasten befinden sich vier schwarze, sechs braune und zwei blaue Socken. Zwei Socken werden willkürlich aus dem Kasten genommen, eine nach der anderen. Wie groß ist die Wahrscheinlichkeit, daß beide Socken die gleiche Farbe haben?

5.12

Berechne mit Hilfe der Formel (5.7) die Wahrscheinlichkeit, daß r beliebig herausgegriffene Personen alle verschiedene Geburtstage besitzen. Dann bestimme die Wahrscheinlichkeit, daß wenigstens zwei unter diesen r Personen den gleichen Geburtstag haben, und vergleiche die Antwort mit der Antwort in (3.6).

5.13

Tabelle 14 bringt einen Auszug aus der amerikanischen Sterblichkeitstafel für Männer, die im Jahre 1918 von der „Actuarial Society of America" veröffentlicht wurde.

Tabelle 14

Sterblichkeitsrate bei 1000 Personen						
Alter bei Abschluß der Versicherung	Versicherungsdauer in Jahren					
	0	1	2	3	4	5
20	2,73	3,59	3,80	3,96	4,13	4,31
21	2,78	3,66	3,86	4,01	4,18	4,35
22	2,83	3,72	3,91	4,06	4,21	4,39

Erläuterung am Beispiel: Der Wert 3,96 für 20 Jahre und eine Versicherungsdauer von 3 Jahren bedeutet, daß 0,00396 die Wahrscheinlichkeit dafür ist, daß jemand im Alter von 23 Jahren, der die Versicherung im Alter von 20 Jahren abschloß, vor Erreichen des Alters von 24 Jahren sterben wird.

In ähnlicher Weise bedeutet die Zahl 3,91 für das Alter 22 Jahre und die Versicherungsdauer 2 Jahre, daß die Wahrscheinlichkeit 0,00391 ist, daß jemand, der jetzt 24 Jahre alt ist und vor 2 Jahren die Versicherung abschloß, vor Erreichen des Alters von 25 Jahren sterben wird.

Berechne die Wahrscheinlichkeit, daß jemand im Alter von jetzt 21 Jahren, der vor einem Jahre die Versicherung abgeschlossen hatte, sterben wird im Alter a) zwischen 21 und 22 Jahren, b) zwischen 22 und 23 Jahren, c) zwischen 23 und 24 Jahren.

5.14

a) Es sei n eine natürliche Zahl und ${}_np_x$ die Wahrscheinlichkeit, daß eine jetzt x-jährige Person noch nach n Jahren leben wird. Setze $p_x = {}_1p_x$ und zeige, daß

$${}_np_x = p_x p_{x+1} \cdots p_{x+n-1}\,.$$

b) Mit l_0 sei eine natürliche Zahl bezeichnet (eine Anzahl neugeborener Kinder). Wir definieren für alle $x > 0$

$$l_x = l_0({}_x p_0), \quad d_x = l_x - l_{x+1}.$$

Es sollen Interpretationen für l_x und d_x gegeben werden. Ferner soll gezeigt werden, daß

$${}_n p_x = \frac{l_{x+n}}{l_x}.$$

c) Ist $q_x = 1 - p_x$, so gilt $q_x = \frac{d_x}{l_x}$.

Beweise dies. Die Wahrscheinlichkeit q_x ist in der Versicherungsmathematik als die Sterbewahrscheinlichkeit im Alter x Jahre bekannt (vgl. z. B. Handbuch d. Schulmath., Bd. 1, II, 5. 42).

5.15

Es seien E und F zwei Ereignisse und $P(F)$ weder 0 noch 1. Zeige, daß

$$P(E \mid F') < P(E) \text{ ist, wenn } P(E \mid F) > P(E).$$

Warum ist dieses Ergebnis anschaulich klar?

5.16

Beweise die folgenden Gesetze unter der Annahme, daß die betreffenden bedingten Wahrscheinlichkeiten definiert sind.

a) $P(E \mid F) = 1$ b) $P(\emptyset \mid F) = 0$

c) Aus $E_1 \subseteq E_2$ folgt $P(E_1 \mid F) \leqq P(E_2 \mid F)$ d) $P(E' \mid F) = 1 - P(E \mid F)$

e) $P(E_1 \cup E_2 \mid F) = P(E_1 \mid F) + P(E_2 \mid F) - P(E_1 \cap E_2 \mid F)$

f) $P(E \mid F') = \frac{P(E) - P(E \cap F)}{1 - P(F)}$ g) Aus $P(F) = 1$ folgt $P(E \mid F) = P(E)$.

h) Ist $P(E) > 0$, und sind E und F zwei sich ausschließende Ereignisse, dann gilt $P(E \mid F) = 0$.

5.17

Die Wahrscheinlichkeiten der fünf Elementarereignisse in Tabelle 12 seien a, b, c, d, e. Wir wissen, daß die Summe dieser Zahlen 1 sein muß. Ferner müssen die Werte mit den Wahrscheinlichkeiten an den Zweigen des Baumes in Bild 12 verträglich sein, da diese Wahrscheinlichkeiten im Beispiel 5.5 gegeben sind. Zeige, daß a, b, c, d, e die in Tabelle 12 angegebenen Werte besitzen müssen.

5.18

Zum Beispiel 5.6:

a) Bestätige durch Baumdiagramme oder auf andere Weise die in Tabelle 13 verzeichneten Werte für die Wahrscheinlichkeiten.

b) Das Baumdiagramm für die Strategie 5 ist in Bild 14 gezeichnet. Stelle fest, daß das Baumdiagramm für die Strategie 4 das gleiche ist, mit dem Unterschied, daß die Wahrscheinlichkeiten an den Zweigen andere sind. Wie lauten die Zweig-Wahrscheinlichkeiten für $x = 2$ im Falle der Strategie 4?

c) Nimm folgende Strategie an: Ziehe zwei Kugeln aus der Urne, wobei die erste vor dem Ziehen der zweiten Kugel nicht zurückgelegt werden soll. Werden zwei rote Kugeln erhalten, so tippe, daß auch Y eine rote Kugel ziehen wird. Anderenfalls tippe, daß Y eine grüne Kugel ziehen wird. Zeichne das Baumdiagramm für diese Strategie und berechne die Gewinnwahrscheinlichkeit für jede mögliche Zusammensetzung des Urneninhalts.

5.19

Ein Verkäufer von gebrauchten Fernsehgeräten und ein Käufer schließen einen Vertrag. Der Verkäufer will die Geräte 100-Stück-weise liefern. Der Käufer will sich gegen die Möglichkeit schützen, daß sich unter einer derartigen Lieferung von 100 Geräten zu viele defekte befinden. Der Vertrag sieht daher vor, daß aus jeder Lieferung zwei beliebige Geräte herausgegriffen und getestet werden. Der Käufer erwägt, seine Entscheidungen unter Berücksichtigung statistischer Überlegungen nach folgenden Plänen zu treffen.

Plan 1. Sind beide getesteten Geräte in Ordnung, wird die gesamte Lieferung angenommen. Anderenfalls wird sie zurückgewiesen.

Plan 2. Sind die beiden getesteten Geräte defekt, wird die gesamte Lieferung zurückgewiesen, anderenfalls angenommen.

Plan 3. Sind beide getesteten Geräte in Ordnung, wird die Lieferung angenommen, sind beide defekt, wird die Lieferung zurückgewiesen. Ist ein Gerät defekt und das andere in Ordnung, dann wird aus den restlichen 98 Geräten ein weiteres Gerät willkürlich ausgewählt und die Lieferung angenommen oder zurückgewiesen, je nachdem dies Gerät in Ordnung oder defekt ist.

Mit E sei das Ereignis bezeichnet, daß der Käufer die Lieferung annimmt. Ferner sei x die (unbekannte) Anzahl defekter Geräte einer Lieferung, die der Käufer erhält. Die Wahrscheinlichkeit $P(E)$ hängt also von dem Plan ab, für den der Käufer sich entschlossen hat, und von der Qualität der Lieferung, wie sie durch den Wert x bestimmt ist.

a) $P(E)$ ist für alle drei Pläne durch x auszudrücken.

b) Setze in den unter a) erhaltenen Formeln die Werte $x = 0, 5, 10, 20, 30, 40, 50$ ein und zeichne für jeden der drei Pläne den Graphen der Funktion $P(E)$ in Abhängigkeit von x (x-Achse horizontal, $P(E)$-Achse vertikal). Ein Graph dieser Art heißt eine *Operations-Charakteristik-Kurve*, kurz eine OC-Kurve (*operating characteristic curve*) für einen Plan.

c) Welche Regel ist für den Käufer am günstigsten, welche für den Verkäufer? (Bemerkung: Diese Fragen werden interessanter und schwieriger, wenn solche Dinge wie der Nutzen, der durch die wünschenswerte Annahme guter Lieferungen und Ablehnung schlechter Lieferungen entsteht, der Schaden aus unerwünschten Annahmen schlechter Lieferungen und Ablehnung guter Lieferungen und die Kosten für das Testen der Geräte in die Erörterungen einbezogen werden.)

6. Die Bayes-Formel

In diesem Abschnitt leiten wir als Anwendung zu den bedingten Wahrscheinlichkeiten eine berühmte Formel ab, die zuerst von *Thomas Bayes* gebraucht und 1763 nach seinem Tode veröffentlicht wurde. Wir schicken eine Definition und einen Hilfssatz voraus.

Definition 6.1

Unter einer *Einteilung* (*partition*) einer Menge E verstehen wir eine Menge $\{E_1, E_2, \ldots, E_n\}$ mit folgenden Eigenschaften:

I. $E_i \subseteq E \quad (i = 1, 2, \ldots, n)$

II. $E_i \cap E_k = \emptyset \quad (i = 1, 2, \ldots, n;\ k = 1, 2, \ldots, n;\ i \neq k)$

III. $E_1 \cup E_2 \cup \ldots \cup E_n = E$

In Worten: Eine Einteilung von E ist eine Menge von Unter- oder Teilmengen von E (Eigenschaft I), die elementefremd sind (nach II) und die Menge E ausschöpfen (nach III). Jedes Element von E ist Element genau einer der Teilmengen der Einteilung.

Wir sind bereits mit Einteilungen von Mengen vertraut. Zwei komplementäre Ereignisse F und F' bilden die Einteilung $\{F, F'\}$ des Ereignisraumes S, denn F und F' sind sicher Teilmengen von S, und es ist $F \cap F' = \emptyset$ und $F \cup F' = S$, wie es die Definition 6.1 verlangt.

Am Venn-Diagramm sehen wir sofort, daß $\{E \cap F', E \cap F\}$ eine Einteilung der Menge E, $\{E \cap F', E \cap F, E' \cap F\}$ eine solche der Menge $E \cup F$ und $\{E \cap F', E \cap F, E' \cap F, E' \cap F'\}$ eine Einteilung des gesamten Ereignisraumes S ist.

Zwei weitere Beispiele von Einteilungen werden genügen, um den Begriff klarzumachen. Es sei S der Ereignisraum von 52 Elementen, von denen jedes das Ergebnis des Ziehens einer Karte aus einem Spiel von 52 Karten darstellt. Mit E_p, E_h, E_k und E_+ bezeichnen wir die Ereignisse, daß die so gezogene Karte Pik, Herz, Karo bzw. Kreuz ist. Dann ist $\{E_p, E_h, E_k, E_+\}$ eine Einteilung von S, da die vier Teilmengen sich paarweise gegenseitig ausschließen und die Menge S ausschöpfen. Eine andere Einteilung von S ist die Menge aller 52 Elementarereignisse des Ereignisraumes S.

Theorem 6.1

Es sei $\{E_1, E_2, \ldots, E_n\}$ eine Einteilung des Ereignisraumes S und angenommen, daß die diesen Ereignissen $E_1, E_2, \ldots, E_n$ zugeordneten Wahrscheinlichkeiten von 0 verschieden sind. Für irgendein Ereignis gilt dann $P(E) = P(E_1)P(E \mid E_1) + P(E_2)P(E \mid E_2) + \ldots + P(E_n)P(E \mid E_n)$ oder unter Verwendung des Summenzeichens

$$P(E) = \sum_{i=1}^{n} P(E_i)\, P(E \mid E_i)\,. \tag{6.1}$$

Beweis: Da nach Voraussetzung $\{E_1, E_2, \ldots, E_n\}$ eine Einteilung von S ist, ist (vgl. Übg. 6.13) $\{E \cap E_1, E \cap E_2, \ldots, E \cap E_n\}$ eine Einteilung des Ereignisses E.

$$E = (E \cap E_1) \cup (E \cap E_2) \cup \ldots \cup (E \cap E_n)$$

drückt also E als die Vereinigungsmenge von n sich gegenseitig ausschließenden Ereignissen aus. In Anwendung der Formel (4.8) aus Übg. 4.19 folgt die Gleichung

$$P(E) = P(E \cap E_1) + P(E \cap E_2) + \ldots + P(E \cap E_n). \tag{6.2}$$

Nach der Definition der bedingten Wahrscheinlichkeit haben wir für $i = 1, 2, \ldots, n$ direkt

$$P(E \cap E_i) = P(E_i) P(E \mid E_i).$$

Nach dem Einsetzen dieser Werte in (6.2) ist das Theorem bewiesen. Es sei noch bemerkt, daß die Existenz der bedingten Wahrscheinlichkeiten in (6.1) durch unsere Voraussetzung gesichert ist, daß die Ereignisse $E_1, E_2, \ldots, E_n$ nicht Wahrscheinlichkeiten haben, die 0 sind.

Wie die folgenden Beispiele zeigen werden, ist die Formel (6.1) nützlich, weil die Berechnung der Wahrscheinlichkeiten $P(E_i)$ und der bedingten Wahrscheinlichkeiten $P(E \mid E_i)$ oft leichter als die direkte Berechnung von $P(E)$ ist.

Beispiel 6.1

Von den Mathematikstudenten der ersten vier Semester an einer Technischen Hochschule gehören 30% dem ersten, 25% dem zweiten, 25% dem dritten und 20% dem vierten Semester an. An einer Mathematikvorlesung nehmen 50% der Studenten im ersten, 30% vom zweiten, 10% vom dritten und 2% vom vierten Semester teil. Aus den Mathematikstudenten soll ein beliebiger Student ausgewählt werden. Wie groß ist die Wahrscheinlichkeit, daß er an der Vorlesung teilnimmt?

Es bezeichne E „Hörer der mathematischen Vorlesung" und E_1, E_2, E_3, E_4 das Ereignis, daß der ausgewählte Student dem ersten, zweiten, dritten bzw. vierten Semester angehört. Dann ist $\{E_1, E_2, E_3, E_4\}$ eine Einteilung des Ereignisraumes S, der aus allen geordneten Paaren besteht, deren erstes Glied das Semester und deren zweites Glied die Teilnahme an der betreffenden Vorlesung angibt. Die Angaben des Beispiels liefern alle Wahrscheinlichkeiten für eine Anwendung der Formel (6.1) für $n = 4$. Wir finden

$$P(E) = 0{,}30 \cdot 0{,}50 + 0{,}25 \cdot 0{,}30 + 0{,}25 \cdot 0{,}10 + 0{,}20 \cdot 0{,}02 = 0{,}254.$$

Das sind etwas mehr als 25% der Studenten der ersten vier Semester, die die mathematische Vorlesung belegt haben.

Beispiel 6.2

Bestimme die Wahrscheinlichkeit, daß in einem gut gemischten Spiel von 52 Karten Pik-As und Pik-König beieinander liegen. Wie im vorhergehenden Beispiel zerlegen wir das Problem in mehrere Fälle. Wir betrachten erstens das Ereignis, daß Pik-As obenauf liegt, zweitens das Ereignis, daß Pik-As die unterste Karte ist, schließlich das Ereignis, daß Pik-As mitten im Spiel liegt. Die Ereignisse in dieser Reihenfolge seien mit E_1, E_2 und E_3 bezeichnet. Als Ereignisraum wählen wir die Menge der Anordnungen von 52 Elementen entsprechend den möglichen Anordnungen der Karten bei einem 52-Blatt-Spiel. Dann ist $\{E_1, E_2, E_3\}$ eine Einteilung von S. Bezeichnet E das Ereignis, daß Pik-As und Pik-König Nachbarkarten sind, so finden wir, wenn wir beachten, daß eine Karte im Spiel zwei Nachbarkarten, eine Karte zuoberst oder zuunterst nur eine Nachbarkarte hat,

$$P(E_1) = P(E_2) = \tfrac{1}{52}, \quad P(E_3) = \tfrac{50}{52} = \tfrac{25}{26},$$
$$P(E \mid E_1) = P(E \mid E_2) = \tfrac{1}{51}, \quad P(E \mid E_3) = \tfrac{2}{51}.$$

Formel (6.1) für $n = 3$ liefert hier

$$P(E) = \tfrac{1}{52} \cdot \tfrac{1}{51} + \tfrac{1}{52} \cdot \tfrac{1}{51} + \tfrac{25}{26} \cdot \tfrac{2}{51} = \tfrac{1}{26}.$$

Vom Theorem 6.1 ist es nur ein kleiner Schritt zur Bayes-Formel.

Theorem 6.2

Es sei $\{E_1, E_2, \dots, E_n\}$ eine Einteilung des Ereignisraumes S und angenommen, daß die Ereignisse $E_1, E_2, \dots, E_n$ nichtverschwindende Wahrscheinlichkeiten besitzen. Ferner sei E irgendein Ereignis mit $P(E) > 0$. Dann gilt für jede natürliche Zahl $k\,(1 \leqq k \leqq n)$ die *Bayes-Formel*

$$P(E_k \mid E) = \frac{P(E_k)\, P(E \mid E_k)}{\sum_{j=1}^{n} P(E_j)\, P(E \mid E_j)}. \tag{6.3}$$

Beweis. Indem wir die Definition der bedingten Wahrscheinlichkeit zweimal anwenden, finden wir

$$P(E_k \mid E) = \frac{P(E \cap E_k)}{P(E)} = \frac{P(E_k)\, P(E \mid E_k)}{P(E)}.$$

Schreiben wir hierin $P(E)$ gemäß Formel (6.1), so ist das Theorem bewiesen.

Das folgende Beispiel erläutert den Gebrauch der Bayes-Formel.

Beispiel 6.3

Die Zuverlässigkeit einer Tuberkulose-Röntgen-Untersuchung sei durch folgende Angaben gekennzeichnet. Von den Tbc-kranken Personen werden 90% durch Röntgen entdeckt, 10% bleiben unentdeckt. Von den Tbc-freien Personen werden 99% als solche erkannt, aber 1% als Tbc-verdächtig festgestellt. Nun wird aus einer großen Bevölkerung, von der nur 0,1% Tbc-krank ist, eine willkürlich herausgegriffene Person geröngt und als Tbc-verdächtig eingestuft. Wie groß ist die Wahrscheinlichkeit, daß diese Person wirklich Tbc-krank ist?

Mit E_1 bezeichnen wir das Ereignis, daß die ausgewählte Person Tuberkulose hat, mit E das Ereignis, daß die Röntgendiagnose positiv ist, d.h. auf eine Tuberkulose hinweist. Wir suchen dann $P(E_1 \mid E)$. Nun ist $\{E_1, E_1'\}$ eine Einteilung des aus allen Menschen der Bevölkerung bestehenden Ereignisraumes. Bekannt sind die folgenden Wahrscheinlichkeiten:

$$P(E_1) = 0{,}001, \quad P(E_1') = 0{,}999, \quad P(E \mid E_1) = 0{,}9, \quad P(E \mid E_1') = 0{,}01\,.$$

Aus der Bayes-Formel ergibt sich dann

$$P(E_1 \mid E) = \frac{P(E_1)P(E \mid E_1)}{P(E_1)P(E \mid E_1) + P(E_1')P(E \mid E_1')}$$

$$= \frac{0{,}001 \cdot 0{,}9}{0{,}001 \cdot 0{,}9 + 0{,}999 \cdot 0{,}01} \approx 0{,}083\,. \qquad (6.4)$$

Bemerkenswert ist folgendes: Obgleich der Röntgen-Test recht zuverlässig ist, haben nur wenig mehr als 8% mit positivem Ausfall der Untersuchung wirklich Tuberkulose. Die Ergebnisse solcher Berechnungen sollten beachtet werden, bevor umfangreiche medizinisch-diagnostische Untersuchungen geplant werden.

Bei der Anwendung der Bayes-Formel wird oft die folgende Terminologie gebraucht. Die Ereignisse $E_1, E_2, \ldots, E_n$ werden *Hypothesen* genannt, sie werden als elementefremd (disjunktiv, sich nicht überschneidend) und ausschöpfend (bzw. erschöpfend) angenommen. Die Wahrscheinlichkeit $P(E_k)$ heißt dann die *Wahrscheinlichkeit a priori* der Hypothese E_k. Die durch das bekannte Ereignis E bedingte Wahrscheinlichkeit $P(E_k \mid E)$ heißt die *Wahrscheinlichkeit a posteriori* der Hypothese E_k. Im Beispiel 6.3 sind die Ereignisse E_1 (Person Tbc-krank) und E_1' (Person nicht Tbc-krank) die Hypothesen. Die a priori-Wahrscheinlichkeit, daß eine Person Tuberkulose hat, ist $P(E_1) = 0{,}001$. Aber die a posteriori-Wahrscheinlichkeit, daß eine Person Tuberkulose hat, wenn ihre Röntgenuntersuchung positiv ausfällt, ist $P(E_1 \mid E) = 0{,}083$.

Bild 15 zeigt das Baumdiagramm für das Beispiel 6.3; jede Person ist zunächst danach klassifiziert, ob sie Tuberkulose hat oder nicht hat, und dann danach, ob die Röntgenuntersuchung positiv oder negativ verläuft. Die im Beispiel gegebenen Wahrscheinlichkeiten sind an die betreffenden Zweige des Baumes gesetzt. Durchläuft man den Baum von links nach rechts, so erhält man für die vier möglichen Wege

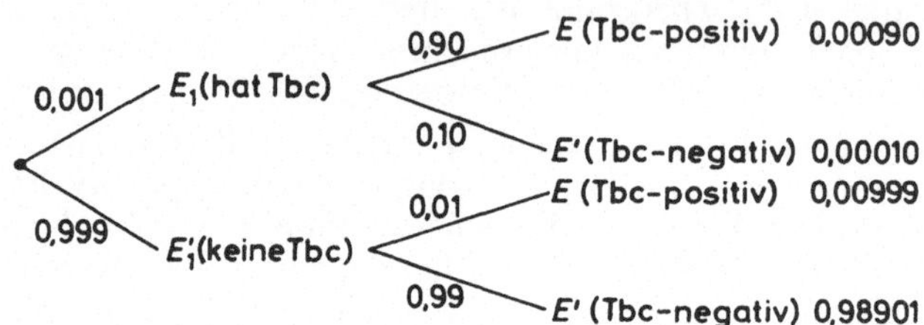

Bild 15. Baumdiagramm zum Tbc-Beispiel

die rechts stehenden Wahrscheinlichkeiten, die diesen Wegen zugeordnet sind. So ist z.B. die Wahrscheinlichkeit für den obersten Weg durch den Baum in Bild 15

P(hat Tbc und ist positiv befunden) =

P(hat Tbc) P(positiv befunden | hat Tbc) = 0,001 · 0,9 = 0,0009.

Diese Wege-Wahrscheinlichkeiten können auch in Tabellenform wie in Tabelle 15 erfaßt werden. Die in jedem Kästchen verzeichnete Zahl ist die Wahrscheinlichkeit des Durchschnitts der Ereignisse, die durch die Zeile und Spalte gegeben sind, in der das Kästchen liegt. Wenn wir die Werte in einer Zeile oder in einer Spalte addieren, erhalten wir nach (6.2) die Wahrscheinlichkeit für das Ereignis, das diese Zeile oder Spalte kennzeichnet. Diese Wahrscheinlichkeiten stehen am Rande der Tabelle.

Tabelle 15

	E (Tbc-positiv)	E' (Tbc-negativ)	
E_1 (hat Tbc)	$P(E_1 \cap E)$ 0,00090	$P(E_1 \cap E')$ 0,00010	$P(E_1)$ 0,001
E_1' (keine Tbc)	$P(E_1' \cap E)$ 0,00999	$P(E_1' \cap E')$ 0,98901	$P(E_1')$ 0,999
	$P(E)$ 0,01089	$P(E')$ 0,98911	Summe 1

Aus den Werten in der Tabelle 15 können wir alle möglichen bedingten Wahrscheinlichkeiten herleiten. Im besonderen ist in Übereinstimmung mit (6.4)

$$P(E_1 \mid E) = \frac{P(E_1 \cap E)}{P(E)} = \frac{0{,}00090}{0{,}01089} \approx 0{,}083.$$

Indem wir die Wahrscheinlichkeiten aus der Tabelle entnehmen oder mit Hilfe der Bayes-Formel berechnen, können wir das Baumdiagramm

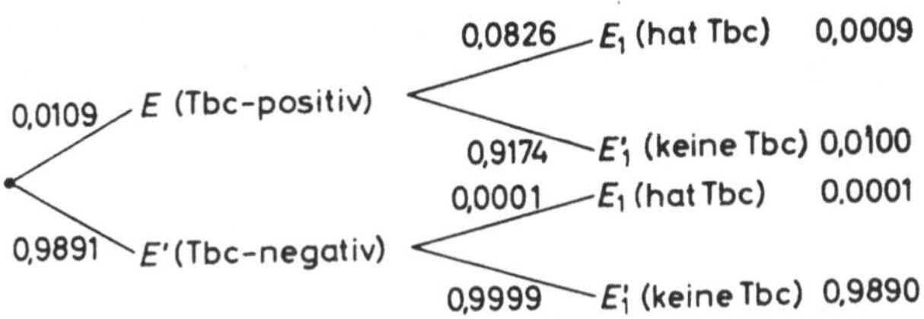

Bild 16. Zweites Baumdiagramm zum Tbc-Beispiel (Reihenfolge umgekehrt)

Bild 16 zeichnen, das sich vom Bild 15 durch die umgekehrte Reihenfolge der Ereignisse unterscheidet. In Bild 16 ist die Person zunächst nach dem Ausfall der Röntgenuntersuchung und sodann danach klassifiziert, ob sie Tuberkulose hat oder nicht hat. (Die Werte in Bild 16 sind auf vier Dezimalstellen gerundet.)

Unter Verwendung unserer zur Bayes-Formel passenden Terminologie heißt dies: Bild 15 zeigt die durch die verschiedenen Hypothesen bedingten Wahrscheinlichkeiten für die möglicherweise zu beobachtenden Ereignisse, während wir in Bild 16 die durch die verschiedenen beobachteten Ereignisse bedingten Wahrscheinlichkeiten der möglichen Hypothesen haben.

Wir schließen mit zwei weiteren Beispielen, in denen sich die Bayes-Formel als nützlich erweist.

Beispiel 6.4

Drei Urnen enthalten die in Tabelle 16 angegebenen Anzahlen von farbigen Kugeln. Aus einer beliebigen Urne wird eine Kugel gezogen. Sie ist rot. Wie groß ist die Wahrscheinlichkeit, daß diese Kugel aus der Urne II stammt?

Wir bezeichnen mit E das Ereignis „die gezogene Kugel ist rot". Für das Eintreten von E machen wir drei Hypothesen: E_1 (Urne I ist gewählt), E_2 (Urne II gewählt) und E_3 (Urne III gewählt). Da die Urne willkürlich gewählt wird, ist

$$P(E_1) = P(E_2) = P(E_3) = \tfrac{1}{3}.$$

Wir kennen außerdem die bedingten Wahrscheinlichkeiten

$$P(E \mid E_1) = \tfrac{3}{8},\ P(E \mid E_2) = \tfrac{1}{6},\ P(E \mid E_3) = \tfrac{4}{9}.$$

Da $\{E_1, E_2, E_3\}$ eine Einteilung des Ereignisraumes für dieses zusammengesetzte Experiment ist, ist die Bayes-Formel anwendbar. Mit $k = 2$, $n = 3$ in (6.3) finden wir

$$P(E_2 \mid E) = \frac{\frac{1}{3} \cdot \frac{1}{6}}{\frac{1}{3} \cdot \frac{3}{8} + \frac{1}{3} \cdot \frac{1}{6} + \frac{1}{3} \cdot \frac{4}{9}} = \frac{12}{71}.$$

Es sei dem Leser überlassen, sich für dieses Beispiel ein Baumdiagramm wie das in Bild 15 und 16 zu zeichnen.

Tabelle 16

Urne	Rot	Weiß	Blau
I	3	4	1
II	1	2	3
III	4	3	2

Beispiel 6.5

Nach einer Überschwemmung stellt man in einem Warenhaus fest, daß die Aufschriften der Kästen mit den Blitzlichtbirnen weggewaschen sind. Es gibt drei Arten von Birnen, die zu je 100 Stück in gleichartige Kästen verpackt sind: solche von geringer, von mittlerer und von hoher Qualität. Es ist bekannt, daß im ganzen Warenhaus der Anteil der Kästen mit diesen drei Sorten 0,25; 0,25 bzw. 0,50 beträgt.
Testen einer Blitzlichtbirne macht sie unbrauchbar. Eine erschöpfende Prüfung der Birnen ist daher unpraktisch. Es wird daher angeordnet, daß von jedem Kasten zwei Birnen getestet werden. Auf Grund früherer Erfahrungen schätzt der Hersteller der Birnen die bedingten Wahrscheinlichkeiten, die in Tabelle 17 angegeben sind.

Tabelle 17

Bedingte Wahrscheinlichkeiten, x defekte Birnen zu finden, unter der Bedingung, daß zwei getestete Birnen aus einem Kasten bekannter Qualität waren

Anzahl der defekten Birnen x	Qualität		
	Gering	Mittel	Hoch
0	0,49	0,64	0,81
1	0,42	0,32	0,18
2	0,09	0,04	0,01

Wir nehmen an, daß zwei Birnen aus einem Kasten ausgewählt werden, getestet werden und beide richtig blitzen. Wie groß ist die Wahrscheinlichkeit, daß der Kasten Birnen hoher Qualität enthält? Unsere Hypothesen sind die drei Ereignisse G, M und H, daß der Kasten gering-, mittel- bzw. hochwertige Birnen enthält. Bezeichnen wir noch mit E das Ereignis, daß keine der getesteten Birnen defekt war, dann finden wir nach der Bayes-Formel

$$P(\mathrm{H} \mid E) = \frac{P(\mathrm{H})P(E \mid \mathrm{H})}{P(\mathrm{G})P(E \mid \mathrm{G}) + P(\mathrm{M})P(E \mid \mathrm{M}) + P(\mathrm{H})P(E \mid \mathrm{H})}$$

$$= \frac{0{,}50 \cdot 0{,}81}{0{,}25 \cdot 0{,}49 + 0{,}25 \cdot 0{,}64 + 0{,}50 \cdot 0{,}81} \approx 0{,}59\,.$$

In dieser Weise können wir die a posteriori-Wahrscheinlichkeiten der drei Hypothesen ausrechnen und erhalten so Tabelle 18:

Tabelle 18

Qualität	A priori-Wahrscheinlichkeit	A Posteriori-Wahrscheinlichkeit beim Beobachten von		
		0 defekte Birnen	1 defekte Birne	2 defekte Birnen
Gering	0,25	0,18	0,38	0,60
Mittel	0,25	0,23	0,29	0,27
Hoch	0,50	0,59	0,33	0,13

Ist also keine der ausprobierten Blitzlichtbirnen defekt, so ist die günstigste Hypothese, daß die Birnen aus einem Kasten mit guten Birnen stammen. Ist jedoch eine von beiden Birnen oder sind beide Birnen defekt, so ist die günstigste Hypothese, daß die Birnen aus einem Kasten geringwertiger Birnen stammen. Derartige Berechnungen unter Verwendung der Bayes-Formel sind in den statistischen Entscheidungsverfahren ständig üblich.

Übungen

6.1

Aus einer Gruppe von vier Jungen und zwei Mädchen wird zunächst willkürlich ein Kind ausgewählt, aus den restlichen fünf Kindern dann ein weiteres Kind. Bestimme die Wahrscheinlichkeit, daß das zweite Kind ein Mädchen sein wird a) nach dem ersten Verfahren durch Definition eines geeigneten Ereignisraumes und Zuordnung von Wahrscheinlichkeiten zu den Elementarereignissen, usw. b) mit Hilfe des Theorems 6.1.

6.2

Konstruiere zum Beispiel 5.5 ein Baumdiagramm für den Fall, daß die gewählte Kugel zunächst nach ihrer Farbe und dann nach der Urne, aus der sie gezogen wurde, betrachtet wird. Bestimme die zu den Zweigen des Baumdiagramms gehörigen Wahrscheinlichkeiten sowie die Wahrscheinlichkeiten für jeden Weg durch das Baumdiagramm. Vergleiche mit Bild 12.

6.3

Zeichne zum Beispiel 6.1 des Textes ein Baumdiagramm für den Fall, daß die Studenten zunächst nach ihrer Teilnahme an der betreffenden mathematischen Vorlesung, sodann nach ihrer Semesterzahl klassifiziert werden. Die zu den Zweigen des Baumdiagramms gehörigen Wahrscheinlichkeiten sowie die für jeden Weg durch das Diagramm sind zu berechnen.

6.4

Bei dem Urnen-Problem nach *Polya* (Übg. 5.10) ist zu finden

a) die Wahrscheinlichkeit, daß die erste Kugel grün ist,
b) die Wahrscheinlichkeit, daß die zweite Kugel grün ist
c) die Wahrscheinlichkeit, daß die dritte Kugel grün ist. (Welche Vermutung kann man in Hinblick auf die Ergebnisse zu a) bis c) machen? Beweis!)

6.5

Löse diese Aufgabe einmal nach den früheren Verfahren wie auch mit Hilfe der Bayes-Formel.

Jeder von drei gleichartigen Kästen enthält zwei Münzen. In einem Kasten sind Pfennige, im zweiten Groschen, in dritten ist eine Pfennigmünze und ein Groschen. Jemand wählt einen Kasten willkürlich aus und nimmt eine Münze heraus. Es ist ein Pfennig. Wie groß ist die Wahrscheinlichkeit, daß die andere Münze in diesem Kasten ebenfalls ein Pfennig ist?

6.6

a) Von zwei Maschinen produziert die Maschine A in der gleichen Zeit doppelt so viel Bolzen wie die Maschine B. Unter den von A hergestellten Bolzen ist 2‰ Ausschuß, unter den von B hergestellten 1‰. Ein Bolzen wird geprüft und als defekt befunden. Wie groß sind die Wahrscheinlichkeiten a priori und a postriori, daß der Bolzen aus der Maschine A stammt?
b) Die Anzahl der von A und B hergestellten Bolzen verhält sich wie n_1 zu n_2. Ferner seien p_1 und p_2 die verhaltnismäßigen Anteile der defekten Bolzen an den erzeugten Bolzen jeweils von A bzw. B. Nun wird ein Bolzen getestet und als schlecht befunden. Zeige, daß, wenn $n_1p_1 > n_2p_2$ ist, die a posteriori-Wahrscheinlichkeit, daß der Bolzen von A hergestellt wurde, größer ist als die a posteriori-Wahrscheinlichkeit, daß er von B hergestellt wurde.

6.7

Herr Schmidt, der schon längerer Zeit in seiner Stadt lebt, schätzt die a priori-Wahrscheinlichkeit für schlechtes Wetter auf 0,2. (Heute rechnet er mit der Wahrscheinlichkeit 0,8 auf gutes Wetter.) Morgens hört er die Wetternachrichten. Der Ansager macht eine der drei Voraussagen: gutes, schlechtes oder unbeständiges Wetter. Herr Schmidt schätzt die durch das tägliche Wetter bedingten Wahrscheinlichkeiten der verschiedenen Voraussagen wie in Tabelle 19 angegeben. So glaubt er, daß an schönen

Tabelle 19

Wetter	Vorhersage		
	Gut	Schlecht	Unbeständig
Gut	0,7	0,2	0,1
Schlecht	0,3	0,6	0,1

Tagen 70% der Voraussagen richtig sind, während 20% schlechtes Wetter und 10% unbeständiges Wetter vorhergesagt haben.
Es sei angenommen, daß Herr Schmidt hört, wie schönes Wetter vorhergesagt wird. Welches ist die a posteriori-Wahrscheinlichkeit für schönes Wetter?

6.8
In einem T-Labyrinth hat ein Versuchstier die Wahl, nach links zu gehen und dort Futter zu erhalten oder nach rechts zu laufen und dort einen leichten elektrischen Schlag zu bekommen. Bei dem ersten Versuch gehen die Tiere gleichermaßen nach links wie nach rechts. Das ändert sich bei den folgenden Versuchen. Wenn sie Futter erhalten haben, beträgt die Wahrscheinlichkeit, beim nächsten Versuch nach links bzw. rechts zu gehen 0,6 bzw. 0,4. Haben sie jedoch einen elektrischen Schlag erhalten, so beträgt die Wahrscheinlichkeit, nach links oder rechts zu gehen, 0,8 bzw. 0,2.

a) Wie groß ist die Wahrscheinlichkeit, daß das Tier beim zweiten Versuch nach links geht? Wie groß ist sie beim dritten Versuch?
b) Mit p_n sei die Wahrscheinlichkeit bezeichnet, daß das Tier sich beim $n$ten Versuch nach links wendet. Leite eine Beziehung zwischen p_n und p_{n-1} her und verwende diese, um p_n allgemein durch p_1 und n auszudrücken.

6.9
In Übung 5.11 sei nun angenommen, daß die genommenen Socken von der gleichen Farbe sind. Wie groß ist die Wahrscheinlichkeit, daß sie schwarz sind?

6.10
Zu einer Testfrage sind fünf verschiedene Antworten angegeben, von denen genau eine richtig ist. Hat der Schüler seine Hausarbeiten ordentlich getan, kann er die Frage richtig beantworten, im anderen Falle wählt er willkürlich eine Antwort aus. Es sei p die Wahrscheinlichkeit des Ereignisses E, daß der Schüler seine Arbeit getan hat, und F das Ereignis, daß er die Frage richtig beantwortet.

a) Drücke $P(E \mid F)$ durch p aus.
b) Zeige, daß für alle Werte von p die Ungleichung $P(E \mid F) \geqq P(E)$ gilt. Wann besteht Gleichheit?
c) Es sei angenommen, daß im Test n verschiedenen Antworten angegeben sind, von denen nur eine einzige richtig ist. Drücke jetzt $P(E \mid F)$ durch n und p aus, und zeige, daß dann, wenn p als verschieden von 0 oder 1 festgesetzt ist, $P(E \mid F)$ wächst, sofern n wächst. Ist dieses Ergebnis vernünftig?

6.11

Unter den Studierenden einer Hochschule sind 40% Studentinnen und 60% Studenten. Von den Studentinnen erhalten 30%, von den Studenten 20% Studienförderung. Aus den Studierenden wird nun willkürlich eine Person ausgewählt und festgestellt, daß sie Studienförderung erhält. Wie groß ist die bedingte Wahrscheinlichkeit, daß es ein Student ist?

6.12

Die Urne A enthält zwei grüne Kugeln und eine rote Kugel, die Urne B drei grüne und zwei rote Kugeln. Eine der beiden Urnen wird willkürlich ausgewählt; es ist aber nicht bekannt, welche Urne es ist. Bevor die Urne erraten wird, wird eines der folgenden Experimente ausgeführt.

I. Eine Kugel wird aus der gewählten Urne gezogen und die Farbe festgestellt.

II. Aus der gewählten Urne wird erst eine Kugel gezogen, dann zurückgelegt, dann ein zweites Mal eine Kugel gezogen. Die Farben werden festgestellt.

III. Wie II., die erste Kugel wird aber vor dem Ziehen der zweiten Kugel nicht zurückgelegt.

Gleichgültig, welches Experiment durchgeführt wird, so ist die a posteriori-Wahrscheinlichkeit für die Urnen A und B nach Kenntnis der gezogenen Kugeln zu berechnen. Dann wird die Urne geraten, deren a posteriori-Wahrscheinlichkeit größer ist.

a) Bestimme für jedes der drei Experimente, welche Urne je nach den möglichen Ergebnissen des Experiments zu raten ist.

b) Berechne für jedes der drei Experimente die Wahrscheinlichkeit, daß die ausgewählte Urne richtig geraten wird. Welches Experiment liefert die höchste Wahrscheinlichkeit, daß richtig geraten wird? (Es ist bemerkenswert, daß die meisten Menschen das Experiment III vorziehen, wenn sie zwischen diesen drei Experimenten die Wahl haben.)

6.13

Es sei $\{E_1, E_2, \ldots, E_n\}$ eine Einteilung des Ereignisraumes S und E irgendeine Teilmenge von S. Zeige, daß

$$\{E \cap E_1, E \cap E_2, \ldots, E \cap E_n\}$$

eine Einteilung von E ist.

6.14

Als Grundmenge $\mathfrak{U}$ wählen wir alle Menschen. Dann seien M, W, J, A, G, K die Teilmengen der männlichen, weiblichen, jungen, alten, gesunden bzw. kranken Menschen. Dann können wir die folgenden Einteilungen von $\mathfrak{U}$ bilden:

$$P_1 = \{\mathrm{M}, \mathrm{W}\}, \qquad P_2 = \{\mathrm{J}, \mathrm{A}\}, \qquad P_3 = \{\mathrm{G}, \mathrm{K}\}.$$

Aus P_1 und P_2 können wir eine neue Einteilung bilden, nämlich

$$P_4 = \{\mathrm{M} \cap \mathrm{J}, \mathrm{M} \cap \mathrm{A}, \mathrm{W} \cap \mathrm{J}, \mathrm{W} \cap \mathrm{A}\},$$

bei der die Menschen sowohl nach Geschlecht wie nach Alter eingeteilt sind. P_4 heißt eine Kreuzteilung (*cross-partition*) von P_1 und P_2. Wir können nun weiter die Menschen auch noch nach ihrer Gesundheit einteilen. Das führt auf die Einteilung

$$P_5 = \{M \cap J \cap G, M \cap A \cap G, W \cap J \cap G, W \cap A \cap G,$$
$$M \cap J \cap K, M \cap A \cap K, W \cap J \cap K, W \cap A \cap K\},$$

die die Kreuzteilung von P_3 und P_4 genannt wird.
Formuliere nach diesen einleuchtenden Beispielen eine vernünftige Definition für die Kreuzteilung irgendwelcher zwei Einteilungen einer Menge E. Beweise, daß eine Kreuzteilung von E eine Einteilung von E ist.

7. Unabhängige Ereignisse

Die Wahrscheinlichkeit für E und die durch F bedingte Wahrscheinlichkeit für E sind im allgemeinen ungleich. Sie können aber auch gleich sein. Dieser Fall, daß

$$P(E \mid F) = P(E), \tag{7.1}$$

ist besonders wichtig, denn (7.1) drückt die Tatsache aus, daß die Kenntnis des Eintretens des Ereignisses F die Wahrscheinlichkeit des Eintretens von E nicht ändert. Wenn (7.1) gilt, sagt man daher, daß E von F *unabhängig* ist. Es sei noch bemerkt, daß diese Beziehung zwischen den Ereignissen E und F nur definiert ist, wenn F eine positive Wahrscheinlichkeit besitzt, d.h. wenn $P(E|F)$ eine Bedeutung besitzt. Wir nehmen $P(E) > 0$ und $P(F) > 0$ an. Dann gilt nach (5.4)

$$P(E \cap F) = P(E)\,P(F \mid E) = P(F)\,P(E|F). \tag{7.2}$$

Aus dieser Gleichung folgt, wenn (7.1) gilt, daß dann

$$P(F \mid E) = P(F) \tag{7.3}$$

ist. Damit haben wir das folgende Ergebnis.

Theorem 7.1

Sind E und F zwei Ereignisse mit positiver Wahrscheinlichkeit, so ist F unabhängig von E, wenn E unabhängig von F ist.

In Worten: Ändert die Kenntnis des Eintretens des Ereignisses F nicht die Wahrscheinlichkeit des Ereignisses E, dann ändert auch die Kenntnis des Eintretens des Ereignisses E nicht die Wahrscheinlichkeit von F. Ist also $P(E) > 0$ und $P(F) > 0$, so daß die bedingten Wahrscheinlichkeiten definiert sind, dann müssen diese beiden Gleichungen entweder beide richtig oder beide falsch sein. Sind beide Gleichungen richtig, so erhalten wir aus (7.2)

$$P(E \cap F) = P(E)\,P(F). \tag{7.4}$$

Hierauf gründet sich eine wichtige Definition.

Definition 7.1

Zwei Ereignisse E und F heißen dann und nur dann *unabhängige Ereignisse* (*independent events*), wenn Gleichung (7.4) besteht; dann ist die Wahrscheinlichkeit, daß sowohl E als auch F eintreten, gleich dem Produkt aus der Wahrscheinlichkeit, daß E eintritt, und der Wahrscheinlichkeit, daß F eintritt. Zwei Ereignisse, die nicht unabhängig sind, heißen *abhängige Ereignisse* (*dependent events*). Gleichung (7.4) wird auch als die *Multiplikationsregel* für die Ereignisse E und F bezeichnet.

In der Literatur werden zwei unabhängige Ereignisse oft als „gegenseitig unabhängig", „stochastisch unabhängig", „unabhängig im Sinne der Wahrscheinlichkeit" oder „statistisch unabhängig" bezeichnet. Wir werden die in Definition 7.1 gegebene einfachere Sprechweise verwenden.

Es hat seinen Grund, wenn man zur Definition unabhängiger Ereignisse lieber die Gleichung (7.4) statt (7.1) oder (7.3) nimmt. Bei den letzten beiden Gleichungen müßten Ereignisse E und F, deren Wahrscheinlichkeit 0 beträgt, von unserer Definition ausgegeschlossen werden. Eine solche Beschränkung ist unnötig, wenn Gleichung (7.4) gebraucht wird. Es ist in der Tat an der Definition 7.1 leicht zu sehen, daß E und F unabhängig sind, wenn $P(E) = 0$ und F irgendein Ereignis ist. Es ist $E \cap F$ eine Teilmenge von E und daher nach Theorem 4.2 $P(E \cap F) \leqq P(E)$. Da wir $P(E) = 0$ annehmen, folgt $P(E \cap F) = 0$. Infolgedessen besteht (7.4), was beweist, daß E und F wie gefordert unabhängige Ereignisse sind.

Ob zwei Ereignisse E und F unabhängig sind oder nicht, ist bei dem augenblicklichen Stand unseres Wissens nur danach zu beurteilen, ob die Gleichung (7.4) gilt oder nicht gilt. Wenn wir auch oft ein intuitives Gefühl dafür haben, daß bestimmte Ereignisse E und F unabhängig sind, so muß unsere Eingebung doch dadurch kontrolliert werden, daß wir $P(E)$, $P(F)$ und $P(E \cap F)$ berechnen und die Gültigkeit der Multiplikationsregel (7.4) bestätigen. Wir geben drei Beispiele.

Beispiel 7.1

Ein grüner und ein roter Würfel werden geworfen. Es seien E das Ereignis „sechs auf dem grünen Würfel" und F das Ereignis „fünf auf dem roten Würfel". Wir wählen den üblichen Ereignisraum aus den 36 möglichen Ergebnissen und ordnen jedem Elementarereignis die Wahrscheinlichkeit $\frac{1}{36}$ zu. Dann gilt

$$P(E) = \tfrac{6}{36} = \tfrac{1}{6}, \quad P(E) = \tfrac{6}{36} = \tfrac{1}{6}, \quad P(E \cap F) = \tfrac{1}{36}.$$

Gleichung (7.4) besteht also, und daher sind E und F unabhängige Ereignisse.

Beispiel 7.2

Zwei Münzen werden geworfen. E sei das Ereignis „nicht mehr als einmal Bild", F das Ereignis „wenigstens jede Seite einmal". Es sei $S = \{HH, HZ, ZH, ZZ\}$ der Ereignisraum, und wir ordnen jedem Elementarereignis die Wahrscheinlichkeit $\frac{1}{4}$ zu. Dann gilt

$$P(E) = \tfrac{3}{4}, \quad P(F) = \tfrac{2}{4} \quad \text{und} \quad P(E \cap F) = \tfrac{2}{4}.$$

Da

$$P(E \cap F) \neq P(E)P(F),$$

so sind E und F abhängig.

Beispiel 7.3

Drei Münzen werden geworfen. E und F seien wie im Beispiel 7.2 definiert. Der Ereignisraum S enthält die üblichen Elemente HHH, HHZ, ..., ZZZ. Jedem Elementarereignis von S ordnen wir die Wahrscheinlichkeit $\frac{1}{8}$ zu. Dann gilt

$$P(E) = \tfrac{4}{8}, \quad P(F) = \tfrac{6}{8}, \quad P(E \cap F) = P(\{HZZ, ZHZ, ZZH\}) = \tfrac{3}{8}.$$

Hier gilt die Multiplikationsregel (7.4), und E und F sind unabhängige Ereignisse.

Es ist nicht ungewöhnlich, daß der Lernende meint, daß die Ereignisse E und F in beiden Beispielen 7.2 und 7.3 entweder jedesmal unabhängig oder abhängig sein müßten. Aber auf die Intuition ist kein Verlaß — an Hand der Gleichung (7.4) muß geprüft werden, ob zwei Ereignisse unabhängig sind oder nicht (vgl. Übg. 7.3).

Bleibt die Wahrscheinlichkeit für E ungeändert durch das Wissen, daß F eingetreten ist, dann erscheint es vernünftig, daß E auch ungeändert bleibt, wenn man weiß, daß F nicht eingetreten ist. Diese und verwandte Beobachtungen sollen im folgenden genauer gefaßt werden.

Theorem 7.2

E und F seien unabhängige Ereignisse. Dann sind auch folgende Paare von Ereignissen unabhängig: I. E und F', II. E' und F, III. E' und F'.

Beweis: Wir beweisen hier I und überlassen den Beweis von II und III dem Leser (vgl. Übg. 7.4). Nach unserer Definition 7.1 müssen wir zeigen, daß die Multiplikationsregel (7.4) für E und F' richtig ist, d.h.

$$P(E \cap F') = P(E)P(F'). \tag{7.5}$$

Nun gilt nach dem Ergebnis der Übg. 4.13e

$$P(E \cap F') = P(E) - P(E \cap F) = P(E) - P(E)\,P(F),$$

da die Multiplikationsregel für E und F nach Voraussetzung gilt. Daher folgt

$$P(E \cap F') = P(E)\,[1-P(F)] = P(E)\,P(F')$$

nach Theorem 4.6. Damit ist I bewiesen.

Bespiiel 7.4

p_A und p_B seien die Wahrscheinlichkeiten, daß zwei Personen A bzw. B ein Jahr überleben. Nehmen wir an, daß die Ereignisse E (A überlebt ein Jahr) und F (B überlebt ein Jahr) unabhängig sind, dann ergeben sich folgende Möglichkeiten und Wahrscheinlichkeiten:

Ereignis	*Beschreibung*	*Wahrscheinlichkeit*
$E \cap F$	Sowohl A als auch B überleben ein Jahr	$p_A p_B$
$E \cap F'$	A überlebt ein Jahr, aber B nicht	$p_A(1-p_B)$
$E' \cap F$	B überlebt ein Jahr, aber A nicht	$(1-p_A)p_B$
$E' \cap F'$	Weder A noch B überleben ein Jahr	$(1-p_A)(1-p_B)$

Übungen

7.1

Aus einem Spiel von 52 Karten wird eine Karte willkürlich gezogen. E sei das Ereignis, daß diese Karte Pik ist, F das Ereignis, daß sie eine Zwei, und G das Ereignis, daß sie eine Zwei oder Drei ist. Bestimme, welche der folgenden Ereignispaare unabhängig sind.

a) E und F, b) E und G, c) F und G.

7.2

Herr Schmidt ist jetzt 21 und Herr Müller 23 Jahre alt. Jeder hat vor einem Jahr eine Lebensversicherung abgeschlossen. Es sei angenommen, daß die Ereignisse „Herr Schmidt erlebt sein 22. Lebensjahr" und „Herr Müller erlebt sein 24. Lebensjahr" unabhängig sind. Berechne an Hand der Sterblichkeitstafel zur Übung 5.13 die Wahrscheinlichkeit, daß wenigstens einer von beiden innerhalb eines Jahres stirbt.

7.3

a) Vier Münzen werden geworfen. E und F seien die im Beispiel 7.2 genannten Ereignisse. Zeige, daß E und F abhängig sind.

b) Es werden n Münzen geworfen (n größer als 1). E und F seien die im Beispiel 7.2 beschriebenen Ereignisse. Zeige, daß E und F dann und nur dann unabhängig sind, wenn $n = 3$.

7.4

Vervollständige den Beweis des Theorems 7.2 durch den Beweis von II und III.

7.5

Tabelle 20 enthält Angaben über das Rauchen einer willkürlichen Auswahl von Frauen in den USA.

Tabelle 20

Einkommen	Einkommen und Rauchgewohnheiten bei Frauen im Alter von 18 bis 24 Jahren, Februar 1955							
	Anzahl der Personen	Prozentuale Verteilung						
		Keine Gewohnheitsraucher			Gewohnheitsraucher			Summe
		Nichtraucher		Gelegenheitsraucher	Mittl. tägl. Zigarettenverbrauch			
		Niemals	selten		1—9	10—20	21—40	
		%	%	%	%	%	%	%
Kein Einkommen	3335	64,1	2,5	4,1	13,4	15,1	0,8	100
Unter $1000	1677	65,1	2,9	6,2	14,1	11,2	0,5	100
$1000—1999	1117	64,5	3,0	4,0	14,5	11,0	3,0	100
$2000—2999	956	59,3	0,8	11,6	12,2	15,5	0,6	100
$3000—	375	40,5	6,5	13,1	10,2	27,6	2,1	100
Summe:	7460	62,6	2,6	6,0	13,4	14,3	1,1	100

Quelle: *Tobacco Smoking in the United States in Relation to Income*, Marketing Research Report No. 189, U.S. Dept. of Agriculture, Washington, D.C., July 1957, page 110.

Aus dieser getesteten Gruppe von 7460 Frauen soll willkürlich eine Frau ausgewählt werden.

a) Definiere den Ereignisraum S für dieses Experiment. Welche Wahrscheinlichkeit muß jedem Elementarereignis von S zugeordnet werden?

b) Wie groß ist die Wahrscheinlichkeit, daß die gewählte Frau wenigstens 3000 Dollar verdient?

c) Bestimme die Wahrscheinlichkeit, daß die gewählte Frau im Mittel zwischen 10 und 20 Zigaretten am Tage raucht.

d) Die gewählte Frau hat ein Einkommen von wenigstens 3000 $. Wie groß ist die bedingte Wahrscheinlichkeit, daß sie im Mittel 10 bis 20 Zigaretten am Tage raucht?

e) Bestimme die Wahrscheinlichkeit, daß die ausgewählte Frau sowohl ein Einkommen von wenigstens 3000 $ hat als auch im Mittel 10 bis 20 Zigaretten am Tage raucht.

f) Sind die Ereignisse „die Frau hat ein Einkommen von wenigstens 3000 $" und „die Frau raucht im Mittel zwischen 10 und 20 Zigaretten am Tage" unabhängig oder abhängig?

7.6

Aus der in Übung 5.6 betrachteten Schülergruppe wird ein Schüler willkürlich ausgewählt. Sind die Ereignisse „Schüler versagte in Chemie" und „Schüler versagte in Geschichte" unabhängig oder abhängig?

7.7

Aus einem Kartenspiel zu 52 Blatt werden zwei Karten nacheinander gezogen, wobei die erste vor dem Ziehen der zweiten Karte in das Spiel zurückgesteckt wird. Es sei E das Ereignis „erste Karte ist Pik", F das Ereignis „die zweite Karte ist kein König" und G das Ereignis „die erste Karte ist As oder König". Bestimme, welche (wenn vorhanden) der drei Ereignispaare E und F, F und G, E und G unabhängig sind.

7.8

Wie Übg. 7.7. Nimm aber an, daß die erste Karte vor dem Ziehen der zweiten Karte *nicht* zurückgesteckt wird.

7.9

Zeige, daß für irgendein Ereignis E und $P(F) = 1$ die beiden Ereignisse E und F unabhängig sind.

7.10

Von welchen Ereignissen E kann gesagt werden, daß E und E unabhängig sind?

7.11

E, F, G seien drei Ereignisse. E und F seien unabhängig, ebenso F und G. Folgt daraus, daß E und G unabhängig sind? Begründung der Antwort!

7.12

Von den Ereignissen E, F, G sind E und F unabhängig, und es ist $G \subseteq E$. Folgt daraus, daß G und F unabhängig sind? Begründe die Antwort.

7.13

Die 1957/58 erschienene Liste über die Mitgliedschaft in der American Mathematical Society (S), der Mathematical Association of America (A) und der Society for Industrial and Applied Mathematics (I) gibt über die 46 auf der ersten Seite verzeichneten Mitglieder folgende Übersicht:

Mitgliedschaft	Nur S	Nur A	Nur I	S und A	A und I	S und I	S und A und I
Anzahl der Mitglieder	16	15	7	6	1	0	1

Aus dieser Gruppe von 46 Personen wird willkürlich eine Person ausgewählt.

a) Zeige, daß die Ereignisse „die Person gehört S an" und „die Person gehört A an" abhängig sind.

b) Es sei angenommen, daß alle übrigen Mitgliedschaften beibehalten werden. Wieviel der 16 Mitglieder von S müssen noch Mitglieder von A werden, damit die Ereignisse in a) unabhängig sind?

7.14

Zwei Einteilungen von S, z. B. $\{E_1, E_2, \ldots, E_n\}$ und $\{F_1, F_2, \ldots, F_m\}$, werden als unabhängig definiert, wenn

$$P(E_i \cap F_j) = P(E_i)P(F_j)$$

für $i = 1, 2, \ldots, n$ und $j = 1, 2, \ldots, m$ ist, d.h. wenn die Multiplikationsregel (7.4) für jedes Ereignispaar gilt, das aus jeder Einteilung je ein Ereignis enthält. Zeige, daß die Ereignisse E und F dann und nur dann unabhängig sind, wenn die Einteilungen $\{E, E'\}$ und $\{F, F'\}$ unabhängig sind.

8. Unabhängigkeit mehrerer Ereignisse

In diesem Abschnitt wollen wir den Begriff der Unabhängigkeit auf eine beliebige (aber endliche) Anzahl von Ereignissen verallgemeinern. Es sei zunächst der Sonderfall von drei Ereignissen E_1, E_2 und E_3 betrachtet.

Definition 8.1

Die Ereignisse E_1, E_2 und E_3 sind *paarweise unabhängig* (*pairwise independent*) (oder *unabhängig in Paaren*), wenn alle möglichen Paare von Ereignissen (d.h. E_1 und E_2, E_1 und E_3, E_2 und E_3) unabhängig sind.

Wenn E_1, E_2 und E_3 paarweise unabhängig sind, dann besteht die Multiplikationsregel (7.4) für jedes Ereignispaar:

$$\begin{aligned} P(E_1 \cap E_2) &= P(E_1)P(E_2) \\ P(E_1 \cap E_3) &= P(E_1)P(E_3) \\ P(E_2 \cap E_3) &= P(E_2)P(E_3) \end{aligned} \tag{8.1}$$

Es sei bemerkt, daß wir zwar gesagt haben, was wir unter der paarweisen Unabhängigkeit von drei Ereignissen verstehen, aber noch *nicht*, was es bedeutet „E_1, E_2 und E_3 sind unabhängige Ereignisse". Nichtsdestoweniger müssen wir an die Folgen denken, die eine derartige Definition mit sich bringen würde. Wir würden dann gerne aus der Unabhängigkeit der drei Ereignisse E_1, E_2 und E_3 darauf schließen wollen, daß die beiden Ereignisse $(E_1 \cap E_2)$ und E_3 auch unabhängig sind. Folgt dies aus der Annahme, daß E_1, E_2 und E_3 paarweise unabhängig sind? Dies führt zu der Frage, ob die Gleichungen in (8.1) die Multiplikationsregel für $(E_1 \cap E_2)$ und E_3 nach sich ziehen, d.h. ob

$$P((E_1 \cap E_2) \cap E_3) = P(E_1 \cap E_2)P(E_3) \tag{8.2}$$

aus (8.1) folgt oder nicht?

Wegen $(E_1 \cap E_2) \cap E_3 = E_1 \cap E_2 \cap E_3$ und nach Vereinfachung von $P(E_1 \cap E_2)$ durch (8.1) wird (8.2) zu

$$P(E_1 \cap E_2 \cap E_3) = P(E_1)P(E_2)P(E_3). \tag{8.3}$$

Wir haben also zu untersuchen, ob (8.3) aus (8.1) folgt. Daß die Voraussetzung der paarweisen Unabhängigkeit von E_1, E_2 und E_3 *nicht* die wünschenswerte Folgerung liefert, daß $(E_1 \cap E_2)$ und E_3 unabhängig sind, wird im folgenden Beispiel gezeigt, in dem drei Ereignisse so definiert sind, daß (8.1) gilt und (8.3) nicht gilt.

Beispiel 8.1

Um eine Herstellung zu überprüfen, muß jede hergestellte Einheit drei Kontrollen passieren. Von vier Einheiten A, B, C, D ist bekannt, daß A nur Kontrolle 1, B nur Kontrolle 2, C nur Kontrolle 3 und D alle drei Kontrollen passierte. Aus den vier Einheiten wird eine willkürlich ausgewählt. Es seien $E_1 =$ „Einheit passierte Kontrolle 1", $E_2 =$ „Einheit passierte Kontrolle 2", und $E_3 =$ „Einheit passierte Kontrolle 3". Dann gilt

$$P(E_1) = P(E_2) = P(E_3) = \tfrac{2}{4} = \tfrac{1}{2},$$
$$P(E_1 \cap E_2) = P(E_1 \cap E_3) = P(E_2 \cap E_3) = \tfrac{1}{4},$$

so daß alle drei Gleichungen in (8.1) erfüllt sind. Also sind die Ereignisse E_1, E_2 und E_3 paarweise unabhängig. Trotzdem ist (8.3) nicht richtig, da

$$P(E_1 \cap E_2 \cap E_3) = \tfrac{1}{4} \neq P(E_1)P(E_2)P(E_3) = \tfrac{1}{8}.$$

Wir schließen, daß aus der paarweisen Unabhängigkeit von E_1, E_2 und E_3 nicht die Unabhängigkeit von $(E_1 \cap E_2)$ und E_3 folgt.

Dieses Beispiel zeigt (vgl. auch Übg. 8.1 bis 8.3), daß die Definition der Unabhängigkeit von mehr als zwei Ereignissen Sorgfalt erfordert. Für drei Ereignisse kann eine passende Definition dadurch erhalten werden, daß man das Bestehen der Gleichung (8.3) zusätzlich zu den Gleichungen (8.1) fordert. Wir werden Gleichung (8.3) als *Multiplikationsregel* für die Ereignisse E_1, E_2 und E_3 bezeichnen.

Definition 8.2

Drei Ereignisse E_1, E_2 und E_3 heißen *unabhängig* dann und nur dann, wenn die Multiplikationsregel für alle Kombinationen von zwei oder mehr dieser Ereignisse gilt.

Die drei Gleichungen in (8.1) drücken die Multiplikationsregel für alle aus E_1, E_2 und E_3 erhältlichen Ereignispaare aus. Gleichung (8.3) ist die Multiplikationsregel für alle drei Ereignisse. Die Behauptung, daß E_1, E_2 und E_3 unabhängig sind, heißt also, daß diese vier Gleichungen richtig sind.

Nun können wir zeigen, daß sich gewisse erwünschte Folgerungen in der Tat aus der Definition 8.2 ergeben.

Theorem 8.1

Es seien E_1, E_2 und E_3 unabhängige Ereignisse. Dann sind die folgenden Ereignisse ebenfalls unabhängig:

a) E_1 und $(E_2 \cap E_3)$ b) E_2 und $(E_1 \cup E_3)$
c) E_1' und $(E_2 \cap E_3')$ d) E_1', E_2 und E_3'

Allgemein: E_1 und irgendein durch E_2 und E_3 ausdrückbares Ereignis sind unabhängig, E_2 und irgendein durch E_1 und E_3 ausdrückbares Ereignis sind unabhängig usw.

Beweis: Wir beweisen hier nur c) und überlassen dem Leser die Beweise für a), b) und d). Die allgemeine Behauptung kann bewiesen werden, indem diese und alle anderen ähnlichen Kombinationen der drei Ereignisse E_1, E_2 und E_3 betrachtet werden.

Zum Beweis von c) haben wir nach Definition 7.1 zu zeigen, daß

$$P(E_1' \cap (E_2 \cap E_3')) = P(E_1')P(E_2 \cap E_3') . \tag{8.4}$$

Da E_1, E_2 und E_3 unabhängig sein sollen, sind die Gleichungen (8.1) und (8.3) nach Voraussetzung erfüllt. Aus einem passenden Venn-Diagramm und der grundlegenden Definition der Wahrscheinlichkeit eines Ereignisses kann man herleiten, daß

$$P(E_1' \cap (E_2 \cap E_3')) = P(E_2 \cap E_3') - P(E_1 \cap E_2) + P(E_1 \cap E_2 \cap E_3). \tag{8.5}$$

Indem wir das in Abschn. 4 eingeführte Bild der „Zahlen auf Fahnen" verwenden, besteht der Beweis von (8.5) in der Feststellung, daß man die Summe der Zahlen auf allen Fahnen in $E_1' \cap E_2 \cap E'_3$, jede einmal gezählt, erhält, indem man die Summe der Zahlen auf allen Fahnen in $E_2 \cap E'_3$ und in $E_1 \cap E_2 \cap E_3$ bildet und davon die Zahlen substrahiert, die zweimal addiert worden sind und deren Summe $P(E_1 \cap E_2)$ beträgt.

Unter Verwendung der Gleichungen (8.1) und (8.3) finden wir

$$\begin{aligned} P(E_1' \cap (E_2 \cap E_3')) & \\ &= P(E_2 \cap E_3') - P(E_1)P(E_2) + P(E_1)P(E_2)P(E_3) \\ &= P(E_2 \cap E_3') - P(E_1)P(E_2)[1 - P(E_3)] \\ &= P(E_2 \cap E_3') - P(E_1)P(E_2)P(E_3') . \end{aligned} \tag{8.6}$$

Da nach Voraussetzung E_2 und E_3 unabhängig sind, folgt aus dem Theorem 7.2, daß E_2 und E_3' auch unabhängig sind und also die Multiplikationsregel für E_2 und E_3' gilt. In Fortsetzung von (8.6) gibt dies

$$\begin{aligned} P(E_1' \cap (E_2 \cap E_3')) &= P(E_2 \cap E_3') - P(E_1)P(E_2 \cap E_3') \\ &= [1 - P(E_1)]P(E_2 \cap E_3') \\ &= P(E_1')P(E_2 \cap E_3') . \end{aligned}$$

Damit ist der Beweis des Teiles c) des Theorems 8.1 erledigt.

Das folgende Beispiel zeigt, wie das Theorem angewendet wird.

Beispiel 8.2

Aus jedem von drei Gewehren wird ein Schuß abgefeuert. Es seien E_1, E_2, E_3 die Ereignisse, daß das Ziel vom ersten, zweiten bzw. dritten

Gewehr getroffen wird. Wir nehmen

$$P(E_1) = 0{,}5, \quad P(E_2) = 0{,}6 \quad \text{und} \quad P(E_3) = 0{,}8$$

an. Wie groß ist die Wahrscheinlichkeit, daß genau ein Treffer registriert wird, wenn die Ereignisse E_1, E_2 und E_3 unabhängig sind?
Da der Treffer durch irgendein Gewehr gemacht werden kann, beträgt die gesuchte Wahrscheinlichkeit

$$P(E_1 \cap E_2' \cap E_3') + P(E_1' \cap E_2 \cap E_3') + P(E_1' \cap E_2' \cap E_3).$$

Infolge der Annahme der Unabhängigkeit und des Theorems 8.1 kann jede dieser Wahrscheinlichkeiten leicht berechnet werden. So ist z.B.

$$P(E_1 \cap E_2' \cap E_3') = P(E_1)P(E_2')P(E_3') = 0{,}5 \cdot 0{,}4 \cdot 0{,}2 = 0{,}04.$$

In dieser Weise finden wir für die Wahrscheinlichkeit, daß genau ein Treffer erfolgt, den Wert 0,26 (vgl. Übg. 8.5).

Die Definition 8.2 ist so gehalten worden, daß sie auch als Definition der Unabhängigkeit für irgendeine endliche Anzahl von Ereignissen verwendet werden kann.

Definition 8.3

Die n Ereignisse $E_1, E_2 \ldots, E_n$ $(n \geqq 2)$ heißen *unabhängig* dann und nur dann, wenn die Multiplikationsregel für alle Kombinationen von zwei oder mehr Ereignissen gilt, d.h. wenn

$$\left.\begin{array}{rl} P(E_i \cap E_j) = & P(E_i)P(E_j) \\ & (1 \leqq i < j \leqq n) \\ P(E_i \cap E_j \cap E_k) = & P(E_i)P(E_j)P(E_k) \\ & (1 \leqq i < j < k \leqq n) \\ P(E_i \cap E_j \cap E_k \cap E_l) = & P(E_i)P(E_j)P(E_k)P(E_l) \\ & (1 \leqq i < j < k < l \leqq n) \\ \cdots\cdots & \cdots\cdots \\ \cdots\cdots & \cdots\cdots \\ P(E_1 \cap E_2 \cap \ldots \cap E_n) = & P(E_1)P(E_2) \ldots P(E_n). \end{array}\right\} \quad (8.7)$$

Wieviel definierende Bedingungen müssen bestätigt werden, damit n Ereignisse als unabhängig nachgewiesen sind? Die Grundmenge $\mathfrak{A}$ enthalte als Elemente die n Ereignisse $E_1, E_2, \ldots, E_n$. Die Menge $\mathfrak{A}$ hat genau 2^n Teilmengen. Die Multiplikationsregel soll nun für alle Teilmengen von $\mathfrak{A}$ gelten, die wenigstens zwei Ereignisse enthalten. Für die leere Teilmenge und die n nur aus einem Element bestehenden Teilmengen ist die Multiplikationsregel nicht erforderlich. Es sind daher in (8.7) insgesamt $2^n - n - 1$ Gleichungen zusammengefaßt.

Es sei noch beachtet, daß nach Definition 8.3 die Unabhängigkeit von n Ereignissen zur Folge hat, daß jede kleinere Anzahl von Ereignissen, die aus den n Ereignissen herausgegriffen werden, auch unabhängig ist. Später werden sich noch viele Anwendungen dieser bedeutenden Idee von der Unabhängigkeit der Ereignisse ergeben. Die meisten finden sich unter „unabhängige Versuche eines Experiments" oder unter „Experimente, die unabhängig bei gleichen Bedingungen wiederholt werden". Im nächsten Abschnitt werden wir eine mathematische Formulierung dieser wichtigen Begriffe bringen.

Übungen

8.1

Ein grüner und ein roter Würfel werden geworfen. Es sei E_1 = „6 auf dem roten Würfel", E_2 = „6 auf dem grünen Würfel" und E_3 = „Augensumme auf beiden Würfeln ungerade". Zeige, daß die drei Ereignisse paarweise unabhängig, aber nicht unabhängig sind.

8.2

Aus einem Kartenspiel mit 52 Blatt wird eine Karte gezogen. Es sei E_1 = „die Karte ist Pik oder Kreuz", E_2 = „Karte ist Pik" und E_3 = „Karte ist As, König, ..., 8 von Karo oder Pik-As". Zeige, daß Gleichung (8.3) gilt, aber keine der drei Gleichungen in (8.1) erfüllt ist.

8.3

Von drei Ereignissen E_1, E_2, E_3 sind E_1 und E_2 unabhängig, und die in (8.3) gegebene Multiplikationsregel gilt für alle drei Ereignisse. Beweise, daß $E_1 \cap E_2$ und E_3 unabhängig sind, und zeige an einem Beispiel, daß E_1 und E_3 nicht unabhängig zu sein brauchen.

8.4

Eine Münze wird dreimal hintereinander geworfen. Der Ereignisraum sei wie üblich

$$S = \{\text{HHH, HHZ, ..., ZZZ}\}.$$

E_1, E_2, E_3 bezeichnen die Ereignisse, daß beim ersten, zweiten bzw. dritten Wurf H (Bild) erscheint. Wir nehmen an, daß

$$P(E_1) = P(E_2) = P(E_3) = p, \qquad 0 \leqq p \leqq 1$$

und E_1, E_2 und E_3 unabhängig sind. Zeige, daß es eine und nur eine annehmbare Zuordnung von Wahrscheinlichkeiten zu den Elementarereignissen von S gibt, die mit allen Voraussetzungen verträglich ist.

8.5

Zu der Übung 8.2 ist die wahrscheinlichste Zahl von Treffern zu finden.

8.6

Es sei vorausgesetzt, daß sich alle Paarungen der Ereignisse gegenseitig ausschliessen.

a) Sind E_1, E_2 und E_3 paarweise unabhängig?
b) Welche zusätzlichen Voraussetzungen sind erforderlich, damit die Frage a) bejaht werden kann?
c) Sind mit den nach b) zugefügten Voraussetzungen die Ereignisse E_1, E_2 und E_3 unabhängig?

8.7

Es seien E_1 und E_2 unabhängige Ereignisse und E_3 habe die Wahrscheinlichkeit null oder 1. Zeige, daß E_1, E_2 und E_3 unabhängige Ereignisse sind.

8.8

Vervollständige den Beweis des Theorems 8.1 durch den Beweis von a), b) und d).

8.9

Vorausgesetzt sei, daß $E_1, E_2, \ldots, E_n$ unabhängig seien und $P(E_k) = \frac{1}{k+1}$ für $1 \leqq k \leqq n$. Bestimme die Wahrscheinlichkeit, daß keines der n Ereignisse eintritt; begründe dabei jeden Schritt der Rechnung.

8.10

Es sei p die Wahrscheinlichkeit, daß ein x Jahre alter Mann innerhalb eines Jahres sterben wird. Wir betrachten vier Männer (A, B, C, D) im Alter x Jahren. E_1, E_2, E_3, E_4 seien als unabhängig angenommen, dabei sei E_1 durch Angaben zum Leben von A, E_2 durch Angaben zum Leben von B usw. ausgedrückt. Bestimme die Wahrscheinlichkeit, daß

a) A innerhalb eines Jahres sterben wird.
b) A und B innerhalb eines Jahres sterben werden, dagegen C und D nicht.
c) Nur A innerhalb eines Jahres sterben wird.

8.11

Der Präsident einer Gesellschaft steht vor der Entscheidung, ob er eine teuere Maschinenanlage leihen oder kaufen soll. Die Wahrscheinlichkeit, daß sein Vizepräsident ihm auf Grund einer falschen Beurteilung einen falschen Vorschlag machen wird, hat die Wahrscheinlichkeit 0,05. Der Präsident beauftragt zwei Berater, das Problem zu untersuchen und ihm Vorschläge zu machen. Auf Grund seiner Beobachtungen schätzt der Präsident, daß der eine Berater mit einer Wahrscheinlichkeit von 0,05, der andere mit einer solchen von 0,10 einen falschen Vorschlag machen wird. Er beschließt, das zu tun, was ihm die Mehrheit der drei Berichte vorschlägt. Wie groß ist die Wahrscheinlichkeit, daß er eine falsche Entscheidung treffen wird? Erscheint die gemachte Annahme der Unabhängigkeit für dieses Problem vernünftig?

9. Unabhängige Versuche

Der Begriff „Experimente, unabhängig voneinander unter gleichen Bedingungen wiederholt", ist in den empirischen Wissenschaften zentral und daher einer genauen Formulierung wert. Dies wird nun im vorliegenden Abschnitt durchgeführt. Da wir ausgiebigen Gebrauch von kartesischen Produktmengen machen werden, sei auf Abschnitt 5 in Kapitel 1 verwiesen.

Es werde ein Experiment betrachtet. Statt das Experiment betrachten wir sein mathematisches Gegenstück, den Ereignisraum S, wobei

$$S = \{o_1, o_2, \ldots, o_n\}. \tag{9.1}$$

Für die Elementarereignisse sei eine Wahrscheinlichkeitsverteilung gegeben, d.h. jedem o_i ist eine nichtnegative Zahl $P(\{o_i\})$ in der Weise zugeordnet, daß

$$\sum_{i=1}^{n} P(\{o_i\}) = 1\,. \tag{9.2}$$

Wir nehmen nun an, daß das Experiment ausgeführt und dann wiederholt wird. Die Aufeinanderfolge von zwei Experimenten stellt ein neues Experiment dar, das wir mathematisch erfassen wollen. Um Verwechslungen der ursprünglichen Experimente mit diesem neuen Experiment zu vermeiden, wollen wir die Originalexperimente als *Versuche* (*trials*) und das neue Experiment als aus zwei Versuchen bestehend bezeichnen, von denen jeder durch den Ereignisraum S dargestellt wird. Das neue Experiment ist wie alle Experimente durch einen Ereignisraum beschrieben. Die Elemente (Ergebnisse) dieses neuen Ereignisraumes sind alle geordneten Paare (o_i, o_k), in denen mit o_i das Eintreten des Ergebnisses beim ersten und mit o_k das beim zweiten Versuch bezeichnet wird. Der Ereignisraum für das Experiment ist daher das kartesische Produkt $S \times S$. Da der Ereignisraum für jeden der beiden Versuche, die das Experiment bilden, n Elemente hat, ergibt dies n^2 geordnete Paare in $S \times S$.

Bevor Wahrscheinlichkeitsfragen für dieses Experiment beantwortet werden können, müssen wir eine Wahrscheinlichkeitsverteilung zu den n^2 Elementarereignissen von $S \times S$ annehmen, d.h. wir müssen jedem $\{(o_i, o_k)\}$ eine nichtnegative Zahl in der Weise zuordnen, daß die Summe aller n^2 Zahlenwerte 1 beträgt. Wir wissen bereits, daß dies auf unendlich viele Arten möglich ist. Wenn wir jedoch die beiden Versuche als unabhängig bezeichnen, dann gibt es einen und nur einen Weg, dies zu tun: die Zuordnung muß so geschehen, daß

$$P(\{(o_i, o_k)\}) = P(\{o_i\})P(\{o_k\}) \tag{9.3}$$

für $i = 1, 2, \ldots, n$ und $k = 1, 2, \ldots, n$.

Die Formel (9.3) drückt die Wahrscheinlichkeit des Elementarereignisses $\{(o_i, o_k)\}$ von $S \times S$ als das Produkt der Wahrscheinlichkeiten der Elementarereignisse $\{o_i\}$ und $\{o_k\}$ von S aus. Bevor wir die Bedeutung dieser Regel erörtern, zeigen wir zunächst, daß (9.3) eine *annehmbare*

Zuordnung von Wahrscheinlichkeiten zu den Elementarereignissen von $S \times S$ liefert.
Der Zahlenwert $P(\{(o_i, o_k)\})$ ist sicherlich nichtnegativ, da er das Produkt zweier nichtnegativer Zahlenwerte ist. Um nun die Summe der Wahrscheinlichkeiten aller Elementarereignisse von $S \times S$ zu finden, schreiben wir sie zeilen- und spaltenweise auf;

$$\begin{array}{cccc} P(\{(o_1, o_1)\}) & P(\{(o_1, o_2)\}) & \ldots & P(\{(o_1, o_n)\}) \\ P(\{(o_2, o_1)\}) & P(\{(o_2, o_2)\}) & \ldots & P(\{(o_2, o_n)\}) \\ \cdot & \cdot & & \cdot \\ \cdot & \cdot & & \cdot \\ \cdot & \cdot & & , \\ P(\{(o_n, o_1)\}) & P(\{(o_n, o_2)\}) & \ldots & P(\{(o_n, o_n)\}). \end{array}$$

Die Summe der Wahrscheinlichkeiten in der ersten Spalte beträgt

$$\sum_{i=1}^{n} P(\{(o_i, o_1)\}) = \sum_{i=1}^{n} P(\{o_i\})P(\{o_1\}) \quad \text{wegen (9.3)}$$

$$= P(\{o_1\}) \sum_{i=1}^{n} P(\{o_i\}) = P(\{o_1\}) \quad \text{wegen (9.2)}.$$

In ähnlicher Weise ist die Summe der Wahrscheinlichkeiten in der $k$ten Spalte $P(\{o_k\})$ für $k = 1, 2, \ldots, n$. Die Summe der Wahrscheinlichkeiten aller n^2 Elementarereignisse ist die Summe der Spaltensummen

$$\sum_{k=1}^{n} P(\{o_k\}) = 1,$$

die durch (9.3) bezeichnete Zuordnung daher, wie verlangt, annehmbar. Wir fassen dies in der folgenden formalen Definition zusammen.

Definition 9.1

Es sei S der Ereignisraum mit den Elementen $o_1, o_2, \ldots, o_n$ und $P(\{o_i\})$ die Wahrscheinlichkeit des Elementarereignisses $\{o_i\}$ für $i = 1, 2, \ldots, n$. Unter dem Experiment, bestehend aus den beiden S zugehörigen *unabhängigen Versuchen*, verstehen wir den Ereignisraum $S \times S$ (die kartesische Produktmenge von S mit sich selbst), dessen Elemente die n^2 geordneten Paare (o_i, o_k) sind und dessen Elementarereignissen $\{(o_i, o_k)\}$ Wahrscheinlichkeiten gemäß der Produktregel (9.3) zugeordnet sind.

Beispiel 9.1

Eine Münze wird geworfen und dann noch einmal geworfen. Jeder Wurf ist ein Versuch, der durch den Ereignisraum $S = \{H, Z\}$ dargestellt wird, dessen beiden Elementarereignisse jeweils die Wahrscheinlichkeit $\frac{1}{2}$ zugeordnet ist. Das Experiment, bestehend aus den beiden Versuchen, ist definiert durch den Ereignisraum $S \times S$, wobei

$$S \times S = \{\mathrm{HH}, \mathrm{HZ}, \mathrm{ZH}, \mathrm{ZZ}\},$$

Es gibt unendlich viele annehmbare Zuordnungen von Wahrscheinlichkeiten zu den vier Elementarereignissen von $S \times S$ (vgl. die Erörterung im Beispiel 3.7), wenn jedoch die beiden Würfe *unabhängig* sein sollen, dann *muß* jedem Elementarereignis gemäß (9.3) die Wahrscheinlichkeit $\frac{1}{4}$ zugeordnet werden.
Der Leser sei an die Vereinbarung erinnert, daß wir HH statt (H,H), HZ statt (H, Z) usw. schreiben. Üblicherweise schreibt man geordnete Paare in Klammern, getrennt durch Komma, wenn aber keine Verwirrung entstehen kann, wollen wir die weniger lästige Bezeichnung verwenden.

Beispiel 9.2

Aus n Personen einer Bevölkerung (Population) wird eine Person willkürlich ausgewählt. Dann wird aus derselben Population eine andere Person ausgewählt, d.h. wir lassen es zu, daß bei beiden Versuchen dieselbe Person gewählt wird. Jede Wahl (jeder Versuch) ist definiert durch den Ereignisraum $S = \{1, 2, \ldots, n\}$, wenn jede Person durch eine natürliche Zahl bezeichnet wird. Jedem der n Elementarereignisse von S ist die Wahrscheinlichkeit $\frac{1}{n}$ zugeordnet, d.h. $P(\{j\}) = \frac{1}{n}$ für $j = 1, 2, \ldots, n$. Das aus diesen beiden Versuchen bestehende Experiment nennen wir „Stichprobe von zwei mit Zurücklegung aus der Population". Es ist dargestellt durch die kartesische Produktmenge $S \times S$, gegeben durch $S \times S = \{(j, k) \mid j \in S, k \in S\}$. Sollen die beiden Versuche (d.h. die Wahl der ersten Person und die Wahl der zweiten Person) unabhängig sein, so muß die Zuordnung von Wahrscheinlichkeiten zu den Elementarereignissen von $S \times S$ gemäß Gleichung (9.3) erfolgen. Wegen

$$P(\{(j, k)\}) = P(\{j\})\, P(\{k\}) = \frac{1}{n} \cdot \frac{1}{n} = \frac{1}{n^2}$$

bedeutet die Unabhängigkeit der Versuche, daß jedem Elementarereignis von $S \times S$ die gleiche Wahrscheinlichkeit $\frac{1}{n^2}$ zugeordnet ist. Das ist das mathematische Gegenstück unseres intuitiven Gefühls, daß eine Stichprobe von zwei mit Zurücklegung wie eine Aufeinanderfolge von zwei unabhängigen Auswahlen angesehen werden kann. Vgl. Übg. 9.9.

Beispiel 9.3

Es sei das Experiment betrachtet, das aus dem zweimaligem Werfen eines Würfels besteht. Da jedem Wurf der Ereignisraum $S = \{1, 2, 3, 4, 5, 6\}$ entspricht, deren Elementarereignissen jeweils die Wahrscheinlichkeit $\frac{1}{6}$ zugeordnet ist, verlangt die Definition, daß das Experiment durch den vertrauten Ereignisraum

$$S \times S = \{(1,1), (1,2), \dots, (1,6), \dots, (6,1), \dots, (6,6)\}$$

definiert ist, für dessen Elementarereignisse die Wahrscheinlichkeit jedesmal $\frac{1}{36}$ beträgt. Es sei $E_1 =$ „erster Wurf ergibt 6" und $E_2 =$ „zweiter Wurf ergibt eine gerade Zahl". Wir erwarten anschaulich, daß die Unabhängigkeit der *Versuche* die Unabhängigkeit der Ereignisse E_1 und E_2 zur Folge haben wird. Dies ist leicht zu bestätigen, da

$$P(E_1 \cap E_2) = \tfrac{3}{36}, \; P(E_1) = \tfrac{6}{36} \quad \text{und} \quad P(E_2) = \tfrac{18}{36}$$

und so die Multiplikationsregel

$$P(E_1 \cap E_2) = P(E_1)P(E_2)$$

gilt.

Dieses Ergebnis halten wir bei diesen besonderen Ereignissen E_1 und E_2 für vernünftig. Von den beiden unabhängigen Würfen bestimmt der erste Wurf, ob E_1 eintritt oder nicht, und der zweite Wurf entscheidet, ob E_2 eintritt. Sind allgemein zwei unabhängige Versuche gegeben, so wird man venünftigerweise erwarten, daß E_1 und E_2 unabhängige Ereignisse sind, wenn der erste Versuch entscheidet, ob das Ereignis E_1 eintritt oder nicht, und der zweite Versuch entscheidet, ob ein Ereigsnis E_3 geschieht. Wir wollen beweisen, daß dieses Ergebnis allgemein richtig ist. Aber vorher müssen wir genau definieren, was wir meinen, wenn wir sagen, daß der erste Versuch (oder der zweite Versuch) entscheidet, ob ein Ereignis E eintritt.

Im Beispiel 9.3 besteht das Experiment aus zwei unabhängigen Würfen. Es ist

$$\begin{aligned} E_1 &= \text{„erster Wurf ergibt 6"} \\ &= \{(6, 1), (6, 2), (6,3), (6, 4), (6, 5), (6, 6)\} \\ &= \{6\} \times \{1, 2, 3, 4, 5, 6\} \\ &= \{6\} \times S . \\ E_2 &= \text{„zweiter Wurf ergibt eine gerade Zahl"} \\ &= \{(1, 2), (2, 2), (3, 2), (4, 2), (5, 2), (6, 2), (1, 4), (2, 4), (3, 4), \\ &\quad (4, 4), (5, 4). (6, 4), (1, 6), (2, 6), (3, 6), (4, 6), (5, 6), (6, 6)\} \\ &= \{1, 2, 3, 4, 5, 6\} \times \{2, 4, 6\} \\ &= S \times \{2, 4, 6\} . \end{aligned}$$

Allgemein: Unser Ereignis E ist natürlich eine Teilmenge von $S \times S$ und als solches eine Menge von geordneten Paaren. Wenn man sagt, daß E durch den ersten Versuch bestimmt ist, so meint man, daß das erste Glied des geordneten Paares durch die Forderung bestimmt ist, daß E eintritt, das zweite Glied aber unbestimmt ist. In gleicher Weise sagt man, daß E durch den zweiten Versuch bestimmt ist, wenn das erste Glied des geordneten Paares unbestimmt ist, aber das zweite Glied durch die Forderung bestimmt ist, daß E eintritt. Wir definieren nun formal:

Definition 9.2

Ein Experiment bestehe aus zwei unabhängigen Versuchen, von denen jeder durch den Ereignisraum S definiert ist. (Das Zwei-Versuchsexperiment hat als Ereignisraum die kartesische Produktmenge $S \times S$). Ein Ereignis E (Teilmenge von $S \times S$) heißt durch den ersten Versuch bestimmt dann und nur dann, wenn eine Teilmenge C_1 von S so besteht, daß

$$E = C_1 \times S.$$

In gleicher Weise heißt ein Ereignis F durch den zweiten Versuch bestimmt dann und nur dann, wenn eine Teilmenge C_2 von S existiert, so daß

$$F = S \times C_2.$$

Wir können nun unser wichtigstes Ergebnis beweisen.

Theorem 9.1

Ein Experiment bestehe aus zwei unabhängigen Versuchen, denen der Ereignisraum

$$S = \{o_1, o_2, \ldots, o_n\}$$

entspricht. Es seien E_1 und E_2 irgendwelche Ereignisse von $S \times S$, so daß E_1 durch den ersten Versuch und E_2 durch den zweiten Versuch bestimmt sind. Dann sind E_1 und E_2 unabhängige Ereignisse. Das folgende Lemma wird zum Beweis des Theorems 9.1. benötigt.

Lemma

Es sei $S \times S$ der Ereignisraum, der ein aus zwei Versuchen bestehendes Experiment definiert, wobei jeder Versuch dem Ereignisraum S entspricht. Ferner sei $C_1 \subseteq S$ und $C_2 \subseteq S$. Dann gilt

$$P(C_1 \times C_2) = P(C_1)\, P(C_2). \tag{9.4}$$

Beweis des Lemmas: Man überzeuge sich zunächst davon, daß sich (9.4) für den Sonderfall, daß C_1 und C_2 Elementarereignisse von S sind, auf (9.3) reduziert. Ebenso ist (9.4) richtig, wenn C_1 oder C_2 das Leer-

Ereignis ist. Nehmen wir also an, daß C_1 und C_2 folgendermaßen gegeben sind:

$$C_1 = \{o_{j_1}, o_{j_2}, \ldots, o_{j_r}\}, \quad C_2 = \{o_{k_1}, o_{k_2}, \ldots, o_{k_s}\}.$$

Das Ereignis $C_1 \times C_2$ ist die Vereinigung aller jener Elementarereignisse $\{(e_j, e_k)\}$, für welche $\{o_j\} \in C_1$ und $\{o_k\} \in C_2$ ist. Wir ordnen diese Ereignisse in r Zeilen und s Spalten an und schreiben

$$C_1 \times C_2 = \begin{cases} \{(o_{j_1}, o_{k_1})\} \cup \{(o_{j_1}, o_{k_2})\} \cup \ldots \cup \{(o_{j_1}, o_{k_s})\} \cup \\ \cdot \quad \cdot \quad \cdot \quad \cdot \quad \cdot \quad \cdot \quad \cdot \quad \cdot \quad \cdot \quad \cdot \quad \cdot \quad \cdot \quad \cdot \quad \cdot \quad \cdot \\ \{(o_{j_r}, o_{k_1})\} \cup \{(o_{j_r}, o_{k_2})\} \cup \ldots \cup \{(o_{j_r}, o_{k_s})\}. \end{cases}$$

Um nun $P(C_1 \times C_2)$ zu berechnen, müssen wir die Wahrscheinlichkeiten aller dieser Elementarereignisse addieren. Wenn wir die Wahrscheinlichkeiten der Elementarereignisse in der ersten Zeile addieren, finden wir aus der angenommenen Unabhängigkeit der Versuche

$$\sum_{v=1}^{s} P(\{(o_{j_1}, o_{k_v})\}) = \sum_{v=1}^{s} P(\{o_{j_1}\})P(\{o_{k_v}\}) = P(\{o_{j_1}\}) \sum_{v=1}^{s} P(\{o_{k_v}\})$$
$$= P(\{o_{j_1}\})P(C_2),$$

wobei die letzte Gleichung aus der Definition von $P(C_2)$ als der Summe der Wahrscheinlichkeiten der Elementarereignisse, deren Vereinigung C_2 ist, folgt. Die Summe der Wahrscheinlichkeiten in irgendeiner anderen Zeile wird in der gleichen Weise erhalten, die Summe in der $u$ten Zeile ($u = 1, 2, \ldots, r$) ergibt sich zu $P(\{o_{j_u}\})\, P(C_2)$. Wir erhalten die Summe der Wahrscheinlichkeiten aller Elementarereignisse von $C_1 \times C_2$ durch Addieren dieser Zeilensummen. Das ergibt

$$P(C_1 \times C_2) = \sum_{u=1}^{r} P(\{o_{j_u}\})P(C_2) = P(C_2) \sum_{u=1}^{r} P(\{o_{j_u}\})$$
$$= P(C_1)P(C_2),$$

womit das Lemma bewiesen ist.

Beweis des Theorems 9.1: Unsere Voraussetzung zu E_1 und E_2 hat in Hinblick auf die Definition 9.2 die Existenz zweier Teilmengen C_1 und C_2 von S zur Folge, so daß

$$E_1 = C_1 \times S, \qquad E_2 = S \times C_2.$$

Um das Theorem zu beweisen, genügt es zu zeigen, daß die Multiplikationsregel für E_1 und E_2 besteht, d.h. daß

$$P(E_1 \cap E_2) = P(E_1)P(E_2). \tag{9.5}$$

Wir stellen zunächst fest, daß (vgl. Übg. I. 5.5)

$$E_1 \cap E_2 = (C_1 \times S) \cap (S \times C_2) = C_1 \times C_2. \tag{9.6}$$

Nun wenden wir das Lemma dreimal an und erhalten

$$P(E_1 \cap E_2) = P(C_1 \times C_2) = P(C_1)P(C_2), \tag{9.7}$$

$$P(E_1) = P(C_1 \times S) = P(C_1)P(S) = P(C_1), \tag{9.8}$$

$$P(E_2) = P(S \times C_2) = P(S)P(C_2) = P(C_2), \tag{9.9}$$

wobei wir noch die Tatsache benutzt haben, daß $P(S) = 1$ ist. Wir sehen also, daß die Multiplikationsregel gilt; infolgedessen sind E_1 und E_2 unabhängig. Damit ist der Beweis des Theorems 9.1 vollständig. Es ist wichtig, sich die Bedeutung unserer Ergebnisse klarzumachen. Gehen wir zu unserem Würfel-Experiment Beispiel 9.3 zurück. Der Satz „erster Wurf ergibt 6" wurde interpretiert als die Beschreibung des Ereignisses $E_1 = \{6\} \times S$, einer Teilmenge von $S \times S$. Aber dieser Satz beschreibt auch ein Ereignis, nämlich $\{6\}$, das eine Teilmenge von S ist. Allgemein: Das Ereignis $E_1 = C_1 \times S$ und das Ereignis C_1, obgleich Ereignisse von verschiedenen Ereignisräumen, sind beide durch denselben ersten Versuch des Experimentes bestimmt. Wir erwarten daher, daß diese Ereignisse deshalb die gleiche Wahrscheinlichkeit haben. Die Formeln (9.8) und (9.9) garantieren, daß diese Erwartungen erfüllt werden.

Erfüllen E_1 und E_2 die Voraussetzungen des Theorems 9.1, dann können wir nach (9.7) $P(E_1 \cap E_2)$ als das Produkt von Wahrscheinlichkeiten von Ereignissen (Teilmengen) des Ereignisraumes S berechnen, und wir brauchen keine Berechnungen in bezug auf den Ereignisraum $S \times S$ des Zwei-Versuchsexperiments zu machen.

Unsere Definitionen und Ergebnisse können auf irgendeine endliche Anzahl von Wiederholungen desselben Experimentes ausgedehnt werden oder noch allgemeiner auf jede beliebige Anzahl von wiederholten Experimenten, gleichgültig, ob diese gleich oder verschieden sind. Die Beweise ersparen wir uns.

Definition 9.3

Es sei N eine natürliche Zahl und S_j (für $j = 1, 2, \ldots, N$) ein Ereignisraum mit den Ergebnissen $o_1^{(j)}, o_2^{(j)}, \ldots, o_{n_j}^{(j)}$. Unter dem Experimant aus N Versuchen, von denen der erste S_1, der zweite S_2 usw. entspricht, verstehen wir den Ereignisraum $S_1 \times S_2 \times \ldots \times S_N$ (die kartesische Produktmenge von $S_1, S_2, \ldots, S_N$), dessen Elemente alle $n_1 n_2 \cdots n_N$ geordneten N-tupel $(o^{(1)}, o^{(2)}, \ldots, o^{(N)})$ mit $o^{(1)} \in S_1, o^{(2)} \in S_2, \ldots, o^{(N)} \in S_N$ sind. Für jeden Ereignisraum S_j bestehe eine annehmbare Zuordnung von Wahrscheinlichkeiten zu seinen Elementarereignissen. Die N Versuche heißen *unabhängig*, wenn die Wahrscheinlichkeiten aller Elementarereignisse in $S_1 \times S_2 \times \ldots \times S_N$ die Produktregel

$$P(\{o^{(1)}, o^{(2)}, \ldots, o^{(N)})\}) = P(\{o^{(1)}\}) P(\{o^{(2)}\}) \ldots P(\{o^{(N)}\})$$

erfüllen.

Theorem 9.2

Es sei ein Experiment aus N aufeinanderfolgenden Versuchen, denen die Ereignisräume $S_1, S_2, \ldots, S_N$ in dieser Reihenfolge entsprechen, betrachtet. $E_1, E_2, \ldots, E_N$ seien N Ereignisse, wobei E_j durch den $j$ten Versuch bestimmt ist. (E_1 ist durch den ersten Versuch bestimmt, heißt, daß eine Teilmenge C_1 von S_1 existiert, so daß

$$E_1 = C_1 \times S_2 \times S_3 \times \ldots \times S_N;$$

E_2 ist durch den zweiten Versuch bestimmt, heißt, daß eine Teilmenge C_2 von S_2 existiert, so daß

$$E_2 = S_1 \times C_2 \times S_3 \times \ldots \times S_N \text{ usw.})$$

Dann sind die Ereignisse $E_1, E_2, \ldots, E_N$ unabhängig. Für $N = 2$ und $S_1 = S_2 = S$ reduzieren sich Definition 9.3 und Theorem 9.2 auf Definition 9.1 und Theorem 9.1.

Beispiel 9.4

Eine Münze wird geworfen, dann ein Würfel, und schließlich eine Karte willkürlich aus einem 52-Blatt-Spiel gezogen. Wir nehmen an, daß diese drei Versuche unabhängig sind. Das Ereignis „Bild" ist durch den ersten, das Ereignis „gerade Zahl" durch den zweiten und „Pik" durch den dritten Versuch bestimmt. Nach dem Theorem 9.2 schließen wir, daß „Bild", „gerade Zahl" und „Pik" unabhängige Ereignisse sind. Daher ist

$$\begin{aligned} P(\text{Bild, gerade Zahl, Pik}) &= P(\text{Bild})\; P(\text{gerade Zahl})\; P(\text{Pik}) \\ &= \tfrac{1}{2} \cdot \tfrac{3}{6} \cdot \tfrac{13}{52} = \tfrac{1}{16} \end{aligned}$$

Beispiel 9.5

Ein Prüfungs-Quiz besteht aus vier Fragen. Zu jeder dieser Fragen sind drei mögliche Antworten gegeben, von denen aber nur immer genau eine richtig ist. Es sei angenommen, daß ein Prüfling auf gut Glück die Antworten rät. Wie groß ist die Wahrscheinlichkeit, daß er mehr richtige als falsche Antworten erhält, wenn seine aufeinanderfolgenden Antworten unabhängig sind?

Der Ereignisraum für jeden Versuch (Beantwortung einer Frage) ist $S = \{\mathrm{R}, \mathrm{F}\}$, wobei R eine richtige und F eine falsche Antwort bezeichnet.

Es ist dann $P(\{R\}) = \frac{1}{3}$, $P(\{F\}) = \frac{2}{3}$. Für den vier-Fragen-Test ist der Ereignisraum $S \times S \times S \times S$. Das Ereignis „3 oder 4 richtig" ist die Teilmenge

$$\{RRRR, RRRF, RRFR, RFRR, FRRR\}$$

Weil die Ereignisse unabhängig sind, ist

$$P(\{RRRR\}) = (\tfrac{1}{3})^4, \ P(\{RRRF\}) = (\tfrac{1}{3})^3 \cdot \tfrac{2}{3}$$

und die Wahrscheinlichkeit für die anderen Elementarereignisse, bei denen genau drei Antworten richtig sind, ist ebenfalls $(\frac{1}{3})^3 \cdot (\frac{2}{3})$. Daher folgt

$$P(3 \text{ oder } 4 \text{ richtig}) = (\tfrac{1}{3})^4 + 4 \cdot (\tfrac{1}{3})^3 \cdot \tfrac{2}{3} = \tfrac{1}{9}.$$

Übungen

9.1

a) Eine Münze wird dreimal unabhängig voneinander geworfen. Bestimme einen passenden Ereignisraum für dieses Drei-Versuchs-Experiment und ordne seinen Elementarereignissen die erforderlichen Wahrscheinlichkeiten zu.

b) Wie in a), mache jedoch die Annahme, daß die Münze so geprägt ist, daß die Wahrscheinlichkeit für Bild (H) bei jedem Wurf p $(0 \leqq p \leqq 1)$ ist und die Wahrscheinlichkeit für Zahl (Z) $q = 1 - p$. (Vgl. Übg. 8.4).

9.2

Aus einer Bevölkerung, die zu 40% aus Frauen und zu 60% aus Männern besteht, wird eine Stichprobe von fünf mit Zurücklegung entnommen. Bestimme den Ereignisraum für dieses Experiment und ordne seinen Elementarereignissen Wahrscheinlichkeiten zu. Bestimme die Wahrscheinlichkeit, daß die Stichprobe

a) keine Männer, b) wenigstens einen Mann,

c) genau einen Mann, d) nur Männer enthält.

9.3

Ein Test besteht aus zehn Fragen. Zu jeder Frage sind sechs Antworten zur Auswahl angegeben, von denen nur genau eine richtig ist. Angenommen, ein Prüfling rät die Antworten zu diesen Fragen. (Er könnte dies z.B. tun, indem er mit einem Würfel würfelt und die Antwort durch die oben liegende Zahl bestimmt.) Bestimme einen Ereignisraum für dieses Experiment und ordne seinen Elementarereignissen Wahrscheinlichkeiten zu. Wie groß ist die Wahrscheinlichkeit, daß er neun oder zehn richtige Antworten erhält?

9.4

Es sei geschätzt, daß an einer belebten Straßenkreuzung die Wahrscheinlichkeit, daß ein Spaziergänger von einem Wagen angefahren wird, 0,01 beträgt. Wie groß ist die Wahrscheinlichkeit, daß ein Spaziergänger während 30 Tage unverletzt bleibt, wenn er die Kreuzung täglich zweimal überquert? Dabei seien die einzelnen Spaziergänge als unabhängige Versuche angesehen.

9.5

Eine Fußballmannschaft gewinnt ihr wöchentliches Spiel mit der Wahrscheinlichkeit 0,7, verliert mit der Wahrscheinlichkeit 0,2 und spielt unentschieden mit der Wahrscheinlichkeit 0,1. Betrachte die Spiele von drei aufeinanderfolgenden Wochen als ein Drei-Versuchs-Experiment, bei dem die Versuche unabhängig sind. Bestimme die Wahrscheinlichkeit, daß die Anzahl der Siege die Summe der Anzahl der Verluste und der unentschiedenen Spiele übertrifft.

9.6

Von einer Handballmannschaft ist bekannt, daß sie innerhalb ihrer Klasse die Einzelspiele mit der Wahrscheinlichkeit 0,6 gewinnt. Wie groß ist die Wahrscheinlichkeit, daß bei einer Serie von fünf Spielen die Gewinnspiele überwiegen. Die einzelnen Spiele sollen dabei als unabhängig gelten.

9.7

Für ein Geschoß besteht die Wahrscheinlichkeit $\frac{1}{2}$, das Ziel zu zerstören und die gleiche Wahrscheinlichkeit, es zu verfehlen. Unter der Annahme, daß die einzelnen Schüsse unabhängig sind, ist die Anzahl der Geschosse zu bestimmen, die auf das Ziel abgefeuert werden müssen, damit die Wahrscheinlichkeit, es zu zerstören, wenigstens 0,99 beträgt.

9.8

a) Jede von zwei Urnen enthält drei gleichartige Kugeln, die von 1 bis 3 numeriert sind. Aus jeder Urne wird eine Kugel gezogen, und es wird angenommen, daß diese Ziehungen unabhängig sind. Wie groß ist die Wahrscheinlichkeit, daß 2 die größte gezogene Nummer ist?

b) Jede von k Urnen enthält n gleichartige mit den Zahlen 1 bis n numerierte Kugeln. Aus jeder Urne wird eine Kugel gezogen, und wir nehmen an, daß diese Ziehungen unabhängig sind. Wie groß ist die Wahrscheinlichkeit, daß m die größte gezogene Nummer ist?

9.9

Aus einer Population von n Personen wird eine Person willkürlich ausgewählt. Aus den übrigbleibenden $n-1$ Personen wird dann willkürlich noch eine zweite Person ausgewählt. Der erste Versuch (Auswahl der ersten Person) läuft darauf hinaus, eine von n Zahlen auszuwählen und kann daher durch den Ereignisraum $S_n = \{1, 2, \ldots, n\}$ dargestellt werden, in dem jedem Elementarereignis die Wahrscheinlichkeit $\frac{1}{n}$ zugeordnet ist. Nachdem die erste Person ausgewählt worden ist, denken wir uns die restlichen $n-1$ Personen aufgeschlossen und mit den Nummern 1 bis $n-1$ versehen. Der zweite Versuch (Auswählen der zweiten Person) läuft darauf hinaus, eine aus $(n-1)$ Nummern auszuwählen und kann daher durch den Ereignisraum $S_{n-1} = \{1, 2, \ldots, n-1\}$ dargestellt werden, in dem jedem Elementarereignis die Wahrscheinlichkeit $\frac{1}{n-1}$ gegeben ist. Wenn diese beiden Versuche als unabhängig angenommen werden, dann heißt dies aus zwei unabhängigen Versuchen bestehende Experiment „*aus einer Population eine Stichprobe von zwei ohne Zurücklegung nehmen*".

a) Zu welchem Ereignisraum werden wir geführt, wenn wir aus einer Population eine Probe von zwei ohne Zurücklegung nehmen? Welche Wahrscheinlichkeit wird jedem Elementarereignis dieses Ereignisraumes zugeordnet?
b) Es sei $n = 26$ und diese 26 Personen heißen A, B, ... X, Y, Z. Daraus wird eine Stichprobe von zwei ohne Zurücklegung gezogen und das Ergebnis (2, 3) festgestellt. Welche beiden Personen wurden ausgewählt?
c) Verallgemeinere unsere Erörterung und zeige, daß die Wahl einer Stichprobe von N *ohne* Zurücklegung aus einer Population von n Personen als eine Folge von N *unabhängigen* Auswahlen angesehen werden kann. (Es ist natürlich $N \leqq n$.)
d) Es sei wie in b) $n = 26$. Nimm an, daß $N = 4$ Personen ohne Zurücklegung ausgewählt werden und das Ergebnis im 4-Tupel (2, 3, 1, 22) besteht. Welche vier Personen wurden ausgewählt?

9.10

Wir betrachten ein n-Versuchs-Experiment, bei dem jedem Versuch der Ereignisraum S entspricht. Zeige, daß das Leer-Ereignis $\emptyset$ und der gesamte Ereignisraum für das n-Versuchs-Experiment durch jeden Versuch des Experiments bestimmt sind. Erscheint dies vernünftig?

10. Ein Wahrscheinlichkeitsmodell in der Genetik

Wahrscheinlichkeitsbegriffe werden eine wachsende Bedeutung erlangen, nicht einzig allein als die Grundlagen der mathematischen Statistik, sondern auch um mathematische Modelle für Erscheinungen in den Natur- und Sozialwissenschaften zu bilden. In einem kurzen Abschnitt können wir nicht mehr tun, als die letzte Anwendungsart zu veranschaulichen. Wir werden die bis hierher entwickelten Theorien verwenden, insbesondere die Ideen über bedingte Wahrscheinlichkeit und unabhängige Versuche, um (in grob vereinfachter Form) einige Fragen zu erörtern, wie sie in der Vererbungs- und Abstammungslehre auftreten.

Wir beschränken unsere Betrachtung auf eine einzelne Gene mit den beiden einzigen Formen „rezessiv" (r) und „dominant" (D). Jedes Individuum der betrachteten Population habe zwei derartige Genen in seinen Chromosomen und kann deshalb als eine der folgenden Typen klassifiziert werden: (1) rein dominant DD, bei diesem Typ sind beide Genen von dominanter Form; (2) hybride Form (Mischling) rD, bei der eine Gene rezessiv und die andere dominant ist; (3) rein rezessiv rr, hier sind beide Genen rezessiv. Der Biologe spricht im vorliegenden Falle von Genotypen. Das genetische Erscheinungsbild (in bezug auf eine einzelne Gene) jeder Generation ist durch die Verhältnisse der Anzahlen der Individuen von diesen drei Genotypen beschrieben. Nehmen wir eine Stichprobe von einem Individuum aus dieser Generation, dann wird der Verhältnisanteil irgendeines Genotypus die Wahrscheinlichkeit dafür angeben, daß die betreffende Person diesem Genotypus angehört. Wir führen folgende Bezeichnungen ein:

n = Generationsnummer (0, 1, 2, ...)

u_n = Wahrscheinlichkeit, daß das ausgewählte Individuum der $n$ten Generation vom Typus DD ist.

$2v_n$ = Wahrscheinlichkeit, daß das ausgewählte Individuum aus der $n$ten Generation vom Typus rD ist.

w_n = Wahrscheinlichkeit, daß das ausgewählte Individuum aus der $n$ten Generation rr ist.

Es ist klar, daß

$$u_n + 2v_n + w_n = 1 \qquad (n = 0, 1, 2, \ldots) \text{ ist.} \tag{10.1}$$

Das allgemeine Problem der Populationsgenetik kann in der folgenden Weise formuliert werden: Gegeben seien die Ausgangswahrscheinlichkeiten (für $n = 0$) u_0, $2v_0$ und w_0 und eine Menge von Annahmen, die die Abhängigkeit der zukünftigen Generationen von dieser Ausgangsgeneration beschreiben (d.h. Annahmen für das Paarungssystem, die Gene-Mutationen, Kräfte der natürlichen Auswahl usw.); es sollen dann die Wahrscheinlichkeiten für die Genotypen für $n \geqq 1$ bestimmt werden.

Wir werden ein Problem betrachten, bei dem das Paarungssystem willkürlich ist (*Mendel*), auch *Panmixie* genannt, modifiziert durch Auswahl und Mutationskräfte. Die hervorstechenden Eigenschaften dieses Modells sind zusammenhängend in den folgenden Regeln beschrieben, wie man ein Individuum einer Generation (sagen wir der $(n+1)$ten) erhalten kann, wenn die Genotyp-Wahrscheinlichkeiten u_n, $2v_n$, w_n der vorhergehenden ($n$ten) Generation bekannt sind.

I. Ein männlicher Elter wird willkürlich aus einer Population ausgewählt, d.h. die Wahrscheinlichkeiten für einen derartigen Elter, vom Typus DD, rD bzw. rr zu sein, sind u_n, $2v_n$ bzw. w_n. (Wir nehmen dabei an, daß die Genotypen unter den männlichen wie unter den weiblichen Gliedern der Population mit den gleichen Wahrscheinlichkeiten wie in der ganzen Population auftreten.) Eine einzelne Gene wird willkürlich aus den beiden Genen ausgewählt, die die Eltern besitzen. Es sei z.B. der männliche Elter DD, dann wird die Gene D mit der Wahrscheinlichkeit 1 übertragen; ist der Elter rD, dann werden die Genen r und D jeweils mit der Wahrscheinlichkeit $\frac{1}{2}$ übertragen, usw.

II. Ein weiblicher Elter wird beliebig aus einer Population wie in I ausgewählt. Dann wird eine einzelne Gene willkürlich aus den beiden Genen des weiblichen Elters ausgewählt.

Der Genotypus des neuen Individuums der $(n+1)$ten Generation ist dann bestimmt durch die Vereinigung der männlichen und weiblichen Genen, wie sie nach I und II ausgewählt wurden. Wir werden die Schritte I und II als Versuche eines Experiments bezeichnen, bei dem ein Individuum einer Generation aus Individuen der vorhergehenden Generation gebildet wird. Die *willkürliche Mendelsche Paarung* (*Panmixie*) in bezug auf die gerade betrachtete Gene ist charakterisiert durch die Annahme, daß die in I. und II. geschilderten Auswahlen willkürlich und diese Versuche unabhängig sind.

Als ein Beispiel soll die Wahrscheinlichkeit des Genotypus rr in der $(n+1)$ten Generation einer der willkürlichen Mendel-Paarung unterliegenden Population berechnet werden. Ein rr Individuum kann nur entstehen, wenn beide von dem männlichen und dem weiblichen Elter ausgewählten Genen rezessiv sind. Nun kann das Ereignis E_1 (männliche Gene ist r) nur in zwei sich gegenseitig ausschließenden Fällen geschehen: a) der männliche Elter ist rr und eine r Gene wird übertragen oder b) der männliche Elter ist rD und die r Gene wird vererbt. Wir finden so

$$P(E_1) = w_n \cdot 1 + 2v_n \cdot \tfrac{1}{2} = v_n + w_n. \tag{10.2}$$

In gleicher Weise finden wir die Wahrscheinlichkeit für das Ereignis E_2 „weibliche Gene ist r"

$$P(E_2) = v_n + w_n.$$

Nun ist aber E_1 durch den ersten Versuch I und E_2 durch den zweiten Versuch II bestimmt. Da diese Versuche unabhängig sind, schließen wir nach Theorem 9.1, daß E_1 und E_2 unabhängige Ereignisse sind. Daher gilt

$$P(E_1 \cap E_2) = P(E_1)\, P(E_2).$$

Da $E_1 \cap E_2$ das Ereignis „Individuum der $(n+1)$ten Generation ist rr" ist, haben wir

$$P(E_1 \cap E_2) = w_{n+1}$$

und deshalb

$$w_{n+1} = (v_n + w_n)^2. \tag{10.3}$$

Obgleich wir nun fortfahren und in ähnlicher Weise die anderen Genotyp-Wahrscheinlichkeiten in der $(n+1)$ten Generation durch jene in der vorhergehenden Generation ausdrücken können, wenden wir uns statt dessen einem allgemeineren Modell zu, in dem die Annahmen der Willkürpaarung durch Mutation und Auswahlkräfte verändert werden.

Wir nehmen zunächst an, daß die dominante Gene D in die rezessive Form r mit der Wahrscheinlichkeit $\alpha(0 \leqq \alpha \leqq 1)$ mutiert, unabhängig von der (männlichen oder weiblichen) Herkunft der Gene. Wir denken uns — wenn überhaupt — die Mutation nach der Auswahl der männlichen und weiblichen Gene, aber vor ihrer Vereinigung eingetreten. Um dies zu veranschaulichen, berechnen wir erneut die Wahrscheinlichkeit für das Eintreten von E_1. Dieses Ereignis E_1 kann auf vier sich gegenseitig ausschließenden Wegen geschehen:

a) männlicher Elter ist DD, die gewählte Gene D, diese Gene mutiert in r;

b) männlicher Elter ist rD, gewählte Gene ist r;

c) männlicher Elter ist rD, Gene D ist gewählt, diese Gene mutiert in r;

d) männlicher Elter ist rr, gewählte Gene ist r.

So finden wir

$$\begin{aligned} P(E_1) &= u_n \cdot 1 \cdot \alpha + 2v_n \cdot \tfrac{1}{2} + 2v_n \cdot \tfrac{1}{2}\alpha + w_n \cdot 1 \\ &= (v_n + w_n) + \alpha(u_n + v_n). \end{aligned} \tag{10.4}$$

(10.4) reduziert sich auf (10.2), wenn keine Mutation ($\alpha = 0$) vorhanden ist.

Wir fügen nun eine Auswahlkraft (Selektionskraft) hinzu, die die Teilnahme der reinen rezessiven Individuen an dem Fortpflanzungsvorgang beeinflußt. Bis jetzt haben wir angenommen, daß alle Genen lebensfähig sind. Nun wollen wir annehmen, daß die Fruchtbarkeit der rr Individuen in der Weise beeinträchtigt wird, daß der Verhältnisanteil β dieser Individuen (gleichgültig ob männlich oder weiblich) keine lebensfähigen Genen vererben können. Um den Einfluß dieser Annahme zu veranschaulichen, berechnen wir wieder die Wahrscheinlichkeit von E_1 (männliche Gene ist r), aber nun unter der Bedingung F, daß die Gene nicht lebensfähig ist, d.h. wir berechnen $P(E_1 | F)$. Im Augenblick vernachlässigen wir die Mutationswirkung. Bis jetzt war $P(F)$ gleich 1 gewesen. In Hinblick auf die Fruchtbarkeitsunterschiede stellen wir fest, daß die männliche Gene dann und nur dann lebensfähig ist, wenn der männliche Elter *nicht* zu denen gehört, dessen Fruchtbarkeit beeinträchtigt ist. Daher gilt

$$P(F) = 1 - \beta w_n\,. \tag{10.5}$$

Wir berechnen

$$P(E_1 \cap F) = 2v_n \cdot \tfrac{1}{2} + (w_n - \beta w_n) \cdot 1 = v_n + w_n - \beta w_n.$$

Daher ist

$$P(E_1 | F) = \frac{v_n + w_n - \beta w_n}{1 - \beta w_n}\,. \tag{10.6}$$

Für $\beta = 0$ (keine Auswahlkräfte oder alle Genen lebensfähig) reduziert sich (10.6) auf (10.2).
Die Mutationskräfte und die Auswahlkräfte haben entgegengesetzte Wirkungen: Die Mutationskraft ist auf ein *Anwachsen* der rezessiven Gene in der Population gerichtet, wogegen die Auswahlkraft eine *Abnahme* der relativen Häufigkeit dieser Gene bewirkt.
Unser Problem kann nun folgendermaßen zusammengefaßt werden: Wir nehmen an, daß unser Paarungssystem eine durch obige Mutations- und Auswahlkräfte modifizierte Panmixie ist. Es sei f_n die Wahrscheinlichkeit (der Verhältnisanteil) der rezessiven Gene r unter den Eltern in der $n$ten Generation. Die Genotyp-Wahrscheinlichkeiten u_0, $2v_0$, w_0 für die Ausgangsgeneration ($n = 0$) sind gegeben. Wie hängt f_n von n ab? Existiert ein Gleichgewichtswert von f_n, der für immer größer werdende Werte von n angestrebt wird, und wenn solch ein Gleichgewichtsverhältnis besteht, wie schnell wird es erreicht, und wie hängt es von der anfänglichen genotypischen Zusammensetzung der Population ab?
Wi rhaben in (10.6) die Wahrscheinlichkeit $P(E_1 \mid F)$ berechnet, daß eine lebensfähige von einem Elter der $n$ten Generation erzeugte Gene rezessiv ist, aber wir haben die Mutationskraft vernachlässigt. In ähnlicher Weise finden wir die Wahrscheinlichkeit p_n, daß eine durch einen Elter der $n$ten Generation erzeugte lebensfähige Gene dominant ist (bevor der Mutationsvorgang einsetzt)

$$p_n = \frac{u_n v_n}{1-\beta w_n}. \tag{10.7}$$

Es folgt, daß die Wahrscheinlichkeit, daß diese lebensfähige Gene nach der Mutation dominant ist, $p_n(1-\alpha)$ beträgt. Wir finden so

$$f_n = 1-(1-\alpha)p_n. \tag{10.8}$$

Da wir f_n kennen, können wir die Genotyp-Wahrscheinlichkeiten in der Generation $(n+1)$ erhalten:

$$\left.\begin{aligned} u_{n+1} &= (1-f_n)^2 \\ 2v_{n+1} &= 2f_n(1-f_n) \\ w_{n+1} &= f_n^2 \end{aligned}\right\} \tag{10.9}$$

Zusammen mit (10.7) und (10.8) leiten wir (vgl. Übg. 10.4) eine Differenzengleichung*) für die Wahrscheinlichkeiten f_n her:

$$f_{n+1} = 1-(1-\alpha)\frac{1-f_n}{1-\beta f_n^2} \qquad (n = 0, 1, 2, \ldots). \tag{10.10}$$

---

*) Zu der hier auftretenden Differenzengleichung vgl. z.B. *S. Goldberg*, Introduction to Difference Equations, John Wiley & Sons, 1958.

Unser Problem kann nun analytisch formuliert werden:
Es seien die zwischen 0 und 1 (beide einschließlich) liegenden Zahlenwerte f_0, α, β gegeben. Zu bestimmen ist die Abhängigkeit von f_n (der Verhältnisanteil der rezessiven Genen unter den Eltern der Generation Nummer n) von der Generationsnummer n und dem vorgeschriebenen Parametern f_0 (der Verhältnisanteil der rezessiven Genen unter den Eltern der Ausgangsgeneration $n = 0$), α (die Wahrscheinlichkeit, mit der eine dominante Gene in eine rezessive Gene mutiert) und β (der Verhältnisanteil von rr Eltern in jeder Generation, die keine lebensfähigen Genen haben).
In seiner Allgemeinheit ist dies Problem schwer zu lösen, aber es gibt einige bedeutende Sonderfälle, die recht einfach sind.

Fall 1

Panmixie ($\alpha = 0$, $\beta = 0$; weder Mutation noch Selektion). In diesem Fall reduziert sich die Differenzengleichung (10.10) auf

$$f_{n+1} = f_n \quad (n = 0, 1, 2, \ldots) \tag{10.11}$$

und wir schließen sofort $f_n = f_0$ für alle n. In Hinblick auf Gleichung (10.9) folgt

$$\begin{aligned} u_1 &= (1-f_0)^2 = u_2 = u_3 = \ldots \\ 2v_1 &= 2f_0(1-f_0) = 2v_2 = 2v_3 = \ldots \\ w_1 &= f_0^2 = w_2 = w_3 = \ldots. \end{aligned}$$

Auf diese Weise haben wir das sogenannte *Hardy-Weinberg*-Gesetz bewiesen: *In einer Panmixie ist bei wiederholter Paarung die Verteilung der Genotypen (in bezug auf eine einzelne Gene) nach einer Generation bereits fest.* Die Mendel-Gesetze sind also konservativ in ihrer Wirkung, und man kann die Entwicklung als das Studium jener Kräfte (Mutation, Selektion, Paarungswahl usw.) ansehen, die dieses unveränderte Gleichgewicht zu stören versuchen.

Fall 2

$\alpha = 0$ und $\beta = 1$, d.h. keine Mutation und alle rein rezessiven Genen vollständig steril.
Nun lautet Gleichung (10.10)

$$f_{n+1} = 1 - \frac{1}{1+f_n} \quad (n = 0, 1, 2, \ldots)\,. \tag{10.12}$$

Machen wir die Substitution

$$f_n = \frac{1}{g_n},$$

dann nimmt (10.12) die einfachere Form

$$g_{n+1} = g_n + 1 \qquad (n = 0, 1, 2, \ldots) \tag{10.14}$$

an. Aus (10.14) finden wir für $n = 0$ $g_1 = g_0 + 1$, für $n = 1$ ergibt sich $g_2 = g_1 + 1 = g_0 + 2$, weiter für $n = 3$ nach Einsetzen des neuen Wertes für g_2 die Gleichung $g_3 = g_2 + 1 = g_0 + 3$. Durch vollständige Induktion erhält man schließlich

$$g_n = g_0 + n \qquad (n = 0, 1, 2, \ldots). \tag{10.15}$$

Mit Rücksicht auf (10.13) ergibt dies

$$f_n = \frac{f_0}{1 + n f_0}. \tag{10.16}$$

Die Gleichung (10.16) beschreibt die Ausschaltung einer einzelnen Gene bei völliger Unfruchtbarkeit der reinen rezessiven Genen. Obgleich f_n abnimmt und gegen null geht, wenn n immer größer wird, ist diese Abnahme recht langsam. Es sei die Anzahl der Generationen berechnet, die nötig sind, damit bei völliger Sterilität aller rr Individuen der Verhältnisanteil der r Gene auf die Hälfte ihres Ausgangswertes gesunken ist. Wir setzen $f_n = \frac{1}{2} f_0$ in (10.16) und erhalten als Lösung $n = \frac{1}{f_0}$. Ist $f_0 = 0{,}001$, dann sind 1000 Generationen nötig, um den Verhältnisanteil der rezessiven Gene auf 0,0005 herabzusetzen. Quantitative Untersuchungen dieser Art sind für die Eugenik von Bedeutung. Andere Folgerungen aus der Gleichung (10.10) finden sich in den Übungen.

Übungen

10.1

Bestimme die Verhältnisanteile der drei Genotypen in der ersten ($n = 1$) und zweiten ($n = 2$) Generation bei willkürlicher Mendel-Paarung, wenn

a) $u_0 = 0, \quad 2v_0 = \frac{1}{2}, \quad w_0 = \frac{1}{2}$ b) $u_0 = w_0 = 0, \quad 2v_0 = 1$
c) $u_0 = 1, \quad 2v_0 = w_0 = 0$ d) $u_0 = 2v_0 = 0, \quad w_0 = 1$

10.2

Behandle das vorige Problem 10.1 mit zusätzlicher Mutationskraft. Es sei $\alpha = 0{,}1$ die Wahrscheinlichkeit, daß die dominante Gene D in die rezessive Form r mutiert.

10.3

Wie in Übg. 10.1, nur seien noch Mutations- und Selektionskräfte vorhanden. Verwende Gleichungen (10.7) bis (10.9) und nimm $\alpha = 0{,}1$, $\beta = 0{,}2$ an. Schreibe in jedem Falle die ersten drei Ausdrücke der Folge $f_0, f_1, f_2, \ldots$ nieder.

10.4

Zur Herleitung der Differenzengleichung (10.10) geh folgendermaßen vor.

a) Benutze (10.8), um f_{n+1} durch p_{n+1} auszudrücken.

b) In der unter a) gefundenen Gleichung ersetze man p_{n+1} durch einen gleichwertigen Ausdruck in $u_{n+1}, v_{n+1}, w_{n+1}$, den man mit Hilfe von (10.7) erhalten hat.

c) In der unter b) erhaltenen Gleichung ersetze man $u_{n+1}, v_{n+1}, w_{n+1}$ durch die in (10.9) gegebenen Ausdrücke und vereinfache.

10.5

Führe die Herleitung der Gleichung (10.14) im Text genauer aus.

10.6

Zeige durch vollständige Induktion, daß (10.15) die Lösung der Differenzen-Gleichung (10.14) für alle $n = 0, 1, 2, \ldots$ ist.

10.7

Betrachte den Fall, daß alle rein Rezessiven völlig steril sind (d.h. $\beta = 1$), aber der Vorrat an rezessiven Genen r ständig durch Mutationen D → r (d.h. $\alpha > 0$) aufgefüllt wird.

a) Zeige, daß (10.10) übergeht in

$$f_{n+1} = \frac{\alpha + f_n}{1 + f_n} \qquad n = 0, 1, 2, \ldots. \tag{10.17}$$

b) Setze $f_0 = \sqrt{\alpha}$ voraus. Zeige, daß dann $f_n = \sqrt{\alpha}$ für $n = 1, 2, \ldots$.

c) Es sei $\alpha = 1$. Bestimme die Ausdrücke für $f_0, f_1, f_2, \ldots$.

d) Es sei $f_0 \neq \sqrt{\alpha}$ und $\alpha \neq 1$. Ferner sei $f_n = \sqrt{\alpha} + \frac{1}{g_n}$. Zeige, daß g_n der Differenzen-Gleichung

$$g_{n+1} = A g_n + B \qquad (n = 0, 1, 2, \ldots) \tag{10.18}$$

genügt, in der

$$A = \frac{1 + \sqrt{\alpha}}{1 - \sqrt{\alpha}}, \qquad B = \frac{1}{1 - \sqrt{\alpha}}.$$

e) Zeige, daß die Gleichung (10.18) für alle $n = 0, 1, 2, \ldots$ durch

$$g_n = \left(g_0 - \frac{B}{1-A}\right) A^n + \frac{B}{1-A}.$$

befriedigt wird.

f) Folgere für $f_0 \neq \sqrt{\alpha}$ und $\alpha \neq 1$ aus der Gleichung (10.17), daß

$$f_n = \sqrt{\alpha} + \frac{1}{\left(\frac{1}{2\sqrt{\alpha}} + \frac{1}{f_0 - \sqrt{\alpha}}\right)\left(\frac{1+\sqrt{\alpha}}{1-\sqrt{\alpha}}\right)^n - \frac{1}{2\sqrt{\alpha}}} \qquad (n = 0, 1, 2, \ldots). \tag{10.19}$$

g) Beachte in (10.19), daß wegen $A > 1$ die Potenz A^n für wachsendes n größer und größer wird. Folgere, daß f_n sich dem Werte $\sqrt{\alpha}$ nähert, wenn n unbeschränkt wächst. Die Population nähert sich also einem Gleichgewichtszustand, in dem die rezessive Gene im Verhältnisanteil $\sqrt{\alpha}$ vorkommt.

III. Kombinatorik

1. Zählverfahren und Wahrscheinlichkeitsprobleme

Bis jetzt haben wir unsere Theorie durch Beispiele erläutert, die nur einfache und direkte Zählverfahren erforderten. Wir erreichten dies, indem wir uns entweder auf Experimente beschränkten, die auf einen Ereignisraum mit einer kleinen Anzahl Elemente führten (die wir direkt aufzählen konnten), oder, wenn das Experiment eine große Anzahl von möglichen Ergebnissen umfaßte, auf Ereignisse, deren Elemente durch die direkte Anwendung des grundlegenden Zählprinzips gezählt werden konnten. Diese Beschränkung war beabsichtigt, da es unser Ziel war, die Grundlagen der Wahrscheinlichkeitstheorie unbelastet von Schwierigkeiten auf Grund gelegentlicher Zählprobleme darzustellen. Wir müssen nun aber die Tatsache ins Auge fassen, daß viele interessante und wichtige Wahrscheinlichkeitsprobleme komplizierte Zählverfahren erfordern. Wir entwickeln einige dieser Zähltechniken. Da wir dabei ständig das grundlegende Zählprinzip verwenden werden, sei der Leser nochmals auf die entsprechenden Erörterungen in Kap. I, Abschnitt 2 verwiesen.

Die folgenden Zählprobleme werden in diesem Abschnitt gelöst. Wir nehmen dabei an, daß eine nichtleere Menge A mit n (verschiedenen) Elementen gegeben ist.

Problem 1

Bestimme für irgendeine natürliche Zahl $r \leqq n$ die Anzahl der geordneten r-Tupel, die man aus den verschiedenen Elementen von A bilden kann. Jedes derartige geordnete r-Tupel stellt eine Variation*) (ohne Wiederholung) von n Elementen zur r-ten Klasse dar. Die gesuchte Anzahl wird mit $V(n, r)$ bezeichnet.

Problem 2

Bestimme für irgendeine natürliche Zahl $r \leqq n$ die Anzahl der Teilmengen von A, die genau r Elemente haben. (Eine derartige Teilmenge

---

*) Im Englischen als „permutation" $P(n, r)$ bezeichnet.
Im Deutschen werden beliebige Zusammenstellungen von n Elementen als Permutationen bezeichnet. Ihre Anzahl ist $n!$. Eine Permutation wäre danach eine Variation von n Elementen zur n-ten Klasse (Sonderfall $r = n$).

soll eine r-Teilmenge von A heißen.) Die Anzahl der r-Teilmengen einer Menge von n Elementen wird durch $\binom{n}{r}$ (gelesen „n über r") bezeichnet. Jede derartige r-Teilmenge stellt eine *Kombination* ohne Wiederholung von n Elementen zur r-ten Klasse dar (*selection without regard to order of r elements from the n elements in A*).

Problem 3

Es seien k numerierte Kästen oder Fächer und k natürlichen Zahlen $n_1, n_2, \ldots, n_k$ gegeben, deren Summe n beträgt, d.h.

$$n_1+n_2+\ldots+n_k = n.$$

Bestimme die Anzahl der Möglichkeiten, die n Elemente von A in diese k Kästen zu tun, so daß n_1 Elemente in dem ersten, n_2 Elemente in dem zweiten, ..., n_k Elemente in dem k-ten Kasten liegen. Diese Anzahl bezeichnen wir mit

$$\binom{n}{n_1, n_2, \ldots, n_k}.$$

Ein einfaches Beispiel wird diese Probleme und die Bezeichnungsweisen erklären.

Beispiel 1.1

Es sei $A = \{a, b, c, d, e\}$ eine Menge von 5 Elementen. Wir schreiben uns nun die folgenden geordneten Paare (2-Tupel) auf, die entstehen, wenn man aus A unter Berücksichtigung der Reihenfolge zwei Elemente auswählt:

$$\begin{matrix} ab & ac & ad & ae & bc & bd & be & cd & ce & de \\ ba & ca & da & ea & cb & db & eb & dc & ec & ed \end{matrix} \tag{1.1}$$

Es gibt also 20 geordnete Paare oder 20 Variationen von 2 Elementen aus den 5 Elementen von A, d.h. $V(5, 2) = 20$. Wenn aus einer Kommission von 5 Personen ein Vorsitzender und ein Sekretär gewählt werden sollen, so ist dies auf $V(5, 2)$ verschiedene Arten möglich. Hierbei kommt es auf die Reihenfolge an. Wir zählen die beiden Wahlergebnisse (Vorsitzender $= a$, Sekretär $= b$) und (Vorsitzender $= b$, Sekretär $= a$) als verschieden.

Es sei nun angenommen, daß wir aus dieser Kommission von 5 Personen eine Unterkommission von zwei Personen auswählen wollen. Jetzt ist die Reihenfolge, in der gewählt wird, gleichgültig; uns interessiert nur, welche beiden Personen gewählt wurden. Wir wünschen die Anzahl der 2-Teilmengen der Menge A zu bestimmen. Die Paare von Elementen in den 10 möglichen 2-Teilmengen sind in der ersten Zeile von (1.1)

aufgeführt. Obgleich *ab* und *ba* verschiedene Variationen sind, so liefern sie die *gleiche* 2-Teilmenge von A, da $\{a, b\} = \{b, a\}$. Es gibt also zehn 2-Teilmengen von A, in unserer Bezeichnungsweise $\binom{5}{2} = 10$.
Schließlich sei angenommen, daß ein Mitglied (e) der Kommission verstorben ist. Die anderen vier Mitglieder fahren in drei Wagen zur Beerdigung, die 2, 1, 1 Personen befördern können. Wir schreiben uns die Zuordnungen der Personen und Wagen auf:

Wagen 1	*ab*	*ab*	*ac*	*ac*	*ad*	*ad*	*bc*	*bc*	*bd*	*bd*	*cd*	*cd*
Wagen 2	*c*	*d*	*b*	*d*	*b*	*c*	*a*	*d*	*a*	*c*	*a*	*b*
Wagen 3	*d*	*c*	*d*	*b*	*c*	*b*	*d*	*a*	*c*	*a*	*b*	*a*

Es gibt also 12 Möglichkeiten, vier Objekte (die vier Personen a, b, c, d) in drei numerierten Kästen (die drei Wagen) unterzubringen, so daß zwei Objekte in dem ersten Kasten, ein Objekt im zweiten Kasten und ein Objekt im dritten Kasten sind. Wir haben also $\binom{4}{2,\ 1,\ 1} = 12$ berechnet.

Wir ließen das Kommissionsmitglied e nur sterben, um ein Zählproblem mit einer genügend kleinen Liste der verschiedenen Fälle zu erhalten. Hätten wir angenommen, daß alle fünf Mitglieder zu z.B. einer Einweihungsfeier fahren, zwei im ersten, zwei im zweiten und einer im dritten Wagen, dann würden sich 30 mögliche Verteilungen ergeben haben, d. h. $\binom{5}{2,\ 2,\ 1} = 30$.

Wir wenden uns nun der Herleitung allgemeiner Formeln zu, die die drei genannten Probleme lösen. Zunächst noch eine Definition zur Vereinfachung unserer Formeln.

Definition 1.1

Ist n eine natürliche Zahl, so wird das Produkt der natürlichen Zahlen von 1 bis n als „n Fakultät" bezeichnet und $n!$ geschrieben. Insbesondere setzen wir noch $0! = 1$ fest.

Es ist z.B.

$$\begin{aligned} 1! &= 1 & 5! &= 5 \cdot 4 \cdot 3 \cdot 2 \cdot 1 = 120 \\ 2! &= 2 \cdot 1 = 2 & 6! &= 6 \cdot 5! = 720 \\ 3! &= 3 \cdot 2 \cdot 1 = 6 & 7! &= 7 \cdot 6! = 5040 \\ 4! &= 4 \cdot 3 \cdot 2 \cdot 1 = 24 & 8! &= 8 \cdot 7! = 40320 \end{aligned}$$

Für die Berechnung von 6!, 7! und 8! haben wir die Tatsache benutzt, daß

$$(n+1)! = (n+1) \cdot n! \quad \text{für} \quad n = 0, 1, 2, \ldots \tag{1.2}$$

ist.

Man beachte, daß für $n = 0$ diese Formel $1! = 1 \cdot 0!$ lautet und also dank unserer Festsetzung $0! = 1$ richtig ist. Obwohl es im Augenblick noch sehr gekünstelt erscheint, wird sich diese Definition von $0!$ in den folgenden Formeln als sehr zweckmäßig erweisen.

Theorem 1.1

Mit den in den Problemen 1 bis 3 eingeführten Bezeichnungen gilt

$$V(n, r) = \frac{n!}{(n-r)!} \qquad (1.3)$$

[Die Anzahl der geordneten r-Tupel von n Objekten oder der Variationen von n Elementen zur r-ten Klasse.]

$$\binom{n}{r} = \frac{n!}{r!(n-r)!} \qquad (1.4)$$

[Die Anzahl der r-Teilmengen, d.h. der Teilmengen mit genau r Elementen aus einer Menge von n Elementen.]

$$\binom{n}{n_1, n_2, \ldots, n_k} = \frac{n!}{n_1! n_2! \ldots n_k!} \qquad (1.5)$$

[Die Anzahl der Möglichkeiten, n verschiedenen Objekte in k Kästen zu tun, so daß n_i Objekte in dem Kasten i sind. $i = 1, 2, \ldots, k$. $(n_1 + n_2 + \ldots + n_k = n)$]

Beweis: Das grundlegende Zählprinzip ist der Schlüssel zum Beweis dieser Formeln.

Zum Beweis von (1.3). Um aus n gegebenen Objekten ein r-Tupel $(a_1, a_2, \ldots, a_r)$ zu bilden, wählen wir zunächst a_1 aus den n gegebenen Objekten aus (Aufgabe 1), dann a_2 (Aufgabe 2) aus den übrigleibenden $n-1$ Objekten usw. Schließlich wählen wir a_r (Aufgabe r) aus den verbliebenen $n-r+1$ Objekten aus. Nun ist die Anzahl $V(n, r)$ der geordneten r-Tupel aus einer Menge von n Objekten gerade gleich der Anzahl der Möglichkeiten, die vorhin angegebenen r Aufgaben durchzuführen. Aus dem grundlegenden Zählprinzip folgt also

$$V(n, r) = n(n-1) \cdots (n-r+1). \qquad (1.6)$$

Durch Erweitern mit $(n-r)!$ erhält man daraus die andere Form

$$V(n, r) = \frac{n(n-1) \cdots (n-r+1)(n-r)!}{(n-r)!} = \frac{n!}{(n-r)!},$$

da der Zähler sich dann als Produkt der natürlichen Zahlen von 1 bis n ergibt. Für $r = n$ liefert (1.6) die Formel

$$V(n, n) = n(n-1) \cdots 1 = n! \qquad (1.7)$$

dank unserer Vereinbarung, daß $0! = 1$. Es ist also (1.3) für alle $r = n$ erfüllt.

Zum Beweis von (1.4). Die Anzahl der Möglichkeiten, um ein geordnetes r-Tupel aus n Objekten zu erhalten, ist gleich der Anzahl der Möglichkeiten, die beiden folgenden Aufgaben in der angegebenen Reihenfolge auszuführen:

1. Wähle aus der gegebenen Menge von n Elementen r Elemente aus und stelle fest, *welche* r Elemente das r-Tupel bilden.
2. Ordne die r Elemente als erstes, zweites, ... r-tes Element an.

Die Anzahl $V(n, r)$ der geordneten r-Tupel ist genau gleich der Zahl der Möglichkeiten, diese beiden Aufgaben zu erledigen. Nach der Definition kann die erste Aufgabe auf $\binom{n}{r}$ verschiedene Weisen ausgeführt werden. Die zweite Aufgabe kann dann in $V(r, r) = r!$ verschiedene Arten gelöst werden. Das folgt aus der Bedeutung von $V(r, r)$ und der Definition (1.7).

Also ist

$$V(n, r) = \binom{n}{r} r! \tag{1.8}$$

oder unter Verwendung von (1.3)

$$\binom{n}{r} = \frac{V(n, r)}{r!} = \frac{n!}{r!(n-r)!}$$

wie in (1.4) behauptet. Für $r = 0$ ist der Beweis noch nicht erbracht, da $V(n, 0)$ noch nicht definiert ist. Man bestätigt aber leicht, daß (1.4) auch für $r = 0$ richtig ist. Denn eine Menge von n Elementen hat genau eine 0-Teilmenge (die Leermenge $\emptyset$) und Formel (1.4) bestätigt dies, wenn man $r = 0$ einsetzt:

$$\binom{n}{0} = \frac{n!}{0!(n-0)!} = 1. \tag{1.9}$$

(Der Leser wird nun wohl sicher überzeugt sein, daß es sinnvoll ist, $0! = 1$ zu setzen.)

Zum Beweise von (1.5) verwenden wir (1.4) in Verbindung mit unserem Zählprinzip. Um die n_1 Objekte zu erhalten, die in den ersten Kasten sein sollen, wählen wir eine n_1-Teilmenge aus der Menge der verfügbaren n Objekte. Dies kann auf $\binom{n}{n_1}$ verschiedene Weisen geschehen. Um die n_2 Objekte für den zweiten Kasten zu erhalten, wählen wir eine n_2-

Teilmenge aus den verbliebenen $n-n_1$ Objekten. Dies geht auf $\binom{n-n_1}{n_2}$ verschiedene Arten. Dies setzen wir fort. Die n_k Objekte für den letzten (k-ten) Kasten müssen wir schließlich aus den restlichen $n-(n_1+n_2+\ldots+$ $+\, n_{k-1})$ Objekten auswählen. Dies kann auf

$$\binom{n-n_1-\ldots-n_{k-1}}{n_k}$$

Wegen geschehen. Aus dem fundamentalen Zählprinzip folgt daher

$$\binom{n}{n_1, n_2, \ldots, n_k} = \binom{n}{n_1}\binom{n-n_1}{n_2}\cdots\binom{n-n_1-\ldots-n_{k-1}}{n_k}.$$

Zur Vereinfachung des rechten Produkt verwenden wir (1.4). Das Produkt zweier Ausdrücke ist

$$\binom{n}{n_1}\binom{n-n_1}{n_2} = \frac{n!}{n_1!(n-n_1)!}\,\frac{(n-n_1)!}{n_2!(n-n_1-n_2)!}$$
$$= \frac{n!}{n_1!n_2!(n-n_1-n_2)!}.$$

Für das Produkt dreier Ausdrücke ergibt sich

$$\binom{n}{n_1}\binom{n-n_1}{n_2}\binom{n-n_1-n_2}{n_3}$$
$$= \frac{n!}{n_1!n_2!(n-n_1-n_2)!}\,\frac{(n-n_1-n_2)!}{n_3!(n-n_1-n_2-n_3)!}$$
$$= \frac{n!}{n_1!n_2!n_3!(n-n_1-n_2-n_3)!}.$$

Werden alle k Faktoren miteinander multipliziert, so ergibt dies schließlich in analoger Weise

$$\binom{n}{n_1, n_2, \ldots, n_k} = \frac{n!}{n_1!n_2!\cdots n_k!(n-n_1-n_2-\ldots-n_k)!}.$$

Da $(n-n_1-n_2-\ldots-n_k)! = 0! = 1$ ist, ist der Beweis von (1.5) vollständig.

Zwei Sonderfälle und eine andere wichtige Interpretation der Formel (1.5) sollen noch erwähnt werden. Wenn wir n Objekte und n Kästen haben, dann gibt es ersichtlich genau so viele Möglichkeiten, in jeden Kasten ein Objekt zu legen, wie es geordnete n-Tupel dieser n Objekte gibt. Wir erwarten also, daß

$$\binom{n}{1, 1, \ldots, 1} = V(n, n) = n!$$

ist. Und in der Tat liefert (1.5) dieses Ergebnis, wenn wir darin $k = n$ und $n_1 = n_2 = \ldots = n_n = 1$ setzen.
Setzen wir ferner $k = 2$ und $n_1 = r$ (und daher $n_2 = n-r$), dann wird (1.5) zu

$$\binom{n}{r, n-r} = \frac{n!}{r!(n-r)!} = \binom{n}{r}. \tag{1.10}$$

Diese Gleichung drückt lediglich aus, daß es gleichviel Möglichkeiten gibt, n Objekte in zwei Kästen und zwar r Objekte in den einen und $(n-r)$ in den anderen zu tun, wie es verschiedene r-Teilmengen einer Menge mit n Elementen gibt. Denn suchen wir die r Elemente für die r-Teilmenge aus (Kasten 1), so tun wir automatisch die restlichen $n-r$ Elemente in die Komplementmenge der r-Teilmenge (Kasten 2).
Eine zweite Interpretation der Formel (1.5) wird in den folgenden Beispielen angeführt.

Beispiel 1.2

Wir wissen, daß es $V(5,5) = 5! = 120$ Variationen von 5 *verschiedenen* Buchstaben zur 5. Klasse gibt. Nehmen wir nun an, daß die fünf Buchstaben aus zwei a's und drei b's bestehen. Wieviel Variationen gibt es jetzt? Wir finden nur zehn:

aabbb ababb abbab abbba baabb
babab babba bbaab bbaba bbbaa

Um zu erkennen, wie man die Zahl 10 ohne explizites Hinschreiben der Variationen erhält, beachte man weniger die Buchstaben selbst als die Plätze, die sie in der Variation einnehmen. Eine Variation umfaßt von links nach rechts die fünf Plätze 1 bis 5. Sie ist eindeutig bestimmt, wenn wir die beiden Plätze für die a's und die drei Plätze für die b's festlegen. Es gibt also ebensoviel Variationen, wie es Möglichkeiten gibt, die fünf Platznummern in zwei Kästen zu tun, von denen der erste die beiden Platznummern für die a's, der zweite die drei Platznummern für die b's bekommt. Diese Anzahl haben wir durch $\binom{5}{2, 3}$ bezeichnet. Die Ausrechnung ergibt nach (1.5) wie erwartet den Wert 10.

Beispiel 1.3

Es ist die Anzahl der unterscheidbaren Anordnungen von vier verschiedenen Büchern, von denen jedes doppelt vorhanden ist, auf einem Bücherbord zu bestimmen. Jede Anordnung umfaßt acht verschiedene Plätze und ist bestimmt, wenn wir die beiden Plätze für das erste Buch, die beiden Plätze für das zweite Buch usw. festgelegt haben. Die acht Platznummern können auf $\binom{8}{2, 2, 2, 2} = \frac{8!}{(2!)^4} = 2520$ verschiedene Weisen auf vier Kästen verteilt werden, so daß jeder Kasten zwei Nummern enthält. Das ergibt 2520 verschiedene Anordnungen der acht Bücher.

Die in den vorhergehenden Beispielen verwendeten Überlegungen erlauben in passender Verallgemeinerung den Beweis des folgenden Theorems.

Theorem 1.2

Haben wir n Objekte und zwar n_1 von der einen Art, n_2 von der zweiten Art, ... und n_k von der k-ten Art, (wobei $n_1+n_2+\ldots+n_k = n$), dann ist die Anzahl der verschiedenen Variationen der n Objekte gegeben durch

$$\binom{n}{n_1, n_2, \ldots, n_k} = \frac{n!}{n_1!\, n_2! \ldots n_k!}.$$

Beweis: Jede Variation umfaßt n Plätze. Sie ist eindeutig bestimmt, wenn wir die n_1 Plätze für die Objekte der ersten Art, die n_2 Plätze für die Objekte der zweiten Art, ..., die n_k Plätze für die Objekte der k-ten Art festlegen. Es gibt nun soviel Variationen, wie es Möglichkeiten gibt, die n Plätze auf die k Kästen zu verteilen, wobei der i-te Kasten die n_i Plätze für die Objekte der i-ten Art enthält ($i = 1, 2, \ldots, k$). Diese Anzahl wird aber durch (1.5) angegeben.

Wir wenden uns nun in einigen Beispielen der Anwendung dieser Zählverfahren auf Wahrscheinlichkeitsprobleme zu.

Beispiel 1.4

Bestimme die Wahrscheinlichkeit, daß jeder Bridge-Spieler nach dem Geben der Karten genau ein As hat.

Die Anzahl der Möglichkeiten, 52 Karten an vier Spieler gleichmäßig zu verteilen, ist gleich der Anzahl der Möglichkeiten, 52 Objekte in vier Kästen („Nord-, Ost-, Süd-, Westhand") zu legen, so daß jeder Kasten 13 Objekte enthält. Es gibt also

$$N = \binom{52}{13, 13, 13, 13} = \frac{52!}{(13!)^4}$$

verschiedene Bridge-Spiel-Anordnungen. Als Ereignisraum S wählen wir eine Menge von N Elementen, wobei jedem Element eine bestimm-

te Spielanordnung entspricht, und ordnen jedem Elementarereignis von S die gleiche Wahrscheinlichkeit $\frac{1}{N}$ zu. (N ist eine Zahl größer als 53 Tausend Quadrillionen. Wir brauchen aber den genauen Wert für die Lösung des Problems nicht auszurechnen).
Nun ist das Ereignis „Jeder Spieler hat genau ein As" die Vereinigung von soviel Elementarereignissen von S, wie es verschiedene Spielanordnungen gibt, bei denen Nord, Ost, Süd und West je ein As haben. Nennen wird diesen Zahlenwert x, dann ist die gesuchte Wahrscheinlichkeit nach Theorem II. 4.7 $\frac{x}{N}$. Es gibt nun soviel Spielanordnungen, in denen jeder Spieler ein As hat, wie es verschiedene Möglichkeiten gibt, die folgenden Aufgaben nacheinander zu lösen:
1. Teile die vier Asse aus, jedem Spieler ein As.
2. Verteile die restlichen 48 Karten zu je 12 an jeden Spieler.
Nach (1.5) kann die erste Aufgabe auf

$$\binom{4}{1, 1, 1, 1} = \frac{4!}{(1!)^4}$$

und die zweite Aufgabe auf

$$\binom{48}{12, 12, 12, 12} = \frac{48!}{(12!)^4}$$

verschiedene Arten gelöst werden. Nach dem Zählprinzip ist die Anzahl der Spielanordnungen, bei denen jeder Spieler ein As hat,

$$x = \frac{4!\,48!}{(12!)^4}.$$

und die gesuchte Wahrscheinlichkeit p daher

$$p = \frac{x}{N} = \frac{4!\,48!\,(13!)^4}{(12!)^4\,52!}.$$

Die Berechnung von p erfolgt logarithmisch mit Hilfe der Tabelle 21:

$$\begin{aligned} \lg p &= \lg 4! + \lg 48! + 4 \lg 13! - 4 \lg 12! - \lg 52! \\ &= 1{,}3802 + 61{,}0939 + 4 \cdot 9{,}7943 - 4 \cdot 8{,}6803 - 67{,}9067 \\ &= -0{,}9766 = 0{,}0234 - 1 \end{aligned}$$

Mit Hilfe der Tabelle 22 schätzen wir den Wert von p. Da 0,0234 zwischen 0,0000 und 0,0414 liegt, ist der Wert von p zwischen 0,10 und 0,11 zu suchen, also $p \approx 0{,}1$, d.h. die Fälle „Jeder Spieler hat ein As" zu den übrigen Fällen verhalten sich wie 1: 9.

Tabelle 21: Zehnerlogarithmen der Fakultäten

n	lg $n!$	n	lg $n!$	n	lg $n!$
1	0,0000	26	26,6056	51	66,1906
2	0,3010	27	28,0370	52	67,9067
3	0,7782	28	29,4841	53	69,6309
4	1,3802	29	30,9465	54	71,3633
5	2,0792	30	32,4237	55	73,1037
6	2,8573	31	33,9150	56	74,8519
7	3,7024	32	35,4202	57	76,6077
8	4,6055	33	36,9387	58	78,3712
9	5,5598	34	38,4702	59	80,1420
10	6,5598	35	40,0142	60	81,9202
11	7,6012	36	41,5705	61	83,7055
12	8,6803	37	43,1387	62	85,4979
13	9,7943	38	44,7185	63	87,2972
14	10,9404	39	46,3096	64	89,1034
15	12,1165	40	47,9117	65	90,9163
16	13,3206	41	49,5244	66	92,7359
17	14,5511	42	51,1477	67	94,5620
18	15,8063	43	52,7812	68	96,3945
19	17,0851	44	54,4246	69	98,2333
20	18,3861	45	56,0778	70	100,0784
21	19,7083	46	57,7406	71	101,9297
22	21,0508	47	59,4127	72	103,7870
23	22,4125	48	61,0939	73	105,6503
24	23,7927	49	62,7841	74	107,5196
25	25,1907	50	64,4831	75	109,3946

Beispiel 1.5

Aus fünf Ehepaaren werden vier Personen ausgewählt. Wie groß ist die Wahrscheinlichkeit, daß zwei Männer und zwei Frauen ausgewählt werden?

Es gibt $\binom{10}{4}$ Möglichkeiten, eine Teilmenge von vier Personen aus zehn Personen auszuwählen. Da

$$\binom{10}{4} = \frac{10!}{4!6!} = \frac{10 \cdot 9 \cdot 8 \cdot 7}{4 \cdot 3 \cdot 2 \cdot 1} = 210\,,$$

Tabelle 22: Einige Zehnerlogarithmen*)

	0	1	2	3	4	5	6	7	8	9
1	0000	0414	0792	1139	1461	1761	2041	2304	2553	2788
2	3010	3222	3424	3617	3802	3979	4150	4314	4472	4624
3	4771	4914	5051	5185	5315	5441	5563	5682	5798	5911
4	6021	6128	6232	6335	6435	6532	6628	6721	6812	6902
5	6990	7076	7160	7243	7324	7404	7482	7559	7634	7709
6	7782	7853	7924	7993	8062	8129	8195	8261	8325	8388
7	8451	8513	8573	8633	8692	8751	8808	8865	8921	8976
8	9031	9085	9138	9191	9243	9294	9345	9395	9445	9494
9	9542	9590	9638	9685	9731	9777	9823	9868	9912	9956

*) Beispiele $\lg 1{,}2 = 0{,}0792$, $\lg 0{,}12 = 9{,}0792 - 10 = -0{,}9208$, $\lg 0{,}76 = 9{,}8808 - 10 = -0{,}1192$.

nehmen wir als Ereignisraum eine Menge S mit 210 Elementen und ordnen jedem Elementarereignis von S die gleiche Wahrscheinlichkeit $\frac{1}{210}$ zu.

Es gibt nun $\binom{5}{2} = 10$ Möglichkeiten, aus den fünf verfügbaren Männern zwei auszuwählen. Die gleiche Möglichkeit besteht, zwei aus den fünf Frauen auszuwählen. Nach dem grundlegenden Zählprinzip gibt es also $10 \cdot 10 = 100$ Möglichkeiten, zwei Männer und zwei Frauen auszuwählen. Die gesuchte Wahrscheinlichkeit beträgt daher $\frac{100}{210} = \frac{10}{21}$.

Beispiel 1.6

Eine Münze wird fünf unabhängige Male geworfen. Wie groß ist die Wahrscheinlichkeit, daß das Ereignis E, daß genau dreimal Bild (H) geworfen wird, auftritt?

Wir definieren $S_1 = \{\mathrm{H}, Z\}$ als Ereignisraum für einen einzelnen Wurf, und da wir keine Informationen über die Münze besitzen, nehmen wir

$$P(\{\mathrm{H}\}) = p, \qquad P(\{Z\}) = q = 1-p$$

an, wobei p irgendein Zahlenwert zwischen 0 und 1, diese Werte eingeschlossen, ist. Für das Fünf-Wurf-Experiment müssen wir nun als Ereignisraum das kartesische Produkt

$$S = S_1 \times S_1 \times S_1 \times S_1 \times S_1$$

definieren. Wegen der angenommenen Unabhängigkeit der einzelnen Würfe ist die Wahrscheinlichkeit für jedes Elementarereignis von

S nach der Produktregel in Abschn. II. 9 gegeben. So ist z.B.

$$P(\{\mathrm{HHHZZ}\}) = P(\{\mathrm{H}\})\, P(\{\mathrm{H}\})\, P(\{H\})\, P(\{\mathrm{Z}\})\, P(\{\mathrm{Z}\}) = p^3q^2$$

und analog

$$P(\{\mathrm{HHZHZ}\}) = ppqpq = p^3q^2.$$

In der Tat wird jedes Elementarereignis, dessen einziges Element dem Ergebnis „3 mal Bild, 2 mal Zahl" entspricht, die Wahrscheinlichkeit p^3q^2 haben. Die Anzahl dieser Elementarereignisse ist gleich der Anzahl der 5-Tupel, die genau 3 mal Bild und 2 mal Zahl enthalten. Ein derartiges 5-Tupel ist eindeutig bestimmt, wenn wir die Plätze (d.h. die Nummern, die den einzelnen Würfen entsprechen) auswählen, auf denen Bild fällt. Aus 5 Plätzen können wir drei Plätze auf $\binom{5}{3} = 10$ Arten auswählen. Da das Ereignis E die Vereinigung dieser 10 Elementarereignisse ist, von denen jedes die Wahrscheinlichkeit p^3q^2 hat, so ist

$$P(E) = 10\, p^3q^2.$$

Wenn die Münze einwandfrei ist, so wird daher

$$p = q = \tfrac{1}{2} \text{ und } P(E) = \tfrac{10}{32} \approx 0{,}31\,.$$

Ist die Münze gefälscht, so daß z.B. $p = \frac{1}{3}$ und $q = \frac{2}{3}$ ist, dann folgt

$$P(E) = \tfrac{40}{243} \approx 0{,}16\,.$$

Dieses Münzwurfbeispiel ist bezeichnend für eine ganze Klasse von Problemen, die wir im Kapitel 5 behandeln werden. Unter der Annahme, daß $p \neq q$ ist, haben wir hier ein Beispiel, bei dem den Elementarereignissen nicht dieselbe Wahrscheinlichkeit zugeordnet ist.

Beispiel 1.7

Wie groß ist die Wahrscheinlichkeit, daß sich im Blatt eines Pokerspielers ein Paar (d.h. zwei Karten gleichen Wertes) befinden?

Ein Pokerblatt ist eine 5-Teilmenge aus der Menge von 52 Karten eines Spieles. Es gibt daher $\binom{52}{5}$ verschiedene Poker-Blätter. Nennen wir diese Zahl N, dann hat unser Ereignisraum S N Elemente und jedem Elementarereignis von S ist die Wahrscheinlichkeit $\frac{1}{N}$ zugeordnet. Mit Hilfe der Formel (1.4) finden wir $N = 2598960$.

Ein Pokerblatt mit einem Paar hat zwei Karten von gleichem Wert und drei Karten, deren Werte untereinander und von denen des Paares verschieden sind. Wir erhalten nun ein derartiges Pokerblatt mit einem Paar, indem wir der Reihe nach folgende Aufgaben ausführen:

1. Wähle den Kartenwert des Paares aus den möglichen 13 Werten (2, 3, 4, 5, 6, 7, 8, 9, 10, Bube, Dame, König, As) aus. Dies kann auf $\binom{13}{1} = 13$ verschiedene Weisen geschehen.
2. Wähle zwei Karten mit dem unter 1. ausgewählten Wert. Dies kann auf $\binom{4}{2} = 6$ Arten getan werden.
3. Wähle die drei Kartenwerte für die drei anderen Karten des Blattes. Da wir aus noch 12 Werten auswählen können, gibt es $\binom{12}{3} = 220$ Möglichkeiten.
4. Wähle aus den vier in Frage kommenden Karten jedes Wertes in 3. jeweils eine Karte heraus. Dies kann auf $4^3 = 64$ Arten geschehen.

Nach dem grundlegenden Zählprinzip gibt es also

$$13 \cdot 6 \cdot 220 \cdot 64 = 1\,098\,240$$

verschiedene Pokerblätter mit einem Paar. Die gesuchte Wahrscheinlichkeit beträgt demnach

$$\frac{1\,098\,240}{2\,598\,960} \approx 0{,}42\,.$$

Wie jeder Pokerspieler weiß – und er handelt auch danach –, ist es nicht ungewöhnlich, ein Einpaarblatt zu haben. Nur Blätter mit keinem Paar haben eine höhere Wahrscheinlichekit. (Vgl. Übg. 1.25).

Wir stellen abschließend das Verfahren heraus, das wir bei der Lösung der vorstehenden Probleme verwendet haben.

1. Definiere für das Experiment einen Ereignisraum S und ordne seinen Elementarereignissen Wahrscheinlichkeiten zu. Dies kann das Zählen der Elemente von S (wie in den Beispielen 1.4, 1.5 und 1.7) mit sich bringen oder andersartige Betrachtungen erfordern (wie in Beispiel 1.6).
2. Bestimme $P(E)$ als Summe der Wahrscheinlichkeiten der Elementarereignisse, deren Vereinigung das Ereignis E ist. In den hier besprochenen Problemen erfordert dies ein Zählen der Elemente von E. Zu diesem Zweck ist es oft nützlich, eine Folge von Aufgaben zu konstruieren mit folgender Eigenschaft: Jeder Weg zur Ausführung dieser Aufgaben in dieser bestimmten Reihenfolge führt zu einem Ergebnis, das genau einem Element von E entspricht, und umgekehrt, jedes Element von E entspricht genau einem Ergebnis,

das erhalten werden kann, indem die Aufgaben in genau einer Art ausgeführt werden. (Wir taten dies im Beispiel 1.4, wo ein Bridge-Blatt, bei dem jeder Spieler genau ein As hat, durch Ausführung von zwei Aufgaben erzeugt wurde, und in Beispiel 1.7, wo jedes Pokerblatt eines Spielers mit einem Paar durch die Ausführung von vier Aufgaben hergestellt wurde.) Das Problem, die Anzahl der Elemente von E zu zählen, ist dadurch reduziert auf das Problem, die Anzahl der Möglichkeiten bei der Lösung dieser Aufgaben zu zählen.

3. Dann sind die in diesem Abschnitt hergeleiteten Formeln zu verwenden, um die Anzahl der Möglichkeiten zur Lösung jeder Aufgabe zu zählen. Bestimme dann mit Hilfe des fundamentalen Zählprinzips die Anzahl der Möglichkeiten, alle Aufgaben in der gegebenen Reihenfolge auszuführen. Diese Anzahl ist gleich der Anzahl der Elemente von E, und daher kann $P(E)$ dann berechnet werden.

In den folgenden Übungen kann der Leser das Abzählen mit Hilfe der in diesem Abschnitt gebrachten Formeln üben. Das wird ihn in die Lage versetzen, auch in komplizierteren Fällen bei einer großen Klasse von interessanteren Experimenten die Wahrscheinlichkeiten zu berechnen.

Übungen

1.1

Berechne:

a) $\frac{8!}{3!5!}$ b) $\frac{52!}{50!}$ c) $\binom{9}{5}$ d) $\binom{10}{6}$ e) $\binom{9}{4, 3, 2}$ f) $\binom{10}{7, 0, 3}$

1.2

Wie groß muß n sein, bevor $n!$ a) 1000, b) 1 Million, c) eine Milliarde, d) eine Billion überschreitet? (Hinweis: Verwende Tabelle 21.)

1.3

Berechne logarithmisch auf zwei Dezimalstellen genau:

a) $\frac{\binom{60}{12}}{\binom{70}{12}}$ b) $\frac{\binom{10}{4}\binom{60}{8}}{\binom{70}{12}}$ c) $\binom{12}{3}\left(\frac{1}{7}\right)^3\left(\frac{6}{7}\right)^9$

1.4

Wir schreiben abkürzend für natürliche Zahlen r und irgendwelche Zahlen x

$$(x)_r = x(x-1)(x-2) \dots (x-r+1).$$

Zeige daß

a) $(x)_r = V(x, r)$, wenn x eine natürliche Zahl und $x \geqq r$ ist.

b) $(-1)_r = (-1)^r r!$ c) $(-2)_r = (-1)^r (r+1)!$ d) $(-\frac{1}{2})_r = (-1)^r r! 2^{-2r} \binom{2r}{r}$.

1.5

a) In einer Ebene ist eine Gerade durch zwei Punkte bestimmt. Drei Geraden sind durch drei nicht in einer Geraden liegende Punkte bestimmt. Sechs Geraden sind durch vier Punkte bestimmt, von denen keine drei Punkte kollinear sind. Wie viele Geraden sind durch n Punkte bestimmt, bei denen keine drei kollinear (in einer Geraden) liegen?

b) Ein Dreieck hat keine Diagonalen; ein Viereck hat zwei Diagonalen; ein Fünfeck hat fünf Diagonalen. Wieviel Diagonalen hat ein Polygon mit n Seiten?

1.6

Die 11 Ziffern 1, 2, 2, 2, 3, 3, 3, 3, 4, 4, 4 werden auf alle möglichen verschiedenen Arten umgestellt. Wieviel Anordnungen beginnen a) mit 22, b) mit 343?

1.7

Jede Vertauschung der Ziffern 1, 2, 3, 4, 5, 6 bestimmt eine sechsziffrige Zahl. Welches ist die 417-te Zahl, wenn alle bei diesen Vertauschungen enstehenden Zahlen ihrer Größe nach geordnet werden?

1.8

Die sechs Ziffern 1, 1, 1, 2, 3, 3 werden wie bei der vorigen Übung vertauscht und die dabei entstehenden sechsziffrigen Zahlen nach abnehmender Größe geordnet.

a) Wieviel Zahlen beginnen mit der Ziffer 2?

b) An welcher Stelle dieser Liste befindet sich die Zahl 321 311?

1.9

Zu jedem von n Objekten ist noch ein zweites gleiches Objekt vorhanden, so daß es insgesamt $2n$ Objekte sind. Wieviel verschiedene Auswahlen von vier gibt es, bei denen

a) alle vier Objekte verschieden sind?

b) zwei Objekte gleich und zwei verschieden sind?

c) zwei gleich und die beiden anderen auch gleich sind?

d) Die Gesamtzahl der verschiedenen Auswahlen von vier Objekten aus diesen $2n$ Objekten ist gleich dem Sechsfachen der Anzahl der 4-Teilmengen aus der Menge von n verschiedenen Objekten. Bestimme den Wert von n.

1.10

Eine Gruppe von zehn Jungen und zehn Mädchen wird willkürlich in zwei Gruppen zu zehn Personen geteilt. Bestimme die Wahrscheinlichkeit, daß jede Gruppe gleichviel Jungen und Mädchen enthält.

1.11

Ein Buchhändler hat zehn Bücher, je fünf von zwei Titeln, auf ein Bücherbrett zu stellen. Er stellt sie in beliebiger Weise darauf. Wie groß ist die Wahrscheinlichkeit

a) daß auf fünf Bücher des einen Titels fünf Bücher des anderen Titels folgen,

b) daß sich die beiden Titel auf dem Brett abwechseln?

1.12

Für ein Omelett werden vier Eier benötigt. Unter den 12 Eiern im Kühlschrank sind, was nicht bekannt ist, zwei Eier faul. Wie groß ist die Wahrscheinlichkeit, daß von den vier ausgewählten Eiern
a) keines faul ist, b) genau eins faul ist, c) genau zwei Eier faul sind?

1.13

Wie in Übung 1.12, nachdem jedoch die vier Eier in den Topf geschlagen sind, wird festgestellt, daß mindestens eins der Eier faul war.

a) Wie groß ist die bedingte Wahrscheinlichkeit, daß beide faulen Eier in den Topf geraten sind?
b) Wie groß ist die bedingte Wahrscheinlichkeit, daß vier Eier, die aus den restlichen acht Eiern gewählt werden, alle gut sind?

1.14

Für das Beispiel 1.6 des Textes ist die Wahrscheinlichkeit zu bestimmen, daß bei der Münze Bild (H) genau k mal fällt ($k = 0, 1, 2, 3, 4, 5$).

1.15

In einem bestimmten Monat spielt die Baseballmannschaft A zehnmal gegen die Mannschaft B. A ist besser als B und hat bei jedem Spiel die Wahrscheinlichkeit $\frac{3}{5}$ zu gewinnen und $\frac{2}{5}$ zu verlieren. Die Spiele seien als zehn unabhängige Versuche anzusehen. Bestimme die Wahrscheinlichkeit, daß A
a) genau sechs Spiele, b) genau sieben Spiele, c) eine Mehrheit von Spielen gewinnt.

1.16

Ein Päckchen Karten besteht aus zehn Karten. Es enthält drei Asse, zwei Könige, zwei Damen und drei Buben. Wir mischen und ziehen eine Karte. Dieser Versuch soll achtmal unabhängig voneinander ausgeführt werden. Wie groß ist die Wahrscheinlichkeit, daß ein As zweimal, ein König dreimal, ein Bube dreimal gezogen wird?

1.17

Bestimme die Wahrscheinlichkeit, daß bei acht unabhängigen Würfen eines Würfels die Zahlen 1, 3 und 5 zwei-, drei- bzw. dreimal erscheinen?

1.18

Aus einer Gruppe von 20 älteren Studenten, 15 fortgeschrittenen Studenten, 10 Studenten im mittleren und 5 in den Anfangssemestern wird willkürlich eine Kommission von fünf Studenten gebildet. Mit welcher Wahrscheinlichkeit besteht die Kommission aus zwei älteren Studenten und jeweils einem der anderen Klassen?

1.19

Wie in der vorigen Übg. Es sei jedoch bekannt, daß in der Kommission genau ein Student der ersten Semester ist. Wie groß ist die bedingte Wahrscheinlichkeit, daß in der Kommission ebenfalls zwei ältere Studenten, ein fortgeschrittener Student und einer aus den mittleren Semestern vertreten sind?

1.20

Aus einem Haufen von zehn defekten und 60 guten Transistoren wird eine Stichprobe von 12 Stück (ohne Zurücklegung) entnommen. Berechne auf zwei Dezimalstellen genau die Wahrscheinlichkeit, daß die Stichprobe
a) keine defekten Transistoren, b) genau einen defekten Transistor, c) genau zwei, d) genau drei, e) genau vier, f) genau fünf defekte Transistoren enthält.

1.21

Es sei in voriger Übung angenommen, daß die Stichprobe mit Zurücklegung vorgenommen wird. Bestimme die Wahrscheinlichkeit, daß die Stichprobe genau drei defekte Transistoren enthält, und vergleiche das Ergebnis mit dem entsprechenden bei der Stichprobe ohne Zurücklegung. Dasselbe für 0, 1, 2, 4 und 5 defekten Transistoren.

1.22

Wir schütteln die Buchstaben des Wortes „Muhammadan" durcheinander und reihen sie dann in einer willkürlichen Ordnung aneinander.

a) Wie groß ist die Wahrscheinlichkeit, daß die drei a's nebeneinander liegen?
b) Bestimme die Wahrscheinlichkeit, daß die drei a's aufeinanderfolgen und ebenfalls die drei m's.
c) Berechne die Wahrscheinlichkeit, daß keine drei aufeinanderfolgenden Buchstaben gleich sind?

1.23

Die 11 Buchstaben des Wortes „Mississippi" werden durcheinandergebracht und dann willkürlich aneinandergereiht.

a) Wie groß ist die Wahrscheinlichkeit, daß die vier i's in der sich ergebenden Anordnung aufeinanderfolgen?
b) Es sei bekannt, daß die Anordnung mit M beginnt und auf s endet. Wie groß ist die bedingte Wahrscheinlichkeit, daß die vier i's aufeinanderfolgen?
c) Bestimme die bedingte Wahrscheinlichkeit, daß die vier i's aufeinanderfolgen, wenn die Anordnung auf ssss endet?

1.24

Ein Pokerspieler hat ein Paar Asse, einen König, eine Dame und einen Buben in der Hand. Er legt die letzten drei Karten ab und zieht drei weitere Karten aus dem Spiel von 47 Karten. Wie groß ist die Wahrscheinlichkeit, daß er nach dem Ziehen a) drei Asse, b) noch ein weiteres Paar in der Hand hat?
(*Bemerkung*: Wenn man sagt, daß er ein Paar Asse, drei Asse usw. hat, so meint man, daß er nicht mehr Karten dieser Art hat. Sagt man also, jemand hat drei Asse, so heißt dies, daß er genau drei Asse und zwei andere Karten hat. Die Redeweise „zwei Paare, darunter Asse" besagt, daß im Blatt des Spielers ein Paar Asse, ein weiteres davon verschiedenes Paar und eine fünfte Karte von noch einem anderen Wert vorhanden sind.)

1.25

Bestimme im Beispiel 1.7 die Wahrscheinlichkeit für ein Pokerblatt (fünf Karten!) mit einem Paar, ferner die Wahrscheinlichkeit für die folgenden Pokerblätter:

a) Kein Paar (fünf verschiedene Werte, nicht aufeinanderfolgend, nicht von gleicher Farbe)
b) Zwei Paare (von verschiedenen Werten, dazu ein dritter Kartenwert)
c) Drei Karten gleichen Wertes (dazu zwei verschiedene Kartenwerte)
d) Einen straight (fünf aufeinanderfolgende Kartenwerte, aber nicht alle von der gleichen Farbe)
e) Einen Flush (eine Reihe) (fünf Karten gleicher Farbe, aber nicht aufeinanderfolgend)
f) Ein Haus voll (drei Karten von gleichem Wert und zwei andere Karten von einem anderen gleichen Wert.)
g) Vier Karten einer Art (d.h. von gleichem Wert, vgl. Beispiel 1.2.3.)
h) Einen straight flush (fünf aufeinanderfolgende Karten der gleichen Farbe.)

1.26

In einem Siebenblatt-Studentenpoker sind die ersten drei Karten von der gleichen Farbe. Welches ist die Wahrscheinlichkeit, daß unter den folgenden vier Karten des Blattes mindestens noch zwei weitere Karten derselben Farbe auftreten?

1.27

Spieler „Nord" hat aus einem Bridge-Spiel von 52 Karten 13 Karten erhalten. S_1 sei der diesem Versuch entsprechende Ereignisraum.

a) Zeige, daß das Austeilen der Karten an die vier Spieler einer Bridge-Partie als ein Experiment aus vier Versuchen angesehen werden kann, bei denen die Versuche zwar gleich, aber nicht unabhängig sind. Welches ist der Ereignisraum für dieses Experiment?
b) Berechne die Wahrscheinlichkeit für das Ereignis E, daß Nord genau ein As hat, mit E als Teilmenge von S.
c) Bestimme $P(E)$, betrachte nun aber E als Teilmenge von S_1.
d) Erkläre genau, warum sich in b) und c) dasselbe ergibt. (Hinweis: Beachte Abschnitt II.9.)

1.28

Wie groß ist beim Bridge-Spiel die Wahrscheinlichkeit, daß ein Spieler und sein Partner genau k Asse besitzen ($k = 0, 1, 2, 3, 4$)?

1.29

Berechne die Wahrscheinlichkeit, beim Bridge-Spiel ein

a) 5—4—3—1 Blatt in die Hand zu bekommen, d.h. ein Blatt mit 5 Karten einer Farbe, 4 Karten einer anderen usw.
b) Dasselbe für ein 4—4—3—2 Blatt,
c) für ein 4—3—3—3 Blatt.

1.30

Beim Bridge hat ein Spieler und sein Partner zusammen neun Pik, darunter das As und den König. Die Gegner haben vier Pik, darunter die Dame. Wie groß ist die Wahrscheinlichkeit, daß die vier Pik-Karten bei den beiden Gegenspielern wie folgt verteilt sind:

a) vier Karten in einer Hand, keine in der anderen,

b) drei in der einen, eine in der anderen Hand,

c) zwei in einer Hand, zwei in der anderen?

1.31

In Fortsetzung der Übg. 1.30. Spielt der Spieler sein As und seinen König aus, so fällt die Dame der Gegnerpartei, wenn die vier Pik gleichmäßig auf die beiden Spieler der Gegnerpartei aufgeteilt sind oder wenn Pik-Dame ohne weiteres Pik in einer Hand allein ist. Zeige, daß die Quote des Fallens der Pik-Dame 1,13 zu 1 ist.

2. Binomialkoeffizienten

Die im vorigen Abschnitt eingeführten Zahlen $\binom{n}{r}$ haben viele interessante und wichtige Eigenschaften, die wir für unsere späteren Erörterungen kennen müssen. Einige von ihnen wollen wir hier entwickeln, obgleich es uns im Augenblick etwas vom Wege abbringt.

Zunächst soll einmal der Titel dieses Abschnitts erklärt werden. Dem Leser sind Formeln wie

$$(x+y)^2 = x^2+2xy+y^2 \tag{2.1}$$

$$(x+y)^3 = x^3+3x^2y+3xy^2+y^3 \tag{2.2}$$

$$(x+y)^4 = x^4+4x^3y+6x^2y^2+4xy^3+y^4 \tag{2.3}$$

vertraut. Für irgendeine natürliche Zahl n ist $(x+y)^n$ das Produkt von n gleichen Faktoren

$$(x+y)^n = (x+y)(x+y)\dots(x+y). \tag{2.4}$$

Vor der Herleitung einer allgemeinen Formel für $(x+y)^n$ ist es nützlich, die Koeffizienten in den Sonderfällen (2.1) bis (2.3) festzustellen. Diese Formeln können nämlich, wie sich leicht bestätigen läßt, in der folgenden Form geschrieben werden und geben so den Anlaß zu unserem ersten Theorem:

$$(x+y)^2 = \binom{2}{0}x^2+\binom{2}{1}xy+\binom{2}{2}y^2 = \sum_{r=0}^{2}\binom{2}{r}x^{2-r}y^r;$$

$$(x+y)^3 = \binom{3}{0}x^3+\binom{3}{1}x^2y+\binom{3}{2}xy^2+\binom{3}{3}y^3 = \sum_{r=0}^{3}\binom{3}{r}x^{3-r}y^r;$$

$$(x+y)^4 = \binom{4}{0}x^4+\binom{4}{1}x^3y+\binom{4}{2}x^2y^2+\binom{4}{3}xy^3+\binom{4}{4}y^4$$

$$= \sum_{r=0}^{4}\binom{4}{r}x^{4-r}y^r.$$

Theorem 2.1

(Binomischer Satz). Für irgendeine natürliche Zahl n und irgendwelche Zahlen x und y gilt

$$(x+y)^n = \binom{n}{0}x^n + \binom{n}{1}x^{n-1}y + \binom{n}{2}x^{n-2}y^2 + \ldots + \binom{n}{n}y^n$$

oder kürzer

$$(x+y)^n = \sum_{r=0}^{n} \binom{n}{r} x^{n-r} y^r. \tag{2.5}$$

Beweis: Um $(x+y)^n$ zu berechnen, wählen wir aus jedem der n Faktoren von (2.4) entweder den Buchstaben x oder den Buchstaben y heraus und multiplizieren diese n herausgegriffenen Buchstaben. Machen wir dies für alle möglichen Wahlen von x und y und addieren wir die sich ergebenden Produkte, so erhalten wir $(x+y)^n$. Wir bekommen z.B. das Produkt x^n, indem wir aus jedem Faktor das x herausgreifen; wir erhalten das Produkt $x^{n-1}y$, wenn wir aus allen Faktoren bis auf einen Faktor das x auswählen; wir erhalten $x^{n-2}y^2$, wenn wir überall bis auf zwei Faktoren das x herausgreifen usw.
Für eine ganze Zahl r $(0 \leqq r \leqq n)$ wird das Produkt $x^{n-r}y^r$ erhalten, wenn wir genau r mal y (und daher $n-r$ mal x) herausgreifen. Um unsere Wahl eindeutig festzulegen, haben wir zu entscheiden, aus welchen r der n Faktoren wir die y's auswählen. Daher gibt es $\binom{n}{r}$ Möglichkeiten, von denen jede auf das Produkt $x^{n-r}y^r$ führt. So erklärt sich in der Entwicklung von $(x+y)^n$ das Erscheinen des Ausdrucks $\binom{n}{r}$ $x^{n-r}y^r$. Da aber r irgendeine ganze Zahl zwischen 0 und n ist, ist unser Theorem bewiesen.
Wegen ihres Auftretens in der Entwicklung einer Potenz eines Binoms $x+y$ heißen die Zahlen $\binom{n}{r}$ Binomialkoeffizienten.

Beispiel 2.1

Zur Berechnung von $(1+t)^n$ setzen wir in (2.5) $x = 1$ und $y = t$ und erhalten

$$(1+t)^n = \sum_{r=0}^{n} \binom{n}{r} t^r = \binom{n}{0} + \binom{n}{1}t + \ldots + \binom{n}{n}t^n. \tag{2.6}$$

Setzen wir nun noch $t = 1$, so ergibt sich die interessante Identität

$$2^n = \binom{n}{0} + \binom{n}{1} + \dots + \binom{n}{n}. \tag{2.7}$$

Da $\binom{n}{r}$ die Anzahl der r-Teilmengen einer Menge von n Elementen angibt, stellt die rechte Seite von (2.7) die Anzahl der 0-Teilmengen (die 1 ist, da es nur eine Leermenge gibt) plus der Anzahl der 1-Teilmengen, plus der Anzahl der 2-Teilmengen usw. dar. Ihre Summe ist die Anzahl aller Teilmengen. (2.7) liefert so einen anderen Beweis des Theorems I.2.1, welches besagt, daß eine Menge von n Elementen 2^n Teilmengen hat.

Beispiel 2.2

Der binomische Satz kann zur angenäherten Berechnung von $0{,}99^6$ verwendet werden. Für $x = 1$ und $y = -0{,}01$ in (2.5) bzw. $t = -0{,}01$ in (2.6) erhalten wir

$$\begin{aligned} 0{,}99^6 &= (1-0{,}01)^6 \\ &= \binom{6}{0} + \binom{6}{1}(-0{,}01) + \binom{6}{2}(-0{,}01)^2 + \dots + \binom{6}{6}(-0{,}01)^6 \\ &= 1 - 0{,}06 + 0{,}0015 - 0{,}00002 + \dots + 0{,}000000000001 \\ &= 0{,}941 \text{ auf drei Dezimalstellen genau.} \end{aligned}$$

Tabelle 23

n \ r	0	1	2	3	4	5	6
0	1						
1	1	1					
2	1	2	1				
3	1	3	3	1			
4	1	4	6	4	1		
5	1	5	10	10	5	1	
6	1	6	15	20	15	6	1

Ein bequemes Verfahren zur Berechnung und Darstellung der Binomialkoeffizienten ist als Pascal-Dreieck bekannt (*Blaise Pascal* 1623/1662). Die ersten Zeilen sind in Tabelle 23 notiert.

Die Zeile für $n = 0$ verzeichnet den einen Koeffizienten von $(x+y)^0$, die Zeile für $n = 1$ die zwei Koeffizienten von $(x+y)^1$, die Zeile für $n = 2$ die drei Koeffizienten der Entwicklung von $(x+y)^2$ usw. Da jede Menge mit n Elementen genau eine Leermenge ($\emptyset$) und genau eine n-Teilmenge (nämlich sie selbst ist ihre eigene Teilmenge) hat, so finden wir in der Spalte unter $r = 0$ lauter Einsen und ebenso in der Hypotenuse dieser dreieckigen Anordnung. Zwischen den Zahlen dieses Dreiecks besteht nun eine recht einfache Beziehung. Gehen wir nämlich von einer nicht auf der Hypotenuse gelegenen Zahl eine Zahl nach rechts und eine Zeile tiefer, so ist die dort stehende Zahl gleich der Summe der beiden vorhergenannten Zahlen. So erhalten wir z.B. die Zahlen in der Zeile für $n = 5$ aus denen für $n = 4$ folgendermaßen:

$$1+4 = 5, \quad 4+6 = 10, \quad 6+4 = 10, \quad 4+1 = 5.$$

Das folgende Theorem behauptet die Allgemeingültigkeit unserer Beobachtung. Danach können wir unsere Berechnung von Binomialkoeffizienten mit Hilfe der Tabelle beliebig weit für immer größere Werte von n fortsetzen.

Theorem 2.2

Für irgendwelche natürliche Zahlen r und n mit $r < n$ gilt

$$\binom{n}{r} = \binom{n-1}{r-1} + \binom{n-1}{r} \tag{2.8}$$

Beweis: Es gibt natürlich einen direkten algebraischen Beweis unter Verwendung der Ausdrücke für die Binomialkoeffizienten mit den Fakultäten. (vgl. Übg. 2.5c). Wir ziehen jedoch die folgende Begründung vor. Die $\binom{n}{r}$ r-Teilmengen einer Menge von n Elementen können geteilt werden in die, die ein gegebenes Element enthalten, und in jene, die es nicht enthalten. Die Anzahl der r-Teilmengen, die ein gegebenes Element enthalten, beträgt $\binom{n-1}{r-1}$, denn nach Festlegung eines Elementes steht es uns frei, $r-1$ Elemente aus den verbliebenen $n-1$ Elementen auszuwählen. Die Anzahl der r-Teilmengen, die das gegebene Element nicht enthalten, ist $\binom{n-1}{r}$, denn wir wählen dann r aus $n-1$ Elementen aus. Damit haben wir alle r-Teilmengen abgezählt und das Theorem (2.8) bewiesen.

Aus dem Pascal-Dreieck lassen sich noch zwei andere Eigenschaften der Binomial-Koeffizienten ablesen. Die Symmetrie in jeder Zeile des Dreiecks geht auf die Identität

$$\binom{n}{r} = \binom{n}{n-r} \tag{2.9}$$

zurück. Sie drückt die Tatsache aus, daß jede Auswahl einer r-Teilmenge automatisch eine Auswahl ihre komplementären $(n-r)$-Teilmenge ist und umgekehrt. Daher folgt

$$\binom{n}{0} = \binom{n}{n}, \quad \binom{n}{1} = \binom{n}{n-1}, \quad \binom{n}{2} = \binom{n}{n-2}, \text{ usw.}$$

d.h. in jeder Zeile des Dreiecks sind die erste und letzte Zahl, die zweite und die vorletzte Zahl usw. gleich.
Durchläuft man eine Zeile des Dreiecks von links nach rechts, so steigen die Werte der Binomialkoeffizienten zunächst, um dann wieder abzunehmen. Der allgemeine Beweis dieser Beobachtung sei den Übungen überlassen. Stattdessen wenden wir uns einer anderen wichtigen Identität über die Binomialkoeffizienten zu.
Das folgende Beispiel wird zeigen, daß es angenehm ist, die Definition des Binomialkoeffizienten $\binom{n}{r}$ auf Werte von n und r auszudehnen, für die das Symbol keine kombinatorische Bedeutung mehr hat. Es ist in der Tat möglich und nützlich, $\binom{n}{r}$ für nichtganze n zu definieren (Übg. 2.9). Hier wollen wir zunächst jedoch nur eine Definition für natürliche Zahlen n und irgendwelche (positiven und negativen) ganzen Zahlen r treffen:

$$\binom{n}{r} = 0, \text{ wenn } r > n \text{ oder } r < 0\,. \tag{2.10}$$

Da eine Menge mit n Elementen keine Teilmenge mit mehr als n Elementen und auch keine Teilmengen mit einer negativen Anzahl von Elementen enthält, erscheint die Definition (2.10) recht vernünftig.

Beispiel 2.3

Uns liegen n defekte und m einwandfreie Stücke einer Produktionsserie, insgesamt also $(n+m)$ Stück vor. Sie werden gemischt, und wir ziehen nun daraus eine Teilmenge von r Stück. Wir zählen dann die Anzahl der möglichen r-Teilmengen auf zwei verschiedenen Wegen und werden so eine nützliche Identität herleiten. Zunächst gibt es ersichtlich $\binom{n+m}{r}$ r-Teilmengen, die aus den $(n+m)$ Stücken herausgewählt werden können. Wir zählen nun noch einmal anders. Die r-Teilmengen können nach der Anzahl der defekten Stücke, die sie enthalten, klassifiziert werden. Wir können k defekte (und daher $r-k$ einwandfreie) Stücke in

$$\binom{n}{k}\binom{m}{r-k}$$

Weisen auswählen.

Nun lassen wir k alle mögliche Werte durchlaufen und addieren diese, um die Menge *aller* r-Teilmengen zu erhalten. Daher ist

$$\binom{n}{0}\binom{m}{r}+\binom{n}{1}\binom{m}{r-1}+\binom{n}{2}\binom{m}{r-2}+\ldots+\binom{n}{r}\binom{m}{0}=\binom{n+m}{r}$$

oder

$$\sum_{k=0}^{r}\binom{n}{k}\binom{m}{r-k}=\binom{n+m}{r}. \tag{2.11}$$

Man beachte, daß einige Summanden in dieser Summe null sein können, denn wir können in einer r-Teilmenge nicht mehr defekte und einwandfreie Stücke haben als insgesamt vorhanden sind. Wird z.B. die Anzahl der einwandfreien Stücke m gleich $r-2$, dann sind sowohl $\binom{m}{r}$ wie auch $\binom{m}{r-1}$ nach (2.10) gleich null. Der Wert der Definition (2.10) besteht darin, daß sie es uns erlaubt, die Summe (2.11) in dieser Form hinzuschreiben, ohne daß wir uns um die auszulassenden Glieder zu kümmern brauchen; anstelle sie auszulassen, haben wir ihren Wert gleich null gesetzt. Die Identität (2.11) wird in Kapitel 5 in Verbindung mit der sogenannten hypergeometischen Verteilung benötigt werden. Das Verfahren zum Beweis des Theorems 2.1 kann auf den Beweis des folgenden Theorems übertragen werden.

Theorem 2.3

(Polynomischer Satz). Es seien n irgendeine natürliche Zahl und $x_1, x_2, \ldots, x_k$ k beliebige Zahlen. Dann gilt

$$(x_1+x_2+\ldots+x_k)^n=\sum\binom{n}{n_1, n_2, \ldots, n_k}x_1^{n_1}x_2^{n_2}\ldots x_k^{n_k}, \tag{2.12}$$

wobei die Summe über alle nichtnegativen ganzen Zahlen $n_1, n_2, \ldots, n_k$ mit $n_1+n_2+\ldots+n_k=n$ zu erstrecken ist.

Beweis: Wieder sind wie in (2.4) n Faktoren zu multiplizieren, nur besteht jeder Faktor jetzt in einem Polynom $(x_1+x_2+\ldots+x_k)$ statt aus einem Binom $(x+y)$. Wir müssen nun aus jedem Faktor x_1 oder x_2 oder ... oder x_k auswählen, das Produkt dieser k ausgewählten Zahlen bilden und alle diese Produkte für alle Möglichkeiten der Wahl addieren. Wir erhalten das Produkt x_1^n, indem wir aus jedem Faktor x_1 auswählen; wir erhalten das Produkt $x_1^{n-2}x_2x_k$, indem wir bei $n-2$ Faktoren das x_1 herausgreifen, aus einem Faktor x_2 und aus einem anderen Faktor x_k usw.

Für gegebene nichtnegative ganze Zahlen $n_1, n_2, \ldots, n_k$, deren Summe gleich n ist, erhalten wir das Produkt $x_1^{n_1} x_2^{n_2} \ldots x_k^{n_k}$, wenn wir aus den verfügbaren n Faktoren

$$n_1 \text{ mal } x_1,\ n_2 \text{ mal } x_2, \ldots, n_k \text{ mal } x_k$$

auswählen. Es gibt nun soviel Möglichkeiten für eine derartige Wahl, wie es Möglichkeiten gibt, n Faktoren in k Kästen zu tun, so daß der erste Kasten nachher die n_1 Faktoren enthält, aus denen wir die x_1 herausgreifen, der zweite Kasten die n_2 Faktoren, aus denen wir die x_2 wählen usw. Nach (1.5) gibt es also

$$\binom{n}{n_1, n_2, \ldots, n_k} \tag{2.13}$$

Möglichkeiten der Wahl, die zu dem Produkt $x_1^{n_1} x_2^{n_2} \ldots x_k^{n_k}$ führen. Das behauptet aber der polynomische Satz.

Die Zahlen (2.13) heißen auch die *Polynomialkoeffizienten*. Da, wie bereits in (1.10) bemerkt, ein Binomialkoeffizient ein Sonderfall eines Polynomialkoeffizienten ist, erhalten wir für $k = 2$ aus dem polynomischen Satz den binomischen Satz.

Beispiel 2.4

Für $(p+q+r)^3$ erhalten wir

$$(p+q+r)^3 = \sum \binom{3}{n_1, n_2, n_3} p^{n_1} q^{n_2} r^{n_3},$$

wobei die Summe über alle nichtnegativen ganzen Zahlen n_1, n_2, n_3 mit $n_1+n_2+n_3 = 3$ zu nehmen ist. Also ist

$$\begin{aligned}(p+q+r)^3 = {} & \binom{3}{3,0,0} p^3 + \binom{3}{0,3,0} q^3 + \binom{3}{0,0,3} r^3 + \binom{3}{2,1,0} p^2 q \\ & + \binom{3}{1,2,0} pq^2 + \binom{3}{2,0,1} p^2 r + \binom{3}{1,0,2} pr^2 \\ & + \binom{3}{0,2,1} q^2 r + \binom{3}{0,1,2} qr^2 + \binom{3}{1,1,1} pqr \\ = {} & p^3+q^3+r^3+3p^2q+3pq^2+3p^2r+3pr^2+3q^2r+3qr^2+6pqr\,.\end{aligned}$$

Wir können den Ausdrücken in dieser Summe eine wahrscheinlichkeitstheoretische Interpretation geben, indem wir annehmen, daß jede Person einer gewissen Bevölkerungsgruppe je nach ihrer Antwort „ja", „nein" oder „unentschieden" auf eine bestimmte Frage klassifiziert wird.

Greifen wir eine Person willkürlich aus der Bevölkerungsgruppe heraus und registrieren ihre Antwort, so ist dieser Versuch durch den Ereignisraum {J, N, U} definiert. Wir ordnen nun den Elementarereignissen folgende Wahrscheinlichkeiten

$$P(\{J\}) = p, \quad P(\{N\}) = q, \quad P(\{U\}) = r,$$

zu, wobei wir $p \geqq 0, q \geqq 0, r \geqq 0$ und $p+q+r = 1$ annehmen. Dieser Versuch wird nun dreimal hintereinander unabhängig vorgenommen, indem drei Personen „mit Zurücklegung" aus der Bevölkerungsgruppe zur Beantwortung der Frage ausgewählt werden. Die Ausdrücke in der Entwicklung von $(p+q+r)^3$ geben dann die Wahrscheinlichkeiten für alle möglichen Kombinationen von Antworten. So ist z.B. die Wahrscheinlichkeit, daß alle drei Personen mit „Ja" antworten, p^3, die Wahrscheinlichkeit, daß genau eine Person mit „Ja" und zwei andere mit „unentschieden" antworten, $3pr^2$ usw.

Übungen

2.1

Entwickle mit Hilfe des binomischen Formel:

a) $(p+q)^5$ b) $(1-x)^4$ c) $(a-3b)^4$

2.2

Wie lautet der Koeffizient von a^5b^3 in der Entwicklung von $(2a-b)^8$?

2.3

Berechne mit der binomischen Formel auf drei Dezimalstellen:

a) $1{,}01^7$ b) $1{,}02^{10}$ c) $0{,}98^4$

2.4

Um welche Entwicklungen handelt es sich im folgenden? Benutze dies zur Berechnung der Summe, ohne die einzelnen Glieder der Summe auszurechnen.

a) $\sum_{r=0}^{4} \binom{4}{r} 2^{4-r} 3^r$ b) $\sum_{r=0}^{4} \binom{4}{r} 2^r 3^{4-r}$ c) $\sum_{r=0}^{4} \binom{4}{r} 2^r$

d) $\sum_{r=0}^{4} (-1)^r \binom{4}{r} 2^r$ e) $\sum_{r=0}^{50} \binom{50}{r} \left(\frac{1}{3}\right)^{50-r} \left(\frac{2}{3}\right)^r$ f) $\sum_{r=0}^{50} \binom{50}{r} \left(\frac{1}{2}\right)^{50}$

g) $\sum_{r=1}^{5} \binom{4}{r-1} 2^{5-r} 3^{r-1}$ h) $\sum_{r=0}^{6} \binom{4}{r-2} 2^{6-r} 3^{r-2}$

2.5

Schreibe die Binomialkoeffizienten mit Hilfe der Fakultäten und beweise so die folgenden Identitäten.

a) $r\binom{n}{r} = n\binom{n-1}{r-1}$ b) $n\binom{n}{r} = (r+1)\binom{n}{r+1} + r\binom{n}{r} = r\binom{n+1}{r+1} + \binom{n}{r+1}$

c) $\binom{n}{r} = \binom{n-1}{r-1} + \binom{n-1}{r}$

2.6
Benutze das Bildungsgesetz (2.8), um das Pascal-Dreieck in Tabelle 23 bis $n = 10$ zu erweitern.

2.7
Beweise, indem die Binomialkoeffizienten durch Fakultäten ausgedrückt werden, die folgende Rekursionsformel:

$$\binom{n}{r+1} = \frac{n-r}{r+1}\binom{n}{r} \qquad (r = 0, 1, 2, \ldots, n-1).$$

Diese Formel erlaubt es uns, die Zahlen in jeder Zeile des Pascal-Dreiecks nacheinander auszurechnen, beginnend mit $\binom{n}{0} = 1$. Berechne so die Binomialkoeffizienten für $n = 10$.

2.8
Es seien die Binomialkoeffizienten $\binom{n}{r}$ für festes n und $r = 0, 1, 2, \ldots, n$ betrachtet. Zeige, daß $\binom{n}{r}$ größer als sein Vorgänger ist, wenn $r < \frac{1}{2}(n+1)$ und kleiner als dieser, wenn $r > \frac{1}{2}(n+1)$. Zeige weiter, daß es für gerades n nur einen größten Binomialkoeffizienten, dagegen bei ungeradem n zwei gleichgroße Binomialkoeffizienten gibt, die größer als alle übrigen sind. (Hinweis: Betrachte das Verhältnis $\binom{n}{r}$ zu $\binom{n}{r-1}$ und bestimme, wann dieses Verhältnis größer, kleiner oder gleich 1 ist.)

2.9
Definiere unter Verwendung der in Übg. 1.4 eingeführten Bezeichnung den verallgemeinerten Binomialkoeffizienten $\binom{x}{r}$ für irgendein x und eine natürliche Zahl r durch

$$\binom{x}{r} = \frac{(x)_r}{r!}.$$

a) Zeige, daß sich diese Definition für natürliche Werte von x auf die frühere reduziert. (Betrachte auch den Fall $x < r$ und $x \geqq r$.)

b) Zeige, daß $\binom{-\frac{1}{2}}{n} = (-1)^n 2^{-2n}\binom{2n}{n}$.

2.10
Beweise folgende Identitäten:

a) $\binom{n}{0}-\binom{n}{1}+\binom{n}{2}-\ldots+(-1)^n\binom{n}{n}=0$

b) $\binom{n}{0}+\binom{n}{2}+\binom{n}{4}+\ldots+\binom{n}{n}=2^{n-1}$, wenn n gerade ist.

c) $\sum_{k=0}^{m}\binom{n-k}{n-m}\binom{n}{k}=2^m\binom{n}{m}$ d) $\sum_{r=0}^{n}\binom{n}{r}^2=\binom{2n}{n}$

2.11

Berechne folgende Koeffizienten in der Entwicklung von $(p+q+r+s)^{10}$:
a) p^{10} b) p^5q^5 c) $p^3q^2rs^4$

2.12

Entwickle $(p+q+r)^4$ nach der polynomischen Formel und gib eine Wahrscheinlichkeitsinterpretation unter der Annahme, daß p, q und r nichtnegative Zahlen mit der Summe 1 sind.

IV. Zufallsveränderliche (Zufallsvariable)

1. Zufallsveränderliche und Wahrscheinlichkeitsfunktionen

Bei der Ausführung eines Experimentes sind wir oft gar nicht so sehr an seinem Ausgang, als an einer durch diesen Ausgang bestimmten Zahl interessiert. Ein Würfelspieler wird z.B. nicht so sehr an den einzelnen Augen der beiden geworfenen Würfel, sondern mehr an ihrer Summe interessiert sein; beim Bridgespiel wird man sich oft mehr auf die Anzahl der ,,Honneurs" des Blattes in der Hand konzentrieren als auf das Blatt selbst; wenn wir aus den Studenten einer Universität eine Stichprobe herausgreifen, so wünschen wir vielleicht nur den Verhältnisanteil der Studienanfänger zu erfahren; beim 50-maligem Werfen einer Münze beachten wir nur, wie oft „Bild" dabei erschienen ist, während uns die Reihenfolge des Auftretens von „Bild" und „Zahl" bedeutungslos ist.

In all diesen Beispielen besteht eine Vorschrift, die jedem Ausfall eines Experiments eine einzige reelle Zahl zuordnet. Der Mathematiker nennt dies eine *Funktion*. Eine Funktion ist gegeben, wenn jedem Element einer Menge (dem *Definitionsbereich* der Funktion) durch eine Vorschrift eine und nur eine Zahl zugeordnet wird. Diese Zahl heißt der *Funktionswert* zu diesem (oder für dieses) Element. Die Menge aller Funktionswerte heißt der *Wertebereich* der Funktion.

Der Leser ist bereits mit dem Funktionsbegriff vertraut. So bestimmt z.B. die Gleichung $y = x^2$ eine Funktion, deren Definitionsbereich die Menge aller reellen Zahlen und deren Wertebereich die Menge der nichtnegativen reellen Zahlen ist; d.h. jeder reellen Zahl x ist die (notwendigerweise nichtnegative) reelle Zahl $y = x^2$ zugeordnet. Als ein anderes Beispiel sei die Funktion betrachtet, die jedem Kreis den Wert des Kreisumfangs zuordnet. Für irgendein Element (irgendeinen Kreis) des Definitionsbereichs beträgt der Funktionswert $2\pi r$, wobei r der Radius des Kreises bedeutet. Schließlich können wir die Funktion betrachten, deren Definitionsbereich die Menge der Steuerzahler in einem Land ist und die jedem dieser Personen als Zahl sein zu versteuerndes Einkommen zuordnet.

In der Wahrscheinlichkeitstheorie führen gewisse Funktionen von besonderem Interesse eigene Bezeichnungen.

Definition 1.1

Eine Funktion, deren Definitionsbereich der Ereignisraum und deren Wertebereich irgendeine Menge reeller Zahlen ist, heißt eine *Zufalls-*

veränderliche oder *Zufallsvariable* (*random variable*). Bezeichnen wir die Zufallsveränderliche, deren Definitionsbereich der Ereignisraum $S = \{o_1, o_2, \ldots, o_n\}$ ist, mit X, dann schreiben wir $X(o_k)$ für den Wert von X, der für o_k angenommen wird. Es ist also $X(o_k)$ die reelle Zahl, die die Funktion dem Element o_k von S zuordnet.

Es ist vielleicht nützlich, sich eine Funktion als eine Maschine vorzustellen. Bild 17 zeigt eine Maschine für die Zufallsveränderliche X.

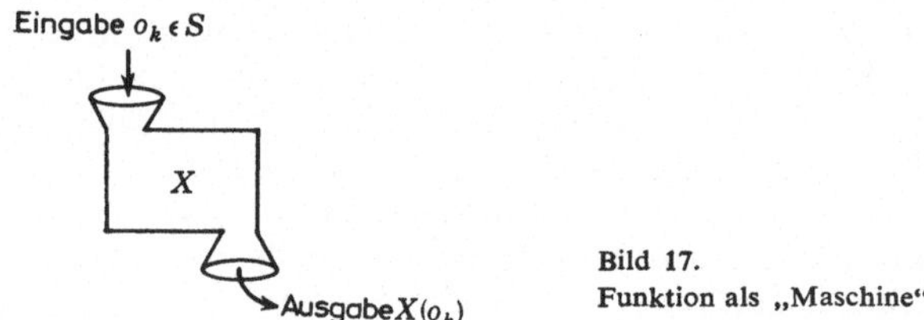

Bild 17.
Funktion als „Maschine“

In die Maschine werden die Elemente des Ereignisraumes eingegeben. Jedes derartige Element o_k wird durch die Maschine „verarbeitet”, so daß nachher die Zahl $X(o_k)$ herauskommt. Die Menge aller möglichen Eingabeelemente ist der Ereignisraum S, der Definitionsbereich der Funktion. Die Menge der einzelnen Ausgabezahlen ist der Wertebereich der Zufallsveränderlichen X.

Hierzu einige Beispiele.

Beispiel 1.1

Es sei $S = \{1, 2, 3, 4, 5, 6\}$ und X definiert durch

$$X(1) = X(2) = X(3) = +1, \quad X(4) = X(5) = X(6) = -1.$$

Dann ist X eine Zufallsveränderliche mit dem Ereignisraum S als Definitionsbereich, dessen Wertebereich die Menge $\{1, -1\}$ ist. X kann als der Gewinn eines Würfelspielers angesehen werden, der 1 DM gewinnt, wenn er 1, 2 oder 3 würfelt, und der 1 DM verliert, wenn er 4, 5, oder 6 würfelt.

Beispiel 1.2

Es werden zwei Würfel geworfen und als Ereignisraum der übliche mit 36 Elementen gewählt:

$$S = \{(1,1), (1,2), \ldots, (6,6)\}.$$

Die Zufallsveränderliche X habe nun für jedes Element von S die Summe der Augen der beiden Würfel als Wert. Dann besteht der Wertebereich von X aus der Menge der 11 Werte

$$2, 3, 4, 5, 6, 7, 8, 9, 10, 11, 12.$$

Jedem geordneten Paar von S ist genau ein Element des Wertebereichs zugeordnet, wie es die Definition 1.1 verlangt. Aber im allgemeinen wird derselbe Wert von X für verschiedene Ergebnisse angenommen. So ist z.B. $X(o_k) = 5$, wenn o_k irgendein Element der vier Elemente des Ereignisses

$$\{(1,4), (2,3), (3,2), (4,1)\}$$

ist. Ein gegebenes Eingabeelement in Bild 17 führt zu genau einer Ausgabezahl, aber dieselbe Ausgabezahl kann aus mehr als einem Eingabeelement erhalten werden.

Beispiel 1.3

Eine Münze wird zweimal hintereinander geworfen. Wir definieren den Ereignisraum

$$S = \{\text{HH, HZ, ZH, ZZ}\}.$$

Es sei nun X die Zufallsveränderliche, deren Wert für jedes Element von S gleich der Anzahl der erhaltenen Bilder (H) ist, also

$$X(\text{HH}) = 2, \quad X(\text{HZ}) = X(\text{ZH}) = 1, \quad X(\text{ZZ}) = 0.$$

Über demselben Ereignisraum lassen sich verschiedene Zufallsveränderliche definieren. So bezeichne Y die Zufallsveränderliche, deren Wert für jedes Element von S gleich der Anzahl von H minus der Anzahl von Z ist. Dann ist

$$Y(\text{HH}) = 2, \quad Y(\text{HZ}) = Y(\text{ZH}) = 0, \quad Y(\text{ZZ}) = -2.$$

Es ist eigentlich unpassend, eine derartige Funktion als Zufallsveränderliche oder Zufallsvariable zu bezeichnen, da die zugeordneten Zahlenwerte weder zufällig noch veränderlich sind. Da sich aber die Bezeichnung eingebürgert hat, werden wir sie weiter verwenden, wobei wir uns jedoch ständig die Definition 1.1 vor Augen halten müssen. Es sei nun ein Ereignisraum

$$S = \{o_1, o_2, \ldots, o_k\}$$

gegeben, und es seien den Elementarereignissen von S in annehmbarer Weise Wahrscheinlichkeiten zugeordnet. Ist nun X eine über S definierte Zufallsveränderliche, so können wir nach der Wahrscheinlichkeit fragen, daß X einen bestimmten Wert x annimmt. Das Ereignis, das X den Wert x besitzt, ist die Teilmenge von S, die jene Elemente o_k

von S enthält, für welche $X(o_k) = x$ ist. Bezeichnen wir die Wahrscheinlichkeit für dieses Ereignis mit $f(x)$, dann ist

$$f(x) = P(\{o_k \in S | X(o_k) = x\}) . \qquad (1.1)$$

Anstelle dieser umständlichen Schreibweise werden wir auch schreiben

$$f(x) = P(X = x) . \qquad (1.2)$$

Definition 1.2

Die Funktion f, deren Wert für jede reelle Zahl x durch (1.2) bzw. (1.1) gegeben ist, heißt die *Wahrscheinlichkeitsfunktion* der Zufallsveränderlichen X*).
Mit anderen Worten: Die Wahrscheinlichkeitsfunktion von X hat die Menge aller reellen Zahlen als ihren Definitionsbereich, und die Funktion ordnet jeder reellen Zahl x die Wahrscheinlichkeit zu, daß X den Wert x hat.

Beispiel 1.4

In Fortsetzungen des Beispiels 1.1 setzen wir, wenn der Würfel „ideal" ist,

$$f(1) = P(X = 1) = \tfrac{1}{2}, \quad f(-1) = P(X = -1) = \tfrac{1}{2}$$

und $f(x) = 0$,. wenn x von 1 oder -1 verschieden ist.

Beispiel 1.5

Die beiden Würfel des Beispiels 1.2 seien ideal und die Würfe unabhängig voneinander, so daß jedem Elementarereignis von S die Wahrscheinlichkeit $\frac{1}{36}$ zukommt. Wir berechnen dann den Wert der Wahrscheinlichkeitsfunktion für $x = 5$ folgendermaßen:

$$f(5) = P(X = 5) = P(\{(1,4), (2,3), (3,2), (4,1)\}) = \tfrac{4}{36} .$$

Dies ist die Wahrscheinlichkeit, daß die Summe der Augen auf den Würfeln 5 ist. Die Wahrscheinlichkeiten $f(2), f(3), \ldots, f(12)$ können wir analog berechnen. Ihre Werte stellen wir in der folgenden *Wahrscheinlichkeitstabelle* zusammen:

x	2	3	4	5	6	7	8	9	10	11	12
$f(x)$	$\frac{1}{36}$	$\frac{2}{36}$	$\frac{3}{36}$	$\frac{4}{36}$	$\frac{5}{36}$	$\frac{6}{36}$	$\frac{5}{36}$	$\frac{4}{36}$	$\frac{3}{36}$	$\frac{2}{36}$	$\frac{1}{36}$

Wir wollen vereinbaren, daß wir in diese Wahrscheinlichkeitstabellen nur solche Werte von x aufnehmen, für die $f(x) > 0$. Da wir aber alle derartigen Werte von x aufnehmen, muß die Summe der Wahr-

*) Statt von Wahrscheinlichkeitsfunktion spricht man auch von Wahrscheinlichkeitsverteilung.

scheinlichkeiten in der Tabelle den Wert 1 ergeben. Mit der Wahrscheinlichkeitstabelle der Zufallsveränderlichen X können wir nicht nur die verschiedenen Werte von X angeben, sondern auch die Wahrscheinlichkeit, mit der jeder Wert auftritt. Diese Information können wir nach Art des Bildes 18 graphisch darstellen. In diesem *Wahrscheinlichkeitsgraphen* der Zufallsveränderlichen X sind die verschiedenen Werte von X auf der horizontalen x-Achse aufgetragen; die Länge der vertikalen Linien von der x-Achse bis zum Punkt mit den Koordinaten $(x, f(x))$ ist die Wahrscheinlichkeit des Ereignisses, daß X den Wert x hat.

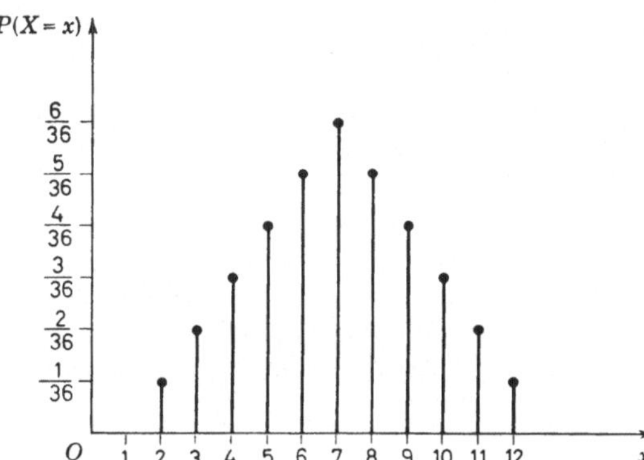

Bild. 18 Graphische Darstellung der Wahrscheinlichkeitsfunktion (Wahrscheinlichkeitsverteilung) der Zufallsveränderlichen X

Oft sind wir jedoch nicht so sehr an der Wahrscheinlichkeit für einen bestimmten Wert der Zufallsveränderlichen X interessiert als vielmehr an der Wahrscheinlichkeit, daß X einen Wert kleiner oder gleich einer gewissen Zahl annimmt. Hat jemand z.B. zehn Ersatzteile auf Lager, dann wird er wünschen, daß seine Vorräte groß genug sind, um den Anforderungen gerecht zu sein. Ist X die Anzahl der bestellten Ersatzteile, so wird er an der Wahrscheinlichkeit des Ereignisses $X \leqq 10$ interessiert sein. Als anderes Beispiel können wir die Anzahl der Gegenstimmen einer Versammlung gegen einen eingebrachten Vorschlag nehmen. Man wird dann an der Wahrscheinlichkeit interessiert sein, daß X kleiner oder gleich einer gewissen kritischen Zahl ist, die Sieg von Niederlage trennt.

Allgemein: Ist X über dem Ereignisraum S definiert, dann ist das Ereignis, daß X kleiner oder gleich einer gewissen Zahl x ist, die Teilmenge von S, die die Elemente o_k enthält, für welche $X(o_k) \leqq x$. Bezeichnen wir die Wahrscheinlichkeit für dieses Ereignis mit $F(x)$ (unter der Annahme, daß bereits eine Wahrscheinlichkeitsverteilung zu den Elementarereignissen von S vorliegt), dann ist

$$F(x) = P(\{o_k \in S \mid X(o_k) \leqq x\}). \tag{1.3}$$

Analog zu unserer abkürzenden Schreibweise „$X \leqq x$" in (1.2) schreiben wir kürzer

$$F(x) = P(X \leqq x). \tag{1.4}$$

Definition 1.3

Die Funktion F, deren Wert für jede reelle Zahl x durch (1.4) bzw. (1.3) gegeben ist, heißt die Verteilungsfunktion (*distribution function*) der Zufallsveränderlichen X*).

Mit anderen Worten: Die Verteilungsfunktion von X hat als Definitionsbereich die Menge aller reellen Zahlen, und sie ordnet jeder reellen Zahl x die Wahrscheinlichkeit zu, daß X einen Wert hat, der kleiner oder gleich (d.h. höchstens gleich) x ist.

Unser nächstes Beispiel zeigt, daß die Werte der Verteilungsfunktion F der Zufallsveränderlichen X leicht berechnet werden können, wenn man die Wahrscheinlichkeitsfunktion f von X kennt. Die Verteilungsfunktion kann ebenfalls in graphischer oder tabellarischer Form dargestellt werden.

Beispiel 1.6

Wir setzen das Würfelexperiment von Beispiel 1.5 fort. Das durch $X = 1$ gekennzeichnete Ereignis ist das Leerereignis des Ereignisraumes S, da die Summe der Augen auf den Würfeln niemals 1 sein kann. Daher gilt

$$F(1) = P(X \leqq 1) = 0.$$

Das Ereignis $X \leqq 2$ ist die Teilmenge $\{(1,1)\}$, was gleichbedeutend mit dem Ereignis $X = 2$ ist. Also ist

$$F(2) = P(X \leqq 2) = f(2) = \tfrac{1}{36}.$$

Das Ereignis $X = 3$ ist die Teilmenge $\{(1,1), (1,2), (2,1)\}$, die die Vereinigungsmenge der Ereignisse $X = 2$ und $X = 3$ ist. Daher gilt

$$\begin{aligned} F(3) = P(X \leqq 3) &= P(X = 2) + P(X = 3) = f(2) + f(3) \\ &= \tfrac{1}{36} + \tfrac{2}{36} = \tfrac{3}{36}. \end{aligned}$$

In gleicher Weise ist das Ereignis $X \leqq 4$ die Vereinigung der Ereignisse $X = 2$, $X = 3$, und $X = 4$, so daß

$$\begin{aligned} F(4) = P(X \leqq 4) &= P(X = 2) + P(X = 3) + P(X = 4) \\ &= f(2) + f(3) + f(4) = \tfrac{1}{36} + \tfrac{2}{36} + \tfrac{3}{36} = \tfrac{6}{36}. \end{aligned}$$

*) Statt von Verteilungsfunktion spricht man auch von Summenfunktion. Vgl. Übg. 1.10.

Indem wir in dieser Weise fortfahren, erhalten wir die folgende *Verteilungstabelle (distribution table)* für die Zufallsveränderliche X:

x	2	3	4	5	6	7	8	9	10	11	12
$F(x)$	$\frac{1}{36}$	$\frac{3}{36}$	$\frac{6}{36}$	$\frac{10}{36}$	$\frac{15}{36}$	$\frac{21}{36}$	$\frac{26}{36}$	$\frac{30}{36}$	$\frac{33}{36}$	$\frac{35}{36}$	$\frac{36}{36}$

(1.5)

Der Definitionsbereich der Verteilungsfunktion F ist aber die Menge *aller* reellen Zahlen. Wir müssen daher die Werte $F(x)$ für alle reellen Zahlen bestimmen, nicht nur für die in der Verteilungstabelle angegebenen. Um z.B. $F(2,6)$ zu finden, beachten wir, daß das Ereignis $X = 2,6$ die Teilmenge $\{(1,1)\}$ ist, da die Summe der Augen auf den Würfeln dann und nur dann kleiner oder gleich 2,6 ist, wenn die Summe genau gleich 2 ist. Daher ist

$$F(2,6) = P(X \leqq 2,6) = \tfrac{1}{36}\,.$$

In der Tat ist für alle x im Intervall $2 \leqq x < 3$ der Wert $F(x) = \frac{1}{36}$, da für jedes derartige x das Ereignis $X \leqq x$ dieselbe Teilmenge, nämlich $\{(1,1)\}$ besitzt. Man beachte dabei, daß dies Intervall $x = 2$ enthält, da $F(2) = \frac{1}{36}$, aber nicht den Wert $x = 3$, für den $F(3) = \frac{3}{36}$ ist. Es ist also $F(x) = \frac{1}{36}$ für $x = 2,999\ldots$ mit sehr (aber endlich) vielen

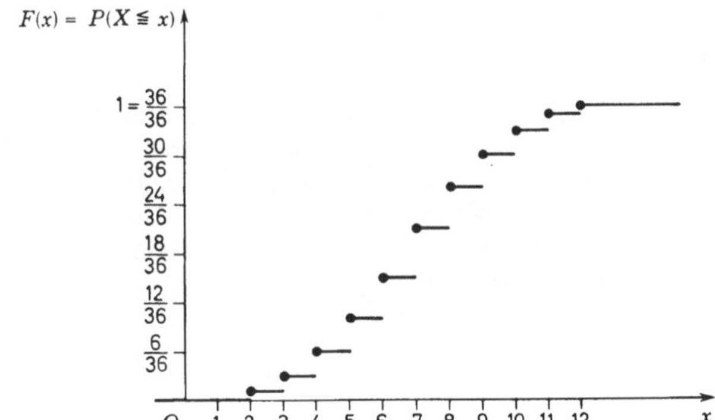

Bild. 19
Summenfunktion der Wahrscheinlichkeit

Neunen, bei $x = 3$ springt der Wert von F jedoch auf $F(3) = \frac{3}{36}$. Ähnlich finden wir $F(x) = \frac{3}{36}$ für alle x im Intervall $3 \leqq x < 4$, aber einen Sprung bei $x = 4$, da $F(4) = \frac{6}{36}$; dann ist $F(x) = \frac{6}{36}$ für alle x im Intervall $4 \leqq x < 5$, für $x = 5$ springt $F(x)$ auf $F(5) = \frac{10}{36}$ usw. Diese Tatsachen verdeutlicht der Graph der Verteilungsfunktion in Bild 19. Der Graph besteht aus lauter horizontalen Geradenstücken. Eine Funktion mit einem derartigen Graphen heißt eine *Treppenfunktion* (*step function*). Um anzudeuten, welcher von den beiden Werten an den Sprungstellen zu nehmen ist, ist der betreffende Punkt stark gezeichnet. Bei $x = 2$ beträgt die Größe des Sprunges $f(2) = \frac{1}{36}$, bei $x = 3$ ist sie $F(3) = \frac{2}{36}$, bei $x = 4$ beträgt sie $f(4) = \frac{3}{36}$ usw. Schließlich, da die Summe aller Augen auf den Würfeln niemals kleiner als 2 und höchstens gleich 12 ist, haben wir $F(x) = 0$, wenn $x < 2$ und $F(x) = 1$, wenn $x \geqq 12$.

Kennt man die Höhen des Graphen von F an allen Sprungstellen, dann kann man den ganzen Graphen von F leicht zeichnen. Aus diesem Grunde werden wir wie in (1.5) in die Verteilungstafel nur jene x-Werte aufnehmen, an denen F Sprünge macht.

Ist der Graph der Verteilungsfunktion F einer Zufallsveränderlichen X gegeben, so können wir aus der Höhe des Graphen über einer Zahl x die Wahrscheinlichkeit $F(x)$ ablesen, daß der Wert von X kleiner oder gleich x ist. Wir können ferner die Sprungstellen des Graphen und die Größe jedes Sprunges bestimmen und daraus die Wahrscheinlichkeitsfunktion von X ermitteln. Aus der Verteilungsfunktion kann man also die Wahrscheinlichkeitsfunktion erhalten und umgekehrt.

Unsere Betrachtungen waren bisher auf einige Sonderfälle, insbesondere das Zwei-Würfel-Beispiel, beschränkt. Wir wenden uns nun allgemeinen Aussagen über Wahrscheinlichkeits- und Verteilungsfunktionen von Zufallsveränderlichen zu, die über *endlichen* Ereignisräumen definiert sind.

Theorem 1.1

Es seien gegeben ein endlicher Ereignisraum S, eine Wahrscheinlichkeitsverteilung zu seinen Elementarereignissen, eine Zufallsveränderliche X mit S als Definitionsbereich. Dann hat die Wahrscheinlichkeitsfunktion f von X folgende Eigenschaften:

I. $f(x) \geqq 0$ für alle x; dabei gibt es aber eine *endliche* Anzahl N von x-Werten, für welche $f(x) > 0$.

II. Sind $x_1, x_2, \ldots, x_N$ alle x-Werte, für welche $f(x)$ positiv ist, d.h.

$$f(x_k) > 0 \quad \text{für } k = 1, 2, \ldots, N, \tag{1.6}$$

dann ist

$$\sum_{k=1}^{N} f(x_k) = 1. \tag{1.7}$$

Den Beweis dieses Satzes stellen wir für die Übungen zurück. Die Wahrscheinlichkeitstabelle der Zufallsveränderlichen X hat danach folgendes Aussehen:

x	x_1	x_2	$\ldots$	x_N
$f(x)$	$f(x_1)$	$f(x_2)$	$\ldots$	$f(x_N)$

(1.8)

Unter diesen Voraussetzungen sagt man üblicherweise, daß X eine Zufallsveränderliche mit den *möglichen* Werten $x_1, x_2, \ldots, x_N$ ist und daß der Wert x_k mit der Wahrscheinlichkeit $f(x_k)$ für $k = 1, 2, \ldots, N$ eintritt. Bei dieser Sprechweise müssen wir uns die Wahrscheinlichkeitstabelle (1.8) vorstellen, deren Werte den Bedingungen (1.6) und (1.7) genügen.

Theorem 1.2

Unter den Voraussetzungen des Theorems 1.1 hat die Verteilungsfunktion F der Zufallsveränderlichen X die folgenden Eigenschaften:

I. Es existiert eine gewisse Zahl m, so daß $F(x) = 0$ für $x < m$; es existiert eine gewisse Zahl M, so daß $F(x) = 1$ für $x \geqq M$.

II. F ist eine *nichtabnehmende* Funktion, d.h. $F(x) \geqq F(y)$, wenn $x \geqq y$.

III. F ist eine *Treppenfunktion* mit einer *endlichen* Anzahl von Sprüngen oder Stufen, d.h. der Graph der Funktion besteht aus einer endlichen Anzahl von horizontalen Geradenstücken. Der Wert von F an jeder Stufe ist gegeben durch die Höhe des *höheren* der beiden Geradenstücke, die die Stufe bilden. Die Stufen treten an den Stellen $x_1, x_2, \ldots, x_N$ auf, und die Größe des Sprunges bei x_k ist für $k = 1, 2, \ldots, N$ gleich $f(x_k)$.

Beweis: Zum Beweise von I nehmen wir an, daß m der kleinste und M der größte der möglichen Werte $x_1, x_2, \ldots, x_N$ der Zufallsveränderlichen X sei. Ist dann $x < m$, so ist das Ereignis $X \leqq x$ die Leermenge $\emptyset$ und daher

$$F(x) = P(X \leqq x) = P(\emptyset) = 0 .$$

Ist andererseits $x \geqq M$, dann ist das Ereignis $X \leqq x$ der gesamte Ereignisraum S und daher

$$F(x) = P(X \leqq x) = P(S) = 1 .$$

Zum Beweise von II haben wir zu beachten, daß bei $x \geqq y$ das Ereignis $X \leqq y$ eine Teilmenge des Ereignisses $X \leqq x$ ist. Nach dem Theorem II.4.2 haben wir also

$$P(X \leqq y) \leqq P(X \leqq x) ,$$

was zu beweisen war.

Um III zu beweisen, betrachten wir zwei Nachbarwerte x_j und x_k mit $x_j < x_k$. Dann ist das Ereignis $X \leqq x$ für alle x im Intervall $x_j \leqq x < x_k$ gleich. Daher hat auch $F(x)$ für alle solche Werte x denselben Wert und der Graph von F ist ein horizontales Geradenstück in diesem Intervall. Am rechten Endpunkt des Intervalles gilt

$$P(X \leqq x_k) = P(X < x_k) + P(X = x_k),$$

so daß an der Sprungstelle $x = x_k$ wie gefordert

$$P(X \leqq x_k) - P(X < x_k) = P(X = x_k) = f(x_k)$$

ist.

In den Theoremen 1.1 und 1.2 haben wir die Voraussetzungen sehr sorgfältig formuliert, um deutlich zu machen, daß man einen Ereignisraum, eine Wahrscheinlichkeitsverteilung zu seinen Elementarereignissen und eine über diesem Ereignisraum definierte Zufallsveränderliche haben muß, bevor man überhaupt von der Wahrscheinlichkeitsfunktion oder der Verteilungsfunktion einer Zufallsveränderlichen sprechen kann. Nichtdestoweniger finden sich in der Literatur (und auch vom nächsten Abschnitt dieses Buches ab) öfters Definitionen und Sätze, die mit den Worten beginnen „Es sei X eine Zufallsveränderliche mit der Wahrscheinlichkeitsfunktion f" oder „Es sei X eine Zufallsveränderliche, deren mögliche Werte $x_1, x_2, \ldots, x_N$ mit den Wahrscheinlichkeiten $f(x_1), f(x_2), \ldots, f(x_N)$ auftreten", ohne daß der Ereignisraum oder die Zuordnung der Wahrscheinlichkeiten zu seinen Elementarereignissen erwähnt werden. Die Zulässigkeit dieses Umstandes verstehen wir, wenn wir bestätigen, daß die Umkehrung des Theorems 1.1 gilt.

Theorem 1.3

Es sei eine Funktion f mit den Eigenschaften I und II des Theorems 1.1 gegeben. Dann existiert ein endlicher Ereignisraum S, eine Wahrscheinlichkeitsverteilung zu den Elementarereignissen von S und eine Zufallsveränderliche X mit dem Definitionsbereich S, so daß f die Wahrscheinlichkeitsfunktion von X ist.

Beweis: Wir setzen $S = \{x_1, x_2, \ldots, x_N\}$ und $P(\{x_k\}) = f(x_k)$ für $k = 1, 2, \ldots, N$. Wegen (1.6) und (1.7) ist dies eine annehmbare Zuordnung von Wahrscheinlichkeiten. Nun definieren wir die Zufallsveränderliche X als die Identität über S, d.h. wir ordnen jedem Element $x_k \in S$ die Zahl $X(x_k) = x_k$ zu. Dann gilt

$$P(X = x_k) = P(\{x_k\}) = f(x_k) \quad \text{für} \quad k = 1, 2, \ldots, N$$

und

$$P(X = x) = P(\emptyset) = 0,$$

wenn x keine der Zahlen $x_1, x_2, \ldots, x_N$ ist. Daher ist f die Wahrscheinlichkeitsfunktion von X und der Satz ist bewiesen. Wir müssen noch zeigen, daß unendlich viele verschiedene Zufallsveränderliche dieselbe

Wahrscheinlichkeitsfunktion haben können. (Siehe Übung 1.13). Diese Möglichkeit veranlaßt die folgende oft gebrauchte Redeweise.

Definition 1.4

Zwei oder mehrere Zufallsveränderliche heißen dann und nur dann *gleichverteilt* (*identically distributed*), wenn sie gleiche (d.h. identische) Wahrscheinlichkeitsfunktionen (und daher auch identische Verteilungsfunktionen) besitzen.

Wünschen wir also Definitionen zu treffen oder Theoreme zu beweisen, die *nur* von der Wahrscheinlichkeitsfunktion einer Zufallsveränderlichen abhängen, dann treffen wir in Wirklichkeit Definitionen und beweisen Theoreme für irgendeine aus der unendlichen Menge der gleichverteilten Zufallsveränderlichen. Daß die Zufallsveränderlichen in dieser Menge alle verschieden sind, stört uns nicht, da wir nur an ihren Wahrscheinlichkeitsfunktionen interessiert sind. Wir erwähnen daher auch nicht die verschiedenen Ereignisräume, über die sie definiert sind, da nach dem Theorem 1.3 ihre gemeinsame Wahrscheinlichkeitsfunktion in der Tat einen Ereignisraum und eine annehmbare Zuordnung von Wahrscheinlichkeiten zu seinen Elementarereignissen bestimmt. Darüberhinaus kann die über diesem Ereignisraum definierte Zufallsveränderliche, wie sie im Beweis des Theorems 1.3 bestimmt wurde, als Muster für alle gleichverteilten Zufallsveränderliche mit einer gegebenen Wahrscheinlichkeitsfunktion dienen. Diese etwas längeren Überlegungen sollen erklären, warum wir in den folgenden Abschnitten die zugrundeliegenden Ereignisräume und die Wahrscheinlichkeitszuordnungen zu ihren Elementarereignissen so wenig erwähnen, wenn wir von Zufallsveränderlichen und ihren Wahrscheinlichkeits- und Verteilungsfunktionen sprechen.

Übungen

1.1

Ein Experiment besteht aus dem dreimaligen unabhängigen Werfen einer „idealen" Münze. Es sei X die Zufallsveränderliche, deren Wert für jedes Ergebnis die Anzahl der erhaltenen Bilder (H) ist.

a) Bestimme die Wahrscheinlichkeitsfunktion von X, konstruiere eine Wahrscheinlichkeitstabelle und den Wahrscheinlichkeitsgraphen.

b) Bestimme die Verteilungsfunktion von X und zeichne ihren Graphen.

1.2

Wir machen dasselbe Experiment wie in Übg. 1.1. a) Es sei X nun jedoch die Zufallsveränderliche, deren Wert für jedes Ergebnis gleich der Anzahl der Bilder minus Anzahl von Zahlen ist. b) X sei der Gewinn eines Spielers, der 2 DM erhält, wenn beim ersten Wurf Bild fällt, der 1 DM gewinnt, wenn das erste Mal Bild beim zweiten Wurf fällt, der 1 DM verliert, wenn das erste Mal Bild beim dritten Wurf fällt, und der 2 DM verliert, wenn bei allen drei Würfen nur Zahl gefallen ist.

1.3

In einer Sendung von acht Artikeln befinden sich zwei defekte Artikel. Daraus wird willkürlich eine Stichprobe von vier Stück (ohne Zurücklegung) genommen. Mit X sei nun die Anzahl der defekten Artikel in dieser Stichprobe bezeichnet.

a) Bestimme die Wahrscheinlichkeitsfunktion von X und stelle eine Wahrscheinlichkeitstabelle auf.

b) Berechne die Wahrscheinlichkeitsfunktion von X und zeichne ihren Graphen.

1.4

In der folgenden Tabelle ist das Jahreseinkommen von sechs Personen A, B, C, D, E, F angegeben.

Person	A	B	C	D	E	F
Einkommen (in 1000 DM)	3	3	4	5	6	6

Aus ihnen soll eine Kommission von k Personen ($k = 1, 2, \ldots, 6$) gebildet werden. Die Zufallsveränderliche X_k wird als das mittlere Einkommen der k Kommissionsmitglieder definiert. Bestimme für jeden Wert von k

a) die Wahrscheinlichkeitsfunktion von X_k und zeichne den zugehörigen Wahrscheinlichkeitsgraphen;

b) die Verteilungsfunktion von X_k und zeichne ihren Graphen.

c) Vergleiche die sechs Wahrscheinlichkeitsfunktionen. Wie verändern sie sich, wenn k wächst?

1.5

Die Zufallsveränderliche X hat eine Wahrscheinlichkeitsfunktion f der folgenden Form, wobei k eine gewisse Zahl ist:

$$f(x) = \begin{cases} k, & \text{wenn } x = 0 \\ 2k, & \text{,, } \quad x = 1 \\ 3k, & \text{,, } \quad x = 2 \\ 0 & \text{in allen anderen Fällen} \end{cases}$$

a) Bestimme den Wert von k.

b) Wie groß sind $P(X < 2)$, $P(X \leqq 2)$, $P(0 < X < 2)$?

c) Welches ist der kleinste Wert von x, für den $P(X \leqq x) > 0{,}5$?

d) Bestimme die Verteilungsfunktion von X.

1.6

Es sei X die Anzahl der häuslichen Arbeitsstunden an einem willkürlich ausgewählten Schultag. Die Wahrscheinlichkeitsfunktion von X habe folgende angenommene

Form, wobei k eine gewisse Zahl ist:

$$f(x) = \begin{cases} 0{,}1, & \text{wenn } x = 0 \\ kx, & \text{,, } \quad x = 1 \text{ oder } 2 \\ k(5-x), & \text{,, } \quad x = 3 \text{ oder } 4 \\ 0 & \text{in allen übrigen Fällen.} \end{cases}$$

a) Bestimme den Wert von k.
b) Zeichne den Wahrscheinlichkeitsgraphen.
c) Wie groß ist die Wahrscheinlichkeit, daß wenigstens zwei Stunden zu Hause gearbeitet wird? Genau zwei Stunden? Höchstens zwei Stunden?
d) Wie groß ist die Stundenzahl, die mit der Wahrscheinlichkeit von mindestens 0,7 täglich mindestens gearbeitet wird?
e) Berechne die Verteilungsfunktion von X.
f) Wie groß ist die bedingte Wahrscheinlichkeit, daß drei Stunden gearbeitet wird, vorausgesetzt, daß überhaupt gearbeitet wird?

1.7

Die Verteilungsfunktion der Zufallsveränderlichen X ist gegeben durch

$$F(x) = \begin{cases} 0, & \text{wenn } \quad x < -1 \\ \frac{1}{4}, & \text{,, } \quad -1 \leqq x < 1 \\ \frac{1}{2}, & \text{,, } \quad 1 \leqq x < 2 \\ \frac{2}{3}, & \text{,, } \quad 2 \leqq x < 3 \\ 1, & \text{,, } \quad x \geqq 3 \end{cases}$$

a) Zeichne den Graphen von F.
b) Bestimme $P(X \leqq 1)$, $P(X = 1)$, $P(-1 < X \leqq 2)$, $P(-1 \leqq X < 2)$, $P(-1 \leqq X \leqq 2)$, $P(X < 3)$, $P(-2 < X \leqq 3{,}5)$, $P(1{,}5 < X < 2{,}7)$.
c) Ermittle daraus die Wahrscheinlichkeitsfunktion von X und konstruiere eine Wahrscheinlichkeitstabelle.

1.8

Eine Urne enthält drei grüne und zwei rote Kugeln. Bestimme die Wahrscheinlichkeitsfunktion und konstruiere die Wahrscheinlichkeitstabelle für jede der folgenden Zufallsveränderlichen.

a) Die Anzahl der roten Kugeln aus einer Stichprobe von drei Kugeln, mit Zurücklegung gezogen.
b) Die Anzahl der roten Kugeln aus einer Stichprobe von drei Kugeln, ohne Zurücklegung gezogen.
c) Die Anzahl der Kugeln, die eine nach der anderen mit Zurücklegung gezogen werden, um eine rote Kugel zu erhalten.
d) Die Anzahl der Kugeln, die eine nach der anderen ohne Zurücklegung gezogen werden, um eine rote Kugel zu erhalten.

1.9

Aus einem Bridge-Spiel (52 Karten) wird eine Hand Karten (13 Stück) gezogen.

X bezeichne die Anzahl der Pik-Karten in der Hand. Bestimme die Wahrscheinlichkeitsfunktion der Zufallsvariablen X.

1.10

Es sei X eine Zufallsveränderliche, deren mögliche Werte $x_1, x_2, \ldots, x_N$ mit den Wahrscheinlichkeiten $f(x_1), f(x_2), \ldots, f(x_N)$ eintreten. Ist F die Verteilungsfunktion von X, so beweise, daß

$$F(x) = \sum_{x_k \leqq x}' f(x_k),$$

wobei die Summe über alle k-Werte genommen wird, für die $x_k \leqq x$ ist.
Bemerkung: F wird auch oft als die *Summenfunktion* (*cumulative distribution function*) von X bezeichnet, weil die Werte von F durch Addition aufeinanderfolgender f-Werte erhalten werden.

1.11

Es seien f und F die Wahrscheinlichkeits- und Verteilungsfunktion der Zufallsveränderlichen X. Zeige, daß für irgendwelche Zahlen a und b (mit $a < b$) gilt

a) $P(a < X \leqq b) = F(b) - F(a)$ b) $P(a \leqq X \leqq b) = F(b) - F(a) + f(a)$
c) $P(a \leqq X < b) = F(b) - F(a) + f(a) - f(b)$ d) $P(a < X < b) = F(b) - F(a) - f(b)$.

1.12

a) Es seien $x_1, x_2, \ldots, x_N$ die möglichen Werte der Zufallsveränderlichen X, definiert über einem Ereignisraum S. Zeige, daß
$$\{X = x_1, X = x_2, \ldots, X = x_N\}$$
eine Einteilung von S ist, wenn keinem Elementarereignis von S die Wahrscheinlichkeit null zugeordnet ist.
b) Beweise das Theorem 1.1.

1.13

Eine ideale Münze wird geworfen. Fällt Bild, so gewinnt man 2 DM, fällt Zahl, so gewinnt man eine DM. Der Gewinn sei X_1. Ein Würfel wird geworfen und man gewinnt 2 DM, wenn eine 1, 2 oder 3 fällt, und 1 DM, wenn eine 4, 5 oder 6 geworfen werden. Dieser Gewinn sei X_2.

a) Zeige, daß X_1 und X_2 *verschiedene* Zufallsveränderliche sind, die dieselbe Wahrscheinlichkeitsfunktion haben. (Bemerkung: Zwei Funktionen sind dann und nur dann gleich, wenn sie denselben Definitionsbereich haben und denselben Wert für jedes Element dieses Dfienitionsbereiches.)
b) Beweise, daß es unendlich viele verschiedene Zufallsveränderliche gibt, die dieselbe Wahrscheinlichkeitsfunktion wie X_1 haben.

1.14

Es sei $S = \{o_1, o_2, \ldots, o_n\}$ und E irgendein Ereignis von S. Definiere die *charakteristische Zufallsveränderliche* (*characteristic random variable*) X_E eines Ereignisses E wie folgt:

$$X_E\,(o_k) = \begin{cases} 1, \text{ wenn } o_k \in E \\ 0 \text{ in den übrigen Fällen} \end{cases}$$

Mit anderen Worten: X_E ist gleich 1, wenn E eintritt, und es ist 0, wenn E nicht eintritt.

Beweise die folgenden Eigenschaften der charakteristischen Zufallsvariablen:

a) $X_\emptyset$ ist identisch 0, d.h. $X_\emptyset(o_k)$ 0 für $k = 1, 2, \ldots,$ n.
b) X_S ist identisch 1, d.h. $X_S(o_k) = 1$ für $k = 1, 2, \ldots, n$.
c) Wenn $E = F$, dann ist $X_E = X_F$ und umgekehrt. ($X_E = X_F$ soll heißen, daß $X_E\ (o_k) = X_F(o_k)$ für $k = 1, 2, \ldots, n$.)
d) Ist $E \subseteq F$, dann ist $X_E \leqq X_F$ und umgekehrt. ($X_E \leqq X_F$ soll heißen, daß $X_E(o_k) \leqq X_F(o_k)$ für $k = 1, 2, \ldots, n$.)
e) $X_E + X_{E'}$, ist identisch 1. (Der Wert $X_E + X_{E'}$, für o_k ist definiert durch $X_E(o_k) + X_{E'}(o_k)$.)
f) $X_{E \cap F} = X_E X_F$. (Der Wert von $X_E X_F$ ist definiert als $X_E(o_k) X_F(o_k)$).
g) $X_{E \cup F} = X_E + X_F - X_{E \cap F}$.

2. Das Mittel

In vielen Fällen hat die betrachtete Zufallsveränderliche eine recht verwickelte Wahrscheinlichkeitsfunktion. Es ist daher wünschenswert, daß man einige Merkmale der Zufallsveränderlichen mit Hilfe einiger Zahlen beschreiben kann, die aus ihrer Wahrscheinlichkeitsfunktion berechnet werden können. Für einige Zwecke sind diese Zahlen — und nicht die vollständige Funktion — alles, was benötigt wird. In diesem Abschnitt beschränken wir uns auf eine Zahl, das *Mittel* (*mean*) der Zufallsveränderlichen; sie stellt ein Maß für die Lage dar, insofern sie grob eine „Mitte" oder einen „durchschnittlichen Wert" der Zufallsveränderlichen angibt.

Es gibt noch andere oft benutzte Maße für die örtliche Lage, insbesondere die *Mediane* (*median*) und den *Modus* (*mode*) oder *Modalwert* der Zufallsveränderlichen. Aber diese sind von geringerer Bedeutung als das Mittel, und so mag der Leser in den Übungen (Übg. 2.21 und 2.22) darüber etwas erfahren.

Definition 2.1

Es sei X eine Zufallsveränderliche, deren mögliche Werte $x_1, x_2, \ldots, x_N$ mit den entsprechenden Wahrscheinlichkeiten $f(x_1), f(x_2), \ldots, f(x_N)$ auftreten. Das mit $E(X)$ bezeichnete *Mittel* von X ist dann die Zahl

$$E(X) = \sum_{k=1}^{N} x_k f(x_k), \tag{2.1}$$

d.h. das Mittel von X ist der gewogene Mittelwert aller möglichen Werte von X, wobei jeder durch die Wahrscheinlichkeit gewogen wird, mit der er auftritt.

Der Begriff des gewogenen Mittelwertes ist uns recht vertraut. Hat jemand bei einem sportlichen Wettkampf durch die sechs Punktrichter die Wertungszahlen 75, 90, 75, 87, 75, 90 erhalten, so errechnet er seinen mittleren Stand, indem er die Summe dieser sechs Zahlen durch ihre Anzahl 6 dividiert:

$$\frac{75+90+75+87+75+90}{6} = \frac{492}{6} = 82.$$

Er kann aber auch schreiben

$$\frac{75+90+75+87+75+90}{6} = \frac{3\cdot 75+1\cdot 87+2\cdot 90}{6} =$$

$$= 75\cdot\frac{3}{6}+87\cdot\frac{1}{6}+90\cdot\frac{2}{6},$$

woraus wir ersehen, daß die mittlere Wertungszahl gleich dem gewogenen Mittel der Wertungen ist, wobei jede Wertung als Gewicht die Verhältniszahl (oder die relative Häufigkeit) erhält, mit der sie unter allen Wertungen auftritt.

Die Wahl des Buchstaben E zur Bezeichnung eines Mittelwertes ist dem Umstand zu verdanken, daß der Begriff des Mittels zuerst bei Glücksspielen eingeführt wurde, wo das Mittel des Gewinns eines Spielers seine *mathematische Erwartung* (*mathematical expectation*) genannt wurde. Das Mittel heißt auch der *Erwartungswert* (*expected value*) von X. Man vergegenwärtige sich aber, daß dieser Ausdruck irreführend ist, da das Mittel keineswegs ein Wert ist, dessen Annahme wir durch die Zufallsveränderliche erwarten. In der Tat kann $E(X)$ von allen möglichen Werten der Zufallsveränderlichen X verschieden sein, wie die folgenden Beispiele zeigen. Darüber brauchen wir nicht erstaunt zu sein, denn schon bei der obigen Erläuterung des gewogenen Mittelwertes war die mittlere Wertungszahl von allen wirklichen Wertungszahlen verschieden.

Beispiel 2.1

Es sei X die Anzahl der Augen, die beim Werfen eines Würfels erhalten werden. Dann sind 1, 2, ..., 6 die möglichen Werte von X, und jeder tritt mit der Wahrscheinlichkeit $\frac{1}{6}$ auf. In Anwendung von (2.1) erhält man also

$$E(X) = 1\cdot\tfrac{1}{6}+2\cdot\tfrac{1}{6}+3\cdot\tfrac{1}{6}+4\cdot\tfrac{1}{6}+5\cdot\tfrac{1}{6}+6\cdot\tfrac{1}{6} = \tfrac{7}{2}.$$

Beispiel 2.2

X sei die Augensumme beim Werfen von zwei Würfeln. Im Beispiel 1.5 berechneten wir die Wahrscheinlichkeitsfunktion der Zufallsveränderlichen X. Wir finden nun

$$E(X) = 2\cdot\tfrac{1}{36}+3\cdot\tfrac{2}{36}+4\cdot\tfrac{3}{36}+5\cdot\tfrac{4}{36}+6\cdot\tfrac{5}{36}+7\cdot\tfrac{6}{36}+8\cdot\tfrac{5}{36}+9\cdot\tfrac{4}{36}$$
$$+10\cdot\tfrac{3}{36}+11\cdot\tfrac{2}{36}+12\cdot\tfrac{1}{36}$$

oder $E(X) = 7$.

Beispiel 2.3

Ein Blumenhändler kauft verderbliche Blumen, die ihm 0,50 DM kosten und die er am ersten Tag in seinem Laden mit 1,50 DM auszeichnet. Jede am ersten Tag nicht verkaufte Blume ist wertlos und wird weggeworfen. Die Zufallsveränderliche X sei die Anzahl der Blumen, die die Kunden an einem beliebig ausgewählten Tag kaufen. Der Blumenhändler hat gefunden, daß die Wahrscheinlichkeitsfunktion von X durch die folgende Wahrscheinlichkeitstabelle gegeben ist:

x	0	1	2	3
$f(x)$	0,1	0,4	0,3	0,2

Wieviel Blumen muß der Händler einkaufen, um im Mittel einen möglichst großen Gewinn zu erzielen?

Für $k = 0, 1, 2, 3$ sei Y_k die Zufallsveränderliche, die des Händlers Gewinn angibt, wenn dieser k Blumen einkauft. Wir bestimmen die Wahrscheinlichkeitsfunktion von jeder dieser Zufallsveränderlichen, berechnen $E(Y_k)$ für jede und bestimmen so den Wert von k, für den $E(Y_k)$ am größten ist.

Kauft er keine Blumen ein, so ist sein Gewinn Y_0 gleich null mit der Wahrscheinlichkeit 1; daher ist $E(Y_0) = 0$. Wenn er eine Blume einkauft, dann verliert er 0,50 DM, wenn sie nicht verkauft wird, und erzielt einen Rohgewinn von $1{,}50-0{,}50 = 1{,}00$ DM, wenn wenigstens ein Kunde eine Blume verlangt. Die Wahrscheinlichkeitsfunktion von Y_1 ist also durch die Tabelle

y_1	$-0{,}50$	$1{,}00$
$P(Y_1 = y_1)$	0,1	0,9

gegeben, und es ist daher

$$E(Y_1) = -0{,}50\cdot 0{,}1+1{,}00\cdot 0{,}9 = 0{,}85(\text{DM})\,.$$

Analog kann man die Wahrscheinlichkeitstabellen für Y_2 und Y_3 aufstellen:

y_2	$-1{,}00$	$0{,}50$	$2{,}00$
$P(Y_2 = y_2)$	0,1	0,4	0,5

y_3	$-1{,}50$	0	$1{,}50$	$3{,}00$
$P(Y_3 = y_3)$	0,1	0,4	0,3	0,2

Aus ihnen berechnen wir $E(Y_2) = 1{,}10$ DM und $E(Y_3) = 0{,}90$ DM. Der Blumenhändler kann also seinen mittleren Rohgewinn am größten machen, wenn er zwei Blumen einkauft. (Vgl. Übg. 2.7.)

Ist X eine über dem Ereignisraum S definierte Zufallsveränderliche und x_k ein möglicher Wert von X, so kann es sein, daß man sich weniger für x_k selbst, als für gewisse durch x_k bestimmte Zahlen wie $5x_k$, $3x_k-2$, x_k^2 usw. interessiert. (Als ein einfaches Beispiel nehme man das, bei dem X die Stückzahl eines Erzeugnisses ist, das für je 2 DM eingekauft und für je 7 DM verkauft wird. Die Größe x_k bestimmt dann den Gewinn $5x_k$.) Wir wollen zunächst einsehen, daß dadurch eine neue Zufallsveränderliche bestimmt wird. Dann werden wir uns Verfahren zur Berechnung des Mittels dieser neuen Zufallsvariablen zuwenden.

Definition 2.2

Es sei X eine über dem Ereignisraum S definierte Zufallsveränderliche und g eine (zahlenmäßig-erfaßbare) Funktion, deren Definitionsbereich den Wertebereich von X umfaßt. Dann ist die *zusammengesetzte Funktion* (*composite function*) $g(X)$ definiert als die Funktion, deren Wert für irgendein Element $o_k \in S$ die reelle Zahl $g(X(o_k))$ ist.

Betrachten wir diese Definition unter Verwendung des Bildes der „Funktionsmaschinen" (Bild 20). Wir beginnen mit einem Element $o_k \in S$ und erhalten zunächst den Wert $X(o_k)$. Nun haben wir in der

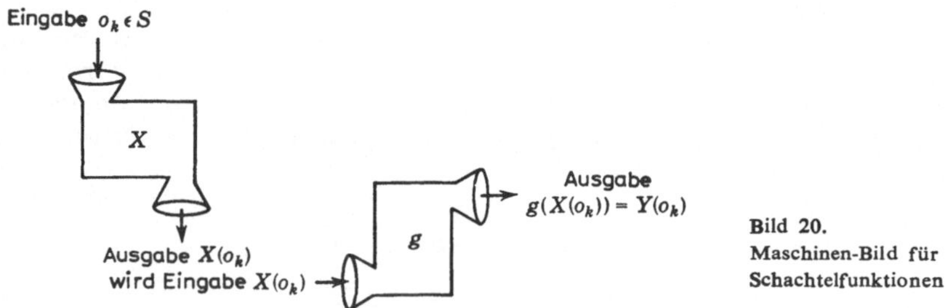

Bild 20. Maschinen-Bild für Schachtelfunktionen

Definition 2.2 angenommen, daß jede Ausgabezahl der X-Maschine als Eingabezahl der g-Maschine dienen kann. Insbesondere können wir $X(o_k)$ in die g-Maschine eingeben und erhalten dadurch den Wert von g für $X(o_k)$. Die endgültige Ausgabezahl ist daher $g(X(o_k))$. Die beiden Maschinen zusammen in der gegebenen Ordnung können als eine einzige zusammengesetzte Maschine aufgefaßt werden, die bei einem Eingabeelement $o_k \in S$ die Ausgabezahl $g(X(o_k))$ liefert. Die durch diese zusammengesetzte Maschine definierte zusammengesetzte Funktion $g(X)$ ist daher eine Zufallsveränderliche, deren Definitionsbereich S ist. Setzen wir $Y = g(X)$, dann ordnet die Zufallsveränderliche Y jedem Element $o_k \in S$ die Zahl $Y(o_k) = g(X(o_k))$ zu. Das nächste Beispiel wird das Gesagte erläutern.

Beispiel 2.4

Angenommen, wir werfen zwei ideale Münzen und nehmen $S = \{HH, HZ, ZH, ZZ\}$ als Ereignisraum. X bezeichne die Anzahl der erhaltenen Bilder (H). Ferner sei $g(x) = (x-1)^2$, so daß $Y = g(X) = (X-1)^2$. In Worten: Y ist das Quadrat der Abweichung der Anzahl der Bilder von der Zahl 1. Für jedes Element $o_k \in S$ erhalten wir den Wert der Zufallsveränderlichen X und daraus den entsprechenden Wert der Zufallsveränderlichen Y:

o_k	$P(\{o_k\})$	$X(o_k)$	$Y(o_k)$
HH	$\frac{1}{4}$	2	$(2-1)^2 = 1$
HZ	$\frac{1}{4}$	1	$(1-1)^2 = 0$
ZH	$\frac{1}{4}$	1	$(1-1)^2 = 0$
ZZ	$\frac{1}{4}$	0	$(0-1)^2 = 1$

Daraus ergeben sich die Wahrscheinlichkeitsfunktionen von X und Y:

x	0	1	2
$P(X = x)$	$\frac{1}{4}$	$\frac{1}{2}$	$\frac{1}{4}$

y	0	1
$P(Y = y)$	$\frac{1}{2}$	$\frac{1}{2}$

Nun können wir das Mittel von Y in Anwendung der Definition 2.1 berechnen. Wir finden

$$E(Y) = E[(X-1)^2] = 0 \cdot \tfrac{1}{2} + 1 \cdot \tfrac{1}{2} = \tfrac{1}{2}. \tag{2.2}$$

Unser nächstes Beispiel zeigt, daß wir das Mittel von $Y = g(X)$ direkt aus der Wahrscheinlichkeitsfunktion von X berechnen können, *ohne* erst die Wahrscheinlichkeitsfunktion von Y zu bestimmen.

Theorem 2.1

Es sei X eine Zufallsveränderliche, deren möglichen Werten $x_1, x_2, \ldots, x_N$ die entsprechenden Wahrscheinlichkeiten $f(x_1), f(x_2), \ldots, f(x_N)$ zugeordnet sind. Ist $Y = g(X)$, dann ist das Mittel der Zufallsveränderlichen Y gegeben durch

$$E(Y) = E[g(X)] = \sum_{k=1}^{N} g(x_k)f(x_k). \tag{2.3}$$

Beweis: Es seien $y_1, y_2, \ldots, y_M$ die möglichen Werte von Y. (Wir wissen, daß $M \leqq N$, denn es kann sein, daß Y für zwei verschiedene Werte von X denselben Wert hat.) Dann folgt nach der Definition von $E(Y)$

$$E(Y) = \sum_{j=1}^{M} y_j\, P(Y = y_j) = \sum_{j=1}^{M} y_j P(g(X) = y_j)$$
$$= \sum_{j=1}^{M} y_j P(X = x, \text{ wobei } g(x) = y_j).$$

Nun besteht die Wahrscheinlichkeit des Ereignisses in diesem letzten Ausdruck aus der Summe der Wahrscheinlichkeiten eines Ereignisses oder mehrerer (sich ausschließender) Ereignisse von der Form $X = x_k$, wobei x_k ein möglicher Wert von X ist. Und für jedes dieser Ereignisse kennen wir $y_j = g(x_k)$. Wenn j von 1 bis M variiert, so erhalten wir darin Ausdrücke der Form $g(x_k)\, P(X = x_k)$ für jeden möglichen Wert x_k. Daher ist

$$E(Y) = \sum_{k=1}^{N} g(x_k)\, P(X = x_k),$$

was genau die zu beweisende Behauptung ist.

Beispiel 2.5

Die Verwendung von (2.3) soll am Beispiel der Berechnung von $E(Y)$ für die Zufallsveränderliche $Y = (X-1)^2$ aus dem Beispiel 2.4 erläutert werden. Wir finden

$$E(Y) = E[(X-1)^2] = \sum_{k=1}^{3} (x_k-1)^2 f(x_k)$$
$$= (0-1)^2 \cdot \tfrac{1}{4} + (1-1)^2 \cdot \tfrac{1}{2} + (2-1)^2 \cdot \tfrac{1}{4} = \tfrac{1}{2}, \text{ wie in (2.2).}$$

Die Berechnung von $E[g(X)]$ mit Hilfe der Formel (2.3) ist im allgemeinen einfacher als die vorherige Berechnung der Wahrscheinlichkeitsfunktion der Zufallsveränderlichen $g(X)$ und die dann folgende Bestimmung ihres Mittels mit Hilfe der Definition 2.1. Später werden wir die Formeln

$$E(X^2) = \sum_{k=1}^{N} x_k^2 f(x_k), \tag{2.4}$$

$$E[X-E(X)] = \sum_{k=1}^{N} [x_k - E(X)]f(x_k), \tag{2.5}$$

$$E([X-E(X)]^2) = \sum_{k=1}^{N} [x_k - E(X)]^2 f(x_k), \tag{2.6}$$

verwenden. Sie werden aus (2.3) erhalten, indem $g(x)$ gleich x^2, $x-E(X)$ und $[x-E(X)]^2$ gesetzt wird.

Beispiel 2.6

X bezeichne die Anzahl der Augen beim Werfen eines echten Würfels (vgl. Beispiel 2.1). Nach (2.4) ergibt sich

$$E(X^2) = 1^2 \cdot \tfrac{1}{6} + 2^2 \cdot \tfrac{1}{6} + 3^2 \cdot \tfrac{1}{6} + 4^2 \cdot \tfrac{1}{6} + 5^2 \cdot \tfrac{1}{6} + 6^2 \cdot \tfrac{1}{6} = \tfrac{91}{6}\,.$$

Das Theorem 2.1 führt zu einigen wichtigen Resultaten, denen wir uns jetzt zuwenden.

Theorem 2.2

Sind a und b irgendwelche Zahlen, dann gilt

$$E(aX+b) = aE(X)+b. \tag{2.7}$$

Beweis: Wir setzen in (2.3) $g(X) = ax+b$ und erhalten

$$E[g(X)] = E(aX+b) = \sum_{k=1}^{N} (ax_k+b)f(x_k)$$

$$= \sum_{k=1}^{N} ax_k f(x_k) + \sum_{k=1}^{N} bf(x_k) = a \sum_{k=1}^{N} x_k f(x_k) + b \sum_{k=1}^{N} f(x_k) = aE(X)+b,$$

wobei die letzte Umformung aus der in (2.1) gegebenen Definition von $E(X)$ und aus der durch (1.7) ausgedrückten Tatsache, daß die Summe der Wahrscheinlichkeiten $f(x)$ gleich 1 ist, folgt. Als Sonderfälle von (2.7) haben wir

$$E(X+b) = E(X)+b \text{ und } E(aX) = a\,E(X).$$

In Worten: *Wird zu jedem Wert der Zufallsveränderlichen der gleiche Betrag addiert, so ändert sich das Mittel der Zufallsveränderlichen um den gleichen Betrag. Wird jeder Wert der Zufallsveränderlichen mit demselben Faktor multipliziert, so multipliziert sich auch das Mittel mit diesem Faktor.*

Es ist angenehm, daß unsere Formeln diese ansprechenden und vernünftigen Ergebnisse liefern.

Setzen wir in (2.7) $a = 1$ und $b = -E(X)$, so erhalten wir

$$E[X-E(X)] = E(X)-E(X) = 0. \tag{2.8}$$

Nun stellt $X-E(X)$ die mit einem Vorzeichen versehene Abweichung von X von seinem Mittel dar. Die Abweichung ist positiv, null oder negativ, je nachdem der Wert von X größer, gleich oder kleiner als die Zahl $E(X)$ ist. Nach Formel (2.8) ist also die *mittlere Abweichung von X von seinem Mittel gleich null.*

Einige unserer Formeln lassen eine mechanische Interpretation zu. Wir denken uns N Masseteilchen längs der x-Achse an den Stellen $x_1, x_2, \ldots, x_N$. Das Masseteilchen an der Stelle x_k habe die Masse $f(x_k)$ für $k = 1, 2, \ldots, N$. Dann drücken (1.6) und (1.7) die Tatsachen aus, daß jedes Masseteilchen positive Masse haben und die Gesamtmasse aller N Massen gleich 1 sein muß. Mit dieser Interpretation definiert die Summe in (2.1) das, was der Physiker den *Schwerpunkt* des Systems der N Massen nennt. Der Schwerpunkt ist also das gewogene Mittel der x-Werte, deren Gewicht gleich der in dem x-Wert konzentrierten Masse ist. Die Zahl $x_k - E(X)$ ist die mit Vorzeichen versehene Entfernung der Masse in x_k von dem Schwerpunkt. Nun stellen wir

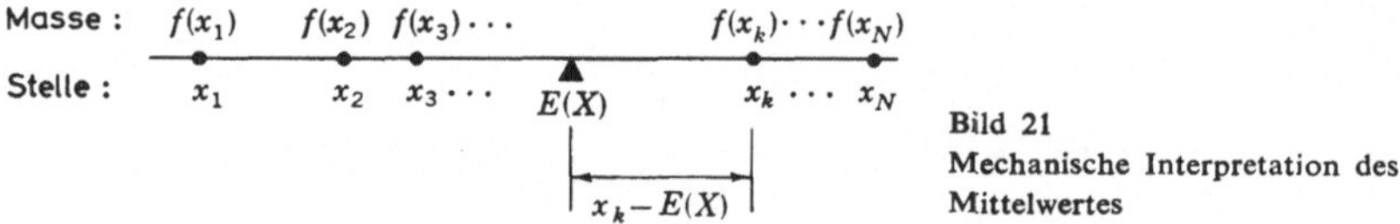

Bild 21
Mechanische Interpretation des Mittelwertes

uns die x-Achse als einen Hebel vor, der im Schwerpunkt unterstützt wird. $x_k-E(X)$ ist positiv, wenn x_k recht vom Unterstützungspunkt liegt und negativ, wenn es links davon liegt (Bild 21). Das Drehmoment der Masse $f(x_k)$ an der Stelle x_k in bezug auf den Schwerpunkt ist das Produkt aus dieser Masse und ihrer Entfernung vom Schwerpunkt. (Die mit Vorzeichen versehene Entfernung heißt in der Mechanik der *Hebelarm.*) Das gesamte Drehmoment aller N Massen in bezug auf den Schwerpunkt ist daher genau die in (2.5) angegebene Summe. Ist das gesamte Drehmoment null, so befindet sich der Hebel im Gleichgewicht, d.h. der Hebel ruht und dreht sich nicht um den Schwerpunkt. Die Formel (2.8) ist also nur Ausdruck folgender Eigenschaft des Schwerpunktes: eine Verteilung von Masseteilchen ist im Gleichgewicht, wenn die Unterstützung im Schwerpunkt des Systems erfolgt. Es läßt sich weiter zeigen, daß der Schwerpunkt der einzige Punkt für eine Unterstützung ist, bei der der Hebelarm im Gleichgewicht bleibt und sich nicht dreht. (Vgl. Übg. 2.14.)

Im abschließenden Beispiel werden wir zunächst die Verteilungsfunktion von X, dann die Wahrscheinlichkeitsfunktion und schließlich $E(X)$ bestimmen. Das Beispiel liefert einen kurzen Rückblick auf das bisher in diesem Kapitel behandelte.

Beispiel 2.7

In einer Stadt fahren 25 Beamte einen stadteigenen Wagen mit den Nummern von 1 bis 25. In einer 5-Minuten-Pause beobachtet jemand zwei Stadtautos vor dem Rathaus. Wir interpretieren dies als eine Stichprobe von zwei Wagen, die mit Zurücklegung aus einer Population von 25 Wagen gezogen werden. Mit X werde die höchste an diesen Wagen beobachtete Nummer bezeichnet. (Sind die beiden beobachteten Nummern gleich, dann ist X die beobachtete Nummer.) Wir wollen das Mittel der Zufallsveränderlichen X bestimmen.
Die möglichen Werte von X sind selbstverständlich die Zahlen $1, 2, \ldots, 25$. Das Ereignis, daß $X = k$ ist, tritt dann und nur dann ein, wenn *beide* Autonummern kleiner oder gleich k sind. Daher gilt für $k = 1, 2, \ldots, 25$.

$$F(k) = P(X \leqq k) = \left(\frac{k}{25}\right)^2 = \frac{k^2}{625}.$$

Da aber

$$f(k) = P(X = x) = P(X \leqq k) - P(x \leqq k-1),$$

so gilt für $k = 1, 2, \ldots, 25$

$$f(k) = \frac{k^2}{625} - \frac{(k-1)^2}{625} = \frac{2k-1}{625}.$$

Nachdem wir die Wahrscheinlichkeitsfunktion von X gefunden haben, berechnen wir $E(X)$ mit Hilfe von (2.1). Die Werte $x_1, x_2, \ldots, x_N$ in (2.1) sind nun gerade die ganzen Zahlen 1, 2, ..., 25. Wir erhalten daher

$$E(X) = \sum_{k=1}^{25} k f(k) = \sum_{k=1}^{25} k \cdot \frac{2k-1}{625} = \frac{1}{625}\left[2 \sum_{k=1}^{25} k^2 - \sum_{k=1}^{25} k\right].$$

Die Summe der ersten N positiven ganzen Zahlen und die Summe der Quadrate dieser Zahlen werden durch die Formeln

$$\sum_{k=1}^{N} k = \frac{N(N+1)}{2}, \qquad \sum_{k=1}^{N} k^2 = \frac{N(N+1)(2N+1)}{6} \tag{2.9}$$

gegeben. Daraus folgt, daß

$$E(X) = \frac{1}{625}\left[\frac{2 \cdot 25 \cdot 26 \cdot 51}{6} - \frac{25 \cdot 26}{2}\right] = \frac{429}{25}.$$

Das Mittel der größeren von zwei beobachteten Autonummern ist also 17,16.

Ein damit zusammenhängendes, aber viel schwierigeres Problem ist das folgende. Jemand will wissen, wieviel Personen an einer Versammlung teilnehmen. Er weiß nur, daß jeder Teilnehmer bei seinem Eintritt eine numerierte Karte erhalten hat. Die Karten sind von 1 bis N durchgehend numeriert, wobei N also die unbekannte Teilnehmerzahl ist. Es wird nun eine Stichprobe von zehn Personen herausgegriffen und etwa als die höchste Zahl auf ihren Karten die Zahl 261 beobachtet. Wie groß ist danach die Teilnehmerzahl der Versammlung zu schätzen? Dies ist ein Problem aus dem Bereich der *statistischen Schätzungen* (*statistical estimation*), bei denen Eigenschaften einer Population (der Gesamtzahl von Personen) auf Grund von Informationen (hier z.B. größte angetroffene Nummer auf den Eintrittskarten) aus Stichproben geschätzt werden. Beispiel 2.7 ist ein einfaches Beispiel aus der *Stichprobentheorie* (*sampling theory*), bei dem wir eine wahrscheinlichkeitstheoretische Frage zu einer Stichprobe unter der Annahme beantworteten, daß wir alles über die Population wußten, aus der die Stichprobe genommen wurde.

Übungen

2.1

Es sei X die Anzahl „Bild" (H), die bei dreimaligem unabhängigen Werfen einer idealen Münze erhalten wird. (Vgl. Übg. 1.1)

a) Bestimme $E(X)$.

b) Ermittle die Wahrscheinlichkeitsfunktion der Zufallsveränderlichen $Y = X-E(X)$ und bestätige (2.8) durch Berechnung von $E(X)$.

c) Es ist die Wahrscheinlichkeitsfunktion der Zufallsveränderlichen $Z = [X-E(X)]^2$ zu bestimmen und dann $E(Z)$ zu berechnen. Bestätige das Ergebnis durch Berechnung von $E(Z)$ mit Hilfe des Theorems 2.1.

2.2

Eine (vielleicht gefälschte) Münze wird geworfen. Es sei X die Anzahl der erhaltenen Bilder (H). Bestimme die Wahrscheinlichkeitsfunktion der Zufallsveränderlichen $Y = X(1-X)$.

2.3

Bei einer Lotterie von 1000 Losen zu je 1 DM können ein Preis zu 500 DM, vier Preise zu je 100 DM und 5 Preise zu je 10 DM gewonnen werden. Es sei X der Gewinn beim Kauf eines Loses. Bestimme $E(X)$.

2.4

Beim Roulette sind die Zahlen $0, 1, 2, \ldots, 36$ kreisförmig angeordnet. Ein Spieler setzt 1 DM auf eine Zahl. Er erhält vom Croupier 36 DM, wenn die Kugel in dem

Feld mit seiner Zahl zur Ruhe kommt, anderenfalls erhält er nichts. Berechne $E(X)$, wenn X der Gewinn des Spielers ist.

2.5

Bestimme in dem Beispiel 1.3 die mittlere Zahl der defekten Stücke.

2.6

Zwei defekte Radioröhren sind mit zwei brauchbaren vermischt worden. Die Röhren werden nun nacheinander untersucht, bis die beiden unbrauchbaren gefunden sind. Es sei X nun die Anzahl der so ausgewählten Röhren. Bestimme die Wahrscheinlichkeitsfunktion von X und berechne das Mittel von X. (Vgl. 5.9.)

2.7

Im Beispiel 2.3 haben wir angenommen, daß durch Unerfüllbarkeit eines Kundenwunsches kein Verlust eingetreten ist. In Wirklichkeit muß der Blumenhändler damit rechnen, daß der Kunde sich aus diesem Grunde von ihm abwenden könnte, daß also ein finanzieller Verlust damit verbunden ist. Es sei angenommen, daß der Händler diesen finanziellen Verlust für jeden nicht befriedigten Kunden mit 0,50 DM veranschlagt. a) Zeige, daß er weiterhin zwei Blumen einkaufen muß. b) Wie hoch muß der Händler den finanziellen Verlust für jeden nicht zufriedengestellten Kunden einsetzen, bevor sein mittlerer Gewinn bei einem Einkauf von drei Blumen am größten wird?

2.8

Spieler A zahlt B 1 DM. Dann wird mit zwei Würfeln gewürfelt. A erhält 2 DM von B, wenn eine Sechs erscheint, 4 DM, wenn zwei Sechsen auftreten, und er erhält nichts, wenn keine Sechs erscheint. Es sei X der Gewinn des Spielers A. a) Bestimme $E(X)$! b) Was muß A an B als Anfangsbetrag zahlen (statt 1 DM), damit $E(X) = 0$ ist?

2.9

A setzt 1 DM gegen b DM von B, daß beim Ziehen von zwei Karten aus einem Spiel von 52 Stück beide Karten die gleiche Farbe haben werden. X sei der Gewinn von A. Welcher Wert b ist einzusetzen, damit $E(X) = 0$ wird? Wie groß ist $E(Y)$ mit dem so bestimmten Wert b, wenn Y der Gewinn des Spielers B ist?

2.10

Berechne die Mittelwerte der in Übung 1.8 definierten Zufallsveränderlichen.

2.11

Jemand ist zu folgendem Spiel überredet worden. Eine Münze wird solange geworfen, bis zum ersten Male Bild erscheint. Das Spiel ist aus, wenn nach 20 Würfen noch keinmal Bild erschienen ist. Der Betreffende zahlt 2 DM, wenn Bild (H) beim ersten Wurf erscheint, $2^2 = 4$ DM, wenn erst beim zweiten Wurf Bild erscheint, ..., $2^{20} = 1\,048\,576$ DM, wenn Bild zum ersten Male beim 20. Wurf erscheint. Ist bei den ersten 20 Würfen niemals Bild erschienen, dann braucht er nichts zu zahlen. Wieviel Geld ist dem Betreffenden vorher zu zahlen, damit der eigene Gewinn im Mittel null wird?

2.12

Ein Warenhaus verkauft einen Artikel, der je Stück einen Gewinn von 3 DM abwirft. Wenn der Artikel ausverkauft ist, kaufen ihn die Kunden anderswo. Am Ende eines Tages stellt der Geschäftsführer fest, daß nur noch 5 Stück dieses Artikels am Lager sind. Die Anzahl der täglich verkauften Stücke ist eine Zufallsveränderliche D mit $E(D) = 12$. Eine Ergänzung des Lagerbestandes ist nicht mehr möglich. Es sei X nun der Gewinn, der dem Kaufhaus durch nicht rechtzeitige Nachbestellung entgangen ist. Bestimme $E(X)$. Welches Theorem wird benutzt?

2.13

Es sei X die Summe der Augen, die mit zwei echten Würfeln geworfen werden. Bestimme $E(X^2)$. Ist $E(X^2) = [E(X)]^2$? (Vgl. Beispiel 2.2.)

2.14

Zeige, daß $c = E(X)$, wenn $\sum_{k=1}^{N} (x_k - c) f(x_k) = 0$.

2.15

Bei einem Gesellsschaftspiel (*chuck-a-luck*) zahlt der Spieler zum Spielbeginn einen Betrag e ein. Er wählt eine Zahl aus den sechs Zahlen $1, 2, \ldots, 6$ und würfelt dann drei Würfel. Zeigen alle drei Würfel die vom Spieler genannte Augenzahl, dann erhält er das Vierfache seines eingezahlten Betrages; zeigen zwei Würfel diese Zahl, dann erhält er das Dreifache von e; zeigt nur ein Würfel die genannte Zahl, dann erhält er das Doppelte des eingezahlten Betrages. Wenn die Zahl nicht erscheint, erhält er nichts. Es sei nun X der Gewinn des Spielers bei einer einzigen Partie dieses Spieles. Bestimme unter den Annahme, daß die Würfel ideal sind, a) die Wahrscheinlichkeitsfunktion der Zufallsveränderlichen X, b) $E(X)$ und zeige dabei, daß der Spieler je Spiel bei einem Spieleinsatz von 1 DM einen mittleren Verlust von etwa 8 Pf. erleidet.

2.16

Vier Personen A, B, C, D, die oft zusammengearbeitet haben, werden gebeten, den Namen der Person (unter den drei übrigen Personen) auf einen Zettel zu schreiben, mit der sich am besten zusammenarbeiten läßt. Es sei X die Anzahl der Personen, für die dies nach Ansicht ihrer Mitarbeiter *nicht* zutrifft. Bestimme $E(X)$ unter der Annahme, daß jeder willkürlich aus seinen Mitarbeitern einen auswählt und seinen Namen aufschreibt.

2.17

Ein Angetrunkener kommt nach Hause und möchte die Haustür aufschließen. Er hat fünf Schlüssel am Bund und probiert willkürlich einen nach dem anderen, wobei er die nichtpassenden Schlüssel von den weiteren Versuchen ausschließt. Mit X sei die Anzahl der Schlüssel bezeichnet, die er probieren muß, um den passenden Schlüssel zu finden. Bestimme dann $E(X)$.

2.18

Zeige, daß in Übg. 1.4 $E(X_k)$ denselben Wert für $k = 1, 2, \ldots, 6$ besitzt.

2.19

Eine Urne enthält mit den Zahlen von 1 bis 10 numerierte zehn Bälle. Es werden nun folgende Möglichkeiten zur Wahl gestellt:

1. Zahle 1 DM, ziehe einen Ball aus der Urne. Du erhälst soviel DM, wie die Zahl auf dem Ball angibt.
2. Zahle 1 DM und ziehe einen Ball. Ist die Nummer auf dem Ball größer als 5, so erhälst Du soviel DM, wie die Nummer auf dem Ball angibt. Ist die Zahl kleiner oder gleich 5, so lege den Ball zurück in die Urne, zahle erneut 3 DM und ziehe wiederum einen Ball aus der Urne, wofür Du soviel DM erhälst, wie die Zahl auf dem Ball angibt.

X_1 und X_2 sei der Gewinn im Falle 1 bzw. 2. a) Bestimme die Wahrscheinlichkeitsfunktionen von X_1 und X_2. b) Welche Wahl würdest Du treffen, um einen möglichst großen mittleren Gewinn zu erzielen?

2.20

a) Aus den ersten zehn positiven ganzen Zahlen wird eine Zahl willkürlich ausgewählt. X sei die erhaltene Zahl. Bestimme $E(X)$.

b) Zwei Zahlen werden willkürlich (mit Zurücklegung) aus den ersten zehn positiven ganzen Zahlen ausgewählt. X sei die größere dieser beiden Zahlen. Es ist $E(X)$ zu finden.

c) Aus den ersten zehn positiven ganzen Zahlen werden (mit Zurücklegung) drei ausgewählt. X sei die größte von ihnen. Bestimme $E(X)$.

d) Löse die Übungen b) und c) unter der Annahme, daß die Zahlen *ohne* Zurücklegung ausgewählt werden.

2.21

Es sei X eine Zufallsveränderliche mit der Verteilungsfunktion F. Der Graph dieser Funktion ist eine Treppenkurve. An den Sprungstellen $x_1, x_2, \ldots, x_N$ seien die unteren und oberen Stücke des Graphen verbunden. Diesen so erhaltenen neuen Graphen nennen wir den *erweiterten* Graphen von F. Wähle irgendeine Wahrscheinlichkeit p auf der vertikalen Achse aus und ziehe durch diesen Punkt die horizontale Linie. Diese trifft den erweiterten Graphen an einer Stelle, deren x-Koordinate die $100p$-*Prozentile* (*100pth percentile*) der Zufallsveränderlichen X heißt. Eine 25-Prozentile wird auch ein *unteres Quartil* (*lower quartile*), eine 75-Prozentile auch ein *oberes Quartil* (*upper quartile*) genannt; eine 50-Prozentile heißt eine *Mediane* (*median*) von X.

a) Wann existiert bei der eben beschriebenen Konstruktion eine einzige $100p$-Prozentile, wann existieren mehrere?

b) Zeige, daß eine Mediane von X gleichbedeutend auch als eine Zahl m definiert werden kann, für die $P(X \leqq m) \geqq \frac{1}{2}$ und $P(X \geqq m) \geqq \frac{1}{2}$. Formuliere eine entsprechende Definition für eine $100p$-Prozentile von X.

c) Es sei X die Augensumme von zwei idealen Würfeln. Zeige, daß die Mediane von X gleich 7 ist, das untere Quartil gleich 5 und das obere Quartil gleich 9. (Vgl. Beispiel 2.2.)

d) Betrachte die im Beispiel 2.3 definierte Zufallsveränderliche. Zeige, daß $E(X) = 1{,}6$, ferner, daß jede Zahl zwischen 1 und 2 (die Zahlen eingeschlossen) eine Mediane von X ist.

2.22

Ein möglicher Wert von X, der mit einer Wahrscheinlichkeit eintritt, die wenigstens so groß wie die Wahrscheinlichkeit aller anderen Werte von X ist, heißt ein *Modus* (*mode*) oder *Modalwert* (*modal value*) der Zufallsveränderlichen X.

a) Es sei X die Augensumme beim Werfen von zwei echten Würfeln. Zeige, daß der Modus von X gleich 7 ist, so daß bei dieser Zufallsveränderlichen ihr Mittel, ihre Mediane und ihr Modus zusammenfallen (gleich sind).

b) A und B werfen viermal Pfennige. Bei jedem derartigen Spiel gewinnt A einen Pfenning mit der Wahrscheinlichkeit $\frac{1}{2}$ und verliert mit der gleichen Wahrscheinlichkeit $\frac{1}{2}$ einen Pfennig. X sei die Anzahl der Fälle während des Spieles, in denen A gewinnt. Bestimme das Mittel, die Mediane und den Modus der Zufallsveränderlichen X.

2.23

Es sei die Wahrscheinlichkeitsfunktion f symmetrisch zur Geraden $x = a$, d.h. $(a+x) = f(a-x)$ für alle x. Beweise, daß dann $E(X) = a$ ist.

3. Varianz und Streuung

Das Mittel der Zufallsveränderlichen X ist ein „durchschnittlicher" Wert von X; es gibt uns keine Auskunft über die Verteilung der Werte von X. Für viele Zwecke benötigen wir noch ein Maß für diese Verteilung, für die „Streuung" oder „Dispersion" der Werte der Zufallsveränderlichen X. Dies Erfordernis wird offenbar, sobald man feststellt, daß Zufallsveränderliche mit recht verschiedenen Wahrscheinlichkeitsfunktionen gleiche Mittel haben können. Im folgenden sind die Wahrscheinlichkeitsfunktionen von vier verschiedenen Zufallsveränderlichen tabuliert.

X_1: $E(X_1) = 2{,}75$ (3.1)

x	1	2	3	4
$f_1(x)$	$\frac{1}{8}$	$\frac{2}{8}$	$\frac{3}{8}$	$\frac{2}{8}$

X_2: $E(X_2) = 2{,}75$ (3.2)

x	−1	0	4	5	6
$f_2(x)$	$\frac{1}{8}$	$\frac{2}{8}$	$\frac{3}{8}$	$\frac{1}{8}$	$\frac{1}{8}$

X_3: $E(X_3) = 5{,}75$ (3.3)

x	4	5	6	7
$f_3(x)$	$\frac{1}{8}$	$\frac{2}{8}$	$\frac{3}{8}$	$\frac{2}{8}$

X_4: $E(X_4) = 5{,}50$ (3.4)

x	2	4	6	8
$f_4(x)$	$\frac{1}{8}$	$\frac{2}{8}$	$\frac{3}{8}$	$\frac{2}{8}$

Die zugehörigen Wahrscheinlichkeitsgraphen zeigt Bild 22. X_1 und X_2 haben dasselbe Mittel. Um X_1 von X_2 unterscheiden zu können, müssen wir ein Maß haben, durch das wir ausdrücken können, wie die Werte der Zufallsveränderlichen längs der horizontalen Achse verbreitet sind. Von einem solchen Maß werden wir erwarten, daß es für X_2 einen größeren Wert als für X_1 liefert, weil offenbar der Graph b) stärker ausgebreitet ist als der Graph a).

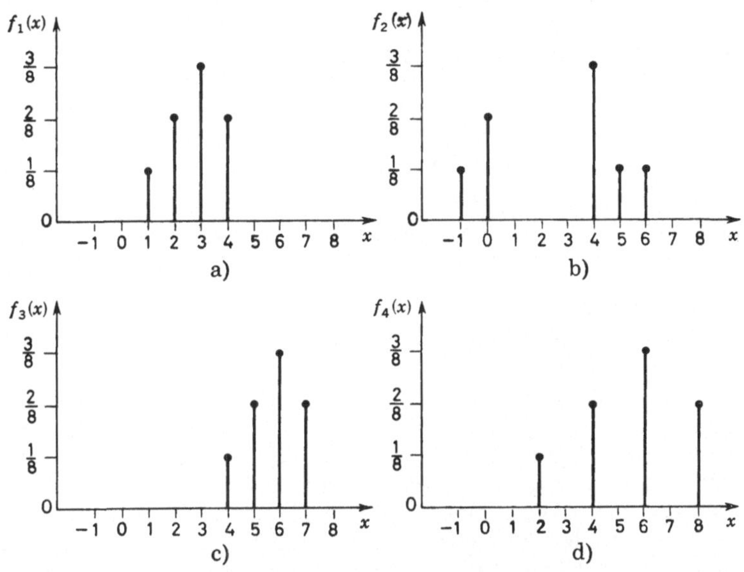

Bild 22. Verschiedene Verteilungen

Man erhält die Zufallsveränderliche X_3, indem man zu jedem Wert von X_1 den Wert 3 zuzählt, d.h. $X_3 = X_1 + 3$. Wie wir im vorhergehenden Abschnitt bewiesen haben, wächst dadurch das Mittel ebenfalls um 3. Bild 22 zeigt, daß der Graph c) gegenüber dem Graphen a) nur um 3 nach rechts verschoben ist, sonst aber mit ihm völlig übereinstimmt. Da aber beide Graphen dieselbe Ausbreitung in den Werten von X_1 und X_3 besitzen, muß unser Maß für die Streuung für X_1 und X_3 gleich sein.

Schließlich erhält man X_4, indem man jeden Wert von X_1 mit 2 multipliziert, d.h. es ist $X_4 = 2\,X_1$. Das Mittel wird dadurch auch verdoppelt, aber zugleich ist jetzt der Graph d) breiter längs der x-Achse gestreut als der Graph a) in Bild 22. Wir erwarten, daß in diesem Falle auch das Maß für die Streuung von X_4 größer als das für X_1 ist. Die Graphen

b) und d) kann man nach Augenmaß schlecht in bezug auf ihre Streuung vergleichen. Wir müssen also von diesen besonderen Beispielen abgehen und ein numerisches Maß für die Streuung festsetzen, das auf jede Zufallsveränderliche anwendbar ist.

Bei einem ersten Versuch zur genauen Festlegung der Streuung einer Zufallsveränderlichen können wir vielleicht folgendermaßen vorgehen. Wir wählen einen gewissen zentralen oder durchschnittlichen Wert von X, z.B. $E(X)$. Für jeden möglichen Wert x_k der Zufallsveränderlichen X mißt die Zahl $x_k - E(X)$ die Abweichung des Wertes x_k von $E(X)$. Diese Abweichung wird nun für $k = 1, 2, \ldots, N$ berechnet. Bilden wir nun das gewogene Mittel dieser Abweichungen, wobei als Gewicht für die $k$te Abweichung die Wahrscheinlichkeit $f(x_k)$ dient, mit der der Wert x_k (und daher auch die Abweichung $x_k - E(X)$) auftritt, so führt uns dies auf die Zahl

$$\sum_{k=1}^{N} [x_k - E(x)] f(x_k) = E[X - E(X)], \tag{3.5}$$

die sich aber zu unserer Enttäuschung als Maß für die Streuung nutzlos erweist, denn wir haben in (2.8) bewiesen, daß sie für alle Zufallsveränderlichen null ist.

Ein zweiter Versuch würde von der Tatsache ausgehen, daß die Summe in (3.5) das gewogene Mittel der mit Vorzeichen versehenen Abweichungen $x_k - E(X)$ ist und daß sich diese gewogenen Abweichungen, einige positiv, andere negativ, zu null addieren. Wenn wir jedoch die Streuung der Werte einer Zufallsveränderlichen messen, so werden wir wohl an den Beträgen von $x_k - E(X)$ interessiert sein, aber nicht an den Vorzeichen. Mit anderen Worten, wir beachten nur, wieweit x_k vom Mittel entfernt ist, und nicht, ob x_k größer oder kleiner als $E(X)$ ist. Obgleich dies nicht der einzige Weg ist (vgl. Übg. 1.13), ist es der mathematisch gangbarste, wenn man jede Abweichung quadriert und dann das gewogene Mittel dieser quadrierten Abweichungen bildet. Dies führt auf folgende Definition. (Zur Vereinfachung führen wir für das Mittel der Zufallsveränderlichen X die Schreibweise μ_X ein. Von jetzt ab verwenden wir μ_X und $E(X)$ gleichbedeutend nebeneinander.)

Definition 3.1

Es sei X eine Zufallsveränderliche, deren mögliche Werte $x_1, x_2, \ldots, x_N$ mit den entsprechenden Wahrscheinlichkeiten $f(x_1), f(x_2), \ldots, f(x_N)$ auftreten, und $\mu_X = E(X)$ das Mittel von X. Die *Varianz* (*variance*) von X, bezeichnet durch $\mathrm{Var}(X)$ oder σ_X^2, ist definiert durch die Zahl

$$\sigma_X^2 = \mathrm{Var}(X) = E[(X - \mu_X)^2] \tag{3.6}$$

oder wegen (2.6) gleichbedeutend durch

$$\sigma_X^2 = \operatorname{Var}(X) = \sum_{k=1}^{N} (x_k - \mu_X)^2 f(x_k). \tag{3.7}$$

Die nichtnegative Zahl

$$\sigma_X = \sqrt{\operatorname{Var}(X)} \tag{3.8}$$

heißt die *Streuung* oder *Standardabweichung* (*standard deviation*) der Zufallsveränderlichen X.

Auf Grund dieser Definition wollen wir die Varianzen der Zufallsveränderlichen berechnen, deren Wahrscheinlichkeitsfunktionen in (3.1) bis (3.4) gegeben sind. Die Berechnung von $\mu_1 = E(X_1)$ und $\sigma_1^2 = \operatorname{Var}(X_1)$ ist in Tabelle 24 zusammengefaßt. (Bemerkung: Wir vermeiden Indizes von Indizes, indem wir μ_1 und σ_1 anstelle von μ_{X_1} und σ_{X_1} schreiben.)

Tabelle 24

x_k	$f_1(x_k)$	$x_k f_1(x_k)$	$x_k - \mu_1$	$(x_k - \mu_1)^2$	$(x_k - \mu_1)^2 f_1(x_k)$
1	$\frac{1}{8}$	$\frac{1}{8}$	$-\frac{7}{4}$	$\frac{49}{16}$	$\frac{49}{128}$
2	$\frac{2}{8}$	$\frac{4}{8}$	$-\frac{3}{4}$	$\frac{9}{16}$	$\frac{18}{128}$
3	$\frac{3}{8}$	$\frac{9}{8}$	$\frac{1}{4}$	$\frac{1}{16}$	$\frac{3}{128}$
4	$\frac{2}{8}$	$\frac{8}{8}$	$\frac{5}{4}$	$\frac{25}{16}$	$\frac{50}{128}$
Summen:	1	$\frac{22}{8}$			$\frac{120}{128}$

$$\mu_1 = E(X_1) = \sum_{k=1}^{4} x_k f_1(x_k) = \frac{22}{8} = 2{,}75$$

$$\sigma_1^2 = \operatorname{Var}(X_1) = \sum_{k-1}^{4} (x_k - \mu_1)^2 f_1(x_k) = \frac{120}{128} = 0{,}9375$$

$$\sigma_1 = \sqrt{\operatorname{Var}(X_1)} \approx 0{,}97$$

In dieser Weise erhalten wir die folgenden Werte:

$$\begin{array}{ll}
\sigma_1^2 = \operatorname{Var}(X_1) = 0{,}9375 & \sigma_1 = 0{,}97 \\
\sigma_2^2 = \operatorname{Var}(X_2) = 6{,}1875 & \sigma_2 = 2{,}49 \\
\sigma_3^2 = \operatorname{Var}(X_3) = 0{,}9375 & \sigma_3 = 0{,}97 \\
\sigma_4^2 = \operatorname{Var}(X_4) = 3{,}75 & \sigma_4 = 1{,}94
\end{array}$$

Wir können nun unsere Betrachtungen zur Streuung gelegentlich der Wahrscheinlichkeitsgraphen in Bild 22 mit den jetzt berechneten

Werten vergleichen. Nehmen wir die Varianz als Maß für das Streuen der Werte, dann zeigt X_2 die größte Streuung, X_4 streut weniger als X_2, aber mehr als X_1, und X_1 und X_3 zeigen dieselbe Streuung. Die gleichen Größenverhältnisse beobachten wir bei dem als Streuung bezeichneten σ. Es ist ferner $X_4 = 2\,X_1$, und wir stellen mit Interesse fest, daß dann $\sigma_4 = 2\sigma_1$ ist. Dies ist ein Sonderfall einer allgemeinen Tatsache, die wir bald beweisen werden. Wie diese Beispiele anzudeuten scheinen, können die Varianz oder die Standardabweichung, d.h. die Streuung, als Maß für die Ausbreitung oder Dispersion der Werte der Zufallsveränderlichen dienen. Die Brauchbarkeit dieser Begriffe in der allgemeinen Theorie wird sich im weiteren Verlauf zeigen.

Bei der Varianz entsteht eine Schwierigkeit dadurch, daß sie die Dispersion nicht in denselben Einheiten wie die Werte von X mißt. Bedeuten die Werte von X die Anzahl der DM, dann bedeuten auch $E(X)$ DM, es wird die Varianz jedoch als die mittlere *quadratische* Abweichung in „DM zum Quadrat" (DM²) gemessen. Aus diesem Grunde haben wir die Streuung durch die Quadratwurzel aus der Varianz definiert. Wir haben dann ein Maß für die Streuung oder Dispersion in den gleichen Einheiten wie die Werte von X.

Wir wenden uns nun gewissen allgemeinen Eigenschaften der Varianz einer Zufallsveränderlichen zu. Da jedes einzelne Glied in der Summe (3.7), die die Varianz definiert, nichtnegativ ist, ist die ganze Summe entweder null oder eine positive Zahl. Die Summe ist dann und nur dann gleich null, wenn jeder Term in der Summe null ist. Da $f(x_k) > 0$ ist, bedeutet dies $x_k = \mu_k$ für alle k. Wir haben damit den folgenden Satz bewiesen.

Theorem 3.1

Für jede beliebige Zufallsveränderliche X gilt

$$\mathrm{Var}(X) \geqq 0, \tag{3.9}$$

wobei die Gleichheit dann und nur dann besteht, wenn nur ein einziger möglicher Wert von X existiert, dieser Wert dann mit der Wahrscheinlichkeit 1 auftritt.

Obgleich die in Tabelle 24 zusammengefaßten Berechnungen nicht schwierig sind, würde man einen einfacheren Weg zur Berechnung der Varianz einer Zufallsveränderlichen begrüßen, als es derjenige darstellt, welcher die definierende Gleichung (3.7) benutzt. Unser nächster Satz liefert uns die gewünschte Formel.

Theorem 3.2

Man kann die Varianz von X erhalten, indem man das Quadrat des Mittels von X von dem Mittel von X^2 subtrahiert, d.h. es ist

$$\mathrm{Var}(X) = E(X^2) - \mu_X^2 . \tag{3.10}$$

Beweis: Wir entwickeln den Summanden in (3.7) und erhalten

$$\begin{aligned}\mathrm{Var}(X) &= \sum_{k=1}^{N} (x_k^2 - 2\mu_X x_k + \mu_X^2) f(x_k) \\ &= \sum_{k=1}^{N} x_k^2 f(x_k) - 2\mu_X \sum_{k=1}^{N} x_k f(x_k) + \mu_X^2 \sum_{k=1}^{N} f(x_k)\,.\end{aligned}$$

Die erste Summe ist nach (2.4) $E(X^2)$, die zweite Summe definiert μ_X, und die Wahrscheinlichkeiten in der dritten Summe addieren sich zu 1. Daher gilt

$$\mathrm{Var}(X) = E(X^2) - 2\mu_X^2 + \mu_X^2,$$

woraus (3.10) unmittelbar folgt.

Es ist wichtig, in Formel (3.10) deutlich zwischen dem „*mittleren Quadrat*" (*mean square*) $E(X^2)$ und dem „*Quadrat des Mittels*" (*square mean*) $\mu_X^2 = [E(X)]^2$ zu unterscheiden. Diese Formel wird gewöhnlich zur Berechnung von $\mathrm{Var}(X)$ gebraucht. In Tabelle 25 sind die Berechnungen der Varianz der Zufallsveränderlichen X_1 zusammengefaßt, deren Wahrscheinlichkeitsfunktion in (3,1) gegeben ist. Ein Vergleich mit Tabelle 24 lehrt, wieviel einfacher die Berechnung der Varianz mit Hilfe von (3.10) anstelle von (3.7) ist.

Tabelle 25

x_k	$f_1(x_k)$	$x_k f_1(x_k)$	$x_k^2 f_1(x_k)$
1	$\frac{1}{8}$	$\frac{1}{8}$	$\frac{1}{8}$
2	$\frac{2}{8}$	$\frac{4}{8}$	$\frac{8}{8}$
3	$\frac{3}{8}$	$\frac{9}{8}$	$\frac{27}{8}$
4	$\frac{2}{8}$	$\frac{8}{8}$	$\frac{32}{8}$
Summen:	1	$\frac{22}{8}$	$\frac{68}{8}$

$$\mu_1 = E(X_1) = \sum_{k=1}^{4} x_k f_1(x_k) = \frac{22}{8} = 2{,}75$$

$$E(X_1^2) = \sum_{k=1}^{4} x_k^2 f_1(x_k) = \frac{68}{8} = 8{,}5$$

$$\sigma_1^2 = \mathrm{Var}(X_1) = E(X_1^2) - \mu_1^2 = 8{,}5 - (2{,}75)^2 = 0{,}9375$$

$$\sigma_1 = \sqrt{\mathrm{Var}(X_1)} \approx 0{,}97$$

Beispiel 3.1

Bedeutet X die Anzahl der Augen beim Werfen eines echten Würfels, so ist nach Beispiel 2.1 $E(X) = \frac{7}{2}$ und nach Beispiel 2.6 $E(X^2) = \frac{91}{6}$. In Anwendung von (3.10) finden wir

$$\operatorname{Var}(X) = \tfrac{91}{6} - (\tfrac{7}{2})^2 = \tfrac{35}{12} \quad \text{und} \quad \sigma_X = \sqrt{\tfrac{35}{12}} \approx 1{,}7.$$

Im Theorem 2.2 betrachteten wir den Einfluß von Änderungen jedes Wertes der Zufallsveränderlichen auf das Mittel durch 1) Addieren oder Subtrahieren einer festen Zahl, 2) Multiplizieren oder Dividieren mit (bzw. durch) eine(r) feste(n) Zahl. Änderungen der ersten Art sind bekannt als Verschiebungen des Nullpunktes der horizontalen Achse des Wahrscheinlichkeitsgraphen der Zufallsveränderlichen; Änderungen der zweiten Art stellen Maßstabänderungen in Richtung der x-Achse dar. So kann z.B. der Graph von X_3 in Bild 22 c) aus dem Graph von X_1 in a) durch eine Änderungen des Anfangspunktes erhalten werden: Verschieben wir den Nullpunkt und damit die gesamte Bezifferung um drei Einheiten nach links, so wird aus dem Graph a) der Graph c). Der Graph von X_4 in d) wird aus dem Graph von X_1 in a) durch eine Änderung des Maßstabes erhalten: Machen wir in a) jede Einheit auf der Achse zwei Einheiten (doppelt so) groß, so ergibt der darin wieder eingetragene Graph a) den Graph d). Im folgenden Satz stellen wir den Einfluß von Verschiebung des Koordinatenanfangspunktes und von Maßstabänderungen auf die Varianz und die Streuung fest.

Theorem 3.3

Für irgendwelche Zahlen a und b gilt

$$\operatorname{Var}(aX+b) = a^2 \operatorname{Var}(X), \tag{3.11}$$

$$\sigma_{aX+b} = |a| \sigma_X. \tag{3.12}$$

Beweis: Wenden wir die Definitionsgleichung (3.6) auf die Zufallsveränderliche $aX+b$ an, so finden wir

$$\operatorname{Var}(aX+b) = E([aX+b-E(aX+b)]^2).$$

Wegen (2.7) vereinfacht sich dies zu

$$\begin{aligned}\operatorname{Var}(aX+b) &= E([aX+b-aE(X)-b]^2)\\ &= E(a^2[X-E(X)]^2) = a^2E([X-E(X)]^2) = a^2\operatorname{Var}(X).\end{aligned}$$

Also ist

$$\sigma_{aX+b} = \sqrt{\operatorname{Var}(aX+b)} = \sqrt{a^2}\,\sqrt{\operatorname{Var}(X)} = |a|\,\sigma_X,$$

worin $|a|$ den *absoluten* Wert der Zahl a bezeichnet. (*Bemerkung*: Wenn wir das Quadratwurzelzeichen schreiben, so meinen wir nach Definition die *nichtnegative* Quadratwurzel Es ist also *nicht* richtig, $\sqrt{a^2}$ durch a zu ersetzen. Es ist nämlich $\sqrt{a^2} = a$, wenn $a \geqq 0$, und $\sqrt{a^2} = -a$, wenn $a < 0$, d.h. $\sqrt{a^2} = |a|$.)
Aus (3.11) und (3.12) schließen wir, daß

$$\mathrm{Var}(X+b) = \mathrm{Var}(X), \qquad \sigma_{X+b} = \sigma_X,$$

und

$$\mathrm{Var}(aX) = a^2\mathrm{Var}(X), \qquad \sigma_{aX} = |a|\sigma_X.$$

In Worten: *Das Zufügen eines festen Wertes zu jedem Wert der Zufallsveränderlichen hat keinen Einfluß auf ihre Varianz und die Streuung: beim Multiplizieren jedes Wertes der Zufallsveränderlichen mit einem festen Faktor a multipliziert sich ihre Varianz mit a^2 und die Streuung mit $|a|$.*
Wegen seiner Bedeutung für das Folgende heben wir den nachstehenden Sonderfall des Theorems 3.3 hervor. Der Beweis ist den Übungen überlassen.

Theorem 3.4

Es sei X eine Zufallsveränderliche mit dem Mittel μ_X und der Streuung $\sigma_X > 0$. Dann sei eine Zufallsveränderliche X^* wie folgt definiert:

$$X^* = \frac{X-\mu_X}{\sigma_X}. \tag{3.13}$$

X^* heißt die X zugeordnete *standardisierte Zufallveränderliche* (*standardized random variable*).
Es gilt dann

$$E(X^*) = 0 \quad \text{und} \quad \mathrm{Var}(X^*) = 1, \tag{3.14}$$

d.h. die standardisierte Zufallsveränderliche hat das Mittel 0 und die Streuung 1.

Beispiel 3.2

In einer Menge produzierter Stückgüter ist ein Verhältnisanteil p defekt. Ein Stück wird beliebig herausgegriffen. Es habe X den Wert 1, wenn dies Stück defekt ist, anderenfalls den Wert 0. Die möglichen Werte von X sind also 1 und 0, und sie treten mit den Wahrscheinlichkeiten p bzw. $q = 1-p$ auf. Daher ist

$$\begin{aligned} \mu_X &= 1\cdot p+0\cdot q = p \\ E(X^2) &= 1^2\cdot p+0^2\cdot q = p \\ \sigma_X^2 &= E(X^2)-\mu_X^2 = p-p^2 = p(1-p) = pq \end{aligned}$$

und die X zugeordnete standardisierte Zufallsveränderliche ist

$$X^* = \frac{X-p}{\sqrt{pq}}.$$

Beispiel 3.3

Jedem Wert der Zufallsveränderlichen X entspricht ein Wert der zugeordneten standardisierten Veränderlichen X^* und umgekehrt. Stellt der Wert von X eine Testwertung dar, dann stellt X^* die zugeordnete *Standardwertung* (*standard score*) dar. Um die Standardwertung zu erläutern, lösen wir (3.13) nach X auf und erhalten

$$X = \mu_X + X^* \sigma_X.$$

Ist der Wert der Standardwertung X^* eine gewisse Zahl z, dann ist der entsprechende Wert der wirklichen Wertung X um das z-fache der Streuung aus dem Mittel entfernt, und zwar liegt er für $z > 0$ über und für $z < 0$ unter dem Mittel. Ein Standard-Wert $+2$ bedeutet einen wirklichen Wert, der das Doppelte der Streuung über dem Mittelwert liegt usw.

Das folgende Theorem, das auf den russischen Mathematiker *Tschebyscheff* (1821 bis 1894) zurückgeht, liefert uns einen weiteren Einblick in die Bedeutung der Streuung als Maß der Dispersion oder Ausbreitung der Werte der Zufallsveränderlichen um das Mittel.

Theorem 3.5

Es sei X eine Zufallsveränderliche mit dem Mittel μ_X und der Streuung $\sigma_X > 0$ und c irgendeine positive Zahl. Dann ist die Wahrscheinlichkeit, daß ein Wert von X auftritt, der von μ_X um mehr als c abweicht, kleiner als $\frac{\sigma_X^2}{c^2}$.

In Zeichen:

$$P(|X-\mu_X| > c) < \frac{\sigma_X^2}{c^2}. \qquad (3.15)$$

Beweis: Wir beginnen mit der Formel (3.7) für die Varianz von X:

$$\sigma_X^2 = \sum_{k=1}^{N} (x_k - \mu_X)^2 f(x_k).$$

Da jeder Term der Summe nichtnegativ ist, so kann durch das Weglassen gewisser Terme der Wert der Summe nicht steigen. Wir können daher (falls vorhanden) alle Terme weglassen, für welche $|x_k - \mu_X| \leq c$, und erhalten

$$\sigma_X^2 \geqq \sum_k^* (x_k-\mu_X)^2 f(x_k),$$

wo der Stern andeutet, daß die Summation nur über jene k zu erstrecken ist, für welche $|x_k-\mu_X| > c$ ist. Weiter folgt, daß der Wert der Summe abnimmt, wenn wir jedes $|x_k-\mu_X|$ durch c ersetzen, d.h.

$$\sigma_X^2 > \sum_k^* c^2 f(x_k) = c^2 \sum_k^* f(x_k).$$

Da aber

$$\sum_k^* f(x_k) = \sum_k^* P(X = x_k) = P(|X-\mu_X| > c),$$

so ist

$$\sigma_X^2 > c^2 P(|X-\mu_X| > c),$$

woraus die Behauptung durch Division beider Seiten durch c^2 folgt. Für ein festes c folgt aus (3.15), daß die Wahrscheinlichkeit für das Eintreten eines Wertes von X, der um mehr als c von μ_X abweicht, um so kleiner ist, je kleiner die Varianz von X ist. In diesem Sinne bestimmt die Varianz die Ausbreitung der Werte der Zufallsveränderlichen X um das Mittel. Um etwas genauer zu sein, pflegt man $z\sigma_X$ für c einzusetzen und erhält so eine abgewandelte Form von (3.15)

$$P(|X-\mu_X| > z\sigma_X) < \frac{1}{z^2}, \tag{3.16}$$

oder damit gleichbedeutend,

$$P(|X-\mu_X| \leqq z\sigma_X) > 1-\frac{1}{z^2}. \tag{3.17}$$

Die Formel (3.17) kann etwas gedrängter geschrieben werden, wenn wir die im Theorem 3.4 definierte standardisierte Zufallsveränderliche X^* einführen. Wir erhalten

$$P(|X^*| \leqq z) > 1-\frac{1}{z^2}. \tag{3.18}$$

Die Formeln (3.15) bis (3.18) sind verschiedene Formen der *Tschebyscheff-Ungleichung*.

Für $0 < z < 1$ liefert die Ungleichung keine nützliche Information. Dann ist nämlich $\frac{1}{z^2} > 1$, und (3.16) behauptet nur die offensichtliche

Tatsache, daß eine Wahrscheinlichkeit stets kleiner als eine Zahl größer als 1 ist.

Für $z > 1$ liefert die Tschebyscheff-Ungleichung gewisse Informationen über die Wahrscheinlichkeitsfunktion von X. Setzen wir z.B. $z = 2$ in (3.17), dann ist $P(|X-\mu_X| \leqq 2\sigma_X) > \frac{3}{4}$. In Worten: Das Ereignis, daß eine Zufallsveränderliche einen Wert annimmt, der innerhalb der doppelten Streuung um den Mittelwert liegt, tritt mit einer Wahrscheinlichkeit größer als $\frac{3}{4}$ auf. Oder anders: Die Werte von X im Intervall $[\mu_X-2\sigma_X, \mu_X+2\sigma_X]$ treten mit einer Wahrscheinlichkeit auf, die größer als $\frac{3}{4}$ auf. Ist $z = 3$, so schließen wir analog, daß die Gesamtwahrscheinlichkeit mehr als $\frac{8}{9}$ dafür beträgt, daß Werte von X im Intervall $[\mu_X-3\sigma_X, \mu_X+3\sigma_X]$ auftreten.

Mit Hilfe von (3.18) können wir diese Tatsachen auch für die standardisierte Zufallsveränderliche X^* aussprechen:

$$P(-2 \leqq X^* \leqq 2) > \tfrac{3}{4}, \qquad P(-3 \leqq X^* \leqq 3) > \tfrac{8}{9}, \qquad \text{usw.}$$

Im jedem Falle sehen wir, wie die Ausbreitung der Werte der Zufallsveränderlichen X um den Mittelwert durch die Streuung σ_X bestimmt ist.

Das Theorem 3.5 ist außerordentlich allgemein; die in den Tschebyscheff-Ungleichungen enthaltenen Wahrscheinlichkeitsaussagen lassen sich auf jede Zufallsveränderliche anwenden. Für eine derartige Allgemeinheit zahlt man einen Preis, denn man kann nicht erwarten, daß eine Ungleichung, die sich auf alle Zufallsveränderliche anwenden läßt, besonders scharf und entscheidend ist, wenn sie sie auf spezielle Zufallsveränderliche angewendet wird. (Vgl. Übg. 3.17.) Nichtsdestoweniger stellt das Tschebyscheff-Theorem ein wichtiges analytisches Werkzeug in der Wahrscheinlichkeitstheorie dar. Wir werden es später gebrauchen, wenn wir das sogenannte *Gesetz der Großen Zahlen* beweisen.

Übungen

3.1

Ein Fragebogen, der an vier Familien verschickt wurde, erbrachte folgende Information:

	Eigenes Fernsehgerät	*Gesamt-Einkommen*	*Anzahl der Kinder*
A	ja	10000 DM	2
B	ja	5000 DM	3
C	ja	8000 DM	0
D	nein	5000 DM	2

Aus diesen Familien wird eine willkürlich ausgewählt. X habe den Wert 1, wenn die Familie ein Fernsehgerät besitzt, anderenfalls den Wert 0, Y gebe das Einkommen der Familie an und Z die Anzahl der Kinder in jeder Familie. Man bestimme das Mittel, die Varianz und die Streuung jeder dieser Zufallsveränderlichen.

3.2
70% der Stimmberechtigten begünstigen einen Vorschlag, 30% sind dagegen. Aus allen Stimmberechtigten wird willkürlich einer ausgewählt. Wir setzen $X = 0$, wenn er dagegen, $X = 1$, wenn er dafür stimmt. Bestimme $E(X)$ und $\mathrm{Var}(X)$.

3.3
Es sei X die Summe der Augen, die beim Werfen von zwei Würfeln erhalten werden. Bestimme die Varianz und die Streuung von X. (Vgl. Übg. 2.13.)

3.4
a) Betrachte die im Beispiel 3.2 definierte Zufallsveränderliche X. Zeige, daß $\mathrm{Var}(X) \leqq \frac{1}{4}$. Für welchen Wert von p ist $\mathrm{Var}(X) = \frac{1}{4}$?
b) Verallgemeinere a) durch den Nachweis, daß $\mathrm{Var}(X) \leqq \frac{1}{4}$ für jede Zufallsveränderliche X ist, für die $E(X^2) = E(X)$ ist.

3.5
a) X_k gebe an, wie oft Bild gefallen ist, wenn eine ideale Münze k mal unabhängig geworfen wird. Berechne für $k = 1, 2, 3, 4$ die Varianz und die Streuung von X_k.
b) Wie a), die Münze sei jedoch verfälscht, so daß die Wahrscheinlichkeit, daß Bild erscheint, bei jedem Wurf p beträgt ($0 \leqq p \leqq 1$).

3.6
In der Übg. 2.18 besitzen sechs Zufallsveränderliche dasselbe Mittel. Bestimme die Varianz jeder Zufallsveränderlichen. Erscheint es vernünftig, daß $\mathrm{Var}(X_k)$ mit wachsendem k abnimmt, wenn man die Varianz als Maß für das Streuen ansieht?

3.7
Das Mittel und die Varianz von X betragen 50 bzw. 4. Berechne a) das Mittel von X^2 b) die Varianz von $2X+3$, c) die Streuung von $2X+3$, d) die Varianz von $-X$, e) die Streuung von $-X$.

3.8
Beweise für jede Zahl a die folgende Formel:

$$E([X-a]^2) = \mathrm{Var}(X) + [E(X)-a]^2.$$

Verwende die Formel, um zu zeigen, daß $E([X-a]^2)$ am kleinsten für $a = E(X)$ wird, d.h. das Mittel der Abweichungsquadrate der Zufallsveränderlichen erreicht den kleinsten Wert, wenn die Abweichungen von dem Mittelwert der Zufallsveränderlichen aus gerechnet werden. (*Bemerkung.* In Abschn. 2 deuteten wir $f(x_k)$ als die Masse eines Teilchen an der Stelle x_k der x-Achse. Dann ist $E(X)$ nach Formel (2.1) der Schwerpunkt des Systems der Massenpunkte bei $x_1, x_2, \ldots, x_N$. In der gleichen Auffassung stellt $\mathrm{Var}(X)$ nach Formel (3.7) das dar, was der Physiker als das Trägheitsmoment des Massensystem in bezug auf eine Achse, die durch den Schwerpunkt und senkrecht zur x-Achse läuft, bezeichnet. Die hier angegebene

Gleichung ist die mathematische Formulierung des folgenden Parallelachsensatzes: Das Trägheitsmoment eines Massensystems in bezug auf eine beliebige Achse ist gleich dem Trägheitsmoment des Systems in bezug auf eine Parallelachse durch den Schwerpunkt plus dem Trägheitsmoment in bezug auf die gegebene Achse, wenn die gesamte Masse im Schwerpunkt vereinigt wäre.)

3.9

Es sei eine Zufallsveränderliche X gegeben. Wir definieren wie in der Definition 2.2 eine neue Zufallsveränderliche $Y = g(X)$. Zeige, daß mit $g(x) = a+bx+cx^2$ die Beziehung gilt:

$$E(Y) = a+bE(X)+c[E(X)]^2+c\operatorname{Var}(X).$$

3.10

Eine Urne enthält sechs Kugeln. Drei von ihnen tragen eine 1, eine trägt eine 2 und zwei tragen die Zahl 3. Nun wird eine Kugel gezogen und dann ohne Zurücklegung eine zweite. Es sei nun X_1 die Zahl auf der ersten Kugel und X_2 die Zahl auf der zweiten Kugel. Bestimme die Streuung von X_1 und X_2.

3.11

Jemandem werden drei Karten mit den Zahlen 1, 2 und 3 gezeigt. Dann werden die Karten gemischt und mit den Zahlen nach unten auf den Tisch gelegt. Der Betreffende soll jetzt die Reihenfolge der Karten nennen. Mit X sei die Anzahl der richtigen Antworten bezeichnet. Betrachte die folgenden Möglichkeiten des Ratens:

1. Er zieht eine Karte und nennt für alle drei Karten die Nummer dieser Karte.
2. Er rät dreimal unabhängig voneinander. Dies kann z.B. geschehen, indem er würfelt und bei 1 oder 2 Augen eine 1 als erste Karte, bei 3 oder 4 eine 2 und bei 5 oder 6 eine 3 als erste Karte rät. Dann wird noch zweimal gewürfelt, um die Zahlen der beiden anderen Karten zu erraten.
3. Er wählt willkürlich aus allen Permutationen der Zahlen 1, 2, 3 willkürlich eine heraus und nennt die Kartennummern in der Reihenfolge der Zahlen der gewählten Permutation. (Vgl. Übg. II.3.9.)

Für jede dieser Rateverfahren ist a) die Wahrscheinlichkeitsfunktion der Zufalls veränderlichen X, b) das Mittel von X, c) die Streuung von X zu bestimmen.

3.12

Aus den Zahlen $1, 2, 3, \ldots, N$ wird willkürlich eine Zahl ausgewählt und mit X be zeichnet. Beweise, daß

$$E(X) = \frac{N+1}{2}, \quad \operatorname{Var}(X) = \frac{N^2-1}{12}.$$

3.13

Ein anderes Maß für die Ausbreitung bzw. Zerstreuung der Werte der Zufallsveränderlichen ist die durch

$$\sum_{k=1}^{N} |x_k-\mu_X| f(x_k)$$

definierte ***mittlere absolute Abweichung*** (***mean absolute deviation***) auch kurz als ***durchschnittliche*** oder ***mittlere Abweichung*** (vgl. Handbuch der Schulmathematik, Bd. 1, III, 1. 17) bezeichnet. Berechne die durchschnittliche Abweichung der Zufallsveränderlichen, deren Wahrscheinlichkeitsfunktionen in (3.1) bis (3.4) gegeben sind, und vergleiche mit ihrer Streuung σ.

3.14
Beweise das Theorem 3.4.

3.15
Eine Zufallsveränderliche X besitzt das Mittel 100 und die Streuung 10. X^* ist die zugehörige standardisierte Zufallsveränderliche von X.
a) Welcher Wert von X^* entspricht jedem der folgenden Werte von X: 85; 100; 103?
b) Welcher Wert von X entspricht folgenden Werten von X^*: -2; -1; $-0{,}4$; 1,3?

3.16
Im Beweise des Theorems 3.5 wurde die Voraussetzung $\sigma_X > 0$ gebraucht, an welcher Stelle? Ist (3.15) für $\sigma_X = 0$ richtig?

3.17
Berechne von jeder der folgenden Zufallsveränderlichen

$$P(|X-\mu_X| \leqq z\sigma_X)$$

für $z = 1{,}5$ und $z = 2$ und vergleiche diese Wahrscheinlichkeiten mit den Abschätzungen durch die Tschebyscheff-Ungleichung.
a) X ist die Anzahl der erhaltenen Augen beim Werfen eines idealen Würfels.
b) X Summe der Augen bei zwei idealen Würfeln.
c) Vier Münzen werden geworfen. X Anzahl der erhaltenen Bilder.

3.18
Von einer Zufallsveränderlichen X weiß man, daß keiner der möglichen Werte weiter als die Streuung vom Mittel entfernt liegt, d.h. alle möglichen Werte liegen im Intervall $[\mu_X-\sigma_X, \mu_X+\sigma_X]$. Zeige, daß X entweder nur einen möglichen Wert besitzt, der dann mit der Wahrscheinlichkeit 1 auftritt, oder daß X zwei mögliche Werte hat, von denen jeder mit der Wahrscheinlichkeit $\frac{1}{2}$ vorkommt.

3.19
Es sei X eine Zufallsveränderliche und außerdem

$$P(-z \leqq X^* \leqq z) > p.$$

Bestimme für jeden der folgenden Werte von p den kleinsten Wert von z (gemäß der Tschebyscheff-Ungleichung), für den die gegebene Beziehung richtig ist: $p = 0{,}5$; $p = 0{,}9$; $p = 0{,}95$; $p = 0{,}99$.

3.20
Die Zufallsveränderliche X sei gegeben und die neue Zufallsveränderliche $Y = g(X)$ definiert. Die möglichen Werte von Y seien alle nichtnegativ und nicht alle gleich

null. Beweise, daß für jede positive Zahl c^2 gilt

$$P(Y > c^2) < \frac{E(Y)}{c^2} .$$

Bemerkung: Diese Formel verallgemeinert die Tschebyscheff-Ungleichung, denn wir erhalten (3.15) als Spezialfall, wenn wir $g(x) = (x-\mu_X)^2$ setzen.

4. Verbundene Wahrscheinlichkeitsfunktionen; unabhängige Zufallsveränderliche (Zufallsvariable)

Bei den Ergebnissen eines Experiments sind wir oft an mehr als einem Merkmal interessiert. Erhält man aus einem vollen Spiel (52 Karten) ein Blatt von 13 Karten, so achtet man vielleicht auf die Anzahl der Pik-Karten *und* auf die Anzahl der Asse; wird aus einer gewissen Bevölkerungsschicht eine Person ausgewählt, so wird von ihr Größe und Gewicht, die Intelligenzquote (nach einem Test) und die mittlere Zahl der Stunden, die vor dem Fernsehgerät verbracht werden, usw. registriert. In diesen Fällen wünschen wir nicht nur jedes Merkmal für sich zu betrachten, sondern wir wollen auch Beziehungen zwischen diesen Merkmalen bestimmen.

Mathematisch ausgedrückt: Es ist ein Ereignisraum S gegeben, über dem n Zufallsveränderliche definiert sind, wobei n eine ganze Zahl größer oder gleich 2 ist. In diesem Abschnitt betrachten wir den Fall $n = 2$ und schließen mit einigen Bemerkungen über den allgemeinen Fall $n \geqq 2$. Ein Beispiel soll den Weg für die nachfolgenden formalen Herleitungen ebnen.

Beispiel 4.1

Eine echte Münze wird dreimal unabhängig voneinander geworfen. Wir wählen die vertraute Menge

$$S = \{\text{HHH, HHZ, HZH, ZHH, HZZ, ZHZ, ZZH, ZZZ}\}$$

als Ereignisraum und ordnen jedem Elementarereignis die Wahrscheinlichkeit $\frac{1}{8}$ zu. Dann definieren wir die folgenden Zufallsveränderlichen:

$$X = \begin{cases} 0, & \text{wenn sich beim ersten Wurf Zahl (Z) ergibt.} \\ 1, & \text{„ „ „ „ „ Bild (H) „ .} \end{cases}$$

$Y =$ Gesamtzahl von H.

$Z =$ der absolute Betrag der Differenz zwischen der Anzahl von Bild (H) und Zahl (Z).

Es sei bemerkt, daß bei derartigen Definitionen der Zufallsveränderlichen das Gleichheitszeichen als Abkürzung für „ist die Zufallsveränderliche, deren Wert für ein Ergebnis (Element von S) ... ist". Es muß deutlich der Unterschied zwischen der Zufallsveränderlichen und dem Wert der Zufallsveränderlichen beachtet werden, selbst wenn er gelegentlich durch die übliche oder eine kürzere Sprech- bzw. Schreibweise verwischt wird.

In Tabelle 26 sind die Werte dieser drei Zufallsveränderlichen für jedes Element des Ereignisraumes S verzeichnet. Betrachten wir zunächst einmal das Paar X, Y. Wir wünschen nicht nur die möglichen Paare von Werten von X und Y zu bestimmen, sondern auch die Wahrscheinlichkeit, mit der jedes derartige Paar auftritt. Hat X den Wert 0 und Y den Wert 1, so bedeutet es, daß das Ereignis {ZHZ, ZZH} eintritt. Die Wahrscheinlichkeit dieses Ereignisses ist daher $\frac{2}{8}$ oder $\frac{1}{4}$. Wir schreiben

$$P(X=0,\ \ Y=1)=\tfrac{1}{4},$$

wobei in der üblichen Weise ein Komma anstelle von $\cap$ benutzt wird, um den *Durchschnitt* der beiden Ereignisse $X=0$ und $Y=1$ zu bezeichnen. Analog finden wir

$$P(X=0, Y=0)=P(\{\text{ZZZ}\})=\tfrac{1}{8},$$
$$P(X=1, Y=0)=P(\emptyset)=0, \quad \text{usw.}$$

In dieser Weise erhalten wir die Wahrscheinlichkeiten aller möglichen Paare von Werten von X und Y. Sie sind in Tabelle 27, der *Wahrscheinlichkeitstafel* (*joint probability table*) von X und Y, passend angeordnet.

Tabelle 26

Element von S	Wert von X	Wert von Y	Wert von Z
HHH	1	3	3
HHZ	1	2	1
HZH	1	2	1
ZHH	0	2	1
HZZ	1	1	1
ZHZ	0	1	1
ZZH	0	1	1
ZZZ	0	0	3

Tabelle 27

x \ y	0	1	2	3	$P(X=x)$
0	$\frac{1}{8}$	$\frac{1}{4}$	$\frac{1}{8}$	0	$\frac{1}{2}$
1	0	$\frac{1}{8}$	$\frac{1}{4}$	$\frac{1}{8}$	$\frac{1}{2}$
$P(Y=y)$	$\frac{1}{8}$	$\frac{3}{8}$	$\frac{3}{8}$	$\frac{1}{8}$	1

Diese Ergebnisse können auch graphisch wie in Bild 23 dargestellt werden. In Bild 23a ist jeder Punkt (x, y), für den $P(X = x, Y = y)$ positiv ist, durch einen kleinen Vollkreis gekennzeichnet und mit der Wahrscheinlichkeit beziffert. In Bild 23b zeigt eine dreidimensionale Darstellung, bei der $P(X = x,\ Y = y)$ die Höhe der Vertikalstrecke über dem Punkt (x, y) der horizontalen xy-Ebene ist.

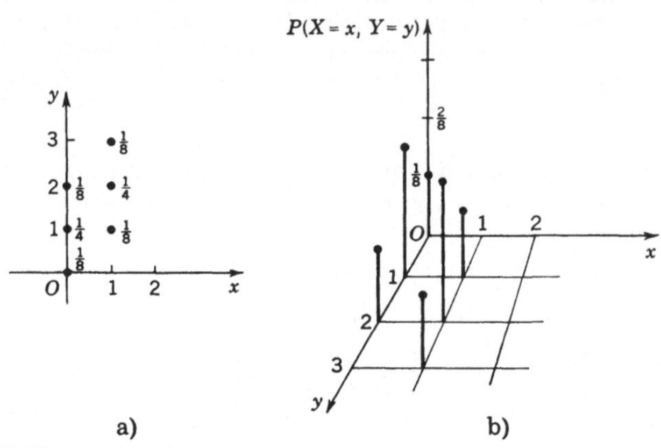

Bild. 23. Graphische Darstellung bei Wahrscheinlichkeitsfunktionen zweier Zufallsveränderlicher X und Y

Das Ereignis $Y = 0$ ist die Vereinigung der sich gegenseitig ausschließenden Ereignisse $(X = 0, Y = 0)$ und $(X = 1, Y = 0)$. Daher ist

$$P(Y = 0) = P(X = 0,\ Y = 0) + P(X = 1,\ Y = 0) = \tfrac{1}{8} + 0 = \tfrac{1}{8}.$$

In Tabelle 27 erhält man diese Wahrscheinlichkeit als die Summe der Zahlenwerte in der mit $y = 0$ überschriebenen Spalte. Indem man die Werte in den anderen Spalten addiert, finden wir analog

$$P(Y = 1) = \tfrac{3}{8}, \quad P(Y = 2) = \tfrac{3}{8}, \quad P(Y = 3) = \tfrac{1}{8}.$$

In dieser Weise erhalten wir aus der Wahrscheinlichkeitstafel für die verbundenen X und Y die Wahrscheinlichkeitsfunktion der Zufallsveränderlichen Y. Da die Werte dieser Wahrscheinlichkeitsfunktion am unteren Rand stehen, wird die Funktion gewöhnlich als *Randwahrscheinlichkeitsfunktion* (*marginal probability function*) von Y bezeichnet, obwohl der Zusatz „Rand" überflüssig ist. Analog erhält man die (Rand-) Wahrscheinlichkeitsfunktion von X, wenn man die Werte in den Zeilen addiert.

Schließlich noch eine Bemerkung zu den Zufallsveränderlichen X und Y. Aus der Bedeutung von X und Y ergibt sich, daß die Kenntnis des

Wertes von X die Wahrscheinlichkeit ändert, daß ein bestimmter Wert von Y eintritt. Es ist z.B. $P(Y=2)=\frac{3}{8}$. Wissen wir jedoch, daß der Wert von X gleich 1 ist, dann wird die bedingte Wahrscheinlichkeit für das Ereignis $Y=2$ gleich $\frac{1}{2}$, denn nach der Definition der bedingten Wahrscheinlichkeit ist

$$P(Y=2\,|\,X=1)=\frac{P(X=1,Y=2)}{P(X=1)}=\frac{\frac{1}{4}}{\frac{1}{2}}=\frac{1}{2}\,.$$

Wie zu erwarten sind die Ereignisse $X=1$ und $Y=2$ *nicht* unabhängig: Weiß man, daß beim ersten Wurf Bild gefallen ist, so *wächst* die Wahrscheinlichkeit, in drei Würfen genau zweimal Bild zu erhalten.
Was wir für das Paar X, Y getan haben, kann auch für das Paar X, Z

Tabelle 28

x \ z	1	3	$P(X=x)$
0	$\frac{3}{8}$	$\frac{1}{8}$	$\frac{1}{2}$
1	$\frac{3}{8}$	$\frac{1}{8}$	$\frac{1}{2}$
$P(Z=z)$	$\frac{3}{4}$	$\frac{1}{4}$	1

durchgeführt werden. Die Ergebnisse, die der Leser nachprüfen mag, sind in der Wahrscheinlichkeitstabelle 28 zusammengefaßt. An den

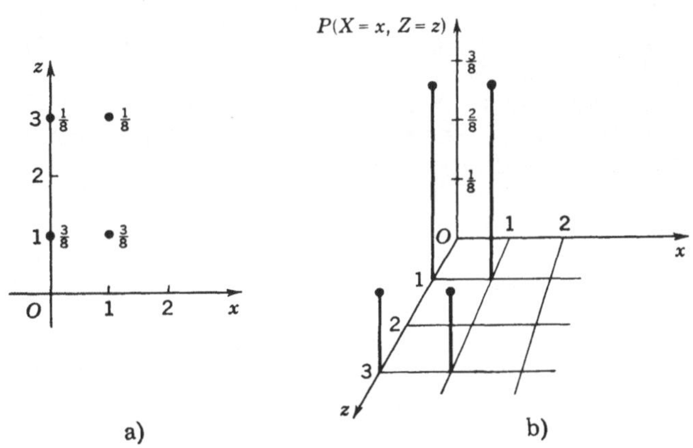

Bild 24. Graph der Zufallsveränderlichen X und Z

Rändern sind die Zeilen- und die Spaltensummen angegeben, welche die (Rand-) Wahrscheinlichkeitsfunktionen von X bzw. Z bestimmen. Diese Ergebnisse sind in Bild 24 graphisch dargestellt.

Die Ereignisse $X = 0$ und $Z = 1$ sind unabhängig, denn es ist $P(X = 0, Z = 1) = \frac{3}{8}$ gleich dem Produkt der Wahrscheinlichkeiten $P(X = 0) = \frac{1}{2}$ und $P(Z = 1) = \frac{3}{4}$. In der Tabelle 28 spiegelt sich dies in der Tatsache wider, daß die im Schnitt der Zeile $x = 0$ und der Spalte $z = 1$ stehende Wahrscheinlichkeit gleich dem Produkt der am Rand stehenden entsprechenden Zeilensumme und Spaltensumme ist. Dies gilt für alle vier Werte in der Wahrscheinlichkeitstabelle für X und Z. Ein Vergleich mit Tabelle 27 zeigt, daß dort die Werte in der Wahrscheinlichkeitstabelle von X und Y *nicht* die Produkte der entsprechenden Randwahrscheinlichkeiten sind. Die Zufallsveränderlichen X und Y weisen also eine Beziehung auf, was bei X und Z nicht zutrifft. Nach den noch folgenden Definitionen heißen die Zufallsveränderlichen X und Y *abhängig*, dagegen X und Z *unabhängig*.

Nach diesem Beispiel können wir an die Erörterung des allgemeinen Falles von zwei Zufallsveränderlichen gehen, die über demselben Ereignisraum definiert sind.

Definition 4.1

Es sei der Ereignisraum $S = \{o_1, o_2, \ldots, o_n\}$ und eine annehmbare Zuordnung von Wahrscheinlichkeiten zu seinen Elementarereignissen gegeben. Auf S seien die Zufallsveränderlichen X und Y definiert. Dann heißt die Funktion h, deren Wert im Punkte (x, y) durch

$$h(x, y) = P(X = x, Y = y) = P(\{o_i \in S \mid X(o_i) = x \text{ und } Y(o_i) = y\}) \quad (4.1)$$

gegeben ist, die *gemeinsame Wahrscheinlichkeitsfunktion* von X und Y (*joint probability function*).

Der Definitionsbereich der Funktion h ist die Menge *aller* geordneten Paare von reellen Zahlen, obgleich h nur für eine endliche Anzahl solcher Paare nichtverschwindende Werte besitzt.

Es habe X die möglichen Werte $x_1, x_2, \ldots, x_M$ und die Wahrscheinlichkeitsfunktion f. Dann ist

$$f(x_j) = P(X = x_j) > 0\,, \qquad \sum_{j=1}^{M} f(x_j) = 1\,. \quad (4.2)$$

Hat analog Y die möglichen Werte $y_1, y_2, \ldots, y_N$ und die Wahrscheinlichkeitsfunktion g, dann ist entsprechend

$$g(y_k) = P(Y = y_k) > 0, \qquad \sum_{k=1}^{N} g(y_k) = 1\,. \quad (4.3)$$

Mit dieser Bezeichnung ist die gemeinsame Wahrscheinlichkeitstabelle für X und Y definiert als eine Tabelle mit doppeltem Eingang (Tabelle 29).

Die in der Tabelle verzeichneten Wahrscheinlichkeiten haben die folgenden Eigenschaften:

$$h(x_j, y_k) \geqq 0 \quad \text{für} \quad j = 1, 2, \ldots, M \quad \text{und} \quad k = 1, 2, \ldots, N. \tag{4.4}$$

$$\sum_{\text{alle } j, k} h(x_j, y_k) = 1 \tag{4.5}$$

$$\sum_{k=1}^{N} h(x_j, y_k) = f(x_j) \quad \text{für} \quad j = 1, 2, \ldots, M \tag{4.6}$$

$$\sum_{j=1}^{M} h(x_j, y_k) = g(y_k) \quad \text{für} \quad k = 1, 2, \ldots, N. \tag{4.7}$$

Die Ungleichung (4.4) drückt die offensichtliche Tatsache aus, daß die Wahrscheinlichkeit für das gleichzeitige Eintreffen der Ereignisse $X = x_j$ und $Y = y_k$ nichtnegativ ist. Obgleich wir in (4.2) und (4.3) angenommen haben, daß die Ereignisse $X = x_j$ und $Y = y_k$ mit positiver Wahrscheinlichkeit eintreten, müssen wir in (4.4) für die Wahrscheinlichkeit den Wert null zulassen, da der Durchschnitt dieser Ereignisse die leere Menge sein kann.

Tabelle 29

$x \backslash y$	y_1	y_2	$\ldots$	y_k	$\ldots$	y_N	$P(X = x)$
x_1	$h(x_1, y_1)$	$h(x_1, y_2)$	$\ldots$	$h(x_1, y_k)$	$\ldots$	$h(x_1, y_N)$	$f(x_1)$
x_2	$h(x_2, y_1)$	$h(x_2, y_2)$	$\ldots$	$h(x_2, y_k)$	$\ldots$	$h(x_2, y_N)$	$f(x_2)$
.	.	.		.		.	.
.	.	.		.		.	.
.	.	.		.		.	.
x_j	$h(x_j, y_1)$	$h(x_j, y_2)$	$\ldots$	$h(x_j, y_k)$	$\ldots$	$h(x_j, y_N)$	$f(x_j)$
.	.	.		.		.	.
.	.	.		.		.	.
.	.	.		.		.	.
x_M	$h(x_M, y_1)$	$h(x_M, y_2)$	$\ldots$	$h(x_M, y_k)$	$\ldots$	$h(x_M, y_N)$	$f(f_M)$
$P(Y = y)$	$g(y_1)$	$g(y_2)$	$\ldots$	$g(y_k)$	$\ldots$	$g(y_N)$	1

Die Gleichung (4.5) drückt die Tatsache aus, daß die Summe aller MN Wahrscheinlichkeiten *in* der Tabelle (ohne die Werte am Rande) gleich 1 ist. Diese Summe kann auf jede mögliche Art berechnet werden, es gibt aber zwei erwähnenswerte Verfahren. Wir können zuerst die

Summen der Werte in jeder Zeile bilden und dann die Zeilensummen addieren, d.h. wir bilden

$$\sum_{\text{alle } j, k} h(x_j, y_k) = \sum_{j=1}^{M} \sum_{k=1}^{N} h(x_j, y_k) = \sum_{j=1}^{M} f(x_j) = 1. \tag{4.8}$$

Wir können aber auch zuerst die Werte in jeder Spalte addieren und dann die Spaltensummen addieren, d.h. wir bilden

$$\sum_{\text{alle } j, k} h(x_j, y_k) = \sum_{k=1}^{N} \sum_{j=1}^{M} h(x_j, y_k) = \sum_{k=1}^{N} g(y_k) = 1. \tag{4.9}$$

Beim ersten Verfahren sind die Zeilensummen die Wahrscheinlichkeiten, mit denen die möglichen Werte von X eintreten. Diese Tatsache ist in (4.6) registriert und folgt daraus, daß das Ereignis $X = x_j$ eintritt, sobald das verbundene Ereignis $(X = x_j, \ Y = y)$ für einen gewissen Wert y von Y eintritt. Für verschiedene Werte von y schließen sich diese verbundenen Ereignisse gegenseitig aus und daher ist

$$P(X = x_j) = \sum_{y} P(X = x_j, \ Y = y).$$

Diese Gleichung ist aber gleichbedeutend mit (4.6), da nur *mögliche* Werte von Y etwas zur Summe beitragen können. Analog kann gezeigt werden, daß die Summe der Werte jeder Spalte der gemeinsamen Tabelle die Wahrscheinlichkeit darstellt, mit der der über der Spalte stehende Wert von Y eintritt. Dies drückt (4.7) aus.

Wir können also aus der gemeinsamen Wahrscheinlichkeitstabelle die Wahrscheinlichkeiten der Zufallsveränderlichen X und Y zurückerhalten, indem wir die Zeilen oder Spalten addieren. Da die resultierenden Wahrscheinlichkeiten $f(x_j)$ für $j = 1, 2, \ldots, M$ und $g(y_k)$ für $k = 1, 2, \ldots, N$ am Rande stehen, heißen sie auch die *Randwahrscheinlichkeiten* und f und g die *Randwahrscheinlichkeitsfunktionen* von X bzw Y. Der Zusatz „Rand" ist dabei eigentlich überflüssig.

Wir wollen nun den Begriff der unabhängigen Zufallsveränderlichen festlegen, auf den wir schon am Ende des Beispiels 4.1 anspielten. (Die Bedeutung der unabhängigen Ereignisse und der unabhängigen Versuche kennen wir schon vom 2. Kapitel.) Nach unseren Erörterungen im Beispiel 4.1 scheint die folgende Definition vernünftig.

Definition 4.2

Zwei über demselben Ereignisraum S definierte Zufallsveränderliche heißen dann und nur dann *unabhängig*, wenn

$$P(X = x_j, \ Y = y_k) = P(X = x_j) \, P(Y = y_k) \tag{4.10}$$

für $j = 1, 2, \ldots, M$ und $k = 1, 2, .., N$ ist. Mit anderen Worten: „X und Y sind *unabhängige Zufallsveränderliche*" heißt, daß die Ereignisse $X = x_j$ und $Y = y_k$ *unabhängige Ereignisse* für *alle* Paare von möglichen Werten x_j und y_k sind. Zufallsveränderliche, die nicht unabhängig sind, heißen *abhängig*.
Gleichwertig damit gilt, daß X und Y dann und nur dann unabhängige Zufallsveränderliche sind, wenn

$$h(x_j, y_k) = f(x_j)\, g(y_k), \tag{4.11}$$

d.h. dann und nur dann, wenn die Wahrscheinlichkeitstabelle die Form einer Multiplikationstabelle annimmt, bei welcher der Wert $h(x_j, y_k)$ im Schnitt der $j$ten Zeile und $k$ten Spalte gleich dem Produkt von $f(x_j)$, der Wahrscheinlichkeit am Zeilenrand, und $g(y_k)$, der Wahrscheinlichkeit am Spaltenrand, ist. Auf Grund dieser Definition können wir mit einem Blick auf die Tabellen 27 und 28 feststellen, daß im Beispiel 4.1, wie bereits vorweggenommen, X und Y abhängige und X und Z unabhängige Zufallsveränderliche sind.

Beispiel 4.2

Eine Urne enthält drei rote und zwei grüne Kugeln. Eine Stichprobe von zwei Kugeln wird a) mit Zurücklegung, b) ohne Zurücklegung gezogen. In jedem Falle definieren wir

$$X = \begin{cases} 0, & \text{wenn die erste Kugel grün ist} \\ 1, & \text{,, \quad ,, \quad ,, \quad ,, \quad rot ,,} \end{cases}$$

$$Y = \begin{cases} 0, & \text{wenn die zweite Kugel grün ist} \\ 1, & \text{,, \quad ,, \quad ,, \quad ,, \quad rot ,,} \end{cases}$$

Die Wahrscheinlichkeitstafel für beide Zufallsveränderliche bringt Tabelle 30.

Tabelle 30

x \ y	0	1	$P(X = x)$
0	$\frac{2}{5}\cdot\frac{2}{5}$	$\frac{2}{5}\cdot\frac{3}{5}$	$\frac{2}{5}$
1	$\frac{3}{5}\cdot\frac{2}{5}$	$\frac{3}{5}\cdot\frac{3}{5}$	$\frac{3}{5}$
$P(Y = y)$	$\frac{2}{5}$	$\frac{3}{5}$	1

a) mit Zurücklegung

x \ y	0	1	$P(X = x)$
0	$\frac{2}{5}\cdot\frac{1}{4}$	$\frac{2}{5}\cdot\frac{3}{4}$	$\frac{2}{5}$
1	$\frac{3}{5}\cdot\frac{2}{4}$	$\frac{3}{5}\cdot\frac{2}{4}$	$\frac{3}{5}$
$P(Y = y)$	$\frac{2}{5}$	$\frac{3}{5}$	1

b) ohne Zurücklegung

In a) sind X und Y gleichverteilt und unabhängig. In b) sind sie ebenfalls gleichverteilt, aber nicht mehr unabhängig. Obgleich es immer möglich ist, die Wahrscheinlichkeitsfunktionen von X und Y aus ihrer gemeinsamen Wahrscheinlichkeitsfunktion herzuleiten, wie das Beispiel es zeigt, ist es im allgemeinen unmöglich, die gemeinsame Wahrscheinlichkeitstabelle für X und Y aufzustellen, wenn nur die Randwahrscheinlichkeiten von X und Y bekannt sind.

Einen weiteren Einblick in den Sinn unserer Definition der Unabhängigkeit von Zufallsveränderlichen erhalten wir, wenn wir bedingte Wahrscheinlichkeiten betrachten. Wir seien z.B. interessiert an dem Ereignis, daß X den Wert x_j hat, falls Y den Wert y_k hat. Aus der Definition der bedingten Wahrscheinlichkeit finden wir direkt

$$P(X = x_j | Y = y_k) = \frac{P(X = x_j, Y = y_k)}{P(Y = y_k)} = \frac{h(x_j, y_k)}{g(y_k)}. \tag{4.12}$$

Man erinnere sich, daß wir in (4.3) $g(y_k) \neq 0$ angenommen haben. Schreiben wir

$$f(x_j, y_k) = P(X = x_j | Y = y_k), \tag{4.13}$$

dann haben wir für *festes* k eine Funktion definiert, deren Definitionsbereich die Menge der möglichen Werte der Zufallsveränderlichen X ist. Um deutlich zwischen der Funktion und ihrem Wert zu unterscheiden, werden wir $f(\cdot | y_k)$ für die Funktion und $f(x_j | y_k)$ für den Wert der Funktion für $x = x_j$ schreiben. Wir haben N derartige Funktionen, je eine für jeden möglichen Wert y_k von Y. Im Bilde unserer Funktionsmaschine heißt das, daß die Eingabewerte der $f(\cdot | y_k)$-Maschine die möglichen Werte der Zufallsveränderlichen X sind. Ist x_j der Eingabewert, dann ist der entsprechende Ausgabewert die durch (4.13) gegebene bedingte Wahrscheinlichkeit.

Wir zeigen jetzt, daß jede der Funktionen $f(\cdot | y_k)$ eine Wahrscheinlichkeitsfunktion ist. Nach dem Theorem 1.3 genügt es zu zeigen, daß die Werte der Funktion nichtnegativ sind und sich zu 1 addieren. Da $f(x_j | y_k)$ in (4.13) als eine Wahrscheinlichkeit definiert ist, ist dieser Wert sicher nichtnegativ. Ferner gilt

$$\sum_{j=1}^{M} f(x_j | y_k) = \frac{1}{g(y_k)} \sum_{j=1}^{M} h(x_j, y_k) = \frac{g(y_k)}{g(y_k)} = 1. \tag{4.14}$$

Also ist $f(\cdot | y_k)$ eine Wahrscheinlichkeitsfunktion. Sie ist wichtig genug, um einen besonderen Namen zu verdienen.

Definition 4.3

Es sei y_k irgendein möglicher Wert von Y. Die Funktion $f(\cdot \mid y_k)$, deren Definitionsbereich die Menge der möglichen Werte von X und deren Werte $f(x_j \mid y_k)$ durch (4.13) oder (4.12) gegeben sind, heißt die *durch* $Y = y_k$ *bedingte Wahrscheinlichkeitsfunktion (conditional probability function, given* $Y = y_k$) von X. Die *durch* $X = x_j$ *bedingte Wahrscheinlichkeitsfunktion von* Y ist analog definiert als die Funktion $g(\cdot \mid x_j)$, deren Werte für y_k durch

$$g(y_k \mid x_j) = P(Y = y_k \mid X = x_j) = \frac{h(x_j, y_k)}{f(x_j)} \tag{4.15}$$

gegeben sind.

Beispiel 4.3

Wir knüpfen an Beispiel 4.2 an und nehmen an, daß Y den Wert 1 hat, d.h. daß die zweite gezogene Kugel rot ist. Wir wünschen nun die bedingte Wahrscheinlichkeitsfunktion von X zu bestimmen, wenn die Kugeln a) mit Zurücklegung, b) ohne Zurücklegung gezogen werden. Wir müssen deshalb in beiden Fällen $f(0|1)$ und $f(1|1)$ berechnen. Die benötigten Wahrscheinlichkeiten für die Anwendung der Formel (4.12) können direkt in der Tabelle 30 abgelesen werden. Wir erhalten so folgende Ergebnisse:

a) Mit Zurücklegung:

$$f(0 \mid 1) = \frac{h(0, 1)}{g(1)} = \frac{\frac{6}{25}}{\frac{3}{5}} = \frac{2}{5}, \quad f(1 \mid 1) = \frac{h(1, 1)}{g(1)} = \frac{\frac{9}{25}}{\frac{3}{5}} = \frac{3}{5}.$$

b) Ohne Zurücklegung:

$$f(0 \mid 1) = \frac{h(0, 1)}{g(1)} = \frac{\frac{3}{10}}{\frac{3}{5}} = \frac{1}{2}, \quad f(1 \mid 1) = \frac{h(1, 1)}{g(1)} = \frac{\frac{3}{10}}{\frac{3}{5}} = \frac{1}{2}.$$

Im Falle a), wo X und Y unabhängig sind, hat die durch $Y = 1$ bedingte Wahrscheinlichkeitsfunktion von X dieselben Werte wie die Wahrscheinlichkeitsfunktion von X, d.h. $f(0 \mid 1) = f(0)$ und $f(1 \mid 1) = f(1)$. Im Falle b) aber, wo X und Y abhängig sind, ändert das Wissen, daß die zweite Kugel rot ist, die Wahrscheinlichkeit für das Ziehen einer roten oder grünen Kugel beim ersten Zug. So ist z.B. $f(1) = \frac{3}{5}$ die Wahrscheinlichkeit, daß die erste Kugel rot ist, wenn andere Informationen fehlen. Erfahren wir aber, daß die zweite gezogene Kugel rot ist, so nimmt die bedingte Wahrscheinlichkeit, daß die erste Kugel rot ist, auf $f(1|1) = \frac{1}{2}$ ab.
Im folgenden ist die Definition der Unabhängigkeit der Zufallsveränderlichen mit Hilfe des Begriffes der bedingten Wahrscheinlichkeitsfunktion ausgedrückt. Den Beweis überlassen wir den Übungen.

Theorem 4.1

Die Zufallsveränderlichen X und Y sind dann und nur dann unabhängig, wenn für jeden Wert y_k von Y die durch $Y = y_k$ bedingte Wahrscheinlichkeitsfunktion von X und die (Rand-) Wahrscheinlichkeitsfunktion von X für jeden möglichen Wert von X gleiche Werte besitzen, d.h. dann und nur dann, wenn

$$f(x_j \mid y_K) = f(x_j) \quad \text{für } j = 1, 2, \ldots, M; \quad k = 1, 2, \ldots, N. \tag{4.16}$$

X und Y sind unabhängig, wenn immer die Kenntnis des Wertes von Y die Wahrscheinlichkeit nicht ändert, mit der X irgendeinen seiner Werte annimmt, oder gleichbedeutend (vgl. Übg. 4.14), wenn die Kenntnis des Wertes von X nicht die Wahrscheinlichkeit ändert, mit der die Funktion Y irgendeinen ihrer Werte annimmt. Wir werden in einem späteren Abschnitt auf die bedingten Wahrscheinlichkeitsfunktionen zurückkommen. Im Augenblick wollen wir zwei bereits vermutete Tatsachen aufgreifen. Die erste Behauptung ist die, daß für irgendwelche Funktionen u und v $u(X)$ und $v(Y)$ unabhängig sind, wenn X und Y unabhängig sind. Sind z.B. X und Y unabhängig voneinander, dann werden wir mit $u(x) = x - \mu_X$ und $v(y) = y - \mu_Y$ nach dieser Behauptung schließen können, daß $X - \mu_X$ und $Y - \mu_Y$ unabhängig sind, mit $u(x) = x^2$ und $v(y) = y^2$, daß X^2 und Y^2 unabhängig sind, usw.

Theorem 4.2

Es seien X und Y unabhängige Zufallsveränderliche und u und v Funktionen, für die $u(X)$ und $v(Y)$ im Sinne der Definition 2.2 definiert sind. Dann sind $u(X)$ und $v(Y)$ ebenfalls unabhängige Zufallsveränderliche.

Beweis: Gemäß der Definition 4.2 genügt es zum Beweis der Unabhängigkeit von $u(X)$ und $v(Y)$ zu zeigen, daß

$$P(u(X) = x, v(Y) = y) = P(u(X) = x)\, P(v(Y) = y)$$

für jedes Zahlenpaar x und y gilt. Nun ist

$$P(u(X) = x, v(Y) = y) = \sum_{j,k}^{*} P(X = x_j, Y = y_k),$$

wobei der Stern anzeigt, daß die Summe nur über die Werte von j und k zu erstrecken ist, für welche $u(x_j) = x$ und $v(y_k) = y$. Da X und Y nach Voraussetzung unabhängig sind, erhalten wir unter Anwendung von (4.10)

$$P(u(X) = x, v(Y) = y) = \sum_{j,k}^{*} P(X = x_j) P(Y = y_k)$$

$$= \sum_{j}^{*} P(X = x_j) \sum_{k}^{*} P(Y = y_k) = P(u(X) = x) P(v(Y) = y),$$

womit der Beweis geliefert ist.

Unsere nächste Behauptung betrifft zwei Zufallsveränderliche X Y und mit der Eigenschaft, daß der Wert von X durch den ersten Versuch und der Wert von Y durch den zweiten Versuch eines Zwei-Versuchs-Experiments bestimmt ist. Sind die Versuche unabhängig (wie in Abschn. II.9 definiert), dann würde es nicht mit unserer Theorie in Einklang zu bringen sein, wenn wir nicht beweisen könnten, daß X und Y unabhängige Zufallsveränderliche sind. Es bezeichnen X und Y z.B. die Summe der Augen, die beim ersten bzw. zweiten Werfen von zwei Würfeln erscheinen. Sind die beiden Würfe (Versuche) unabhängig, dann erwarten wir, daß X und Y unabhängige Zufallsveränderliche sind. Wir überlassen es dem Leser, zu zeigen, daß die folgende Behauptung eine unmittelbare Folge des Theorems II.9.1 ist.

Theorem 4.3

Ein Experiment bestehe aus zwei unabhängigen Versuchen. Ist der Wert der Zufallsveränderlichen X durch den ersten und der Wert der Zufallsveränderlichen Y durch den zweiten Versuch bestimmt, dann sind X und Y unabhängig.

Wir beschließen diesen Abschnitt, indem wir für später einige unserer Behauptungen für den Fall aussprechen, daß mehr als zwei Zufallsveränderliche über demselben Ereignisraum definiert sind. Zunächst die natürliche Erweiterung der Definition 4.2.

Definition 4.4

Es sei n irgendeine positive ganze Zahl größer als 1. Die über einem Ereignisraum S definierten Zufallsveränderlichen $V_1, V_2, \ldots, V_n$ heißen dann und nur dann *unabhängig*, wenn

$$\begin{aligned} &P(V_1 = v_1, V_2 = v_2, \ldots, V_n = v_n) \\ &\quad = P(V_1 = v_1)\, P(V_2 = v_2) \ldots P(V_n = v_n) \end{aligned} \tag{4.17}$$

für *alle* Kombinationen von möglichen Werten v_1 von V_1, v_2 von $V_2, \ldots, v_n$ von V_n. Mit anderen Worten: „$V_1, V_2, \ldots, V_n$ sind unabhängige Zufallsveränderliche" bedeutet, daß $V_1 = v_1$, $V_2 = v_2, \ldots, V_n = v_n$ unabhängige Ereignisse (im Sinne unserer Definition II. 8.3) für alle möglichen Werte $v_1, v_2, \ldots, v_n$ sind.

Entsprechend den Theoremen 4.2 und 4.3 erhalten wir die folgenden Behauptungen, deren Beweis wir dem Leser überlassen.

Theorem 4.4

Es seien $V_1, V_2, \ldots, V_n$ unabhängige Zufallsveränderliche und u_1, $u_2, \ldots, u_n$ Funktionen, für die $u_1(V_1)$, $u_2(V_2), \ldots, u_n(V_n)$ im Sinne von Definition 2.2 erklärt sind. Dann sind $u_1(V_1), u_2(V_2), \ldots, u_n(V_n)$ ebenfalls unabhängige Zufallsvariable.

Theorem 4.5

Ein Experiment bestehe aus n unabhängigen Versuchen. Ist der Wert der Zufallsveränderlichen V_j durch den $j$ten Versuch bestimmt für $j = 1, 2, \ldots, n$, dann sind die Zufallsveränderlichen $V_1, V_2, \ldots, V_n$ unabhängig.

Die Erörterung von gemeinsamen Wahrscheinlichkeitsfunktionen setzen wir im nächsten Abschnitt fort.

Übungen

4.1

Es seien Y und Z die im Beispiel 4.1 definierten Zufallsveränderlichen. Konstruiere die gemeinsame Wahrscheinlichkeitstabelle für Y und Z, zeichne die entsprechende dreidimensionale graphische Darstellung und bestimme, ob Y und Z unabhängig sind oder nicht.

4.2

Ändere das Beispiel 4.1 dadurch ab, daß Z als die *algebraische* (d.h. die mit Vorzeichen versehene) Differenz der Anzahl von Bild und der Anzahl von Zahl definiert wird. Stelle die Wahrscheinlichkeitstalle für X und Z auf und zeichne den entsprechenden dreidimensionalen Graphen. Sind X und Z unabhängig?

4.3

Drei nicht unterscheidbare Gegenstände werden willkürlich in drei Kästen getan. Es sei X die Anzahl der leeren Kästen und Y die Anzahl der Gegenstände in dem ersten Kasten. Stelle die Wahrscheinlichkeitstabelle für X und Y auf. Sind X und Y unabhängig?

4.4

Zwei echte Würfel werden geworfen. X sei die größere der beiden Augenzahlen, die erscheinen, und Y die Summe der Augen. Stelle die Wahrscheinlichkeitstabelle für X und Y auf. Sind X und Y unabhängige Zufallsveränderliche?

4.5

Es seien X die Anzahl der Pik und Y die Anzahl der Herz in einer Bridge-Hand (13 Karten). Leite eine Formel für

$$h(x, y) = P(X = x, Y = y)$$

her und beweise, daß X und Y unabhängig sind.

4.6

Aus den 12 Bilderkarten eines Spieles werden drei Karten gezogen. Es sei X die Anzahl der roten Buben und Y die Anzahl der roten Damen. Konstruiere die Wahrscheinlichkeitstabelle für X und Y, zeichne den entsprechenden dreidimensionalen Wahrscheinlichkeitsgraphen und zeige, daß X und Y gleichverteilt, aber abhängig sind.

4.7

Eine ideale Münze wird viermal unabhängig voneinander geworfen. Es sei X die Anzahl der Bilder, die bei den ersten beiden Würfen erhalten werden, und Y die Zahl der Bilder, die bei den beiden letzten Würfen erscheinen. Stelle die Wahrschein lichkeitstabelle für X und Y auf und zeichne den entsprechenden dreidimensionalen Wahrscheinlichkeitsgraphen. Zeige mit Hilfe der Definition 4.2 und auch unter Berufung auf das Theorem 4.3, daß X und Y unabhängig sind.

4.8

Die verbundene Wahrscheinlichkeitsfunktion von X und Y ist gegeben durch

$$h(x, y) = \tfrac{1}{32}(x^2+y^2) \quad \text{für} \quad x = 0, 1, 2, 3 \quad \text{und} \quad y = 0, 1.$$

a) Zeige, daß die Randwahrscheinlichkeitsfunktion von X durch

$$f(x) = \tfrac{1}{32}(2x^2+1) \quad \text{für} \quad x = 0, 1, 2, 3 \text{ gegeben ist.}$$

b) Leite her: Die Randwahrscheinlichkeitsfunktion von Y ist

$$g(y) = \tfrac{1}{16}(2y^2+7) \quad \text{für} \quad y = 0, 1.$$

c) Die durch $Y = y$ bedingte Wahrscheinlichkeitsfunktion von X lautet

$$f(x \mid y) = \frac{1}{2} \cdot \frac{x^2+y^2}{2y^2+7} \quad \text{für} \quad x = 0, 1, 2, 3 \quad \text{und} \quad y = 0, 1.$$

d) Die durch $X = x$ bedingte Wahrscheinlichkeit von Y ist

$$g(y \mid x) = \frac{x^2+y^2}{2x^2+1} \quad \text{für} \quad x = 0, 1, 2, 3 \quad \text{und} \quad y = 0, 1.$$

4.9

Wir wählen eine aus den Zahlen $1, 2, 3, 4, 5$ aus. Danach lassen wir alle Zahlen (falls welche vorhanden) außer Betracht, die kleiner als die ausgewählte Zahl sind, und wählen aus den verbleibenden Zahlen erneut eine aus. (Wählen wir z.B. zuerst 3, dann müssen wir die zweite Wahl unter den Zahlen $3, 4, 5$ treffen.) Es seien X und Y die Zahlen, die wir bei der ersten bzw. zweiten Wahl erhalten.

a) Stelle die gemeinsame Wahrscheinlichkeitstabelle auf.

b) Bestimme die Randwahrscheinlichkeitsfunktionen von X und Y.

c) Wie lautet die durch $X = 3$ bedingte Wahrscheinlichkeitsfunktion von Y?

d) Bestimme die durch $Y = 3$ bedingte Wahrscheinlichkeitsfunktion von X.

e) Ermittle $P(X+Y > 7)$ und $P(Y-X > 0)$.

4.10

Es sei angenommen, daß X nur einen möglichen Wert annehmen kann; dieser Wert tritt also mit der Wahrscheinlichkeit 1 auf. Zeige, daß X und Y für jede Zufallsveränderliche Y unabhängig sind.

4.11

Berechne den Wert $P(X \leqq x, Z \leqq z)$ für alle reellen Zahlen x und z, wenn X und Z die im Beispiel 4.1 definierten Zufallsvariablen sind.

Hinweis: Greife auf Bild 24a zurück und teile die xz-Ebene so in Bereiche ein, daß $P(X \leqq x, Z \leqq z)$ für alle Punkte jedes dieser Bereiche derselben Wert besitzt.

4.12

Die gemeinsame Wahrscheinlichkeitsfunktion von X und Y sei für alle reellen Zahlen x und y durch die Gleichung

$$H(x, y) = P(X \leqq x, Y \leqq y)$$

definiert.

a) Ist h die gemeinsame Wahrscheinlichkeitsfunktion von X und Y, so gilt

$$H(x, y) = \sum_{x_j \leqq x, y_k \leqq y} h(x_j, y_k)$$

wobei die Summe über alle j- und k-Werte zu nehmen ist, für welche $x_j \leqq x$ und $y_k \leqq y$ ist. (Dies ist das „zweidimensionale" Analogon zur Übung 1.10.)

b) Es seien a, b, c, d irgendwelche Zahlen mit $a < b$ und $c < d$. Zeige (vgl. Übg. 1.11), daß

$$P(a < X \leqq b, c < Y \leqq d) = H(b, d) - H(a, d) - H(b, c) + H(a, c)\,.$$

c) Zeige, daß $H(x, y)$ für festes x eine nichtabnehmende Funktion von y, und für festes y eine nichtabnehmende Funktion von x ist.

d) Weise nach, daß Zahlen r und R derart existieren, daß $H(x, y) = 0$ für $x \leqq r$ und $y \leqq r$, während andererseits $H(x, y) = 1$ für $x \geqq R$ und $y \geqq R$.

e) Wird über jedem Punkt (x, y) der xy-Ebene eine vertikale Strecke der Höhe $H(x, y)$ errichtet, so bilden die Endpunkte eine Fläche, die der dreidimensionale Graph der verbundenen Verteilungsfunktion H ist. Beschreibe die Fläche.

4.13

Es seien X und Y unabhängige Zufallsveränderliche. Aus ihrer gemeinsamen Wahrscheinlichkeitstabelle werden zwei Zeilen ausgewählt. Zeige, daß es eine Zahl gibt (die von den ausgewählten Zeilen abhängen wird), derart, daß die Wahrscheinlichkeiten in der einen Zeile aus denen der entsprechenden Wahrscheinlichkeiten der anderen Zeile durch Multiplizieren mit dieser Zahl entstehen.

4.14

Es sei $g(y_k \mid x_j)$ die durch $X = x_j$ bedingte Wahrscheinlichkeit von $Y = y_k$. Weise nach, daß $g(y_k \mid x_j) = g(y_k)$, wenn für alle möglichen Werte x_j von X und y_k von Y $f(x_j \mid y_k) = f(x_j)$ ist.

4.15

a) Beweise Theorem 4.1.

b) Beweise Theorem 4.3.

c) Zeige, daß die Umkehrung des Theorems 4.2 falsch ist, indem Du ein Beispiel von zwei abhängigen Zufallsveränderlichen X und Y gibst, bei dem X^2 und Y^2 unabhängig sind.

4.16

a) Folgere aus der Definition 4.4, daß, wenn $V_1, V_2, \ldots, V_n$ unabhängig sind, auch jede kleinere Anzahl von Zufallsveränderlichen aus diesen n Zufallsveränderlichen unabhängig ist.

b) Ein Experiment bestehe aus n unabhängigen Versuchen. Wir denken uns für eine positive ganze Zahl $k < n$ dieses Experiment aus zwei Oberversuchen zusammengesetzt, wobei die ersten k Versuche den ersten Oberversuch und die restlichen $n-k$ Versuche den zweiten Oberversuch bilden. Zeige, daß diese Oberversuche unabhängig sind, und schließe daraus, daß X und Y unabhängig sind, wenn X eine durch die ersten k Versuche bestimmte und Y eine durch die letzten $n-k$ Versuche bestimmte Zufallsvariable ist.

5. Mittel und Varianz von Summen von Zufallsveränderlichen; Stichprobenmittel

Wir werden in diesem Abschnitt feststellen, daß es automatisch viele andere Zufallsveränderliche über einem Ereignisraum S gibt, wenn zwei Zufallsveränderliche X und Y über S definiert sind. Insbesondere werden sich die Summe $X+Y$ und das Produkt XY als sehr wichtig erweisen. Wir werden unsere Resultate auch auf den Fall ausdehnen, daß mehr als zwei Zufallsveränderliche über S definiert sind. Das versetzt uns in die Lage, einige Sätze zu beweisen, die von großer Wichtigkeit für den als Stichprobentheorie bezeichneten Zweig der Statistik sind.

Unsere erste Aufgabe ist es, das Theorem 2.1 auf den Fall zweier Veränderlicher zu übertragen, um ein Hilfsmittel zur Berechnung der Mittel von Zufallsveränderlichen zu erhalten, die Funktionen

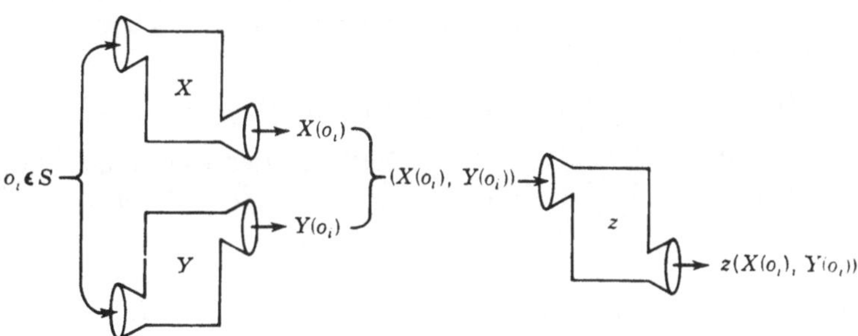

Bild 25. Maschineninterpretation bei zwei Zufallsveränderlichen

von X und Y sind. z sei eine Zahlenfunktion, deren Definitionsbereich die Menge der geordneten Paare reeller Zahlen ist, und $z(x, y)$ bezeichne den Wert von z für das geordneten Paar oder den Punkt (x, y). Umfaßt der Definitionsbereich von z alle geordneten Paare der Werte von X und Y, dann können wir zunächst für jedes Element $o_i \in S$ die entsprechenden Werte $X(o_i)$ und $Y(o_i)$ bestimmen und daraus den Wert von z im Punkte $(X(o_i), Y(o_i))$ (siehe Bild 25). In dieser Weise entspricht $o_i \in S$, der Eingabe-Zahl, bei der Ausgabe die reelle Zahl

$z(X(o_i), Y(o_i))$, die eine neue über S definierte Zufallsveränderliche darstellt. Diese Zufallsvariable bezeichnen wir mit $z(X, Y)$. Ist nun z.B. $z(x, y) = x+y$, dann ist

$$z(X, Y) = X+Y$$

die Summe der beiden Zufallsvariablen X und Y; ist

$$z(x, y) = (x-\mu_X)(y-\mu_Y),$$

dann ist

$$z(X, Y) = (X-\mu_X)(Y-\mu_Y)$$

das Produkt der Abweichungen von X und Y von ihren jeweiligen Mittelwerten; usw. Im folgenden Beispiel zeigen wir, wie die Wahrscheinlichkeitsfunktion der Zufallsveränderlichen $z(X, Y)$ aus der gemeinsamen Wahrscheinlichkeitstabelle von X und Y berechnet werden kann. Danach kann dann das Mittel von $z(X, Y)$ leicht berechnet werden.

Beispiel 5.1

Wir betrachten die Zufallsveränderlichen X und Y des Beispiels 4.1. Die möglichen Werte von X und Y, zusammen mit ihren gemeinsamen Wahrscheinlichkeiten sind in der Tabelle 27 gegeben. Es sei $z(x, y) = x+y$ und daher $U = z(X, Y) = X+Y$. Aus der gemeinsamen Wahrscheinlichkeitstabelle können wir sowohl die möglichen Werte von U wie auch die Wahrscheinlichkeit, mit der jeder Wert auftritt, bestimmen. So ist z.B.

$$P(U = 2) = P(X = 0,\ Y = 2)+P(X = 1,\ Y = 1) = \tfrac{1}{8}+\tfrac{1}{8} = \tfrac{1}{4}.$$

In dieser Weise erhalten wir die Werte in der folgenden Wahrscheinlichkeitstabelle für die Zufallsveränderliche $U = X+Y$:

u	0	1	2	3	4
$P(U = u)$	$\frac{1}{8}$	$\frac{1}{4}$	$\frac{1}{4}$	$\frac{1}{4}$	$\frac{1}{8}$

Aus dieser Tabelle errechnen wir das Mittel von U:

$$E(U) = E(X+Y) = 0\cdot\tfrac{1}{8}+1\cdot\tfrac{1}{4}+2\cdot\tfrac{1}{4}+3\cdot\tfrac{1}{4}+4\cdot\tfrac{1}{8} = 2\,.$$

Aus den Randwahrscheinlichkeitsfunktionen von X und Y in der Tabelle 27 finden wir

$$E(X) = 0\cdot\tfrac{1}{2}+1\cdot\tfrac{1}{2} = \tfrac{1}{2},\ E(Y) = 0\cdot\tfrac{1}{8}+1\cdot\tfrac{3}{8}+2\cdot\tfrac{3}{8}+3\cdot\tfrac{1}{8} = \tfrac{3}{2}.$$

Man beachte, daß $E(X+Y) = E(X)+E(Y)$, ein Ergebnis, daß wir bald für *alle* Zufallsveränderlichen beweisen werden.

Definieren wir $z(x, y)$ statt als die Summe als das Produkt von x und y, dann ist $V = z(X, Y) = XY$ eine Zufallsveränderliche, deren Wahrscheinlichkeitstabelle in ähnlicher Weise gefunden wird:

v	0	1	2	3
$P(V = v)$	$\frac{1}{2}$	$\frac{1}{8}$	$\frac{1}{4}$	$\frac{1}{8}$

Nun berechnen wir das Mittel von V:

$$E(V) = E(XY) = 0 \cdot \tfrac{1}{2} + 1 \cdot \tfrac{1}{8} + 2 \cdot \tfrac{1}{4} + 3 \cdot \tfrac{1}{8} = 1\,.$$

Man beachte, daß $E(XY) \neq E(X)\,E(Y)$ ist.

Um also die Wahrscheinlichkeitsfunktion von $z(x, y)$ zu bestimmen sammeln wir alle möglichen Wertepaare von X und Y, die zu demselben Werte von $z(X, Y)$ führen. Es ist aber bequemer, dies nicht zu tun, wenn wir das Mittel von $z(X, Y)$ berechnen wollen. Der folgende Satz erlaubt uns die direkte Berechnung von $E[z(X, Y)]$ aus der gemeinsamen Wahrscheinlichkeitstabelle von X und Y *ohne* vorherige Bestimmung der Wahrscheinlichkeitsfunktion von $z(X, Y)$. Der Beweis ist dem des Theorems 2.1 ähnlich, und wir lassen ihn für die Übungen.

Theorem 5.1

Es seien X und Y Zufallsveränderliche mit der gemeinsamen Wahrscheinlichkeitsfunktion h. Dann gilt

$$E[z(X, Y)] = \sum_{\text{alle } j,\, k} z(x_j, y_k)\, h(x_j, y_k)\,. \tag{5.1}$$

In Worten: Wir finden $E[z(X, Y)]$, indem wir uns in der gemeinsamen Wahrscheinlichkeitstabelle für X und Y von Fach zu Fach bewegen, dabei den jedem Fach entsprechenden Wert von $z(X, Y)$ mit der in dem Fach stehenden Wahrscheinlichkeit multiplizieren und dann diese Produkte für alle Fächer addieren.

Beispiel 5.2

Unter Verwendung des Beispiels 5.1 wollen wir die Verwendung der Formel (5.1) bei der Berechnung der Mittel von $X+Y$ und XY veranschaulichen. Gehen wir bei der Tabelle 27 erst die erste, dann die zweite Zeile entlang, so erhalten wir

$$E(X+Y) = 0 \cdot \tfrac{1}{8} + 1 \cdot \tfrac{1}{4} + 2 \cdot \tfrac{1}{8} + 3 \cdot 0 + 1 \cdot 0 + 2 \cdot \tfrac{1}{8} + 3 \cdot \tfrac{1}{4} + 4 \cdot \tfrac{1}{8} = 2$$

wie vorher.

Wir brauchen natürlich Ausdrücke mit dem Faktor null nicht hinzuschreiben. Jedes Fach in der gemeinsamen Wahrscheinlichkeitstabelle, für das entweder $z(x_j, y_k) = 0$ oder $h(x_j, y_k) = 0$ ist, kann bei der Berechnung von $E[z(X, Y)]$ übersprungen werden. So hat bei fünf von den acht Fächern der Tabelle 27 das Produkt XY den Wert 0. Daher lassen wir diese aus und finden wie im Beispiel 5.1

$$E(XY) = 1 \cdot \tfrac{1}{8} + 2 \cdot \tfrac{1}{4} + 3 \cdot \tfrac{1}{8} = 1\,.$$

Das Theorem 5.1 gestattet uns den Beweis des folgenden äußerst wichtigen und oft benutzten Satzes.

Theorem 5.2

Es seien X und Y irgendwelche über dem Ereignisraum S definierte Zufallsveränderliche. Dann gilt

$$E(X+Y) = E(X) + E(Y). \tag{5.2}$$

In Worten: *Das Mittel der Summe von zwei Zufallsveränderlichen ist gleich der Summe ihrer Mittel.*

Beweis: Nach Formel (5.1) haben wir

$$\begin{aligned} E(X+Y) &= \sum_{\text{alle } j,\,k} (x_j + y_k)\, h(x_j, y_k) \\ &= \sum_{\text{alle } j,\,k} x_j h(x_j, y_k) + \sum_{\text{alle } j,\,k} y_k h(x_j, y_k)\,. \end{aligned}$$

Im ersten Ausdruck auf der rechten Seite bilden wir die Summen der Zeilen und addieren die Zeilensummen; im zweiten Ausdruck summieren wir in den Spalten und addieren die Spaltensummen. In Hinblick auf (4.6) und (4.7) finden wir

$$\begin{aligned} E(X+Y) &= \sum_{j=1}^{M} x_j \sum_{k=1}^{N} h(x_j, y_k) + \sum_{k=1}^{N} y_k \sum_{j=1}^{M} h(x_j, y_k) \\ &= \sum_{j=1}^{M} x_j f(x_j) + \sum_{k=1}^{N} y_k g(y_k) = E(X) + E(Y)\,. \end{aligned}$$

Zusammen mit Formel (2.7) ergibt sich, daß für irgendwelche beliebigen Konstanten a und b

$$E(aX + bY) = aE(X) + bE(Y) \tag{5.3}$$

gilt.

Noch allgemeiner ist der folgende Satz.

Theorem 5.3

n sei eine positive ganze Zahl. Sind $X_1, X_2, \ldots, X_n$ beliebige über dem Ereignisraum S definierte Zufallsveränderliche und $a_1, a_2, \ldots, a_n$ beliebige Konstanten, dann gilt*)

$$E(a_1X_1+a_2X_2+\ldots+a_nX_n) = a_1E(X_1)+a_2E(X_2)+\ldots+a_nE(X_n). \quad (5.4)$$

Beweis: Nach Formel (5.3) stimmt der Satz für $n=1$ und $n=2$. Der Satz ist durch vollständige Induktion bewiesen, wenn wir zeigen können, daß aus der Annahme seiner Richtigkeit für die positive ganze Zahl $n=k$ seine Richtigkeit für die nächste ganze Zahl $n=k+1$ folgt. Es sei also (5.4) richtig für $n=k$ und mit $Y=a_1X_1+\ldots+a_kX_k$:

$$E(Y) = a_1E(X_1)+\ldots+a_kE(X_k).$$

Zum Beweise betrachte man die Summe von $k+1$ Zufallsveränderlichen als die Summe von zwei Zufallsveränderlichen, auf die (5.3) angewendet werden kann. Im einzelnen

$$\begin{aligned} E(a_1X_1+\ldots+a_kX_k+a_{k+1}X_{k+1}) &= E(Y+a_{k+1}X_{k+1}) \\ = E(Y)+a_{k+1}E(X_{k+1}) &= a_1E(X_1)+\ldots+a_kE(X_k)+a_{k+1}E(X_{k+1}). \end{aligned}$$

Die letzte Gleichung zeigt aber, daß (5.4) für $n=k+1$ stimmt. Damit ist der Beweis erbracht.

Beispiel 5.3

Wir verwenden (5.4) zur Herleitung der nützlichen Identität

$$\begin{aligned} E[(X-\mu_X)(Y-\mu_Y)] &= E(XY-\mu_XY-\mu_YX+\mu_X\mu_Y) \\ &= E(XY)-\mu_XE(Y)-\mu_YE(X)+\mu_X\mu_Y. \end{aligned}$$

Abgesehen vom Vorzeichen sind die drei letzten Ausdrücke gleich. Daher gilt

$$E[(X-\mu_X)(Y-\mu_Y)] = E(XY)-\mu_X\mu_Y. \quad (5.5)$$

Wir wenden uns nun Dingen zu, die zu einer Formel für die Varianz einer Summe von Zufallsveränderlichen führen.

Theorem 5.4

Es seien X und Y über dem Ereignisraum S definierte unabhängige Zufallsvariable. Dann gilt

$$E(XY) = E(X)\,E(Y). \quad (5.6)$$

*) Genau genommen ist die in der Formel (5.4) auftretende Summe $a_1X_1+a_2X_2+\ldots+a_nX_n$ nur für $n=1$ und $n=2$ definiert worden. Wir treffen hierzu die natürliche Definition, daß diese Summe für irgendeine positive ganze Zahl n die Zufallsvariable ist, die für jedes $o_i \in S$ den Wert $a_1X_1(o_i)+a_2X_2(o_i)+\ldots+a_nX_n(o_i)$ annimmt.

In Worten: Das Mittel des Produktes von zwei unabhängigen Zufallsveränderlichen ist gleich dem Produkt ihrer Mittel.

Beweis: Nach dem Theorem 5.1 schreiben wir

$$E(XY) = \sum_{\text{alle } j,\, k} x_j y_k h(x_j, y_k).$$

Die angenommene Unabhängigkeit von X und Y bedeutet aber, daß für alle j und k gemäß (4.11) $h(x_j, y_k) = f(x_j)\ g(y_k)$ ist. Daher gilt

$$E(XY) = \sum_{\text{alle } j,k} x_j y_k f(x_j) g(y_k) = \sum_{j=1}^{M} x_j f(x_j) \sum_{k=1}^{N} y_k g(y_k) = E(X)E(Y).$$

Es sei ausdrücklich betont, daß die Umkehrung des Theorems 5.4 *falsch* ist. Wie das folgende Beispiel zeigt, kann (5.6) für Zufallsveränderliche X und Y gelten, die abhängig sind.

Beispiel 5.4

Für X sei die Wahrscheinlichkeitstabelle

x	-1	0	1
$P(X = x)$	$\frac{1}{4}$	$\frac{1}{2}$	$\frac{1}{4}$

angenommen. Ferner sei $Y = X^2$. Dann sind X und Y sicher abhängig, da der Wert von X den Wert von Y bestimmt. Die Abhängigkeit ist an der Tabelle 31 der gemeinsamen Wahrscheinlichkeiten von X und Y leicht abzulesen.

Tabelle 31

x \ y	0	1	$P(X = x)$
-1	0	$\frac{1}{4}$	$\frac{1}{4}$
0	$\frac{1}{2}$	0	$\frac{1}{2}$
1	0	$\frac{1}{4}$	$\frac{1}{4}$
$P(Y = y)$	$\frac{1}{2}$	$\frac{1}{2}$	1

Nichtsdestoweniger kann der Leser schnell feststellen, daß $E(X) = 0$, $E(Y) = \frac{1}{2}$ und $E(XY) = E(X^3) = 0$ und damit (5.6) stimmt. Dagegen gilt (5.6) nicht für die abhängigen Zufallsveränderlichen im Beispiel 5.1. Wir schließen also, daß (5.6) für *alle* Paare von unabhängigen Zufallsveränderlichen und bei *einigen*, aber *nicht allen* Paaren von abhängigen Zufallsveränderlichen stimmt.

Hierzu sei noch folgendes ergänzt:

$$E[(X-\mu_X)(Y-\mu_Y)] = 0, \qquad (5.7)$$

wenn X und Y unabhängig sind. Dies folgt unmittelbar aus der Identität in (5.5), wenn wir das Theorem 5.4 anwenden.
Wir sind nun in der Lage, eine Regel zum Bestimmen der Varianz einer Summe von zwei *unabhängigen* Zufallsveränderlichen aufzustellen.

Theorem 5.5

Es seien X und Y über dem Ereignisraum S definierte *unabhängige* Zufallsveränderliche. Dann gilt

$$\mathrm{Var}(X+Y) = \mathrm{Var}(X)+\mathrm{Var}(Y). \qquad (5.8)$$

In Worten: *Die Varianz einer Summe von zwei unabhängigen Zufallsveränderlichen ist gleich der Summe ihrer Varianzen.*
Beweis: Aus der Definition der Varianz folgt

$$\mathrm{Var}(X+Y) = E([(X+Y)-E(X+Y)]^2) = E([(X-\mu_X)+(Y-\mu_Y)]^2),$$

wobei wir die Ausdrücke gemäß (5.2) in Klammern gesetzt haben. Nun quadrieren wir wie angegeben und erhalten

$$\begin{aligned}\mathrm{Var}(X+Y) &= E[(X-\mu_X)^2+2(X-\mu_X)(Y-\mu_Y)+(Y-\mu_Y)^2] \\ &= E[(X-\mu_X)^2]+2E[(X-\mu_X)(Y-\mu_Y)]+E[(Y-\mu_Y)^2], \qquad (5.9)\end{aligned}$$

wobei die letzte Gleichung unter Verwendung von (5.4) folgt. Der mittlere Term rechts verschwindet gemäß (5.7). Die beiden anderen Terme auf der rechten Seite sind aber nach der Definition 3.1 genau $\mathrm{Var}(X)$ und $\mathrm{Var}(Y)$, womit alles bewiesen ist.
Sind X und Y unabhängig, so sind es auch aX und bY für irgendwelche Konstanten a und b. (Dies folgt praktisch aus dem Theorem 4.2.) Wir können daher Theorem 5.5 auf aX und bY anwenden und finden so

$$\mathrm{Var}(aX+bY) = \mathrm{Var}(aX)+\mathrm{Var}(bY).$$

Mit Hilfe von (3.11) schließen wir nun für irgendwelche Zahlen a und b und *unabhängige* X und Y

$$\mathrm{Var}(aX+bY) = a^2\,\mathrm{Var}(X)+b^2\mathrm{Var}\,(Y). \qquad (5.10)$$

Noch allgemeiner ist der folgende Satz, dessen Beweis wir den Übungen überlassen.

Theorem 5.6

Es seien $X_1, X_2, \ldots, X_n$ n über einem Ereignisraum S definierte *unabhängige* Zufallsveränderliche (n positiv ganz). Dann gilt für irgendwelche

Konstanten $a_1, a_2, \ldots, a_n$

$$\operatorname{Var}(a_1X_1+a_2X_2+\ldots+a_nX_n) = \sum_{i=1}^{n} a_i^2 \operatorname{Var}(X_i) \tag{5.11}$$

Insbesondere (falls $a_1 = a_2 = \ldots = a_n = 1$) ist die Varianz der Summe einer endlichen Anzahl von *unabhängigen* Zufallsveränderlichen gleich der Summe ihrer Varianzen. Es sei bemerkt, daß das entsprechende Ergebnis für das Mittel von beliebigen, unabhängigen oder abhängigen, Zufallsveränderlichen gilt.

Beispiel 5.5

Die Karten eines Spieles sind von $1, 2, \ldots, n$ numeriert. Das Spiel wird gemischt und verdeckt auf den Tisch gelegt. Nun werden die Karten einzeln gezogen und jemand versucht, die Zahl auf der jeweils gezogene Karte zu erraten. Wir nehmen an, daß der Betreffende, der rät, von einer zur nächsten Karte vergißt und daher willkürlich und unabhängig rät, d.h. die Wahrscheinlichkeit, die richtige Nummer zu erraten, beträgt für jeden Versuch (jedes Raten) dieses n-Versuchs-Experiments $\frac{1}{n}$, und die Versuche sind unabhängig. (Eine Möglichkeit, dies zu tun, bestände darin, daß der Betreffende aus einem Doppel des ersten Spieles willkürlich jedesmal eine Karte zieht und ihre Nummer nennt. Die Annahme der Unabhängigkeit bedeutet weiter, daß jede Karte aus dem *vollen* Doppel des Spieles gezogen wird, d.h. er macht eine Stichprobe von n Karten mit Zurücklegung aus einem Spiel von n Karten. Das entsprechende Problem, bei dem sein Raten durch das Ziehen einer Stichprobe ohne Zurücklegung bestimmt wird, ist in der Übung 6.8 des folgenden Abschnitts erörtert.)

Es sei nun X die Zufallsveränderliche, deren Wert für jeden Ausfall des n-Versuchs-Experiments durch die Anzahl der durch den Betreffenden richtig geratenen Nummern gegeben ist. Wir werden das Mittel und die Varianz von X finden, indem wir X als Summe von n Zufallsveränderlichen ausdrücken und dann die Formeln (5.4) und (5.11) anwenden. Für $k = 1, 2, \ldots, n$ sei

$$X_k = \begin{cases} 0, & \text{wenn beim } k\text{ten Male falsch geraten wurde} \\ & \left(\text{Wahrscheinlichkeit } 1-\frac{1}{n}\right) \\ 1, & \text{wenn beim } k\text{ten Male richtig geraten wurde} \\ & \left(\text{Wahrscheinlichkeit } \frac{1}{n}\right) \end{cases} \tag{5.12}$$

Dann ist $X = X_1+X_2+ \dots +X_n$, da der Wert der Summe gleich der Anzahl der Einsen in der Summe und daher gleich der Anzahl der richtigen Antworten des Betreffenden, also gleich X ist. Nun finden wir für $k = 1, 2, \dots, n$

$$E(X_k) = 0 \cdot \left(1 - \frac{1}{n}\right) + 1 \cdot \frac{1}{n} = \frac{1}{n}. \tag{5.13}$$

Gemäß (5.4) folgt

$$\begin{aligned} E(X) = E(X_1+X_2+ \dots +X_n) &= E(X_1)+E(X_2)+ \dots +E(X_n) \\ &= \frac{1}{n}+\frac{1}{n}+ \dots +\frac{1}{n} = 1\,. \end{aligned}$$

Wir sehen also, daß die mittlere Anzahl der richtigen Antworten 1 ist und daher nicht von n, der Anzahl der Karten, abhängt. Zur Berechnung von $\mathrm{Var}(X)$ beachten wir, daß X_k durch den $k$ten Versuch des Experiments bestimmt ist. Da die Versuche unabhängig sind, sind es nach Theorem 4.5 auch die Zufallsveränderlichen $X_1, X_2, \dots, X_n$. Also läßt sich (5.11) anwenden. Da für $k = 1, 2, \dots, n$

$$\mathrm{Var}(X_k) = E(X_k^2) - [E(X_k)]^2 = \frac{1}{n} - \left(\frac{1}{n}\right)^2 = \frac{n-1}{n^2}, \tag{5.14}$$

erhalten wir

$$\begin{aligned} \mathrm{Var}(X) &= \mathrm{Var}(X_1+X_2+ \dots +X_n) = \mathrm{Var}(X_1)+\mathrm{Var}(X_2)+ \dots +\mathrm{Var}(X_n) \\ &= n \cdot \frac{n-1}{n^2} = 1 - \frac{1}{n}\,. \end{aligned}$$

Im 5. Kap. werden wir die Wahrscheinlichkeitsfunktion von X bestimmen. Wir sehen aber, daß unsere Methode die Berechnung des Mittels und der Varianz ohne Kenntnis dieser Wahrscheinlichkeitsfunktion erlaubt. (Vgl. Übg. 3.11, wo der Sonderfall dieses Problems für drei Karten behandelt wird.)

Wir wenden uns nun einer Anwendung unserer Sätze auf Experimente zu, die aus einer Anzahl unabhängiger Wiederholungen desselben Versuchs bestehen. Derartige Experimente und die ihnen zugeordneten Zufallsveränderlichen können auf viele Arten gedeutet werden und liefern insbesondere ein mathematisches Modell für wiederholte Messungen in den Naturwissenschaften und für Stichproben mit Zurücklegung in der Statistik. Angenommen, eine Urne enthalte N Zettel, von denen jeder mit einer Nummer versehen ist. Einige Zettel tragen vielleicht die gleiche Nummer, und es seien $x_1, x_2, \dots, x_M$ $(M \leqq N)$ alle *verschie-*

denen Nummern in der Urne. Es trete die Nummer x_j auf f_j Zetteln auf, dann beträgt die relative Häufigkeit, mit der diese Nummer in der Urne erscheint oder der Verhältnisanteil dieser Nummer $\frac{f_j}{N}$. Es folgt

$$\sum_{j=1}^{M} f_j = N \quad \text{oder} \quad \sum_{j=1}^{M} \frac{f_j}{N} = 1. \tag{5.15}$$

Man wähle nun willkürlich einen Zettel aus der Urne und bezeichne mit der Zufallsveränderlichen X die Nummer auf diesem Zettel. Die Wahrscheinlichkeitsfunktion von X ist dann durch die folgende Tabelle gegeben:

x	x_1	x_2	...	x_M
$P(X = x)$	$\frac{f_1}{N}$	$\frac{f_2}{N}$	...	$\frac{f_M}{N}$

Bei dieser speziellen Wahrscheinlichkeitsfunktion ist ihr Wert für alle x_j gleich dem Verhältnisanteil der x_j-Zettel zu allen N Zetteln in der Urne:

$$f(x_j) = P(X = x_j) = \frac{f_j}{N} \quad \text{für} \quad j = 1, 2, \ldots, M. \tag{5.16}$$

Unsere Definitionen des Mittels und der Varianz liefern für diese besondere Zufallsveränderliche die Formeln

$$\mu_X = E(X) = \frac{1}{N} \sum_{j=1}^{M} x_j f_j, \tag{5.17}$$

$$\sigma_X^2 = \mathrm{Var}(X) = \frac{1}{N} \sum_{j=1}^{M} (x_j - \mu_X)^2 f_j, \tag{5.18}$$

$$\sigma_X^2 = \mathrm{Var}(X) = \frac{1}{N} \sum_{j=1}^{M} x_j^2 f_j - \mu_X^2, \tag{5.19}$$

wobei die letzte Gleichung unter Benutzung von (3.10) entsteht.

In diesem Zusammenhang ist es üblich, von einer *Population* von N Zetteln zu sprechen und μ_X und σ_X^2 als das *Populationsmittel* und die *Populationsvarianz* zu bezeichnen. Nach Theorem 1.3 können wir X als über dem Ereignisraum $S = \{x_1, x_2, \ldots, x_M\}$ definiert ansehen, wobei den Elementarereignissen annehmbare Wahrscheinlichkeiten durch die Wahrscheinlichkeitsfunktion von X, d.h. durch $P(\{x_j\}) = \frac{f_j}{N}$ für $j = 1, 2, \ldots, M$ zugeordnet sind.

Aus einer Population von N Zetteln ziehen wir n Zettel, wobei jeder Zettel vor dem nächsten Zug zurückgelegt wird. Wir betrachten dies als ein aus n unabhängigen Versuchen bestehendes Experiment. Dabei ist jeder Versuch durch den Ereignisraum S bestimmt, und da es sich um Auswahl mit Zurücklegung handelt, sind die Versuche unabhängig. Unser mathematisches Gegenstück für dieses n-Versuchs-Experiment ist der durch die kartesische Produktmenge $S \times S \times \ldots \times S$ (n S's) gegebene Ereignisraum, zusammen mit einer Zuordnung von Wahrscheinlichkeiten gemäß unserer in Abschnitt II. 9 besprochenen Produktregel.

Es sei die Zufallsveränderliche X_k (für $k = 1, 2, \ldots, n$) die Nummer auf dem $k$ten gezogenen Zettel. Wir haben also n Zufallsveränderliche $X_1, X_2, \ldots, X_n$, die über dem durch das kartesiche Produkt gebildeten Ereignisraum definiert sind. Da jeder Versuch das genaue Duplikat jedes anderen Versuchs ist, haben diese Zufallsveränderlichen alle dieselbe Wahrscheinlichkeitsfunktion.

Da ferner die Versuche unabhängig sind und X_k durch den $k$ten Versuch bestimmt ist, sind $X_1, X_2, \ldots, X_n$ ebenfalls unabhängig. Wir fassen zusammen: *Die Zufallsveränderlichen $X_1, X_2, \ldots, X_n$ sind unabhängig und gleichverteilt; jede hat das Mittel μ_X und die Varianz σ_X^2.*

Selbstverständlich ist unser Stichprobenexperiment vollständig bestimmt, wenn wir die gemeinsame Wahrscheinlichkeitsfunktion aller X_k's kennen. Dann sind die möglichen Stichprobenwerte, die bei jedem Versuch auftreten können, mit ihren Wahrscheinlichkeiten gegeben. Mit anderen Worten: Es hat einen Sinn, von einer Population zu sagen, sie sei durch die Wahrscheinlichkeitsfunktion von X gegeben. Stichproben mit Zurücklegung werden daher oft auch als Stichproben von einer Wahrscheinlichkeitsfunktion bezeichnet.

Die Zufallsveränderliche oder Zufallsvariable $\bar{X}$, gegeben durch

$$\bar{X} = \frac{X_1 + X_2 + \ldots + X_n}{n}, \tag{5.20}$$

wird das Stichprobenmittel von X genannt. Der Wert von $\bar{X}$ für jede Wahl von n Zetteln ist gerade das arithmetische Mittel der Nummern auf den Zetteln. Ein Experimentator, der nur unvollkommen über die Zusammensetzung des Inhalts der Urne Bescheid weiß, kann nichtsdestoweniger seine Stichprobe aus der Population ziehen und einen Wert des Stichprobenmittels $\bar{X}$ erhalten. Entsprechen z.B. den Zetteln

N Personen einer gegebenen Population und den Nummern auf jedem Zettel das Einkommen der betreffenden Person, dann ist der Wert von $\bar{X}$ das Mittel der n Einkommen, die durch die Stichprobe ausgewählt wurden. Oder bedeuten die Nummern auf den Zetteln N Messungen derselben Größe, z.B. der Länge eines Stabes auf ein Tausendstel cm genau, oder der Zeitdauer eines Vorgangs auf Zehntel Sekunde genau, so ist der Wert von $\bar{X}$ gerade das Mittel von n derartigen Messungen. Vor der allgemeinen Erörterung der Zufallsveränderlichen $\bar{X}$ soll uns ein besonderes Beispiel mit den diesbezüglichen Gedanken vertraut machen.

Beispiel 5.6

Unsere Population sei gekennzeichnet durch die Wahrscheinlichkeitstabelle

x	-1	0	2
$P(X = x)$	0,1	0,5	0,4

Man bestätigt leicht, daß das Populationsmittel und die Populationsvarianz durch

$$\mu_X = 0{,}7, \quad \sigma_X^2 = 1{,}21$$

gegeben sind.

Tabelle 32

Stichprobe	Wahrscheinlichkeit, daß die Stichprobe genommen wird	Wert von $\bar{X}$ für diese Stichprobe
$-1, -1$	0,01	-1
$-1, 0$	0,05	$-\frac{1}{2}$
$-1, 2$	0,04	$\frac{1}{2}$
$0, -1$	0,05	$-\frac{1}{2}$
$0, 0$	0,25	0
$0, 2$	0,20	1
$2, -1$	0,04	$\frac{1}{2}$
$2, 0$	0,20	1
$2, 2$	0,16	2

In Tabelle 32 sind alle möglichen Stichproben vom Umfang $n = 2$ verzeichnet, die mit Zurücklegung aus dieser Population genommen werden, ferner die Wahrscheinlichkeit, jede Stichprobe zu erhalten, und der entsprechende Wert des Stichprobenmittels $\bar{X}$. Wir erhalten so für das Stichprobenmittel $\bar{X}$ die folgende Wahrscheinlichkeitstabelle

$\bar{x}$	-1	$-\frac{1}{2}$	0	$\frac{1}{2}$	1	2
$P(\bar{X} = \bar{x})$	0,01	0,10	0,25	0,08	0,40	0,16

$\mu_{\bar{X}}$, das Mittel von $\bar{X}$, und $\sigma^2_{\bar{X}}$, die Varianz von $\bar{X}$, haben die Werte

$$\mu_{\bar{X}} = 0{,}7, \quad \sigma^2_{\bar{X}} = 0{,}605\,,$$

was man leicht bestätigt. Wir beachten, daß

$$\mu_{\bar{X}} = \mu_X \quad \text{und} \quad \sigma^2_{\bar{X}} = \frac{\sigma^2_X}{2}\,,$$

d.h. das Mittel des Stichprobenmittels $\bar{X}$ ist gleich dem Populationsmittel von X, und die Varianz des Stichprobenmittels ist gleich der Populationsvarianz von X, dividiert durch den Umfang der Stichprobe. Mit anderen Worten: Obgleich die Werte von X und $\bar{X}$ dasselbe Mittel haben, sind die Werte von $\bar{X}$ weniger um den gemeinsamen Mittelwert gestreut als die Werte von X.

Eine ähnliche Untersuchung für Stichproben vom Umfang $n = 3$ (nun gibt es 27 mögliche Stichproben) liefert die folgende Wahrscheinlichkeitstabelle für das Stichprobenmittel $\bar{X}$. (Bemerkung: Um unsere Bezeichnungen nicht zu komplizieren, verzichten wir darauf, den Stichprobenumfang durch ein besonderes Symbol hinzuzufügen. Bei der Verwendung des Zeichens $\bar{X}$ müssen wir uns aber immer den Umfang der Stichprobe vor Augen halten.)

$\bar{x}$	-1	$-\frac{2}{3}$	$-\frac{1}{3}$	0	$\frac{1}{3}$	$\frac{2}{3}$	1	$\frac{4}{3}$	2
$P(\bar{X} = \bar{x})$	0,001	0,015	0,075	0,137	0,120	0,300	0,048	0,240	0,064

Wir berechnen das Mittel und die Varianz von $\bar{X}$ und erhalten

$$\mu_{\bar{X}} = 0{,}7 \quad \text{und} \quad \sigma^2_{\bar{X}} = 0{,}403\,,$$

so daß für Stichproben des Umfangs 3

$$\mu_{\bar{X}} = \mu_X \quad \text{und} \quad \sigma^2_{\bar{X}} = \frac{\sigma^2_X}{3}$$

gilt.

X und $\bar{X}$ haben wieder dasselbe Mittel, aber, verglichen mit den Werten von X (die als Werte von $\bar{X}$ für Stichproben des Umfangs 1 aufgefaßt werden können) oder den Werten von $\bar{X}$ bei Stichproben des Umfangs 2 sind die Werte von $\bar{X}$ für Stichproben des Umfangs 3 weniger um das gemeinsame Mittel μ_X verstreut. Diese Tatsache entspricht unserer gefühlsmäßigen Einstellung, daß wir unsere Schätzung des Populationsmittels verbessern, wenn wir die Mittel von größeren Stichproben aus der Population nehmen. Wir formulieren dies in den folgenden Sätzen genauer.

Nach den im Beispiel erhaltenen Ergebnissen überrascht uns die Gültigkeit des folgenden Satzes nicht.

Theorem 5.7

Es seien $X_1, X_2, \ldots, X_n$ n unabhängige (n positiv ganz) gleichverteilte Zufallsveränderliche mit dem gleichen Mittel μ_X und der gleichen Varianz σ_X^2. Ist

$$\bar{X} = \frac{X_1+X_2+\ldots+X_n}{n}, \tag{5.21}$$

dann gilt

$$\mu_{\bar{X}} = \mu_X \quad \text{und} \quad \sigma_{\bar{X}}^2 = \frac{\sigma_X^2}{n}. \tag{5.22}$$

In Worten: Für eine Stichprobe mit Zurücklegung aus einer Population, die durch die Wahrscheinlichkeitsfunktion einer Zufallsveränderlichen X gegeben ist, ist das Stichprobenmittel $\bar{X}$ gleich dem Populationsmittel von X, und die Varianz des Stichprobenmittels ist gleich der Varianz von X, dividiert durch den Stichprobenumfang.

Beweis: Mit Hilfe von (5.4) erhalten wir

$$\mu_{\bar{X}} = E\left(\frac{X_1+\ldots+X_n}{n}\right) = \frac{1}{n}E(X_1+\ldots+X_n)$$

$$= \frac{1}{n}[E(X_1)+\ldots+E(X_n)] = \frac{1}{n}(n\mu_X) = \mu_X.$$

Wenden wir analog (5.11) für $a_1 = a_2 = \ldots = a_n = \frac{1}{n}$ an, so finden wir

$$\sigma_{\bar{X}}^2 = \operatorname{Var}\left(\frac{X_1+\ldots+X_n}{n}\right) = \frac{1}{n^2}[\operatorname{Var}(X_1)+\ldots+\operatorname{Var}(X_n)]$$

$$= \frac{1}{n^2}(n\sigma_X^2) = \frac{\sigma_X^2}{n}.$$

Es sei noch bemerkt, daß die Streuung des Stichprobenmittels die Streuung von X, dividiert durch die Quadratwurzel aus dem Stichprobenumfang, ist:

$$\sigma_{\bar{X}} = \frac{\sigma_X}{\sqrt{n}}. \qquad (5.23)$$

Wächst also der Stichprobenumfang, so konzentrieren sich die Werte des Stichprobenmittels $\bar{X}$ stärker um das Mittel μ_X. Man beachte, daß das Theorem 5.7 ohne Bestimmung der Wahrscheinlichkeitsfunktion von $\bar{X}$ bewiesen wurde. Für Anwendungen dieses Satzes auf statistische Fragen wird es jedoch wichtig, mehr über $\bar{X}$ als nur das Mittel und die Streuung zu wissen. Unglücklicherweise müssen wir diese interessanten Dinge an dieser Stelle verlassen, da sie uns auf Wahrscheinlichkeitsprobleme führen, die nicht mit Hilfe endlicher Ereignisräume formuliert werden können.

Wir können jedoch das Theorem 5.7 verwenden, um den folgenden Satz zu beweisen, der ein Spezialfall des sogenannten *Gesetzes der Großen Zahlen* ist.

Theorem 5.8

Es sei eine Population durch eine Zufallsveränderliche X mit dem Mittel μ_X und der Streuung σ_X gekennzeichnet. Ferner sei $\bar{X}$ das Mittel einer Stichprobe vom Umfang n, die mit Zurücklegung aus dieser Population genommen wird. Ist c irgendeine positive Zahl, so strebt

$$P(\mu_X - c \leqq \bar{X} \leqq \mu_X + c) \qquad (5.24)$$

mit unbegrenzt wachsendem n gegen 1. Mit anderen Worten: Wählt man den Umfang n der Stichprobe nur genügend groß, dann ist die Wahrscheinlichkeit, daß der Wert des Stichprobenmittels um höchstens c von dem Populationsmittel abweicht, beliebig wenig von 1 verschieden. Oder, da wir c beliebig klein vorschreiben können: Durch eine genügend große Stichprobe können wir es sicher erreichen, daß der Mittelwert der Stichprobe dem Mittelwert der Population so nahe kommt, wie wir es wünschen.

Beweis: Auf die Zufallsveränderliche $\bar{X}$ wenden wir die Tschebyscheff-Ungleichung (3.15) an und finden

$$P(|\bar{X} - \mu_{\bar{X}}| > c) < \frac{\sigma_{\bar{X}}^2}{c^2}.$$

Mit Hilfe von (5.22) schreiben wir $\mu_{\bar{X}}$ und $\sigma_{\bar{X}}^2$ in Ausdrücken des Mittels und der Varianz der Population. Das gibt

$$P(|\bar{X}-\mu_X|>c)<\frac{\sigma_X^2}{nc^2}.$$

Also folgt

$$P(|\bar{X}-\mu_X| \leqq c) > 1-\frac{\sigma_X^2}{nc^2}. \tag{5.25}$$

Wächst nun n, so nimmt der Wert des Bruches $\frac{\sigma_X^2}{nc^2}$ ab und nähert sich null. Daher geht $1-\frac{\sigma_X^2}{nc^2}$ gegen 1, wenn n größer und größer wird, und so kann die Wahrscheinlichkeit $P(|\bar{X}-\mu_X| \leqq c)$, die mit (5.24) übereinstimmt, so weit 1 genähert werden, wie wir es wünschen, wenn wir nur n groß genug wählen.
Damit ist der Beweis geliefert.

Beispiel 5.7

Mit X sei das Einkommen der Personen einer gewissen Population in Tausend DM je Jahr bezeichnet. Wir nehmen $\mu_X = 6{,}5$ und $\sigma_X = 2{,}1$ an. Aus dieser Population wird eine Stichprobe mit Zurücklegung von n Personen genommen und dabei ein Wert von $\bar{X}$, das mittlere Einkommen dieser n Personen, erhalten. Wir wünschen nun eine Wahrscheinlichkeit größer als 0,9, daß dieser Wert um höchstens 0,5 vom Populationsmittel abweicht. Wie groß muß der Umfang n der Stichprobe sein?

Wir suchen den kleinsten Wert von n, für den

$$P(|\bar{X}-\mu_X| \leqq 0{,}5) > 0{,}9 \tag{5.26}$$

ist. Setzen wir in (5.25) $c = 0{,}5$ und $\sigma_X = 2{,}1$, so finden wir

$$P(|\bar{X}-\mu_X| \leqq 0{,}5) > 1-\frac{17{,}64}{n}.$$

Es wird also (5.26) erfüllt sein, wenn $\frac{17{,}64}{n}$ kleiner als 0,1 oder wenn $n > 176{,}4$ ist. Der gewünschte Grad der Übereinstimmung des Stichprobenmittels und des Populationsmittels der Einkommen wird also erreicht für eine Stichprobe vom Umfang $n = 177$. (Dies ist eine sehr vorsichtig gewählte Zahl, denn es wird nirgends davon Gebrauch gemacht, welche Wahrscheinlichkeitsfunktion $\bar{X}$ besitzt. In einem fortgeschrittenerem Stadium kann man eine genäherte Form der Wahrscheinlichkeitsfunktion von $\bar{X}$ herleiten, und es ist dann möglich, zu

zeigen, daß in diesem Beispiel bereits eine Stichprobe vom Umfang $n = 50$ genügt.)
Es soll schließlich noch gezeigt werden, wie das Gesetz der Großen Zahlen das theoretische Gegenstück unseres natürlichen Empfindens ist: Tritt ein Ereignis A in n gleichen Versuchen f mal auf, dann liegt $\frac{f}{n}$, d.h. der Verhältnisanteil des Auftretens von A umso näher an der Wahrscheinlichkeit $P(A)$ für das Eintreten von A, je größer n ist. Die Zufallsveränderliche X habe im Falle des Eintretens von A den Wert 1, anderenfalls den Wert 0, Ihre Wahrscheinlichkeitstabelle sei also:

x	0	1
$P(X = x)$	$1 - P(A)$	$P(A)$

Wir stellen fest, daß $\mu_X = P(A)$. Es ist $\bar{X}$ das Mittel einer Stichprobe vom Umfang n mit Zurücklegung aus einer Population, die durch die Zufallsveränderliche X gekennzeichnet ist, und daher gerade der Verhältnisanteil der Fälle, in denen A eintritt. (Denn $X_1 + X_2 + \ldots + X_n$ ist die Anzahl der Fälle, in denen A eintritt und $\bar{X}$ ergibt sich daraus durch Division durch n.) Machen wir n genügend groß, so können wir nach dem Theorem 5.8 erreichen, daß die Wahrscheinlichkeit dafür sich 1 beliebig nähert, daß der Verhältnisanteil der Fälle, in denen A eintritt, mit der Wahrscheinlichkeit für das Eintreten von A, so weit wie wir es wünschen, übereinstimmt.
Dieser Satz geht auf *Jakob Bernoulli*, 1713, zurück. In dieser Aussage findet die Deutung der Wahrscheinlichkeiten als Verhältnisanteile in einer großen Zahl von wiederholten unabhängigen Versuchen ihre Stütze.

Übungen

5.1

Für X und Y sei die folgende gemeinsame Wahrscheinlichkeitstabelle angenommen:

x \ y	1	2	3	$P(X = x)$
1	0,1	0,1	0	0,2
2	0,1	0,2	0,3	0,6
3	0,1	0,1	0	0,2
$P(Y = y)$	0,3	0,4	0,3	1

a) Ermittle die Wahrscheinlichkeitsfunktion von $X + Y$ und berechne dann $E(X + Y)$. Bestätige das Ergebnis mit Hilfe von (5.2).

b) Bestimme die Wahrscheinlichkeitsfunktion von XY und berechne so $E(XY)$. Bestätige die Antwort durch direkte Bestimmung von $E(XY)$ aus der Wahrscheinlichkeitstabelle und Anwendung von (5.1)

c) Zeige, daß (5.6) erfüllt ist, aber X und Y abhängig sind.

5.2

Es seien X und Y durch die gemeinsame Wahrscheinlichkeitstabelle der vorigen Übung gegeben. Im folgenden ist jedesmal eine Funktion z durch ihre Werte $z(x, y)$ für alle reellen Werte x und y gegeben. Bestimme die Wahrscheinlichkeitsfunktion der Zufallsveränderlichen $z(X, Y)$ und berechne $E[z(X, Y)]$ aus der Wahrscheinlichkeitsfunktion und auch mit Hilfe von (5.1).

a) $z(x, y) = \min(x, y) = \begin{cases} x & \text{für} \quad x \leqq y \\ y & \text{für} \quad x > y \end{cases}$

b) $z(x, y) = \max(x, y) = \begin{cases} y & \text{für} \quad x \leqq y \\ x & \text{für} \quad x > y \end{cases}$

c) $z(x, y) = \dfrac{x}{y}$ d) $z(x, y) = \dfrac{y}{x}$ e) $z(x, y) = x^2+y^2$ f) $z(x, y) = \sqrt{x^2+y^2}$

5.3

Welche der folgenden Aussagen sind für die auf einem Ereignisraum definierten Zufallsveränderlichen X und Y richtig? Für die Aussagen, die für einige, aber nicht für alle X und Y richtig sind, ist ein Paar X, Y zu bestimmen, für die die Aussage richtig, und ein anderes Paar, für die sie falsch ist. (Vgl. die vorhergende Übung.)

a) $E[\min(X, Y)] = \min[E(X), E(Y)]$ b) $E[\max(X, Y)] = \max[E(X), E(Y)]$

c) $E\left(\dfrac{X}{Y}\right) = \dfrac{E(X)}{E(Y)}$ d) $E\left(\dfrac{X}{Y}\right) = \dfrac{1}{E\left(\dfrac{Y}{X}\right)}$

e) $E(X^2+Y^2) = E(X^2)+E(Y^2)$ f) $[E(\sqrt{X^2+Y^2})]^2 = E(X^2+Y^2)$

5.4

Im Text wird der Zusatz (5.7) mit Hilfe der Identität in (5.5) bewiesen. Führe den Beweis ohne Verwendung dieser Identität. Hinweis: Benutze Theorem 4.2.

5.5

X hat das Mittel 50 und die Streuung 12, Y das Mittel 30 und die Streuung 5. X und Y sind unabhängig. Bestimme das Mittel und die Streuung von a) $X+Y$, b) $X-Y$, c) $3X+2Y$. (Beachte: $\sigma_{X+Y} \neq \sigma_X+\sigma_Y$)

5.6

Geh von der in (3.6) gegebenen Definition für $\text{Var}(X)$ aus und benutze die Theoreme des vorliegenden Abschnittes zum Beweise von $\text{Var}(X) = E(X^2)-\mu_X^2$ (Vgl. Theorem 3.2 und seinen Beweis.)

5.7

a) Interpretiere die Gleichung $E(X+b) = E(X)+b$ im 2. Abschnitt als Sonderfall des Theorems 5.2. Was ist dabei die Zufallsveränderliche Y?

b) Deute $E(aX) = aE(X)$ im 2. Abschnitt als Sonderfall des Theorems 5.4. Was ist jetzt die Zufallsveränderliche Y und warum (wie es für die Anwendung des Theorems 5.4 nötig ist) sind X und Y unabhängig?

5.8

Beweise das Theorem 5.1.

5.9

Verallgemeinere das Theorem 5.4 durch den Beweis, daß

$$E(X_1 X_2 \cdots X_n) = E(X_1) E(X_2) \cdots E(X_n)$$

ist, wenn $X_1, X_2, \ldots, X_n$ (n ganz positiv) unabhängig sind.

5.10

Es seien V_1, V_2, V_3 unabhängige Zufallsveränderliche. Zeige für $X = V_1 + V_2$ und $Y = V_1 + V_3$, daß

$$E(XY) - E(X)\,E(Y) = \mathrm{Var}(V_1).$$

5.11

a) Es seien $X_1, X_2, \ldots, X_n$ unabhängige Zufallsveränderliche. Zeige für $Y_k = a_1 X_1 + \ldots + a_k X_k$ (k positiv ganz und kleiner als n), daß Y_k und X_{k+1} unabhängig sind.

b) Beweise Theorem 5.6 durch vollständige Induktion.

5.12

Aus einer Population wird eine Stichprobe vom Umfang n mit Zurücklegung genommen. Wir finden dabei für das Stichprobenmittel $\overline{X}$ das Mittel $\mu_{\overline{X}}$ und die Streuung $\sigma_{\overline{X}}$. Was geschieht mit $\mu_{\overline{X}}$ und $\sigma_{\overline{X}}$, wenn der Stichprobenumfang vervierfacht wird?

5.13

Eine Population wird durch folgende Wahrscheinlichkeitstabelle der Zufallsveränderlichen X beschrieben:

x	0	1	2
$P(X = x)$	$\frac{1}{4}$	$\frac{1}{2}$	$\frac{1}{4}$

a) Bestimme μ_X und σ_X, das Populationsmittel und die Streuung.

b) Notiere alle möglichen Stichproben vom Umfang 2, die mit Zurücklegung aus dieser Population genommen werden können, und bestimme die Wahrscheinlichkeitsfunktion von $\overline{X}$, das Stichprobenmittel für die Stichproben vom Umfang 2. Berechne aus dieser Wahrscheinlichkeitsfunktion $\mu_{\overline{X}}$ und $\sigma^2_{\overline{X}}$ und bestätige so (5.22).

c) Führe b) für Stichproben vom Umfang 3 durch.

5.14

Bestätige die Formeln (5.17) bis (5.19).

5.15

Die Einkommen von zehn Personen sind in der folgenden Häufigkeitstabelle verzeichnet:

Einkommen x_j in DM	3500	5000	7500	9000
Anzahl der Personen f_j	3	4	2	1

a) Verwende die Formeln (5.17) bis (5.19) zur Berechnung von μ_X und σ_X^2, das Mittel und die Varianz der Einkommen dieser Population. (Bemerkung: Die Berechnungen werden vereinfacht, wenn man die Einkommen „verschlüsselt", z.B. durch $Y = \frac{X-5000}{500}$. Die drei Personen mit 3500 DM Einkommen (X-Werte) erhalten so das verschlüsselte Einkommen (Y-Werte) von -3, die vier Personen mit 5000 DM Einkommen erhalten das verschlüsselte Einkommen 0 usw. Da alle Y-Werte kleine Zahlen sind, ist die Berechnung von μ_Y und σ_Y^2 mit Hilfe von (5.17) bis (5.19), wobei x_j durch y_j ersetzt wird, relativ einfach. Aus der Schlüsselgleichung, die X und Y verbindet, kann man dann leicht μ_X und σ_X^2 aus μ_Y und σ_Y^2 finden.)

b) Bestimme die Wahrscheinlichkeitsfunktion von $\bar{X}$, dem Stichprobenmittel für Stichproben vom Umfang 2 mit Zurücklegung aus einer Population von 10 Personen. Berechne dann $\mu_{\bar{X}}$ und $\sigma_{\bar{X}}^2$ und bestätige so (5.22).

5.16

Zwei Stichproben vom Umfang n_1 bzw. n_2 werden mit Zurücklegung aus einer Population genommen, die durch die Wahrscheinlichkeitsfunktion der Zufallsveränderlichen X mit dem Mittel μ_X und der Streuung σ_X gekennzeichnet ist. Es seien $\bar{X}_1$ und $\bar{X}_2$ die entsprechenden Stichprobenmittel und ferner sei angenommen, daß diese Mittel unabhängige Zufallsveränderliche sind. Zeige, daß

$$E(\bar{X}_1-\bar{X}_2) = 0\,, \quad \operatorname{Var}(\bar{X}_1-\bar{X}_2) = \sigma_X^2\left(\frac{1}{n_1}+\frac{1}{n_2}\right).$$

5.17

Es seien $X_1, X_2, \ldots, X_n$ unabhängige, gleichverteilte Zufallsveränderliche, jede mit dem Mittel μ_X und der Streuung σ_X. (Das bedeutet, daß eine Stichprobe vom Umfang n mit Zurücklegung aus einer Population genommen wird, die durch die Wahrscheinlichkeitsfunktion von X gegeben ist.) Im Text definierten wir die Zufallsveränderliche $\bar{X}$, das Stichprobenmittel, und bestimmten ihr Mittel und ihre Varianz. Ebenfalls kann die *Stichprobenvarianz (sample variance)* definiert werden. Es ist eine mit S^2 bezeichnete Zufallsvariable, die durch

$$S^2 = \frac{1}{n-1}\sum_{k=1}^{n}(X_k-\bar{X})^2.$$

gegeben ist. Um $E(S^2)$ zu finden, gehe man so vor:

a) Man schreibt $X_k-\overline{X} = (X_k-\mu_X)-(\overline{X}-\mu_X)$
und zeigt

$$S^2 = \frac{1}{n-1} \sum_{k=1}^{n} (X_k-\mu_X)^2 - \frac{n}{n-1} (\overline{X}-\mu_X)^2 .$$

b) Beweise, daß

$$E[(X_k-\mu_X)^2] = \operatorname{Var}(X_k), \quad E[(\overline{X}-\mu_X)^2] = \operatorname{Var}(\overline{X}).$$

c) Folgere daraus $E(S^2) = \sigma_X^2$,
d.h. *Das Mittel der Stichprobenvarianz ist gleich der Populationsvarianz.*

6. Kovarianz und Korrelation; Stichprobenmittel (Fortsetzung)

Es sei die gemeinsame Wahrscheinlichkeitstabelle zweier über dem Ereignisraum S definierter Zufallsveränderlicher X und Y gegeben. Jede dieser beiden Zufallsvariablen X und Y hat ein Mittel und eine Varianz, aber die gemeinsame Wahrscheinlichkeitstabelle ist nicht nötig für die Berechnung von μ_X, σ_X^2 und μ_Y, σ_Y^2; diese Zahlen sind durch die (Rand-) Wahrscheinlichkeitsfunktionen von X und Y bestimmt. In diesem Abschnitt werden wir Zahlen definieren, die messen, wie stark die möglichen Werte von X mit den möglichen Werten von Y gekoppelt sind; derartige Zahlen werden von der gemeinsamen Wahrscheinlichkeitsfunktion von X und Y abhängen.
Ein Rückblick auf den Beweis des Theorems 5.5 führt uns zu unserer ersten Definition. Dort zeigten wir, daß

$$\operatorname{Var}(X+Y) = \operatorname{Var}(X)+\operatorname{Var}(Y)+2E[(X-\mu_X)(Y-\mu_Y)], \tag{6.1}$$

und da X und Y als unabhängig angenommen sind, schlossen wir mit Hilfe von (5.7), daß der letzte Term in (6.1) verschwindet. (6.1) ist aber ein wertvolles Ergebnis, da es sowohl für abhängige als auch für unabhängige Zufallsveränderliche gilt. Wir gehen daher dazu über, den letzten Ausdruck in (6.1) zu studieren, den wir im vorhergenden Abschnitt so schnell übersprungen haben. Wie gewöhnlich werden ein besonderer Name und ein besonderes Symbol dafür eingeführt.

Definition 6.1

Es seien X und Y über dem Ereignisraum S definierte Zufallsveränderliche oder Zufallsvariable. Die *Kovarianz* $\operatorname{Cov}(X, Y)$ von X und Y ist definiert durch die Zahl

$$\operatorname{Cov}(X, Y) = E[(X-\mu_X)(Y-\mu_Y)] \tag{6.2}$$

oder wegen (5.5) damit gleichbedeutend durch

$$\operatorname{Cov}(X, Y) = E(XY)-\mu_X\mu_Y . \tag{6.3}$$

Mit Hilfe dieser Bezeichnung schreiben wir (6.1) in der Form

$$\mathrm{Var}(X+Y) = \mathrm{Var}(X)+\mathrm{Var}(Y)+2\,\mathrm{Cov}(X, Y). \tag{6.4}$$

Es sei bemerkt, daß die Definition in X und Y symmetrisch ist, d.h. es gilt

$$\mathrm{Cov}(X, Y) = \mathrm{Cov}(Y, X), \tag{6.5}$$

und da $X-\mu_X$ und $Y-\mu_Y$ das Mittel null haben:

$$\mathrm{Cov}(X-\mu_X, Y-\mu_Y) = \mathrm{Cov}(X, Y). \tag{6.6}$$

Viele Probleme verlangen eine Verallgemeinerung von (6.4) auf mehr als zwei Zufallsveränderliche. So finden wir aus der Definition der Varianz

$$\mathrm{Var}(X_1+X_2+X_3) = E([X_1+X_2+X_3-E(X_1+X_2+X_3)]^2).$$

Benutzen wir (5.4) und schreiben μ_j für $E(X_j)$, dann gilt

$$\mathrm{Var}(X_1+X_2+X_3) = E([(X_1-\mu_1)+(X_2-\mu_2)+(X_3-\mu_3)]^2). \tag{6.7}$$

Nach der polynomischen Formel (3. Kap.) ist

$$(a_1+a_2+a_3)^2 = a_1^2+a_2^2+a_3^2+2a_1a_2+2a_1a_3+2a_2a_3 = \sum_{j=1}^{3} a_j^2+2\sum_{\substack{\text{alle } j,k\\ j<k}} a_j a_k,$$

wobei die letzte Summe die $\binom{3}{2} = 3$ gemischten Produkte $a_j a_k$ mit $1 \leqq j < k \leqq 3$ enthält. Wenden wir diese Formel auf (6.7) an, indem wir $a_j = X_j-\mu_j$ setzen, so erhalten wir

$$\mathrm{Var}(X_1+X_2+X_3) = E\Big[\sum_{j=1}^{3}(X_j-\mu_j)^2+2\sum_{\substack{\text{alle } j,k\\ j<k}}(X_j-\mu_j)(X_k-\mu_k)\Big].$$

Mit (5.4) und den Definitionen der Varianz und der Kovarianz erhalten wir

$$\mathrm{Var}(X_1+X_2+X_3) = \sum_{j=1}^{3}\mathrm{Var}(X_j)+2\sum_{\substack{\text{alle } j,k\\ j<k}}\mathrm{Cov}(X_j, X_k). \tag{6.8}$$

Diese Herleitung, auf eine Summe von n Zufallsveränderlichen übertragen, führt zu folgendem allgemeinen Ergebnis. Der Beweis sei dem Leser überlassen.

Theorem 6.1

Für $n\,(n > 1)$ Zufallsveränderliche $X_1, X_2, \ldots, X_n$ gilt

$$\operatorname{Var}(X_1 + \ldots + X_n) = \sum_{j=1}^{n} \operatorname{Var}(X_j) + 2 \sum_{\substack{\text{alle } j,k \\ j<k}} \operatorname{Cov}(X_j, X_k), \tag{6.9}$$

wobei die letzte Summe die $\binom{n}{2}$ Ausdrücke $\operatorname{Cov}(X_j, X_k)$ mit Indizes, die $1 \leqq j < k \leqq n$ genügen, umfaßt.

Im vorhergenden Abschnitt erörterten wir einige Fragen über Stichproben *mit Zurücklegung* aus einer Population, die durch die Wahrscheinlichkeitsfunktion einer Zufallsveränderlichen gekennzeichnet ist. Insbesondere leiteten wir die Formeln (5.22) für das Mittel und die Varianz des Stichprobenmittels $\bar{X}$ her, das sich auf Stichproben vom Umfang n mit Zurücklegung gründete. Wir sind nun in der Lage, die entsprechenden Ergebnisse für den wichtigen Fall zu beweisen, wo die Stichproben vom Umfang n *ohne Zurücklegung* aus einer endlichen Population von N Elementen genommen werden.

Wir nehmen wie früher eine Population von N Zetteln an, die jeder eine Zahl tragen. Es seien $x_1, x_2, \ldots, x_M$ alle verschiedenen Zahlen, und x_j erscheine auf f_j Zetteln für $j = 1, 2, \ldots, M$. Dann definieren wir genau wie in (5.16) bis (5.19) die Zufallsveränderliche X, das Populationsmittel μ_X und die Populationsvarianz σ_X^2.

Aus dieser Population von N Zetteln ziehen wir nun willkürlich einen Zettel, dann einen weiteren aus des restlichen $N-1$ Zetteln usw. bis eine Stichprobe vom Umfang n $(n \leqq N)$ ohne Zurücklegung aus der Population genommen ist. Nun gebe die Zufallsveränderliche X_k die Zahl auf dem $k$ten gezogenen Zettel an. Das Stichprobenmittel $\bar{X}$ ist wie vorher durch (5.20) gegeben. Unsere Aufgabe ist es, Mittel und Varianz von $\bar{X}$ zu berechnen.

Die Zufallsveränderlichen $X_1, X_2, \ldots, X_n$ sind unabhängig, wenn die Stichprobe mit Zurücklegung entnommen wird. Was uns diesmal die Aufgabe erschwert, ist der Umstand, daß bei einer Stichprobe ohne Zurücklegung die Zufallsveränderlichen abhängig sind. So haben wir z.B.

$$P(X_1 = x_j) = \frac{f_j}{N} \quad \text{für} \quad j = 1, 2, \ldots, M. \tag{6.10}$$

Kennt man jedoch das Ergebnis des ersten Zuges, so ändert sich die Wahrscheinlichkeit, beim zweiten Zug die Zahl x_j zu erhalten:

$$P(X_2 = x_j \mid X_1 \neq x_j) = \frac{f_j}{N-1}, \quad P(X_2 = x_j \mid X_1 = x_j) = \frac{f_j - 1}{N-1}. \tag{6.11}$$

Trotz ihrer Abhängigkeit sind die Zufallsveränderlichen $X_1, X_2, \ldots, X_n$ wie im vorigen Abschnitt alle gleichverteilt und haben dieselbe Wahrscheinlichkeitsfunktion wie X, d.h. für $k = 1, 2, \ldots, n$ haben wir

$$P(X_k = x_j) = \frac{f_j}{N} \quad \text{für} \quad j = 1, 2, \ldots, M. \tag{6.12}$$

Das bedeutet: Beim Fehlen von Informationen über den vorhergehenden Zug ist die Wahrscheinlichkeit, daß der $k$te Zug einen Zettel mit der Zahl x_j ergibt, gleich dem Verhältnisanteil der Zettel mit dieser Zahl unter allen Zetteln der Population. Für den ersten Zug ist dies klar und in (6.10) ausgedrückt. Wir beweisen die Richtigkeit nun für den zweiten Zug. Nach Formel (II.6.1) ist

$$P(X_2 = x_j) = \sum_{k=1}^{M} P(X_2 = x_j \mid X_1 = x_k) P(X_1 = x_k).$$

Wegen (6.11) isolieren wir den Term mit $k = j$. Das gibt

$$P(X_2 = x_j) = P(X_2 = x_j \mid X_1 = x_j) P(X_1 = x_j) + \sum_{k=1}^{M}{}^{*} P(X_2 = x_j \mid X_1 = x_k) P(X_1 = x_k),$$

wobei der Stern andeutet, daß die Summe nicht die Ausdrücke mit $k = j$ umfaßt. Die weitere Rechnung ergibt

$$\begin{aligned} P(X_2 = x_j) &= \frac{f_j - 1}{N-1} \frac{f_j}{N} + \sum_{k=1}^{M}{}^{*} \frac{f_j}{N-1} \frac{f_k}{N} \\ &= \frac{f_j}{N(N-1)} \Big(f_j - 1 + \sum_{k=1}^{M}{}^{*} f_k \Big) = \frac{f_j}{N(N-1)} \Big(-1 + \sum_{k=1}^{M} f_k \Big) \\ &= \frac{f_j}{N(N-1)} (N-1) = \frac{f_j}{N} \end{aligned}$$

wie verlangt. Den Beweis, daß (6.12) auch für $k = 3, 4, \ldots, n$ gilt, lassen wir für die Übungen.

Aus (6.12) folgt $E(X_k) = \mu_X$ für $k = 1, 2, \ldots, n$, und so wenden wir (5.4) an, um

$$\mu_{\bar{X}} = E\left(\frac{X_1 + \ldots + X_n}{n} \right) = \frac{1}{n} [E(X_1) + \ldots + E(X_n)] = \mu_X$$

wie im Falle der Stichprobe mit Zurücklegung zu erhalten. Die Tatsache, daß $X_1, X_2, \ldots, X_n$ nicht mehr länger unabhängig sind, beeinflußt

nicht die Berechnung von $\mu_{\bar{X}}$, da (5.4) sowohl für abhängige als auch für unabhängige Zufallsveränderliche gilt.
Erst bei der Berechnung der Varianz von $\bar{X}$ kompliziert die Abhängigkeit der X_k's die Angelegenheit. Wir müssen (6.9) verwenden und dazu $\mathrm{Cov}(X_j, X_k)$ berechnen. (Wir wissen, das die durch (5.18) gegebene Varianz $\mathrm{Var}(X_j) = \sigma_X^2$ die gleiche Wahrscheinlichkeitsfunktion wie X für $j = 1, 2, \dots, n$ besitzt.) Zum Glück ist für alle $j \neq k$

$$\mathrm{Cov}(X_j, X_k) = \mathrm{Cov}(X_1, X_2).$$

Diese Gleichung folgt aus der Tatsache (vgl. Übg. 6.6), daß jedes Paar von Zufallsveränderlichen aus $X_1, X_2, \dots, X_n$ dieselbe gemeinsame Wahrscheinlichkeitsfunktion hat wie irgendein anderes Paar. Es genügt daher, $\mathrm{Cov}(X_1, X_2)$ zu berechnen, und dieser Aufgabe wenden wir uns nun zu.
Nach der Definition der Kovarianz haben wir

$$\begin{aligned}\mathrm{Cov}(X_1, X_2) &= E[(X_1-\mu_X)(X_2-\mu_X)] \\ &= \sum_{\text{alle } j,\, k} (x_j-\mu_X)(x_k-\mu_X)\, P(X_1 = x_j, X_2 = x_k).\end{aligned}$$

Wieder isolieren wir die Ausdrücke mit $j = k$ und deuten ihr Fehlen durch einen Stern am Summationszeichen an. Das ergibt

$$\begin{aligned}\mathrm{Cov}(X_1, X_2) = {} & \sum_{j=1}^{M} (x_j-\mu_X)^2 P(X_1 = x_j, X_2 = x_j) \\ & + \sum_{\text{alle } j,\, k}^{*} (x_j-\mu_X)(x_k-\mu_X)\, P(X_1 = x_j, X_2 = x_k)\end{aligned}$$

$$= \sum_{j=1}^{M} (x_j-\mu_X)^2 \frac{f_j}{N} \cdot \frac{f_j-1}{N-1} + \sum_{\text{alle } j,\, k}^{*} (x_j-\mu_X)(x_k-\mu_X) \frac{f_j}{N} \frac{f_k}{N-1}. \tag{6.13}$$

Zur Berechnung der letzten Summe gehen wir folgendermaßen vor. Da $E(X_j) = \mu_X$, so ist $E(X_j-\mu_X) = 0$, d.h.

$$\sum_{j=1}^{M} (x_j-\mu_X) f_j = 0.$$

Nun werden beide Seiten der Gleichung quadriert:

$$\sum_{j=1}^{M} (x_j-\mu_X)^2 f_j^2 + \sum_{\text{alle } j,\, k}^{*} (x_j-\mu_X)(x_k-\mu_X) f_j f_k = 0.$$

Die zweite Summe ist also das Negative der ersten. Wir verwenden dies in (6.13) und erhalten

$$\begin{aligned}
&\operatorname{Cov}(X_1, X_2)\\
&= \frac{1}{N(N-1)} \sum_{j=1}^{M} (x_j-\mu_X)^2 f_j(f_j-1) - \frac{1}{N(N-1)} \sum_{j=1}^{M} (x_j-\mu_X)^2 f_j^2\\
&= -\frac{1}{N(N-1)} \sum_{j=1}^{M} (x_j-\mu_X)^2 f_j = -\frac{\sigma_X^2}{N-1},
\end{aligned}$$

wobei die letzte Gleichung aus (5.18) folgt. Nun können wir (6.9) anwenden, um $\sigma_{\bar{X}}^2$ zu bekommen:

$$\begin{aligned}
\sigma_{\bar{X}}^2 &= \operatorname{Var}\left(\frac{X_1+\ldots+X_n}{n}\right) = \frac{1}{n^2}\operatorname{Var}(X_1+\ldots+X_n)\\
&= \frac{1}{n^2}\left[\sum_{j=1}^{n} \sigma_X^2 + 2 \sum_{\substack{\text{alle } j,\, k\\ j<k}} \left(-\frac{\sigma_X^2}{N-1}\right)\right]\\
&= \frac{1}{n^2}\left[n\sigma_X^2 + 2\binom{n}{2}\left(-\frac{\sigma_X^2}{N-1}\right)\right] = \frac{\sigma_X^2}{n}\left(1-\frac{n-1}{N-1}\right) = \frac{\sigma_X^2}{n}\cdot\frac{N-n}{N-1}.
\end{aligned}$$

Mit dieser langen Rechnung haben wir den Beweis des folgenden wichtigen Satzes erbracht.

Theorem 6.2

Aus einer Population von N Elementen mit dem Mittel μ_X und der Varianz σ_X^2 wird eine Stichprobe vom Umfang n ohne Zurücklegung entnommen. Es sei $\bar{X}$ das Stichprobenmittel. Dann gilt

$$\mu_{\bar{X}} = \mu_X \quad \text{und} \quad \sigma_{\bar{X}}^2 = \frac{\sigma_X^2}{n}\cdot\frac{N-n}{N-1}. \tag{6.14}$$

Hierzu ein Zahlenbeispiel.

Beispiel 6.1

Angenommen, wir haben eine Population von $N = 5$ Personen und kennen ihre Intelligenztestzahl. Tabelle 33 faßt unsere Informationen

Tabelle 33

Intelligenztestzahl x_j	80	100	130
Anzahl der Personen f_j	1	2	2

darüber zusammen. Mit Hilfe der Formeln (5.17) bis (5.19) kann der Leser bestätigen, daß für diese Population die mittlere Inteligenztestzahl und ihre Varianz

$$\mu_X = 108 \text{ und } \sigma_X^2 = 376 \tag{6.15}$$

betragen, so daß die Streuung $\sigma_X \approx 19{,}4$ ist.

Aus dieser Population wird eine Stichprobe vom Umfang $n = 2$ ohne Zurücklegung entnommen. In Tabelle 34 sind alle möglichen Ergebnisse dieses Stichproben-Experiments verzeichnet, ferner die für die Berechnung der Wahrscheinlichkeitsfunktion von $\bar{X}$, dem Stichprobenmittel, nötige Information. Man beachte, daß wir zwei von fünf Personen und nicht zwei von drei verschiedenen Intelligenztestzahlen wählen. Das bedeutet z.B., daß wir die Punkte 80 und 100 in dieser Reihenfolge auf zwei Arten erhalten können, da zwei Personen die Zahl 100 haben. Insgesamt gibt es $5 \cdot 4 = 20$ Arten, zuerst die eine, dann eine zweite Person aus der Population zu entnehmen. Die Zahlen in der dritten Spalte addieren sich daher zu 20.

Tabelle 34

Intelligenztestzahl der ersten Person	Intelligenztestzahl der zweiten Person	Anzahl der Möglichkeiten für die Zahlen in der angegebenen Ordnung	Wert von $\bar{X}$ für diese Stichprobe
80	100	2	90
80	130	2	105
100	80	2	90
100	100	2	100
100	130	4	115
130	80	2	105
130	100	4	115
130	130	2	130

Danach hat $\bar{X}$ für vier der 20 Stichproben den Wert 90, so daß $P(\bar{X} = 90) = \frac{4}{20} = 0{,}2$. In dieser Weise erhalten wir die folgende Wahrscheinlichkeitstabelle für $\bar{X}$, das Stichprobenmittel:

$\bar{x}$	90	100	105	115	130
$P(\bar{X} = \bar{x})$	0,2	0,1	0,2	0,4	0,1

Aus dieser Tabelle kann der Leser das Mittel und die Varianz von $\bar{X}$ errechnen:

$$\mu_{\bar{X}} = 108, \quad \sigma_{\bar{X}}^2 = 141. \tag{6.16}$$

Wir haben hier ein besonderes Anwendungsbeispiel zum Theorem 6.2. Die in (6.16) erhaltenen Ergebnisse können nun mit denen durch das Theorem vorausgesagten verglichen werden. Die Werte von μ_X und σ_X^2 sind in (6.15) gegeben, und wir finden mit $N = 5$, $n = 2$ aus (6.14) wie erwartet

$$\mu_{\bar{X}} = \mu_X = 108,$$

$$\sigma_{\bar{X}}^2 = \frac{\sigma_X^2}{n} \cdot \frac{N-n}{N-1} = \frac{376}{2} \cdot \frac{3}{4} = 141\,.$$

Vergleicht man die im Theorem 5.7 (Stichproben mit Zurücklegung) und im Theorem 6.2 (Stichproben ohne Zurücklegung) festgestellten Ergebnisse, so gelangen wir zu folgenden Schlüssen:

1. Sowohl in den Stichproben mit als auch in denen ohne Zurücklegung haben die Werte des Stichprobenmittels $\bar{X}$ das richtige „Ziel" in dem Sinne, daß ihr mittlerer Wert $\mu_{\bar{X}}$ gleich dem Populationsmittel μ_X ist.
2. Ist der Stichprobenumfang größer als 1, dann sind sowohl in den Stichproben mit als auch in denen ohne Zurücklegung die Werte von $\bar{X}$ weniger als die Werte von X um ihren gemeinsamen Mittelwert μ_X gestreut, d.h. es ist

   $$\sigma_{\bar{X}}^2 < \sigma_X^2 \quad \text{falls } n > 1\,.$$

   Es wird nämlich $\sigma_{\bar{X}}^2$ erhalten, indem σ_X^2 mit dem Faktor $\frac{1}{n}$ in dem einen, mit dem Faktor $\frac{1}{n} \cdot \frac{N-n}{N-1}$ in dem anderen Falle multipliziert wird, und beide Faktoren sind kleiner als 1, wenn $n > 1$.
3. Sowohl in den Stichproben mit als auch in denen ohne Zurücklegung nimmt die Stichprobenvarianz $\sigma_{\bar{X}}^2$ab, wenn der Stichprobenumfang n wächst. Denn die in 2) erwähnten Faktoren sind nicht nur kleiner als 1, sondern nehmen außerdem noch ab, wenn n wächst. Schöpft eine Stichprobe ohne Zurücklegung die Population aus ($n = N$), dann ist $\sigma_{\bar{X}}^2 = 0$. Denn wenn wir alle Elemente der Population entnehmen, dann weichen alle Stichproben untereinander nur durch die Reihenfolge ab, in der die Elemente entnommen werden. Alle Stichproben haben daher das gleiche Mittel, d.h. es gibt nur einen möglichen Wert von $\bar{X}$. In diesem Falle wissen wir, daß die Varianz von $\bar{X}$ null ist.
4. Werden Stichproben derselben Population entnommen, so gilt für einen Umfang größer als 1, daß $\sigma_{\bar{X}}^2$ kleiner ist, wenn die Stich-

probe ohne, als wenn sie mit Zurücklegung entnommen wird. Die Varianzen unterscheiden sich um den Faktor $\frac{N-n}{N-1}$, der für $n > 1$ kleiner als 1 ist.

5. Der Faktor

$$\frac{N-n}{N-1} = \frac{1-\frac{n}{N}}{1-\frac{1}{N}}$$

liegt dicht bei 1, wenn N gegenüber n sehr groß ist. Dann liegen nämlich $\frac{n}{N}$ und $\frac{1}{N}$ dicht bei null. Werden aus einer Population von N Elementen Stichproben vom Umfang n ohne Zurücklegung entnommen und ist der Umfang N der Population gegenüber dem Umfang n der Stichprobe sehr groß, dann ist $\sigma_{\bar{X}}^2$ ungefähr gleich $\frac{\sigma_X^2}{n}$.
Aus diesem Grunde werden in der Statistik die einfacheren Formeln (5.22) oft gebraucht, wenn N sehr groß gegenüber n ist, selbst wenn die Stichprobe ohne Zurücklegung entnommen wird.

Wir können hier nicht auf die Frage eingehen, wie unsere Ergebnisse verwendet werden können (in Verbindung mit anderer Information über das Stichprobenmittel $\bar{X}$, insbesondere seiner Wahrscheinlichkeitsfunktion), wenn gerade eine Stichprobe aus einer Population entnommen ist und wir dann die Stichprobenwerte von $X_1, X_2, \ldots, X_n$ für Rückschlüsse auf die Population verwenden wollen. Diese Frage ist von großer Bedeutung für die Praxis und wird in Einzelheiten in den Lehrbüchern über Statistik behandelt.

An der Definition von Cov(X, Y) in (6.2) können wir ablesen, daß die Kovarianz ein Maß dafür ist, wie sich die Werte von X und Y miteinander ändern. Hat X größere Werte als ihr Mittel μ_X, sobald Y größere Werte als ihr Mittel μ_Y hat, und hat X kleinere Werte als μ_X, sobald Y kleinere Werte als μ_Y hat, dann hat $(X-\mu_X)(Y-\mu_Y)$ positive Werte, und es ist Cov$(X, Y) > 0$. Liegen andererseits Werte von X über μ_X, sobald Werte von Y unter μ_Y sind und umgekehrt, dann ist Cov$(X, Y) < 0$. Sind X und Y unabhängig, dann ist nach Theorem 5.4 Cov$(X, Y) = 0$.

Durch geeignete Wahl von zwei Zufallsveränderlichen können wir ihrer Kovarianz jeden gewünschten Wert zulegen. Für die Konstanten a und b gilt

$$\text{Cov}(aX, bY) = E(aXbY) - E(aX)E(bY) = abE(XY) - (a\mu_X)(b\mu_Y).$$

Daraus folgt

$$\operatorname{Cov}(aX, bY) = ab\operatorname{Cov}(X, Y)\,. \tag{6.17}$$

Wenn also $\operatorname{Cov}(X, Y) \neq 0$ ist, dann können wir durch Variieren von a und b die Kovarianz $\operatorname{Cov}(X, Y)$ positiv oder negativ, so groß oder so klein machen, wie es uns beliebt.

Angenehmer ist es, für diese Beziehung ein Maß zu haben, daß nicht so beliebig verändert werden kann. Wir werden kurz beweisen, daß die Kovarianz von X^* und Y^*, wobei X^* und Y^* die zu X und Y gehörigen standardisierten Zufallsveränderlichen (wie im Theorem 3.4 definiert) sind, nur Werte zwischen -1 und $+1$ annehmen können. Nach (6.17) ist

$$\operatorname{Cov}(X^*, Y^*) = \operatorname{Cov}\left(\frac{X-\mu_X}{\sigma_X}, \frac{Y-\mu_Y}{\sigma_Y}\right)$$

$$= \frac{1}{\sigma_X\sigma_Y}\operatorname{Cov}(X-\mu_X, Y-\mu_Y) = \frac{\operatorname{Cov}(X, Y)}{\sigma_X\sigma_Y}\,,$$

wobei die letzte Gleichung aus (6.6) folgt. Dies führt zu folgender Definition.

Definition 6.2

Es seien X^* und Y^* die standardisierten Zufallsveränderlichen zu X und Y. Die Kovarianz von X^* und Y^* heißt der *Korrelationskoeffizient* (*correlation coefficient*) von X und Y und wird mit $\varrho(X, Y)$ bezeichnet. Es ist

$$\varrho(X, Y) = \operatorname{Cov}(X^*, Y^*) = \frac{\operatorname{Cov}(X, Y)}{\sigma_X\sigma_Y}\,. \tag{6.18}$$

Ist $\sigma_X = 0$ oder $\sigma_Y = 0$ und daher (6.18) nicht anwendbar, dann definieren wir $\varrho(X, Y) = 0$. Die Zufallsveränderlichen heißen dann und nur dann *unkorreliert* (*uncorrelated*), wenn $\varrho(X, Y) = 0$, anderenfalls heißen sie *korreliert* (*correlated*) oder korrelativ abhängig.

Sind $\sigma_X > 0$ und $\sigma_Y > 0$, dann kann der Korrelationskoeffizient dann und nur dann null sein, wenn $\operatorname{Cov}(X, Y) = 0$ ist. In dem Ausnahmefall, wenn eine oder beide der Zufallsveränderlichen die Streuung null haben, sind (vgl. Übg. 4.10) X und Y unabhängig und daher $\operatorname{Cov}(X, Y) = 0$. Es sind daher $\varrho(X, Y) = 0$ und $\operatorname{Cov}(X, Y) = 0$ äquivalente Bedingungen: *X und Y sind dann und nur dann unkorreliert, wenn ihre Kovarianz gleich null ist.*

Vor einer Erörterung dieser Definition wollen wir einen Korrelationskoeffizienten berechnen.

Beispiel 6.2

Es seien X und Y Zufallsveränderliche mit den in Tabelle 27 gegebenen gemeinsamen Wahrscheinlichkeiten. Im Beispiel 5.1 fanden wir $\mu_X = \frac{1}{2}$, $\mu_Y = \frac{3}{2}$ und $E(XY) = 1$. Also ist $\mathrm{Cov}(X, Y) = \frac{1}{4}$ und wir wissen daher, daß X und Y korrelativ (abhängig) sind. Ferner wird $E(X^2) = \frac{1}{2}$ und $E(Y^2) = 3$, so daß $\sigma_X^2 = \frac{1}{4}$ und $\sigma_Y^2 = \frac{3}{4}$. Mit Hilfe von (6.18) finden wir dann

$$\varrho(X, Y) = \frac{\frac{1}{4}}{\frac{1}{2} \cdot \frac{\sqrt{3}}{2}} = \frac{1}{\sqrt{3}} \approx 0{,}58 .$$

Beispiel 6.3

Die im Beispiel 5.4 definierten Zufallsveränderlichen X und Y sind funktional abhängig ($Y = X^2$), es ist aber (5.6) erfüllt, d.h. $\mathrm{Cov}(X, Y) = 0$. Wir haben damit ein Beispiel von Zufallsvariablen, die *nicht korreliert, aber auch nicht unabhängig* sind. Wir entnehmen daraus, daß man bei der Deutung der Kovarianz oder des Korrelationskoeffizienten als Maß für die Kopplung der Werte von X und Y große Vorsicht walten lassen muß. Insbesondere bedeutet die Tatsache, daß der Korrelationskoeffizient null ist, nicht, daß X und Y nicht gekoppelt sind, denn wir haben gerade gesehen, daß $\varrho(X, Y) = 0$ ist, aber X und Y so stark gekoppelt sind, wie es stärker nicht sein kann: Zu jedem Wert von X erhalten wir einen bestimmten Wert von Y, da $Y = X^2$.

Obgleich es nur auf eine Neufassung des Theorems 5.4 hinausläuft, betonen wir diese im Beispiel festgestellten Tatsachen im folgenden Satz.

Theorem 6.3

Sind X und Y unabhängige Zufallsveränderliche, dann sind sie nicht korrelativ abhängig, aber *nicht* umgekehrt.

Wir wenden uns nun den Eigenschaften des Korrelationskoeffizienten zu.

Theorem 6.4

Der Korrelationskoeffizient von X und Y ist eine Zahl zwischen -1 und $+1$ (einschließlich dieser Zahlen), d.h.

$$-1 \leqq \varrho(X, Y) \leqq 1 . \tag{6.19}$$

Beweis: Man betrachte die Varianz von $X^* + Y^*$, wo X^* und Y^* die standardisierten Zufallsveränderlichen sind, die X und Y entsprechen. Nach (6.4) ist

$$\mathrm{Var}(X^* + Y^*) = \mathrm{Var}(X^*) + \mathrm{Var}(Y^*) + 2\,\mathrm{Cov}(X^*, Y^*) .$$

Es ist aber $\mathrm{Var}(X^*) = \mathrm{Var}(Y^*) = 1$ and $\mathrm{Cov}(X^*, Y^*) = \varrho(X, Y)$ nach Definition und daher

$$\mathrm{Var}(X^*+Y^*) = 2[1+\varrho(X, Y)]. \tag{6.20}$$

Da $\mathrm{Var}(X^*+Y^*) \geqq 0$, so folgt, daß $-1 \leqq \varrho(X, Y)$. Analog mag der Leser

$$\mathrm{Var}(X^*-Y^*) = 2[1-\varrho(X, Y)] \tag{6.21}$$

herleiten, woraus wir wieder schließen, da die Varianz nichtnegativ ist, daß $\varrho(X, Y) \leqq 1$ ist. Damit ist der Satz bewiesen. (Wegen eines anderen Beweises siehe Übung 6.16.)

Es ist wichtig, die Bedeutung der extremen Werte $\varrho(X, Y) = \pm 1$ zu verstehen. Nun besteht zwischen X und Y die stärkste Kopplung, wenn der Wert von Y eindeutig bestimmt ist, sobald der Wert von X bekannt ist. In einem solchen Falle ist Y eine Funktion von X, also $Y = g(X)$. Die Situation liegt vor, wenn jeweils in jeder Zeile der gemeinsamen Wahrscheinlichkeitstabelle von X und Y alle Werte bis auf einen gleich null sind. Wie wir im Beispiel 6.3 sahen, kann Y eine Funktion von X sein und trotzdem $\varrho(X, Y) = 0$. In diesem Beispiel ist $Y = X^2$ eine quadratische Funktion von X. Ist aber Y eine lineare Funktion von X, dann läßt sich beweisen, daß $\varrho(X, Y)$ einen seiner Extremwerte annehmen muß. Und umgekehrt können wir beweisen, daß X und Y linear gekoppelt sind, wenn $\varrho(X, Y) = \pm 1$ ist. Vor diesen Beweisen noch ein Beispiel.

Beispiel 6.4

Die Zufallsveränderlichen X und Y mögen die in Tabelle 35 wiedergegebene gemeinsame Wahrscheinlichkeitstabelle besitzen.

Tabelle 35

x \ y	1	3	5	$P(X = x)$
1	0	0	0,2	0,2
2	0	0,5	0	0,5
3	0,3	0	0	0,3
$P(Y = y)$	0,3	0,5	0,2	1

Da jede Zeile genau einen von null verschiedenen Wert besitzt, wissen wir, daß Y eine gewisse Funktion von X ist. Diese von null verschiedenen Wahrscheinlichkeiten treten alle in der Diagonalen auf, längs der die Werte von Y zunehmen, wenn die von X abnehmen. Nach dem Wahrscheinlichkeitsgraphen in Bild 26 liegen die Punkte (x, y), für die positive Wahrscheinlichkeiten angegeben sind, auf der gestrichelten Linie mit negativer Steigung. In der Tat wurde die gemeinsame Wahrscheinlichkeitstafel für die lineare Funktion $Y = -2X+7$ von X auf-

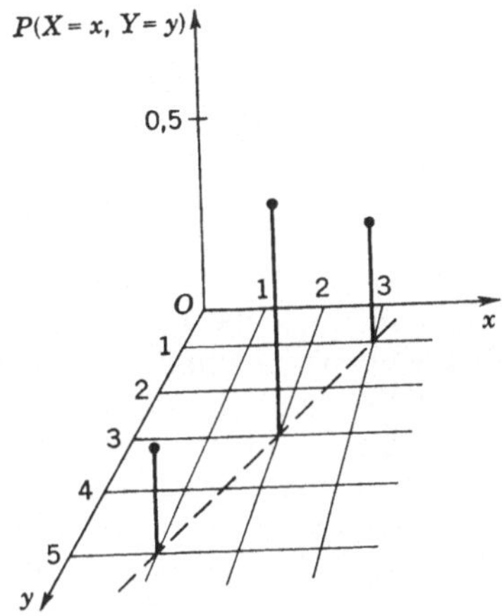

Bild 26.
Graph bei zwei gekoppelten Zufallsveränderlichen

gestellt. Der Korrelationskoeffizient sei nun ohne Verwendung dieser Tatsache berechnet. Aus Tabelle 35 finden wir direkt

$$\sigma_X = 0{,}7; \qquad \sigma_Y = 1{,}4; \qquad \mathrm{Cov}(X, Y) = -0{,}98$$

und daher

$$\varrho(X, Y) = \frac{0{,}98}{0{,}7 \cdot 1{,}4} = -1\,.$$

Theorem 6.5

Es sei X eine über dem Ereignisraum S definierte Zufallsveränderliche mit $\sigma_X > 0$ und Y eine lineare Funktion $Y = mX+b$ von X, wobei m und b Zahlen sind und $m \neq 0$. Dann ist $\varrho(X, Y) = +1$, wenn $m > 0$ und $\varrho(X, Y) = -1$, wenn $m < 0$.

Beweis: Wegen $Y = mX+b$ ist $\mu_Y = m\mu_X+b$. Also ist $Y-\mu_Y = m(X-\mu_X)$, woraus

$$\mathrm{Cov}(X, Y) = E[m(X-\mu_X)^2] = m\sigma_X^2$$

folgt. Da nach (3.12) $\sigma_Y = |m|\sigma_X$, so ist

$$\varrho(X, Y) = \frac{\operatorname{Cov}(X, Y)}{\sigma_X \sigma_Y} = \frac{m\sigma_X^2}{\sigma_X |m| \sigma_X} = \frac{m}{|m|}.$$

Da $\frac{m}{|m|} = 1$ für $m > 0$ und $\frac{m}{|m|} = -1$ für $m < 0$, ist der Beweis erbracht.

Vor dem Beweis der Umkehrung des Theorems 6.5 müssen wir noch eine kleine Schwierigkeit aus dem Wege räumen. Wir wollen beweisen, daß Y eine lineare Funktion von X ist, d.h. $Y = mX+b$ für gewisse Zahlen m und b, wenn $\varrho(X,Y) = \pm 1$. Das bedeutet, daß $Y(o_i) = m\,X(o_i)+b$ für jedes $o_i \in S$. Aber dies ist mehr, als wir billigerweise erwarten können zu beweisen. Denn sei etwa einem gewissen Elementarereignis, z.B. $\{o_1\}$, die Wahrscheinlichkeit 0 zugeordnet. Dann dürfen wir dieses Element o_1 ruhig vergessen, denn $X(o_1)$ ist keiner der möglichen Werte von X, solange es nicht der Wert von X für ein gewisses anderes Element $o_i \in S$ mit $P(\{o_i\}) > 0$ ist. In jedem Falle kann das Element aus unserem Ereignisraum gestrichen werden, da es keine Rolle bei der Konstruktion der gemeinsamen Wahrscheinlichkeitstabelle für X und Y spielt. Eine Änderung des Wertes $Y(o_i)$ kann den Korrelationskoeffizienten nicht ändern. Wir können also günstigenfalls zu beweisen hoffen, daß $Y(o_i) = m\,X(o_i)+b$ für alle $o_i \in S$, ausgenommen vielleicht diejenigen Elemente von S, die zusammen ein Ereignis mit der Wahrscheinlichkeit 0 ergeben. Für diesen Sachverhalt wollen wir folgende bequeme Sprechweise einführen: Zwei Zufallsveränderliche heißen gleich *mit der Wahrscheinlichkeit* 1, wenn ihre Werte für alle Elemente des Ereignisraumes gleich sind, außer vielleicht für einige Elemente, die zusammen ein Ereignis mit der Wahrscheinlichkeit 0 ergeben.
Nun können wir die Umkehrung des Theorems 6.5 als Satz aussprechen.

Theorem 6.6

Es seien X und Y zwei Zufallsveränderliche über dem Ereignisraum S und $\varrho(X, Y) = \pm 1$. Dann ist Y eine lineare Funktion von X mit der Wahrscheinlichkeit 1. In der Tat gibt es dann Zahlen $m > 0$, b und c so, daß $Y = mX+b$ für $\varrho = +1$ und $Y = -mX+c$ für $\varrho = -1$, jedesmal mit der Wahrscheinlichkeit 1.

Beweis: Wir nehmen $\varrho(X, Y) = +1$ an und gehen von der Gleichung (6.21) aus. Wir erhalten $\operatorname{Var}(X^*-Y^*)=0$, und daraus folgt, daß X^*-Y^* einen Wert hat, der mit der Wahrscheinlichkeit 1 eintritt. Dieser Wert muß das Mittel von X^*-Y^* sein, der null ist, weil das Mittel jeder standardisierten Zufallsveränderlichen null ist. Daher ist $X = Y$ mit der Wahrscheinlichkeit 1 oder

$$\frac{X-\mu_X}{\sigma_X} = \frac{Y-\mu_Y}{\sigma_Y}.$$

Durch Vereinfachung erhält man hieraus das gewünschte Ergebnis $Y = mX+b$ mit

$$m = \frac{\sigma_Y}{\sigma_X} > 0 \quad \text{und} \quad b = \frac{\mu_Y \sigma_X - \mu_X \sigma_Y}{\sigma_X}.$$

Der Leser möge den Beweis für $\varrho(X, Y) = -1$ vervollständigen, indem er von (6.20) ausgeht und dann wie eben weiterschließt.

Wie die Theoreme andeuten, ist der Korrelationskoeffizient nur dann ein sinnvolles Maß für die Kopplung der Werte von X und Y, wenn diese Beziehung eine lineare ist. Zu einem vollen Verständnis dieser Tatsache muß man die sogenannten Regressionsfunktionen (*regression functions*) zwischen der einen und der anderen Zufallsveränderlichen studieren.

Übungen

6.1

Beweise das Theorem 6.1.

6.2

Aus der Population von 10 Personen, deren Einkommen in der Häufigkeitstabelle der Übg. 5.15 gegeben sind, wird eine Stichprobe vom Umfang $n = 2$ ohne Zurücklegung entnommen. Ist $\bar{X}$ das mittlere Einkommen einer Stichprobe, so ist die Wahrscheinlichkeitsfunktion von $\bar{X}$ zu bestimmen, $\mu_{\bar{X}}$ und $\sigma^2_{\bar{X}}$ zu berechnen und die Richtigkeit der Formeln (6.14) zu bestätigen. Vergleiche die Ergebnisse mit denen der Übung 5.15, wo die Stichprobe mit Zurücklegung entnommen wird.

6.3

Wir betrachten die Population von $N = 5$ Personen, deren Intelligenztestzahl in Tabelle 33 gegeben ist, und entnehmen daraus eine Stichprobe vom Umfang n ohne Zurücklegung. Es sei $\bar{X}$ das Stichprobenmittel. Bestimme die Wahrscheinlichkeitsfunktion von $\bar{X}$, berechne $\mu_{\bar{X}}$ und $\sigma^2_{\bar{X}}$ und bestätige die Formeln (6.14), wenn der Stichprobenumfang a) $n = 3$, b) $n = 4$, c) $n = 5$ ist. (Das entsprechende Problem für $n = 2$ ist in Übung 6.1 gelöst.)

6.4

Wir greifen auf das Beispiel 5.6 zurück und nehmen an, daß wir eine Population von $N = 10$ Zetteln haben, deren relative Häufigkeit wie in der Wahrscheinlichkeitstabelle von X gegeben ist, d.h. ein Zettel trägt die Zahl -1, fünf Zettel tragen die Zahl 0, vier Zettel haben die Zahl 2. Aus dieser Population wird eine Stichprobe vom Umfang n ohne Zurücklegung gezogen. Ist $\bar{X}$ das Stichprobenmittel, so ist die Wahrscheinlichkeitsfunktion von $\bar{X}$, ferner $\mu_{\bar{X}}$ und $\sigma^2_{\bar{X}}$ für a) $n = 1$, b) $n = 2$,

c) $n = 3$, d) $n = 9$ und e) $n = 10$ zu bestimmen. Bestätige in all diesen Fällen die Formeln (6.14).

6.5

Bei einer Population von 10000 Familien beträgt das mittlere jährliche Einkommen 5000 DM und die Streuung 750 DM. In welches Intervall wird nach der Tscheby-scheff-Ungleichung das Stichprobenmittel mit der Wahrscheinlichkeit von mindestens $\frac{8}{9}$ fallen, wenn eine Stichprobe vom Umfang 100 ohne Zurücklegung aus der Population entnommen wird?

6.6

Die folgenden Teile beziehen sich auf die Erörterung von Stichproben ohne Zurücklegung aus einer endlichen Population.

a) Beweise (6.12) für $k = 3, 4, \ldots, n$ und vervollständige so den Beweis, daß X_1, $X_2, \ldots, X_n$ gleichverteilt sind.

b) Bestimme die gemeinsame Wahrscheinlichkeitsfunktion von X_1 und X_2 und auch von X_1 und X_3. Wie lautet die Wahrscheinlichkeitsfunktion von X_j und X_k für beliebige $j \neq k$?

c) Zeige, daß $\varrho(X_1, X_2) = -\dfrac{1}{N-1}$. Ist dies Ergebnis vernünftig?

6.7

Für eine Stichprobe ohne Zurücklegung aus einer Population vom Umfang N soll ein Stichprobenumfang n_1 so bestimmt werden, daß die Streuung des Stichprobenmittels halb so groß ist wie für Stichproben vom Umfang n. Zeige, daß

$$n_1 = \frac{4nN}{N+3n},$$

vorausgesetzt, daß auf der rechten Seite eine ganze Zahl steht. (Bemerkung: n_1 und n sind gleich, wenn $n = N$. Warum ist dies vernünftig?)

6.8

Wir gehen auf das im Beispiel 5.5 beschriebene Experiment des Kartenerratens zurück, nur nehmen wir jetzt an, daß der Betreffende eine Permutation der Zahlen $1, 2, \ldots, n$ wählt und dann seine Antworten in der Reihenfolge der Zahlen dieser Permutation gibt. Wie vorher besteht eine Möglichkeit, dies zu tun, darin, mit einem Duplikat des Spieles zu arbeiten. Aber jetzt muß er eine Stichprobe von n Karten ohne Zurücklegung aus dem Spiel ziehen.

Es sei X die Anzahl seiner richtigen Antworten. Wir schreiben also

$$X = X_1 + X_2 + \ldots + X_n,$$

wobei X_k den Wert 0 oder 1 hat, je nachdem die $k$te Antwort (der $k$te Versuch) falsch oder richtig ist.

a) Zeige, daß $X_1, X_2, \ldots, X_n$ nicht unabhängig sind.

b) Beweise, daß $X_1, X_2, \ldots, X_n$ gleichverteilt sind, wobei die Wahrscheinlichkeit für eine richtige Antwort beim $k$ten Versuch $\dfrac{1}{n}$ für $k = 1, 2, \ldots, n$ ist.

c) Weise wie im Beispiel 5.5 nach, daß $E(X) = 1$.

d) Beweise, daß $\operatorname{Cov}(X_j, X_k) = \frac{1}{n^2(n-1)}$ für alle $j \neq k$.

e) Zeige: Es ist $\operatorname{Var}(X) = 1$ eine etwas größere Varianz als im Beispiel 5.5.

6.9

Es ist zu zeigen, daß, wenn bei zwei Zufallsveränderlichen sonst alle übrigen Größen übereinstimmen, die Varianz ihrer Summe umso größer und die Varianz ihrer Differenz umso kleiner ist, je größer ihr Korrelationskoeffizient ist.

6.10

Die mittlere Kovarianz von $X_1, X_2, \ldots, X_n$ sei mit $\operatorname{Cov}_m(X_1, \ldots, X_n)$ bezeichnet und als die Summe aller $\operatorname{Cov}(X_j, X_k)$ mit $1 \leqq j < k \leqq n$, dividiert durch $\binom{n}{2}$, der Anzahl dieser Kovarianzen, definiert.

a) Weise nach, daß

$$\operatorname{Var}(\overline{X}) = \frac{1}{n^2} \sum_{j=1}^{n} \operatorname{Var}(X_j) + \frac{n-1}{n} \operatorname{Cov}_m(X_1, \ldots, X_n).$$

b) Angenommen, es existiere eine Zahl K (die nicht von n abhängt) derart, daß $\operatorname{Var}(X_j) < K$ für alle $j = 1, 2, \ldots, n$. Ferner nähere sich $\operatorname{Cov}_m(X_1, X_2, \ldots, X_n)$ mit wachsendem n einem Grenzwert C. Zeige, daß dann auch die Varianz von $\overline{X}$ sich C nähert.

6.11

Es seien X und Y die charakteristischen Zufallsveränderlichen (vgl. Def. in Übg. 1.14) der Ereignisse A bzw. B. Bestimme $\varrho(X, Y)$ und stelle fest, ob X oder Y unabhängig sind, wenn

a) $P(A) = \frac{1}{4}$, $P(A|B) = \frac{1}{4}$, $P(B|A) = \frac{1}{2}$; b) $P(A) = \frac{1}{4}$, $P(A|B) = \frac{3}{4}$, $P(B|A) = \frac{1}{2}$.

6.12

Es sei X die größere der beiden Augenzahlen und Y die Summe der Augen, wenn zwei ideale Würfel geworfen werden. Ermittle $\varrho(X, Y)$. (Vgl. Übg. 4.4.)

6.13

Es sei X die Anzahl der leeren Kästen und Y die Anzahl der Gegenstände im ersten Kasten, wenn drei nichtunterscheidbare Gegenstände willkürlich in drei numerierte Kästen getan werden. Bestimme $\varrho(X, Y)$. (Vgl. Übg. 4.3.)

6.14

Ein idealer Würfel wird zweimal unabhängig geworfen. Es seien X und Y die Anzahl der Augen, die beim ersten und beim zweiten Wurf erscheinen. Definiere $U = X + Y$ und $V = X - Y$. Zeige, daß U und V abhängige Zufallsveränderliche sind, aber daß $\varrho(U, V) = 0$ ist.

6.15

Eine ideale Münze wird vier unabhängige Male geworfen. Es sei X die Anzahl der Bilder, die bei den beiden ersten Würfen fallen, und Y die Gesamtzahl der erhaltenen Bilder. Stelle die Wahrscheinlichkeitstabelle für X und Y auf und berechne $\varrho(X, Y)$.

6.16

(Ein weiterer Beweis des Theorems 6.4) Es sei $U = X-\mu_X$ und $V = Y-\mu_Y$.

a) Stelle zunächst fest, daß $y = E([xU+V]^2) \geqq 0$ für alle reellen x.

b) Entwickle dies. Das ergibt

$$y = \sigma_X^2 x^2 + 2\,\mathrm{Cov}(X, Y)x + \sigma_Y^2 \geqq 0 .$$

c) Erläutere die Ungleichung in b) geometrisch als eine gewisse Parabel in der xy-Ebene, die ganz oberhalb der x-Achse liegt oder die genau einen Berührungspunkt mit der x-Achse hat.

d) Folgere daraus, daß die quadratische Gleichung $y = 0$ entweder keine reellen Lösungen oder zwei gleiche reelle Lösungen besitzt. Also muß die Diskriminante der quadratischen Gleichung negativ oder null sein. Zeige weiterhin $-1 \leqq \varrho(X, Y) \leqq 1$.

6.17

Es sei Y eine lineare Funktion von X und ϱ_m der Wert von $\varrho(X, Y)$, wenn $Y = mX+b$ ist. Zeige an einem Graphen, wie ϱ_m von der Steigung m abhängt.

6.18

Es seien X und Y Zufallsveränderliche und $a \neq 0, b, c \neq 0, d$ irgendwelche Zahlen. Zeige, daß

$$\varrho(aX+b, cY+d) = \frac{ac}{|ac|}\varrho(X, Y).$$

(Bemerkung: Diese Gleichung besagt, daß der absolute Wert des Korrelationskoeffizienten weder durch eine Verschiebung des Koordinatenursprungs noch durch eine Maßstabsänderung in Richtung der x- oder y-Achse geändert wird. Dies ist eine Eigenschaft, die man von jedem vernünftigen Maß der Koppelung erwartet. So wird z.B. die Korrelation zwischen Größe und Gewicht denselben absoluten Wert haben, gleichgültig, ob die Größe in Metern, in cm oder in Fuß, oder in dm über oder unter 1,50 m gemessen wird. Haben a und c entgegengesetzte Vorzeichen, dann ist $\varrho(aX+b, cY+d) = -\varrho(X, Y)$. Ist dieser Vorzeichenwechsel vernünftig?)

6.19

X und Y können nur zwei mögliche Werte annehmen. Beweise, daß X und Y unabhängig sind, wenn sie nicht korreliert sind.

6.20

Das durch $X = x_j$ bedingte Mittel von Y wird mit $E(Y|X = x_j)$ bezeichnet und für $j = 1, 2, \ldots, M$ definiert durch die Gleichung

$$E(Y|X = x_j) = \sum_{k=1}^{N} y_k g(y_k|x_j) .$$

(Bemerkung: Bedingte Wahrscheinlichkeitsfunktionen sind in Definition 4.3 definiert.)

a) Sind X und Y unabhängig, dann ist

$$E(Y \mid X = x_j) = E(Y) \quad \text{für} \quad j = 1, 2, \ldots, M.$$

Zeige dies.

b) Weise nach, daß für beliebige Zufallsveränderliche X und Y

$$E(Y) = \sum_{j=1}^{M} E(Y \mid X = x_j) f(x_j)$$

gilt.

c) Das *durch* $Y = y_k$ *bedingte Mittel von* X (*conditional mean of* X *given* $Y = y_k$) wird mit $E(X \mid Y = y_k)$ bezeichnet und für $k = 1, 2, \ldots, N$ definiert durch

$$E(X \mid Y = y_k) = \sum_{j=1}^{M} x_j f(x_j \mid y_k).$$

Beweise die den Teilen a) und b) entsprechenden Behauptungen für das durch $Y = y_k$ bedingte Mittel von X.

d) Die *Regressionsfunktion von* Y *auf* X (*regression function of* X *on* Y) ist definiert als die Funktion, deren Definitionsbereich die Menge der möglichen Werte von X ist und deren Wert für x_j das bedingte Mittel $E(Y \mid X = x_j)$ für $j = 1, 2, \ldots, M$ ist. Analog ist der Definitionsbereich der Regressionsfunktion von X auf Y die Menge der möglichen Werte von Y, und ihr Wert für y_k ist das bedingte Mittel $E(X \mid Y = y_k)$ für $k = 1, 2, \ldots, N$. Der Regressionsgraph von Y auf X ist eine Menge von M Punkten in der xy-Ebene, wobei der Punkt mit der x-Koordinate x_j die y-Koordinate $E(Y \mid X = x_j)$ hat. Analog ist der Regressionsgraph von X auf Y die Menge von N Punkten $(E(X \mid Y = y_k), y_k)$ für $k = 1, 2, \ldots, N$.
Eine Regressionsfunktion heißt linear, wenn alle Punkte des entsprechenden Regressionsgraphen auf einer geraden Linie liegen. Anderenfalls heißt eine Regressionsfunktion nichtlinear.

I. Zeige für die durch Tabelle 27 mit ihren gemeinsamen Wahrscheinlichkeiten gegebenen Zufallsveränderlichen X und Y, daß beide Regressionsfunktionen linear sind.

II. X und Y seien mit ihren gemeinsamen Wahrscheinlichkeiten durch die Tabelle 31 gegeben. Weise nach, daß die Regressionsfunktion von Y auf X nichtlinear, die von X auf Y aber linear ist.

III. Stelle eine gemeinsame Wahrscheinlichkeitstabelle auf, so daß beide Regressionsfunktionen nichtlinear sind.

e) Es sei die Regressionsfunktion von Y auf X linear, d.h. es existieren Konstante m und b derart, daß für $j = 1, 2, \ldots, M$

$$(*) \qquad E(Y \mid X = x_j) = \sum_{k=1}^{N} y_k g(y_k \mid x_j) = m x_j + b.$$

Zur Berechnung von m und b gehe man folgendermaßen vor. Man multipliziere (*) mit $f(x_j)$ und addiere die sich für $j = 1, 2, \ldots, M$ ergebenden Gleichungen.

Es ergibt sich $\mu_Y = m\mu_X + b$. Multipliziere nun (*) mit $x_j f(x_j)$ und addiere alle M Gleichungen wie eben. Das gibt $E(XY) = mE(X^2) + b\mu_X$. Löse dieses Gleichungssystem nach m und b auf. Zeige schließlich, daß die lineare Regressionsfunktion von Y auf X in der folgenden Form geschrieben werden kann:

$$(**) \qquad E(Y \mid X = x_j) = \mu_Y + \varrho(X, Y)\frac{\sigma_Y}{\sigma_X}(x_j - \mu_X).$$

Stelle fest, daß die Punkte des Graphen der linearen Regressionsfunktion auf einer geraden Linie durch den Punkt (μ_X, μ_Y) liegen und daß diese Linie dann und nur dann horizontal verläuft, wenn X und Y nicht korreliert sind.

f) Wir führen ein Experiment aus und erhalten die unvollständige Information, daß X den Wert x_j hat. Wir wünschen den Wert von Y zu schätzen. Dazu sei das Kriterium der „kleinsten Quadrate" verwendet, d.h. wir suchen eine genäherte Zahl c_j derart, daß das Mittel der quadrierten Abweichungen der Werte Y vom genäherten Wert c_j möglichst klein wird. In Symbolen: Wir suchen eine Zahl c_j so, daß

$$E[(Y - c_j)^2 \mid X = x_j] = \sum_{k=1}^{N} (y_k - c_j)^2 g(y_k \mid x_j)$$

so klein wie möglich wird.

Zeige, daß diese so erhaltene Zahl das durch $X = x_j$ bedingte Mittel von Y ist, d.h. weiter, daß $c_j = E(Y \mid X = x_j)$.

(Hinweis: Der Beweis folgt unmittelbar aus der in Übung 3.8 festgestellten Eigenschaft des Mittels.)

g) Für jedes Wertepaar (x_j, y_k) ist der Fehler, der entsteht, wenn an Stelle von y_k der Schätzwert $E(Y \mid X = x_j)$ genommen wird, die Differenz $y_k - E(Y \mid X = x_j)$. Der mittlere quadratische Fehler, durch σ_e^2 bezeichnet, ist daher die Summe

$$\sigma_e^2 = \sum_{\text{alle } j,k} [y_k - E(Y \mid X = x_j)]^2 h(x_j, y_k).$$

Zeige, daß, wenn der Näherungswert durch die lineare Regressionsfunktion (**) gegeben ist, dann

$$\sigma_e^2 = (1 - \varrho^2)\sigma_Y^2,$$

und folgere daraus, daß der mittlere quadratische Fehler abnimmt und gegen null geht, wenn sich $\varrho(X, Y)$ dem Wert $+1$ oder -1 nähert.

h) Formuliere und beweise Sätze analog zu denen in e) bis g), aber unter der Annahme, daß die Regressionsfunktion von X auf Y linear ist und uns bekannt ist, daß y_k der Wert von Y ist.

V. Binomialverteilung und einige Anwendungen

1. Bernoulli-Versuche und Binomialverteilung

Gewisse Arten von Experimenten mit den entsprechenden Zufallsveränderlichen kommen immer wieder in der Wahrscheinlichkeitstheorie und ihren Anwendungen vor. Sie sind daher Gegenstand von Spezialstudien geworden, in denen man ihre Eigenschaften untersucht, die Werte häufig auftretender Wahrscheinlichkeiten tabuliert hat usw. In diesem Abschnitt beschäftigen wir uns mit einer Anzahl derartiger Experimente und Zufallsveränderlicher, wobei wir unseren besonderen Augenmerk auf die sogenannten binomischen Wahrscheinlichkeitsfunktion richten. In den abschließenden Abschnitten dieses Kapitels erörtern wir zwei wichtige statistische Probleme, bei denen diese Funktion eine zentrale Rolle spielt.

Wie wir in zahlreichen Beispielen dieses Buches gesehen haben, befassen sich viele Probleme mit Experimenten aus einer Anzahl n von Einzelversuchen. In Wirklichkeit ist jeder Versuch selbst ein willkürliches Experiment und daher in der mathematischen Theorie durch einen gewissen Ereignisraum und eine Zuordnung von Wahrscheinlichkeiten zu seinen Elementarereignissen definiert. Die Versuche können unabhängig oder abhängig sein, und entsprechend sind den Elementarereignissen des Ereignisraumes für ein n-Versuchs-Experiment Wahrscheinlichkeiten zugeordnet.

Obgleich jeder Versuch viele mögliche Ergebnisse haben kann, so sind wir sehr oft nur daran interessiert, ob ein gewisses Ergebnis eintritt oder nicht. Beispiele: Eine Maschine stößt Produkte aus, die nur daraufhin geprüft werden, ob sie defekt oder in Ordnung sind; eine Karte wird aus einem Spiel gezogen und nur gefragt, ob es ein As ist oder nicht; zwei Würfel werden geworfen und nur untersucht, ob die Augensumme sieben ergibt oder nicht; unter den Studenten wird ein Student willkürlich herausgegriffen und festgestellt, ob er einer Nebenbeschäftigung nachgeht oder nicht; usw.

Um eine bequeme feste Ausdrucksweise zur Erörterung derartiger Versuche zu haben, werden wir das eine der beiden möglichen Ergebnisse jedes Versuchs einen *Treffer* (*success*) und das andere eine *Niete* (*failure*) nennen. Welches Ergebnis wir einen Treffer nennen, ob wir ein defektes Stück besser einen Treffer oder eine Niete, ob wir einen Studenten mit Beschäftigung einen Treffer oder eine Niete nennen wollen, ist, soweit es die Theorie angeht, eine Geschmacksfrage. Wir müssen jedoch sicherstellen, daß wir in jedem Problem unseren Sprachgebrauch beibehalten.

Sind wir bei einem Versuch nur daran interessiert, ob Treffer oder Niete eintritt, so werden wir sinngemäß den definierenden Ereignisraum nur aus den beiden Elementen T für Treffer und N für Niete bestehen lassen. Erhält das Elementarereignis $\{T\}$ die Wahrscheinlichkeit p, dann ist eine annehmbare Zuordnung von Wahrscheinlichkeiten für jeden beliebigen Wert von p mit $0 \leqq p \leqq 1$ getroffen. Setzen wir $q = 1-p$, dann gilt

$$P(\{T\}) = p, \quad P(\{N\}) = q, \quad p+q = 1. \tag{1.1}$$

Betrachten wir als Beispiel das willkürliche Ziehen einer Karte aus einem Spiel. Gewöhnlich betrachten wir als Ereignisraum eine Menge von 52 Elementen (jedes Element für eine Karte) und ordnen jedem Elementarereignis die Wahrscheinlichkeit $\frac{1}{52}$ zu. Sind wir jedoch nur an der Frage interessiert, ob die gezogene Karte ein As ist oder nicht, so bezeichnen wir das Ziehen eines As als Treffer und das Ziehen einer anderen Karte als Niete. Dann werden wir $\{T, N\}$ als Ereignisraum vorziehen mit $p = \frac{1}{13}$ und $q = \frac{12}{13}$ als Wahrscheinlichkeiten für Treffer und für Niete.

Definition 1.1

Versuche heißen dann und nur dann *Bernoulli-Versuche* (nach *Jakob Bernoulli*, 1654 bis 1705), wenn sie folgenden Bedingungen genügen:

1. Jeder Versuch ist definiert durch den Ereignisraum $\{T, N\}$, d.h. wir sehen *für jeden Versuch zwei Ergebnisse* vor, entweder T (Treffer) oder N (Niete).
2. Den einzelnen Ereignissen jedes Versuchs werden die gleichen, in (1.1) gegebenen Wahrscheinlichkeiten zugeordnet, d.h. die *Wahrscheinlichkeit eines Treffers ist bei jedem Versuch gleich* und wird mit p bezeichnet.
3. *Die Versuche sind unabhängig.*

Eine Folge von irgendwelchen (nicht notwendigerweise Bernoulli-) Versuchen kann als *Prozeß* (*process*) gedacht werden, bei welchem die Ergebnisse der Einzelversuche durch die Ausführung der Versuche geliefert werden. Ein Prozeß dieser Art heißt ein stochastischer, wahrscheinlichkeitstheoretischer oder zufallsabhängiger Prozeß, da die besondere Folge der Ergebnisse vom Zufall abhängt. Ein Zufallsprozeß aus Bernoulli-Versuchen heißt ein *Bernoulli-Prozeß.*

Beispiel 1.1

Das 100-malige unabhängige Werfen einer Münze kann als 100 Bernoulli-Versuche gedeutet werden, bei denen jeder Versuch (Werfen der Münze) Treffer (z.B. Bild) oder Niete (Zahl) ergibt und die Wahrscheinlichkeit für Bild für alle 100 Würfe gleich ist. Wenn die Münze „ideal" ist, dann ist $p = 0{,}5$ und $q = 0{,}5$; ist die Münze verfälscht, dann ist $p \neq 0{,}5$.

Beispiel 1.2

Man betrachte einen Produktionsprozeß, bei dem ein Metallteil durch eine Maschine hergestellt wird. Wir nehmen an, daß eine Tagesproduktion von 500 Stück bei der Kontrolle in defekte und brauchbare Stücke eingeteilt werden kann. Die Erzeugung eines Stücks kann als ein einzelner Versuch angesehen werden, der entweder Treffer (d.h. ein defektes Stück) oder Niete (d.h. ein gutes Stück) ergibt. Nehmen wir an, daß durch die maschinelle Herstellung bei dem einen wie bei jedem anderen Versuch defekte Stücke in der gleichen Weise entstehen können, weiter, daß das Vorkommen defekter Stücke in keiner Weise etwa von den besonderen Ergebnissen der vorhergehenden Versuche abhängt, dann wird man begründeterweise diese Produktion als einen Bernoulli-Prozeß von 500 Versuchen ansehen. [Die Wahrscheinlichkeit p für ein defektes Stück bei jedem Versuch heißt der mittlere Anteil an Defekten (*average fraction defectives*) in diesem Prozeß.]
Natürlich ist der Bernoulli-Prozeß eine mathematische Idealisierung des wirklichen Produktionsprozesses. Nutzt sich z.B. die Maschine während des Prozesses ab, dann wird die Neigung der Maschine, defekte Stücke zu erzeugen, im Laufe der Zeit zunehmen, und die Wahrscheinlichkeit ist für alle 500 Versuche nicht die gleiche. Ein wirklicher Produktionsprozeß kann also nicht *genau* durch einen Bernoulli-Prozeß dargestellt werden. Nichtsdestoweniger ist er einem solchen Prozeß aber genügend genau angenähert, und so werden durch diese Idealisierung brauchbare Resultate erhalten.

Beispiel 1.3

Für ein Experiment von drei Bernoulli-Versuchen mit der Wahrscheinlichkeit p für Treffer bei jedem Versuch ist der Ereignisraum die kartesische Produktmenge

$$\{T, N\} \times \{T, N\} \times \{T, N\},$$

die $2^3 = 8$ Dreitupel als Elemente enthält. Diese Dreitupel und die Wahrscheinlichkeiten der entsprechenden Elementarereignisse, die nach der Produktregel (2.Kap., 9. Abschn.; da die Versuche unabhängig sind) erhalten werden, sind in den beiden ersten Spalten der Tabelle 36 enthalten. Die Anzahl T_3 der Treffer, die bei diesem Experiment erhalten werden, ist eine Zufallsveränderliche, deren mögliche Werte 0, 1, 2, 3 sind. Die Wahrscheinlichkeitsfunktion der Zufallsveränderlichen T_3 ist in den beiden letzten Spalten der Tabelle 36 bestimmt. Man beachte, daß die Wahrscheinlichkeiten in der letzten Spalte die Glieder der Binomialentwicklung von $(q+p)^3$ sind. Da $p+q = 1$, so ist die Summe dieser Wahrscheinlichkeiten wie erwartet gleich 1.

Tabelle 36

Ergebnis des Experiments	Die dem Elementarereignis entsprechende Wahrscheinlichkeit	Möglicher Wert von T_3 k	$P(T_3 = k)$
NNN	$qqq = q^3$	0	q^3
NNT	$qqp = pq^2$		
NTN	$qpq = pq^2$	1	$3pq^2$
TNN	$pqq = pq^2$		
NTT	$qpp = p^2q$		
TNT	$pqp = p^2q$	2	$3p^2q$
TTN	$ppq = p^2q$		
TTT	$ppp = p^3$	3	p^3

Die allgemein anzustellende Überlegung ist in diesem letzten Beispiel angedeutet. (Der Leser mag hierzu noch das Beispiel 9.5 und die Übungen 9.1–9.7 im 2. Kap. wiederholen, wo andere Sonderfälle betrachtet werden.) Für ein Experiment aus n Bernoulli-Versuchen ist der Ereignisraum die kartesische Produktmenge

$$\{T, N\} \times \{T, N\} \times \ldots \times \{T, N\}$$

die 2^n n-Tupel enthält. Jedes n-Tupel stellt ein Ergebnis eines n-Versuchs-Experiments dar und besteht aus n Symbolen, von denen jedes entweder ein T oder ein N ist. Da die Versuche unabhängig sind, kann die Produktregel (2. Kap., 9. Abschn.) angewendet werden. Gemäß (1.1) ist die Wahrscheinlichkeit für jedes Elementarereignis, dessen n-Tupel k T's und $n—k$ N's enthält (in jeder Ordnung), $p^k q^{n-k}$ für $k = 0, 1, 2, \ldots, n$. Ein derartiges n-Tupel ist bestimmt, indem man die k Versuche, in denen T eintritt, aus allen n Versuchen auswählt. Dies kann auf $\binom{n}{k}$ verschiedene Arten geschehen. Also gibt es $\binom{n}{k}$ Tupel, die k T's und $n—k$ N's enthalten, und die entsprechenden Elementarereignisse haben alle die gleiche Wahrscheinlichkeit, nämlich $p^n q^{n-k}$.

Wie in Beispiel 1.3 wollen wir die Wahrscheinlichkeitsfunktion einer Zufallsveränderlichen bestimmen, deren Wert die Gesamtzahl der in dem n-Versuchs-Experiment erhaltenen Treffer ist. Die Zufallsveränderliche sei mit T_n bezeichnet und besitzt die möglichen Werte 0, 1, 2, ..., n. Nun ist $T_n = k$, wobei k irgendeiner dieser möglichen Werte ist, das Ereignis, das genau k T's (und daher $n—k$ N's) eintreten. Dieses Ereignis bildet die Vereinigungsmenge von $\binom{n}{k}$ Elementarereignissen, die durch die n-Tupeln mit k T's und $n—k$ N's bestimmt sind. Jedes derartige Elementarereignis tritt aber mit der Wahrscheinlichkeit $p^k q^{n-k}$ auf. Daher gilt

$$P(T_n = k) = \binom{n}{k} p^k q^{n-k} \qquad k = 0,\ 1, \ldots, n. \tag{1.2}$$

Wir haben damit den folgenden Satz bewiesen.

Theorem 1.1

Ein Experiment bestehe aus n Bernoulli-Versuchen mit der Wahrscheinlichkeit p für jeden Treffer bei jedem Versuch. Mit T_n sei die Zufallsveränderliche bezeichnet, deren Wert für jeden Ausgang des Experiments die Gesamtzahl der erhaltenen Treffer ist. Dann ist die Wahrscheinlichkeitsfunktion von T_n durch (1.2) gegeben.

Die für gegebene Werte von n und p durch (1.2) definierte Funktion heißt die *binomiale Wahrscheinlichkeitsfunktion* (*binomial probability function*) oder die *Binomialverteilung mit den Parametern n und p* (*binomial distribution with parameters n and p*). Formel (1.2) definiert nicht nur die eine Binomialverteilung, sondern für alle Wertepaare n und p eine ganze Familie von Binomialverteilungen. Um die Abhängigkeit der Wahrscheinlichkeiten von den Parametern anzudeuten, werden wir $b(k|n, p)$ für die Wahrscheinlichkeit in 1.2 schreiben. Es ist also

$$b(k \mid n, p) = P(T_n = k) = \binom{n}{k} p^k q^{n-k} \tag{1.3}$$

die Wahrscheinlichkeit von genau k Treffern, wenn die Parameter n und p der Binomialverteilung gegeben sind., d.h. $b(k|n, p)$ ist die Wahrscheinlichkeit von k Treffern in n Bernoulli-Versuchen mit der Treffer-Wahrscheinlichkeit p für jeden Versuch. Die Zufallsveränderliche T_n heißt binomialverteilt oder binomisch verteilt (*binomially distributed*) mit den Parametern n und p, wenn T_n die durch (1.3) definierte Wahrscheinlichkeitvserteilung besitzt.

Der Name *Binomialverteilung* beruht auf der Tatsache, daß die Wahrscheinlichkeiten $b(k|n, p)$ für $k = 0,\ 1, \ldots, n$ die Glieder der Binomialentwicklung von $(q+p)^n$ sind. (Wegen des binomischen Satzes und anderer Beziehungen mit Binomialkoeffizienten siehe Kap. 3, Abschnitt 2.) Da $p+q=1$ ist, so folgt

$$\sum_{k=1}^{n} b(k\,|\,n, p) = (q+p)^n = 1\,, \tag{1.4}$$

wie es für eine Wahrscheinlichkeitsfunktion bzw.-verteilung erforderlich ist.

Beispiel 1.4

Wird eine ideale Münze sechsmal geworfen, so beträgt die Wahrscheinlichkeit, genau fünfmal Bild zu erhalten,

$$b(5|6, \tfrac{1}{2}) = \binom{6}{5} \cdot \left(\frac{1}{2}\right)^5 \cdot \left(\frac{1}{2}\right)^1 = \frac{6}{64} = 0{,}09375\,.$$

Die Wahrscheinlichkeit, wenigstens fünfmal Bild zu erhalten, wird erhalten, indem die Wahrscheinlichkeiten für fünfmal Bild und für sechsmal Bild addiert werden. Da

$$b(6|6, \tfrac{1}{2}) = \binom{6}{6} \cdot \left(\frac{1}{2}\right)^6 \cdot \left(\frac{1}{2}\right)^0 = \frac{1}{64} = 0{,}015625\,,$$

so folgt für die Wahrscheinlichkeit für mindestens fünfmal Bild

$$P(T_6 \geqq 5) = b(5|6, \tfrac{1}{2}) + b(6|6, \tfrac{1}{2}) = 0{,}109375\,,$$

wobei wir T_6 für die Zufallsveränderliche schreiben, die die Gesamtzahl der Bilder (Treffer) unter sechs Würfen angibt.

Beispiel 1.5

Fünf Prozent der durch eine Maschine produzierten Metallteile sind defekt, die anderen 95 Prozent sind brauchbar. Wie viele Metallteile müssen hergestellt werden, damit die Wahrscheinlichkeit für wenigstens ein defektes Teil in dieser Menge 0,5 oder mehr beträgt? Wir nehmen an, daß dies Herstellungsverfahren ein Bernoulli-Prozeß ist, bei dem jeder Versuch einen Treffer (defektes Teil) oder eine Niete (brauchbares Teil) ergibt. Die Wahrscheinlichkeit p für einen Treffer bei jedem Versuch ist durch $p = 0{,}05$ gegeben. Wir suchen die kleinste ganze Zahl n, so daß $P(T_n \geqq 1) \geqq 0{,}5$. Nun gilt

$$\begin{aligned} P(T_n \geqq 1) &= 1 - P(T_n = 0) = 1 - b(0|n;\, 0{,}05) \\ &= 1 - \binom{n}{0} \cdot 0{,}05^0 \cdot 0{,}95^n = 1 - 0{,}95^0. \end{aligned}$$

Wir haben also die kleinste ganze Zahl n zu bestimmen, für welche $1-0{,}95^n \geqq 0.5$ oder $0{,}95^n \leqq 0{,}5$ ist. Mit Hilfe der Logarithmentafel (Tabelle 22, S. 145) finden wir $n \lg 0{,}95 \leqq -\lg 2$ und daraus $n \geqq 13{,}5$. Es ist $n = 14$ also die kleinste Stückzahl, die man nehmen muß, damit sich wenigstens ein defektes Teil mit der Wahrscheinlichkeit 0,5 darin befindet.

Für viele Anwendungen ist es erforderlich, nicht die Wahrscheinlichkeit für genau r Treffer, sondern von wenigstens oder höchstens r Treffern zu bestimmen. Da man diese Summenwahrscheinlichkeiten durch Ausrechnen und Addieren der einzelnen Wahrscheinlichkeiten erhält, wird diese Aufgabe bald recht mühselig. Um z.B. die Wahrscheinlichkeit von wenigstens sechs Treffern bei zehn Bernoulli-Versuchen mit $p = 0{,}3$ auszurechnen, müssen wir $b(k|10; 0{,}3)$ für $k = 6, 7, 8, 9, 10$ berechnen und diese fünf Wahrscheinlichkeiten addieren. Glücklicherweise gibt es umfangreiche Tabellen, die diese Aufgabe erleichtern.

Für unsere Zwecke ist eine kleine Tabelle der Binomial-Wahrscheinlichkeiten abgedruckt (Tabelle 37). Soweit möglich, werden die Übungen und Beispiele mit solchen numerischen Werten der Parameter n und p gebildet werden, daß wir mit Hilfe der Tabelle die gesuchten Wahrscheinlichkeiten finden können. Man beachte, daß wir $P(T_n \geqq r)$, die Wahrscheinlichkeit für das Eintreten von r oder mehr als r (wenigstens r) Treffern für $n = 1, 2, \ldots, 10, 20$ und $p = 0{,}01;\ 0{,}05;\ 0{,}1;\ 0{,}2;\ 0{,}3;\ 0{,}4;\ 0{,}5$, vertafelt haben. Für jedes Paar von Werten n und p und jedem möglichen Wert von r lesen wir direkt aus der Tabelle ab

$$P(T_n \geqq r) = b(r|n, p) + b(r+1|n, p) + \ldots + b(n|n, p).$$

(Eine Zeile für $r = 0$ haben wir nicht eingefügt, da $P(T_n \geqq 0) = 1$ für alle n und p.) Wir erläutern den Gebrauch der Tabelle an folgenden Beispielen.

Beispiel 1.6

Im Beispiel 1.4 haben wir $P(T_6 \geqq 5)$ für $p = 0{,}5$ berechnet und die Antwort 0,109375 erhalten. In unserer Tabelle finden wir für $n = 6$, $r = 5$, $p = 0{,}50$ den Wert 0,109, der in den ersten drei Dezimalen mit dem genauen Wert übereinstimmt. Um $P(T_6 = 5) = b(5|6; 0{,}5)$ zu finden, bemerken wir, daß

$$P(T_6 = 5) = p(T_6 \geqq 5) - P(T_6 \geqq 6)$$

ist, da das Ereignis $(T_6 \geqq 5)$ die Vereinigung der sich gegenseitig ausschließenden Ereignisse $(T_6 = 5)$ und $(T_6 \geqq 6)$ ist. Diese Summenwahrscheinlichkeiten werden in der Spalte unter $p = 0{,}5$ direkt aus der Tabelle für $n = 6$; $r = 5$ und für $n = 6$ und $r = 6$ abgelesen. Wir finden

$$P(T_6 = 5) = 0{,}109 - 0{,}016 = 0{,}093$$

gegenüber dem genauen in Beispiel 1.4 errechneten Wert 0,09375. Die genaue auf drei Dezimalen gerundete Zahl würde daher besser 0,094 statt wie aus der Tabelle 0,093 lauten. Da jede Summenwahr-

Tabelle 37. Binomiale Summenwahrscheinlichkeiten

$P(T_n \geqq r) = \sum_{k=1}^{n} b(k|n, p)$. Fehlende Werte sind kleiner als 0,0005.

r.	r	$p = 0{,}01$	$p = 0{,}05$	$p = 0{,}10$	$p = 0{,}20$	$p = 0{,}30$	p 0,40	$p = 0{,}50$
1	1	0,010	0,050	0,100	0,200	0,300	0,400	0,500
2	1	0,020	0,098	0,190	0,360	0,510	0,640	0,750
	2		0,002	0,010	0,040	0,090	0,160	0,250
3	1	0,030	0,143	0,271	0,488	0,657	0,784	0,875
	2		0,007	0,028	0,104	0,216	0,352	0,500
	3			0,001	0,008	0,027	0,064	0,125
4	1	0,039	0,185	0,344	0,590	0,760	0,870	0,938
	2	0,001	0,014	0,052	0,181	0,348	0,525	0,688
	3			0,004	0,027	0,084	0,179	0,312
	4				0,002	0,008	0,026	0,062
5	1	0,049	0,226	0,410	0,672	0,832	0,922	0,969
	2	0,001	0,023	0,081	0,263	0,472	0,663	0,812
	3		0,001	0,009	0,058	0,163	0,317	0,500
	4				0,007	0,031	0,087	0,188
	5					0,002	0,010	0,031
6	1	0,059	0,265	0,469	0,738	0,882	0,953	0,984
	2	0,001	0,033	0,114	0,345	0,580	0,767	0,891
	3		0,002	0,016	0,099	0,256	0,456	0,656
	4			0,001	0,017	0,070	0,179	0,344
	5				0,002	0,011	0,041	0,109
	6					0,001	0,004	0,016
7	1	0,068	0,302	0,522	0,790	0,918	0,972	0,992
	2	0,002	0,044	0,150	0,423	0,671	0,841	0,938
	3		0,004	0,026	0,148	0,353	0,580	0,773
	4			0,003	0,033	0,126	0,290	0,500
	5				0,005	0,029	0,096	0,227
	6					0,004	0,019	0,062
	7						0,002	0,008
8	1	0,077	0,337	0,570	0,832	0,942	0,983	0,996
	2	0,003	0,057	0,187	0,497	0,745	0,894	0,965
	3		0,006	0,038	0,203	0,448	0,685	0,855
	4			0,005	0,056	0,194	0,406	0,637
	5				0,010	0,058	0,174	0,363
	6				0,001	0,011	0,050	0,145
	7					0,001	0,009	0,035
	8						0,001	0,004

scheinlichkeit in der Tabelle selbst eine gerundete Zahl ist, so sind derartige Unstimmigkeiten zu erwarten, wenn Tabellenwerte subtrahiert werden.

Tabelle 37. Binomiale Summenwahrscheinlichkeiten

$P(T_n \geqq r) = \sum_{k=1}^{n} b(k|n, p)$. Fehlende Werte sind kleiner als 0,0005.

n	r	$p = 0{,}01$	$p = 0{,}05$	$p = 0{,}10$	$p = 0{,}20$	$p = 0{,}30$	$p = 0{,}40$	$p = 0{,}50$
9	1	0,086	0,370	0,613	0,866	0,960	0,990	0,998
	2	0,003	0,071	0,225	0,564	0,804	0,929	0,980
	3		0,008	0,053	0,262	0,537	0,768	0,910
	4		0,001	0,008	0,086	0,270	0,517	0,746
	5			0,001	0,020	0,099	0,267	0,500
	6				0,003	0,025	0,099	0,254
	7					0,004	0,025	0,090
	8						0,004	0,020
	9							0,002
10	1	0,096	0,401	0,651	0,893	0,972	0,994	0,999
	2	0,004	0,086	0,264	0,624	0,851	0,954	0,989
	3		0,012	0,070	0,322	0,617	0,833	0,945
	4		0,001	0,013	0,121	0,350	0,618	0,828
	5			0,002	0,033	0,150	0,367	0,623
	6				0,006	0,047	0,166	0,377
	7				0,001	0,011	0,055	0,172
	8					0,002	0,012	0,055
	9						0,002	0,011
	10							0,001
20	1	0,182	0,642	0,878	0,988	0,999	1,000	1,000
	2	0,017	0,264	0,608	0,931	0,992	0,999	1,000
	3	0,001	0,075	0,323	0,794	0,965	0,996	1,000
	4		0,016	0,133	0,589	0,893	0,984	0,999
	5		0,003	0,043	0,370	0,762	0,949	0,994
	6			0,011	0,196	0,584	0,874	0,979
	7			0,002	0,087	0,392	0,750	0,942
	8				0,032	0,228	0,584	0,868
	9				0,010	0,113	0,404	0,748
	10				0,003	0,048	0,245	0,588
	11				0,001	0,017	0,128	0,412
	12					0,005	0,057	0,252
	13					0,001	0,021	0,132
	14						0,006	0,058
	15						0,002	0,021
	16							0,006
	17							0,001
	18							
	19							
	20							

Beispiel 1.7

Um die Wahrscheinlichkeit $P(T_{10} \leqq 3)$ für $p = 0{,}20$ zu finden, schreiben wir

$$P(T_{10} \leqq 3) = 1 - P(T_{10} \geqq 4)$$

und sehen diese Summenwahrscheinlichkeit unter $p = 0{,}20$ in der Zeile für $n = 10$ und $r = 4$ nach. Wir erhalten

$$P(T_{10} \leqq 3) = 1 - 0{,}121 = 0{,}879.$$

Beispiel 1.8

Will man die Tabelle auch im Falle $p > 0{,}5$ gebrauchen, so muß man das Problem auf Ausdrücke von $q = 1-p$ umformulieren. Um z.B. die Wahrscheinlichkeit von wenigstens 7 Treffern in 10 Bernoulli-Versuchen für $p = 0{,}8$ zu bestimmen, berechnen wir statt dessen die gleiche Wahrscheinlichkeit von höchstens 3 Nieten in 10 Versuchen, wobei wir nun die Tabelle für $p = 0{,}2$ verwenden können. Diese haben wir im vorigen Beispiel berechnet.

Diese Methode läuft darauf hinaus, daß die beiden Ergebnisse jedes Versuchs umbezeichnet, T und N also vertauscht werden. Ist die Wahrscheinlichkeit für einen Treffer ursprünglich größer als 0,5, dann ist sie nach der Umbezeichnung kleiner als 0,5, und das Problem muß in diese neue Sprache übersetzt werden, ehe die Tabelle verwendet wird. (Die formale Gleichbedeutung, die dieses intuitiv klare Vorgehen rechtfertigt, wird in Übg. 1.13 erwiesen.)

Beispiel 1.9

Zwei Mannschaften A und B tragen eine Reihe von Spielen aus. Jeder Versuch (Spiel in dieser Serie) kann einen Treffer (wenn A gewinnt) oder eine Niete (wenn B gewinnt) ergeben. Wir nehmen nun an, daß die Wahrscheinlichkeit p, daß A gewinnt, für alle Spiele der Reihe *gleich* ist, und daß diese Spiele unabhängige Versuche sind. Dann kann ein Bernoulli-Prozeß als mathematisches Modell dieser Spielserie dienen.

Die Wahrscheinlichkeit p wird als Maß für die relative Stärke der beiden Mannschaften genommen. Ist $p \geqq 0{,}5$, dann ist A besser als B; ist $p = 0{,}5$, sind die Mannschaften gleich stark; ist $p < 0{,}5$ dann ist B stärker als A. Wie beeinflußt die Art der Reihe die Gewinn-Wahrscheinlichkeit für die bessere Mannschaft? Am Ende einer Baseball-Saison soll z.B. ein Unentschieden zwischen zwei Liga-Mannschaften durch eine Serie von drei Spielen entschieden werden, bei denen die Mannschaft Sieger wird, die als erste zwei Spiele gewonnen hat. Der amerikanische Baseball-

Verband führt in einem solchen Falle die Entscheidung durch ein einziges Spiel herbei. Bei Weltmeisterschaftskämpfen wird jedoch eine Serie von sieben Spielen ausgetragen, bei der diejenige Mannschaft Sieger wird, die als erste vier Spiele gewonnen hat. Wir haben intuitiv das Gefühl, daß eine stärkere Mannschaft ihre Überlegenheit gegenüber dem Gegner eher bei einer Serie von sieben als bei drei Spielen oder einem Spiel zeigen kann*). Obgleich die Weltmeisterschaften enden, sobald eine Mannschaft vier Spiele gewonnen hat, können wir uns diese bis auf die volle Zahl von sieben Spielen fortgesetzt denken. Der Sieg ist gleichbedeutend mit dem Gewinnen von wenigstens vier von den sieben Spielen. Wir können daher unsere Tabelle 37 verwenden, um die Gewinn-Wahrscheinlichkeit einer Mannschaft für verschiedene Werte von p auszurechnen. Ist $p = 0{,}30$, so erhalten wir aus der Tabelle für $n = 7$ und $r = 4$ die Wahrscheinlichkeit 0,126 dafür, daß A Sieger wird. Ist $p = 0{,}9$, so kann die Gewinn-Wahrscheinlichkeit für die Mannschaft A nicht direkt aus der Tabelle erhalten werden. Statt dessen lesen wir die Wahrscheinlichkeit ab, daß B gewinnt (wir gehen in die Tabelle mit $p = 0{,}1$ entsprechend der neuen Bedeutung von „Treffer"), und finden 0,003. Daher gewinnt A mit der Wahrscheinlichkeit 0,997 die Reihe der Kämpfe, wenn $p = 0{,}9$. In Tabelle 38 sind

Tabelle 38

Gewinn-Wahrscheinlichkeit der Mannschaft A für ein Einzelspiel p	Gewinn-Wahrscheinlichkeit der Mannschaft A für die Serie von n Spielen				
	$n = 1$	$n = 3$	$n = 5$	$n = 7$	$n = 9$
0	0	0	0	0	0
0,1	0,100	0,028	0,009	0,003	0,001
0,3	0,300	0,216	0,163	0,126	0,099
0,5	0,500	0,500	0,500	0,500	0,500
0,7	0,700	0,784	0,837	0,874	0,901
0,9	0,900	0,972	0,991	0,997	0,999
1,0	1,000	1,000	1,000	1,000	1,000

diese Berechnungen für verschiedene Werte von p und für Serien mit einer ungeraden Anzahl von Spielen zusammengefaßt, wobei Sieger die Mannschaft wird, die die meisten Spiele gewinnt. In Bild 27 sind diese Wahrscheinlichkeiten graphisch dargestellt, und wir sehen, wie mit der Zunahme der Anzahl der Spiele in der Serie die Wahrscheinlich-

*) Ausführliche Eröterung in *F. Mosteller*, The World Series Competition, Journal of the Amer. Statistical Association, Vol. 47, (1952), S. S. 355–380.

keit abnimmt, daß eine schwächere Mannschaft gewinnt (die Graphen gehen unter $p < 0{,}5$), und wie die Wahrscheinlichkeit für einen Gewinn der stärkeren Mannschaft zunimmt (der Graph steigt höher, falls $p > 0{,}5$). Die Tatsache, daß alle fünf Graphen bei $p = 0{,}5$ zusam-

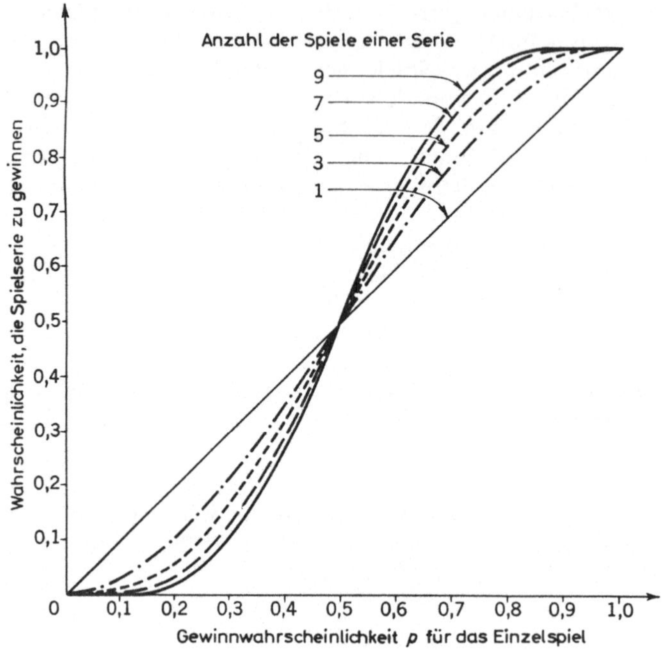

Bild 27. Graphen der Summenfunktionen bei verschieden Spielserien

menfallen, bedeutet, daß, falls eine Mannschaft nur wenig besser als die andere ist (z.B. $p = 0{,}51$), eine Serie aus neun Spielen kaum wirksamer als ein einziges Spiel ist, um zwischen den Mannschaften zu entscheiden. In der Tat gewinnt die bessere Mannschaft eine Serie von neun Spielen mit einer Wahrscheinlichkeit von 0,525, was nur ein wenig höher ist als die Wahrscheinlichkeit 0,51 für den Gewinn eines einzigen Spieles. Andererseits bedeutet dies, daß die schwächere Mannschaft bei der Serie von neun Spielen in 47,5% der Fälle gewinnt trotz der Tatsache, daß sie gegen einen überlegenen Gegner antritt. Durch Erhöhung der Anzahl der Spiele einer Serie kann man natürlich die Wahrscheinlichkeit herabsetzen, daß die Serie irrtümlich durch die schwächere Mannschaft gewonnen wird. (Ähnliche Ideen treten in einer Fülle von statistischen Problemen auf, wie wir im nächsten Abschnitt sehen werden.)

Wir wenden uns nun der Erörterung einiger Eigenschaften der Zufallsveränderlichen T_n zu. Insbesondere wünschen wir das Mittel und die Varianz dieser binomial verteilten Zufallsveränderlichen zu bestimmen. Da die Wahrscheinlichkeitsfunktion von T_n durch (1.2) gegeben ist, können wir die im vorhergehenden Kapitel gegebenen Definitionen zur Berechnung von $E(T_n)$ und $\text{Var}(T_n)$ benutzen. Wir haben dazu die Summen

$$E(T_n) = \sum_{k=0}^{n} kb(k \mid n, p) = \sum_{k=0}^{n} k\binom{n}{k} p^k q^{n-k} \tag{1.5}$$

und

$$E(T_n^2) = \sum_{k=0}^{n} k^2 b(k \mid n, p) = \sum_{k=0}^{n} k^2 \binom{n}{k} p^k q^{n-k} \tag{1.6}$$

auszurechnen, aus denen wir die Varianz von T_n nach der Formel

$$\text{Var}(T_n) = E(T_n^2) - [E(T_n)]^2 \tag{1.7}$$

erhalten.

Die Berechnung des Mittels und der Varianz von T_n kann direkt durchgeführt werden und bietet eine praktische Anwendung für das Rechnen mit Binomialkoeffizienten. Wir ziehen es jedoch vor, dies für die Übungen zu lassen. und bringen statt dessen eine andere Herleitung, die zusätzliche Einsicht in die Natur der Binomialverteilung verschafft.

Wir nehmen an (vgl. Abschn. 5 des vorhergehenden Kapitels), daß wir eine Population haben, die durch eine Zufallsveränderliche X mit der folgenden Wahrscheinlichkeitstabelle gegeben ist:

x	0	1
$P(X = x)$	q	p

(1.8)

X ist hier als die Anzahl der Treffer eines einzigen Versuchs aufgefaßt, und wir ahmen einen Bernoulli-Prozeß nach, indem wir Stichproben mit Zurücklegung aus dieser Population ziehen, wobei das Eintreten eines Treffers $x = 1$ und das Eintreten einer Niete $x = 0$ entspricht. Ist X_k der $k$te erhaltene Stichprobenwert, dann ist die Summe $X_1 + \dots + X_n$ in der Tat genau die Anzahl der Einsen in einer Stichprobe vom Umfang n oder gleichbedeutend damit gleich der Anzahl der Treffer in n Bernoulli-Versuchen mit der Wahrscheinlichkeit p für Treffer in jedem

Einzelversuch. Das Stichprobenmittel $\bar{X}$ ist mit T_n durch die Formel

$$\bar{X} = \frac{T_n}{n} \quad \text{oder} \quad T_n = n\bar{X} \tag{1.9}$$

verknüpft, und wir können $E(T_n)$ und $\mathrm{Var}(T_n)$ mit Hilfe des Theorems 5.7 des vorhergenden Kapitels berechnen, da nach (1.9)

$$E(T_n) = n\mu_{\bar{X}} \quad \text{und} \quad \mathrm{Var}(T_n) = n^2\sigma_{\bar{X}}^2 . \tag{1.10}$$

Nun können Populationsmittel und -varianz aus (1.8) leicht bestimmt werden zu

$$\mu_X = p, \qquad \sigma_X^2 = pq . \tag{1.11}$$

Also

$$E(T_n) = n\mu_{\bar{X}} = n\mu_X = np$$

und

$$\mathrm{Var}(T_n) = n^2\sigma_{\bar{X}}^2 = n^2\frac{\sigma_X^2}{n} = npq .$$

So haben wir folgendes wichtige Ergebnis bewiesen.

Theorem 1.2

Eine binomial verteilte Zufallsveränderliche mit den Parametern n und p hat das Mittel np, die Varianz npq und die Streuung $\sqrt{npq}$.

Beispiel 1.10

Bei 100 Familien mit vier Kindern wurden die Anzahlen der Familien mit 0, 1, 2, 3, 4 Töchtern festgestellt und in der folgenden Häufigkeitstabelle erfaßt.

Anzahl der Mädchen in der Familie	0	1	2	3	4	Insgesamt
Anzahl der Familien	4	31	35	25	5	100

Die Wahrscheinlichkeit für die Geburt eines Mädchen sei als konstant angesehen. Wie kann man dann die Daten der Tabelle zur Schätzung dieser unbekannten Wahrscheinlichkeit benutzen? Wir denken uns dazu das Geschlecht der Kinder jeder Familie durch vier Bernoulli-Versuche mit der festen, aber unbekannten Wahrscheinlichkeit p für einen Treffer (weibliches Kind) bestimmt. Für diese theoretische Binomialverteilung ist nach Theorem 1.2 die mittlere Anzahl der Mädchen in einer Familie von vier Kindern gleich $4p$. Zur Schätzung von p gehen

wir so vor: *wir setzen das Mittel der theoretischen Binomialverteilung gleich dem Mittel der beobachteten Häufigkeitsverteilung.*
Die mittlere Anzahl der Mädchen in den 100 Familien ist

$$\frac{0 \cdot 4 + 1 \cdot 31 + 2 \cdot 35 + 3 \cdot 25 + 4 \cdot 5}{100} = 1{,}96.$$

Nach dem gerade angegebenen Schätzverfahren setzen wir $4p$ und 1,96 gleich und erhalten

$$\hat{p} = \frac{1{,}96}{4} = 0{,}49\,,$$

wobei wir $\hat{p}$ für den Schätzwert von p schreiben, wie er sich aus den besonderen Daten des Problems begründet.

Tabelle 39

Anzahl der Mädchen in der Familie k	Beobachtete Häufigkeit	„Angepaßte" Binomial-Wahrscheinlichkeiten $b(k \mid 4;\, 0{,}49)$	Theoretisch erwartete Wahrscheinlichkeiten $100b(k \mid 4;\, 0{,}49)$
0	4	0,068	6,8
1	31	0,260	26,0
2	35	0,375	37,5
3	25	0,240	24,0
4	5	0,058	5,8

Die Binomialverteilung mit den Parametern $n = 4$ und $p = \hat{p} = 0{,}49$ heißt der beobachteten Häufigkeitsverteilung „*angepaßt*" (*fitted*). Für die angepaßte Binomialverteilung können wir die Wahrscheinlichkeiten $b(k|4,\, \hat{p})$ und so die theoretisch zu erwartenden Häufigkeiten $100b(k|4,\, \hat{p})$ für $k = 0, 1, 2, 3, 4$ berechnen und diese Werte mit den wirklich beobachteten Werten vergleichen, um festzustellen, wie gut wir „angepaßt" haben. Das Ergebnis bringt Tabelle 39. Wie man die „Güte der Anpassung" zwischen beobachteten und theoretisch erwarteten Häufigkeiten zu beurteilen hat, wie man das gegebene Schätzverfahren gegenüber anderen möglichen Verfahren zu würdigen hat, dies sind Fragen von großer Wichtigkeit in der Statistik, auf die wir hier aber nicht eingehen können.
Nach Theorem 1.2 ergibt sich die standardisierte Zufallsveränderliche zu T_n als

$$T_n^* = \frac{T_n - np}{\sqrt{npq}}\,. \qquad (1.12)$$

Das Ereignis $-c \leqq T_n^* \leqq c$ stimmt überein mit

$$np-c\sqrt{npq} \leqq T_n \leqq np+c\sqrt{npq} \qquad (1.13)$$

und tritt ein, wenn die Anzahl der Treffer in n Bernoulli-Versuchen vom Mittel np um nicht mehr als das c-fache der Streuung abweicht. Nach der Tschebyscheff-Ungleichung ist diese Wahrscheinlichkeit größer als $1-\frac{1}{c^2}$; wir wissen aber, daß diese Abschätzung nicht sehr viel einbringt.

Es gibt nützliche schärfere Abschätzungen. Mittels höherer Methoden kann gezeigt werden, daß $P(-c \leqq T_n^* \leqq c)$ für große Werte von n sehr gut durch die Fläche unter der sogenannten Glockenkurve, der Normalverteilungskurve, angenähert werden kann. Aus der Tschebyscheff-Ungleichung erhalten wir nur $P(-1 \leqq T_n^* \leqq 1) > 0$, nach der Glockenkurve ist diese Wahrscheinlichkeit etwa 0,68, wenn n groß ist. Ähnlich erhalten wir $P(-2 \leqq T_n^* \leqq 2) \approx 0{,}95$ und $P(-3 \leqq T_n^* \leqq 3) \approx 0{,}997$, so daß die Anzahl der Treffer in n Bernoulli-Versuchen beinahe sicher innerhalb des dreifachen Streuungswertes um den Mittelwert herum liegt, wenn n groß ist. Leider können wir diese Ergebnisse, die von so großer praktischer und theoretischer Bedeutung in der Wahrscheinlichkeitstheorie sind, hier nur erwähnen. Wir geben dazu jedoch noch ein anschauliches Beispiel.

Beispiel 1.11

Eine Münze wird 400 mal geworfen und es erscheint 210 mal Bild. Ist es ungewöhnlich, sovielmal Bild zu erhalten, wenn die Münze „ideal" ist?

Die Anzahl des Auftretens von Bild ist binomialverteilt mit den Parametern $n = 400$ und, wie wir annehmen, $p = 0{,}5$. Daher ist das Mittel der Anzahl der Bilder 200 und die Streuung $\sqrt{400 \cdot \frac{1}{2} \cdot \frac{1}{2}} = 10$. Die Wahrscheinlichkeit für die Anzahl der Bilder zwischen 190 und 210 beträgt ungefähr 0,68, da dies gerade ein Streuungsintervall beiderseits des Mittels ausmacht. Es kann daher nicht als ungewöhnlich gelten, wenn bei einer idealen Münze 210 mal Bild erscheint. Analog kann man feststellen, daß es beinahe sicher (Wahrscheinlichkeit 0,997) ist, daß Bild 170 bis 230 mal, also mit einem Wert innerhalb der dreifachen Streuung um das Mittel 200, erscheint. Würde man daher für die Anzahl der Bilder Werte unter 170 oder über 230 erhalten, so müßte man schwere Zweifel gegen die Annahme anmelden, daß die Münze ideal ist.

Übungen

1.1

Die Produktion von Teilen durch eine Maschine sei als ein Bernoulli-Prozeß aufgefaßt, bei dem der mittlere Anteil der defekten Stücke $p = 0{,}2$ beträgt. Was ist nun eher zu vermuten

a) keine defekten Teile unter zehn Teilen, oder

b) wenigstens ein defektes Teil unter 20 Teilen?

1.2

Ein Prüfungsbogen enthält 20 Fragen, die mit richtig oder falsch zu beantworten sind. Der zu prüfende Student wirft eine ideale Münze und beantwortet die Fragen nach dem Ausgang des Wurfes, bei Bild mit „richtig", bei Zahl mit „falsch". Bestimme die Wahrscheinlichkeit, daß er wenigstens 12 Fragen richtig beantwortet und damit das Examen besteht.

1.3

Die Wahrscheinlichkeit, kein As in einer Bridgehand zu haben, beträgt etwa 0,30. Wie groß ist die Wahrscheinlichkeit, daß jemand in zehn Spielen niemals ein As erhält?

1.4

Bestimme aus der Tabelle 37 der Summenwahrscheinlichkeiten die Wahrscheinlichkeitsfunktion einer binomialverteilten Zufallsveränderlichen mit den Parametern a) $n = 10$ und $p = 0{,}3$; b) $n = 10$ und $p = 0{,}7$; c) $n = 10$ und $p = 0{,}5$.

1.5

Es sei X eine binomialverteilte Zufallsveränderliche mit dem Mittel 12 und der Varianz 4,8. Ermittle a) $P(X > 5)$, b) $P(5 < X < 10)$, c) $P(X \leqq 10)$.

1.6

Jemand soll eine echte Münze eine gewisse Anzahl von Malen unabhängig werfen. Wenn er genau fünfmal Bild wirft, erhält er einen Preis. Zu Beginn kann er die Anzahl der Würfe, die er zu machen gedenkt, wählen. Welche Zahl muß er wählen, um mit möglichst großer Wahrscheinlichkeit den Preis zu gewinnen? Wie groß ist diese dann?

1.7

Bestimme für $n = 20$ Bernoulli-Versuchen:

a) $P(T_{20} > 12)$ für $p = 0{,}7$. b) $P(10 \leqq T_{20} \leqq 14)$ für $p = 0{,}6$.

c) Den Wert von p, für den $P(T_{20} \geqq 8) = 0{,}5$. (Hinweis: Interpoliere zwischen zwei in der Tabelle gefundenen Werten.)

1.8

Wie groß ist die Wahrscheinlichkeit, zweimal in fünf Würfen von zehn echten Münzen genau neunmal Bild zu erhalten? (Hinweis: Benutze die Binomialverteilung zweimal.)

1.9

Wie viele Bernoulli-Versuche mit der Trefferwahrscheinlichkeit 0,01 müssen durchgeführt werden, damit die Wahrscheinlichkeit wenigstens eines Treffers 0,5 oder größer ist?

1.10

Wir wissen, daß n Bernoulli-Versuche genau k Treffer ergeben. Zeige, daß die bedingte Wahrscheinlichkeit für einen Treffer bei jedem einzelnen Versuch $\frac{k}{n}$ ist.

1.11

Ein großes Los gleichartiger Waren wird zum Verkauf angeboten. Um über Annahme oder Ablehnung des Kaufes entscheiden zu können, entnimmt der Käufer eine Stichprobe von 20 Stück und prüft diese. Wenn höchstens ein defektes Stück gefunden wird, nimmt er die ganze Sendung an; wird mehr als 1 defektes Stück darin vorgefunden, so verwirft er die ganze Sendung.

a) Bestimme die Wahrscheinlichkeit, daß der Käufer die ganze Sendung annimmt, wenn diese einen Verhältnisanteil von p defekten Stücken enthält. p nehme die Werte der Tabelle 27 an.

b) Zeichne den Graphen der Wahrscheinlichkeit, daß der Käufer das Warenlos trotz des Anteil der defekten Stücke annimmt, wobei die Annahme-Wahrscheinlichkeit in Richtung der Vertikalen aufgetragen wird. (Diese Kurve heißt die charakteristische Wirkungskurve (*operating characteristic curve*) oder OC-Kurve für die durch den Käufer angenommene Entscheidungsregel.)

c) Zeichne die charakteristische Wirkungskurve für folgende Alternativregel: Eine Stichprobe von zehn Stück wird entnommen und geprüft. Das Los wird angenommen, wenn darin keine defekten Stücke vorgefunden werden, anderenfalls verworfen.

d) Wo wird bei der Behandlung dieser Aufgabe die Tatsache benutzt, daß das Warenlos sehr groß ist?

1.12

a) Beweise die folgende *Rekursionsformel* für Binomialwahrscheinlichkeiten:

$$b(k+1 \mid n, p) = \frac{n-k}{k+1} \cdot \frac{p}{q} b(k \mid n, p) .$$

b) Es sei m die einzige ganze Zahl, für die

$$(n+1)p-1 < m \leqq (n+1)p$$

gilt. Zeige: Ist $(n+1)p$ keine ganze Zahl, so wachsen für k von 0 bis n die Werte von $b(k \mid n, p)$ zu einem Maximum, das für $k = m$ angenommen wird, um dann wieder abzunehmen. Ist aber $m = (n+1)p$, dann wächst $b(k \mid n, p)$ bis $b(m-1 \mid n, p) = b(m \mid n, p)$, um dann wieder zu fallen.

c) Berechne mit Hilfe der Tabelle 37 die binomialen Wahrscheinlichkeiten für $n = 4$, $p = 0{,}4$ und $n = 5$, $p = 0{,}4$. Bestätige für diese Sonderfälle die in b) gemachten Behauptungen.

d) Die in b) definierte Zahl m heißt die *wahrscheinlichste Trefferzahl* (*most probable number of successes*) in n Bernoulli-Versuchen mit der Trefferwahrscheinlichkeit p. Bestimme $b(m \mid n, p)$ für $n = 20$, $p = 0{,}1$ und $n = 20$, $p = 0{,}5$. Tritt die wahrscheinlichste Trefferzahl mit großer Wahrscheinlichkeit ein?

1.13
Beweise, daß

a) $b(k \mid n, p) = b(n-k \mid n, 1-p)$ b) $\sum_{k=r}^{n} b(k \mid n,p) = 1 - \sum_{k=n-r+1}^{n} b(k \mid n, 1-p)$.

Sprich diese Formeln in Worten aus und zeige, wie sie in Verbindung mit Tabelle 37 verwendet werden.

1.14
Zeige, daß

$$b(k \mid n+1, p) = pb(k-1 \mid n, p) + qb(k \mid n, p)$$

und erläutere diese Formel in Worten. Wie kann diese Formel dazu dienen, die Tabelle 37 auf $n = 11$ auszudehnen?

1.15
a) Berechne $P(-c \leqq T_n^* \leqq c)$ für $c = 1, 2, 3$, wenn $n = 5$ und $p = 0{,}2$, und vergleiche mit den entsprechenden Näherungen durch die Normalkurve (Glockenkurve).
b) Dasselbe wie unter a), jedoch für $n = 10$ und dann für $n = 20$.

1.16
Berechne $E(T_n)$ und $\mathrm{Var}(T_n)$ durch Auswertung der Summen in (1.5) und (1.6).

1.17
Die Funktion G, deren Wert für jede reelle Zahl t durch

$$G(t) = \sum_{k=0}^{n} b(k \mid n, p) t^k$$

gegeben ist, heißt die *erzeugenden Funktion* (*generating function*) der Binomialverteilung mit den Parametern n und p (oder der Zufallsveränderlichen T_n). Zeige, daß $G(t) = (q+pt)^n$. Bemerkung: Leser mit Kenntnissen in der Differentialrechnung mögen zeigen, daß $G'(1) = E(T_n)$ und $G''(1)+G'(1) = E(T_n^2)$. Leite Formeln für das Mittel und die Varianz von T_n her, nachdem diese Ableitungen G' und G'' aus dem expliziten Ausdruck für G erhalten worden sind.

1.18
Wir betrachten eine endliche Population von N Objekten, von denen jedem die Zahl 0 oder 1 zugeordnet ist, so daß Nq Nullen und Np Einsen mit $p+q = 1$ vorhanden sind. Die Objekte können z.B. die guten (0) oder schlechten (1) Stücke einer Produktion sein. Wird daraus eine Stichprobe vom Umfang n mit Zurücklegung entnommen, dann ist die Anzahl der erhaltenen Einsen binomialverteilt mit den Parametern n und p. Es sei nun aber angenommen, daß die Stichprobe des Umfangs n *ohne Zurücklegung* entnommen wird. Mit Y_n sei die Zufallsveränderliche bezeichnet, deren Wert die Anzahl der Einsen in dieser Stichprobe ist. Die Wahrscheinlichkeitsfunktion von Y_n wird von n, p und N abhängen. Wir deuten dies durch die Schreibweise

$$P(Y_n = k) = h(k \mid n, p, N)$$

an. Man sagt, Y_n hat eine *hypergeometrische Wahrscheinlichkeits-Verteilung* (*hypergeometric probability distribution*) mit den Parametern n, p und N.

a) Zeige, daß

$$h(k \mid n, p, N) = \frac{\binom{Np}{k}\binom{Nq}{n-k}}{\binom{N}{n}}$$

(Bemerkung: Beachte Formel (2.10) im 3. Kapitel!)

b) Bestätige, daß die Summe der Wahrscheinlichkeiten $h(k \mid n, p, N)$, genommen über alle möglichen Werte von Y_n, gleich 1 ist, wie es für Wahrscheinlichkeitsfunktionen erforderlich ist. (Hinweis: Verwende Formel (2.11) des 3. Kapitels.)

c) Unsere Bezeichnung ist so gewählt, daß die Population von N Objekten die in (1.8) gegebene Tabelle der relativen Häufigkeit besitzt. Zeige, daß $Y_n = n\bar{X}$ ist, wenn $\bar{X}$ das Stichprobenmittel ist, das man aus der ausgewählten Stichprobe erhält. Beweise nun mit Hilfe des Theorems 6.2 des vorhergehenden Kapitels, daß das Mittel und die Varianz von Y_n durch

$$E(Y_n) = np, \qquad \text{Var}(Y_n) = npq \cdot \frac{N-n}{N-1}$$

gegeben sind.

d) Zeige, daß sich die hypergeometrische Verteilung mit den Parametern n, p und N der Binomialverteilung mit den Parametern n und p nähert, wenn der Populationsumfang N ohne Grenzen wächst. Symbolisch schreiben wir

$$h(k \mid n, p, N) \to b(k \mid n, p) \text{ für } N \to \infty .$$

Die Bedeutung dieses Grenzwertsatzes ergibt sich aus der Tatsache, daß bei genügend kleinem $\frac{n}{N}$ die hypergeometrischen Wahrscheinlichkeiten durch binomische Wahrscheinlichkeiten angenähert werden können. (Hinweis: Schreibe die Binomialkoeffizienten in a) aus und zeige so, daß

$$h(k \mid n, p, N) = \binom{n}{k} \frac{p\left(p-\frac{1}{N}\right)\cdots\left(p-\frac{k-1}{N}\right)q\left(q-\frac{1}{N}\right)\cdots\left(q-\frac{n-k-1}{N}\right)}{1\left(1-\frac{1}{N}\right)\cdots\left(1-\frac{n-1}{N}\right)}.$$

Was geschieht mit jedem Faktor, wenn $N \to \infty$ strebt?)

e) Es sei angenommen, daß eine Stichprobe vom Umfang n ohne Zurücklegung aus N Objekten genommen wird, von denen Np schlecht (defekt) und Nq gut (brauchbar) sind. In der Praxis ist meistens N bekannt, dagegen nicht der Verhältnisanteil p der schlechten Objekte. Wie würde man vernünftigerweise diesen unbekannten Verhältnisanteil p schätzen, wenn man k schlechte Stücke in der Stichprobe vorfindet? Da Np eine ganze Zahl sein muß, ist p notwendigerweise von der Form $\frac{j}{N}$ für ein gewisses j aus den Zahlen $0, 1, \ldots, N$. Die Abschätzung für p ist daher gleichbedeutend mit der Schätzung für die ganze Zahl j. Sind einmal k, n und N festgesetzt, dann hängt die Wahrscheinlichkeit, genau k schlechte Objekte zu erhalten, nur von j ab. Wir schreiben daher für diese Wahrscheinlichkeit

$$h_j = h\left(k \mid n, \frac{j}{N}, N\right).$$

Diese Methode, bekannt unter dem Namen Schätzung der maximalen Mutmaßlichkeit (maximum-likelihood estimation), läßt uns jenen Wert $\hat{j}$ von j finden, so daß h_j so groß wie möglich ist. Mit anderen Worten: Die Wahrscheinlichkeit, das wirklich eingetretene experimentelle Ergebnis (d.h. genau k schlechte Stücke) zu erhalten, wird für $j = \hat{j}$ am größten. Die Zahl $\hat{p} = \frac{\hat{j}}{N}$ heißt der maximale mutmaßliche Schätzwert (maximum likelihood estimate) des unbekannten Verhältnisanteils p der schlechten Objekte. Um $\hat{p}$ zu finden, gehen wir so vor:

I. Wir zeigen, daß

$$\frac{h_j}{h_{j-1}} = \frac{j(N-j+1-n+k)}{(j-k)(N-j+1)}.$$

II. Wir leiten her:

$$\frac{h_j}{h_{j-1}} > 1 \text{ für } j < \frac{k(N+1)}{n} \quad \text{und} \quad \frac{h_j}{h_{j-1}} < 1 \text{ für } j > \frac{k(N+1)}{n}.$$

III. Wir schließen, daß der maximale mutmaßliche Schätzwert von p durch $\hat{p} = \frac{\hat{j}}{N}$ gegeben ist, wenn $\hat{j}$ die größte ganze Zahl kleiner oder gleich $\frac{k(N+1)}{n}$ ist.

f) Wiederhole diese Übung für den Fall einer Stichprobe mit Zurücklegung, so daß die Binomialverteilung angewendet werden kann. Zeige, daß der maximale mutmaßliche Schätzwert von p durch $\hat{p} = \frac{k}{n}$, dem wirklichen Verhältnisanteil der in der Stichprobe gefundenen schlechten Stücke, gegeben ist.

2. Testen einer statistischen Hypothese

In diesem Abschnitt wollen wir die Verwendung der Binomialverteilung bei einer statistischen Schlußweise veranschaulichen. Wir können hier keine allgemeine Theorie über das Testen von Hypothesen in der Statistik entwickeln. Statt dessen erörtern wir ein besonderes Beispiel in Einzelheiten, damit die Leitgedanken der Methode des Testens von Hypothesen sichtbar werden.

Das Komitee für die Wiederwahl des Herrn Schmidt zum Bürgermeister tritt vor der Wahl zusammen, um die Wahlvorbereitungen zu besprechen. Herr Schmidt glaubt als derzeitiger Bürgermeister seinem Gegner etwas voraus zu haben, aber das Wahlkomitee wünscht genauere Informationen über seinen Vorsprung zu haben, um besser entscheiden zu können, ob ein sehr harter und sehr kostspieliger oder ein weniger harter und weniger kostspieliger Wahlkampf zu führen ist. Da der Konkurrent von Herrn Schmidt alles daran setzt, um zu gewinnen, und da er sicher die Vorteile Herrn Schmidt's während des Wahlkampfes mindern wird, beschließt das Komitee, daß es den Wahlfonds für den kostspieligen Wahlkampf erhöhen wird, wenn 60% oder weniger der Bevölkerung für Herrn Schmidt sind, daß es ihn aber niedrig halten und den weniger kostspieligen Wahlkampf wagen wird, wenn Herr Schmidt mehr als 60% der Wähler auf seiner Seite hat.

Es sei p der gegenwärtige Verhältnisanteil der für Herrn Schmidt stimmenden Wähler. Wäre p bekannt, dann bestünde für das Komitee überhaupt kein Problem. Es würde gemäß der angenommenen Entschließung bei $p \leqq 0{,}6$ nach dem einen, im Falle $p > 0{,}6$ nach dem anderen Plan handeln. Aber *p ist unbekannt*, und man muß versuchen, darüber etwas Klarheit zu erhalten, damit der einzuschlagende Wahlkampf festgelegt werden kann.

In der Statistik spricht man gewöhnlich vom Vorhandensein zweier Hypothesen $p \leqq 0{,}6$ und $p > 0{,}6$ und nennt den Vorgang, durch den eine Wahl zwischen diesen Hypothesen getroffen wird, einen Test einer Hypothese gegen die andere. Die getestete Hypothese heißt die *Nullhypothese* (*null hypothesis*), die andere heißt dann die Gegenhypothese (*alternate hypothesis*). Obgleich das Komitee zwischen der Annahme der einen oder der anderen Hypothese zu entscheiden hat, sagt man gewöhnlich, daß das Komitee zwischen *Annahme* oder *Verwerfung* (*acceptance or rejection*) der Nullhypothese zu befinden hat. Wir werden gleich einige Bemerkungen darüber machen, welche Hypothese als Nullhypothese zu wählen ist, aber zunächst sei hier vereinbart:

$$\begin{array}{ll} \text{Nullhypothese} & p \leqq 0{,}60 \\ \text{Gegenhypothese} & p > 0{,}60 \end{array}$$

Die Entscheidung über Annahme oder Verwerfung der Nullhypothese wird von dem Ergebnis eines Experiments abhängen, bei welchem n Personen aus der Wahlbevölkerung herausgegriffen werden und gefragt werden, ob sie für oder gegen Herrn Schmidt sind. Wir können hier nicht die praktisch sehr wichtige Frage diskutieren, wie eine Meinungsforschung dieser Art durchzuführen ist. Wir werden aber annehmen, daß die Personenauswahl in der Weise vorgenommen wird, daß das Erhebungsverfahren vernünftigerweise als ein Bernoulli-Prozeß ange-

sehen werden kann, in dem jeder Versuch (Befragung der ausgewählten Person) entweder Treffer (stimmt für Schmidt) oder Niete (stimmt nicht für Schmidt) ergibt. Die Trefferwahrscheinlichkeit bei jedem Versuch sei gleich p, dem Verhältnisanteil der ganzen Bevölkerung, die für Herrn Schmidt ist. (Da die Stichprobe gewöhnlich ohne Zurücklegung vorgenommen wird, ist dieses theoretische Modell nur dann zutreffend, wenn der Stichprobenumfang im Vergleich zur gesamten Wählerzahl sehr klein ist.)
Es sei angenommen, daß eine Stichprobe von 20 Personen ausgewählt wird und jede Person nach ihrer Wahlabsicht befragt wird. (Wir nehmen derartig kleine Stichproben nur zur Veranschaulichung; größere Stichproben werden später besprochen.) Für diese 20 Bernoulli-Versuche bezeichne X die Anzahl der erhaltenen Treffer (Personen, die für Herrn Schmidt stimmen). Dann ist X binomialverteilt mit den Parametern $n = 20$ und p, wobei p aber unbekannt ist. Unsere Nullhypothese und ihre Gegenhypothese sind also Annahmen über einen Parameter der Wahrscheinlichkeitsverteilung. Derartige Hypothesen heißen auch statistische Hypothesen (*statistical hypotheses*).

Die Entscheidung des Komitees über Annahme oder Verwerfung der Nullhypothese wird also von dem Ausgang der Befragung der 20-Personen-Stichprobe abhängen, insbesondere von dem erhaltenen Wert X. Grob gesprochen wird das Komitee den Wert von p niedrig vermuten (und deshalb die Nullhypothese annehmen), wenn der Wert von X klein ist, und es wird einen großen Wert von p vermuten (und deshalb die Nullhypothese verwerfen), wenn der Wert von X groß ist. Dies ist aber alles recht unbestimmt, und wir brauchen daher eine Regel, die genau nach dem Ausgang der Stichprobe die Entscheidung des Komitees vorschreibt. Wir nehmen einmal die folgende *Entscheidungsvorschrift* (*decision rule*) als Beispiel:

> Verwirf die Nullhypothese dann und nur dann, wenn wenigstens 13 von den 20 Personen der Stichprobe für den Kandidaten Schmidt sind.

Es sei bemerkt, daß die Entscheidungsvorschrift vollständig bestimmt ist, wenn die Werte von X gegeben sind, die zum Verwerfen der Nullhypothese führen. Diese Werte bilden die sogenannte kritische Menge von Werten von X für eine gegebene Entscheidungsvorschrift. Fällt das beobachtete Ergebnis in die kritische Menge, wird die Nullhypothese verworfen. Es können daher folgende Möglichkeiten bei der Anwendung der Entscheidungsvorschrift entstehen:

1. Die Nullhypothese ist richtig, und der Wert von X fällt nicht in die kritische Menge, d.h. die Nullhypothese wird angenommen.

2. Die Nullhypothese ist richtig, und der Wert von X fällt in die kritische Menge, d.h. die Nullhypothese wird verworfen.
3. Die Nullhypothese ist falsch, und der Wert von X fällt nicht in die kritische Menge, d.h. die Nullhypothese wird angenommen.
4. Die Nullhypothese ist falsch, und der Wert von X fällt in die kritische Menge, d.h. die Nullhypothese wird verworfen.

In den Fällen 1 und 4 wird das Komitee eine richtige Entscheidung fällen, in 2 und 3 aber eine falsche. Der Fall 2 heißt ein *Fehler erster Art* oder *vom Typ I* (*error of the first kind or a type I error*); der Fall 3 wird ein *Fehler zweiter Art* oder *vom Typ II* (*error of the second kind or a Type II error*) genannt.
Begeht das Komitee einen Fehler der ersten Art, dann wird es im falschen Vertrauen einen zurückhaltenden und wenig kostspieligen Wahlkampf führen, obgleich Herr Schmidt nicht mehr als 60% der Wähler auf seiner Seite hat. Dieser Fehler, obgleich er Geld spart, kann zur Wahlniederlage führen. Macht das Komitee einen Fehler der zweiten Art, dann wird es in falschem Eifer einen sehr kostspieligen Wahlkampf führen, obwohl Herr Schmidt die Unterstützung von mehr als 60% seiner Wähler besitzt. Dieser Fehler führt zur Geldverschwendung für einen teuren Wahlkampf, den das Komitee, wenn es wüßte, daß Herr Schmidt diese Unterstützung hätte, als unnötig ansehen würde.

Da das Komitee die Wiederwahl Herrn Schmidts um jeden Preis erreichen will, werden die Folgen eines Fehlers der ersten Art schwerwiegender als die Folgen eines Fehlers der zweiten Art sein. Dieser Tatsache trägt unsere Wahl für $p \leqq 0{,}60$ als Nullhypothese und $p > 0{,}60$ als Gegenhypothese gegenüber der umgekehrten Wahl Rechnung. Denn gewöhnlich formuliert man die Nullhypothese so, daß ein Verwerfen, wenn sie richtig ist (Fehler erster Art) schwerwiegender ist als ihre Annahme, wenn sie falsch ist (Fehler zweiter Art). Soll z.B. eine neue Droge untersucht werden, so gibt es die beiden Hypothesen „die Droge ist schädlich" und „die Droge ist nicht schädlich". Man wird dann die erste Hypothese als Nullhypothese wählen, denn ihr Verwerfen, wenn sie richtig ist, kann den Tod von Patienten herbeiführen, wogegen ihre Annahme, wenn sie falsch ist, die weniger unerwünschte Folge eines Geldverlustes des Herstellers oder einer unnötigen Drogenverwendung haben würde. Haben die beiden Fehlerarten die gleiche Wichtigkeit, dann ist es gleichgültig, welche der beiden Hypothesen als Nullhypothese gewählt wird.

Um die Entscheidungsvorschrift von vorhin (für $n = 20$ wird die Nullhypothese dann und nur dann verworfen, wenn der Wert von X wenigstens 13 ist) zu erörtern, ist es bequem, die Funktion π zu definieren, die für jeden möglichen Wert von p die Wahrscheinlichkeit angibt, daß die Nullhypothese verworfen wird. Also ist

$$\pi(p) = P(X \geqq 13) = \sum_{k=13}^{20} b(k \mid 20, p).$$

Diese Funktion π heißt die *Wirkungsfunktion* (*power function*) der gegebenen Entscheidungsvorschrift.
Der Leser kann die folgenden Werte dieser Wirkungsfunktion an Hand der Tabelle 37 bestätigen. (Wir schreiben 0+ für eine positive Zahl kleiner als 0,0005, und 1– für eine Zahl zwischen 0,9995 und 1.)

p	0	0,10	0,20	0,30	0,40	0,50	0,60	0,70	0,80	0,90	1
$\pi(p)$	0	0+	0+	0,001	0,021	0,132	0,416	0,772	0,968	1–	1

Bild 28 zeigt den Graphen dieser Wirkungsfunktion. Außerdem ist der Graph der Wirkungsfunktion, bestehend aus zwei horizontalen Strecken, für eine ideale Entscheidungsvorschrift eingezeichnet, bei der die Wahrscheinlichkeiten für Fehler der ersten und der zweiten Art gleich null sind. Da wir die Wahrscheinlichkeit für das Verwerfen der Nullhypothese eingetragen haben, hat diese ideale Wirkungsfunktion den Wert 0, wenn die Nullhypothese richtig ist, und den Wert 1, wenn sie falsch ist. Für jeden Wert von p, für den $p \leqq 0{,}60$ ist, gibt der Höhenunterschied zwischen dem wirklichen Graphen und dem idealen Graphen einen Fehler der ersten Art an; für jeden Wert p mit $p > 0{,}60$ einen Fehler der zweiten Art.
Für die Entscheidungsvorschrift, deren Wirkungsfunktion in Bild 28 graphisch dargestellt ist, stellen wir fest, daß der Fehler erster Art von 0 bis 0,416 wächst, wenn p von $p = 0$ bis $p = 0{,}6$ zunimmt. Analog wächst der Fehler zweiter Art von 0 bis 0,584, wenn wir uns von $p = 1$ nach links dem Wert $p = 0{,}6$ an der Grenzlinie nähern.
Das Komitee ist über diese Entscheidungsvorschrift nicht besonders glücklich, da sehr hohe Fehlerwahrscheinlichkeiten auftreten. Wird z.B. der Kandidat Schmidt von nur 50% der Bevölkerung unterstützt, so beträgt die Wahrscheinlichkeit 0,132, daß unter den 20 Personen wenigstens 13 für ihn sind, und dies läßt das Komitee einen zu schwachen Wahlkampf führen, wo ein harter Kampf dringend geboten erscheint. Ist der Prozentsatz der Personen, die für Herrn Schmidt sind, dicht unterhalb von 60%, so wird das Komitee mit Schrecken feststellen, daß die Entscheidungsvorschrift in etwa 40% der Fälle zu einer falschen Entscheidung führen wird. Selbst wenn der Kandidat Schmidt in der angenehmen Lage wäre, 70% der Wähler auf seiner Seite zu haben, dann wird die

Stichprobe von 20 Personen mit der Wahrscheinlichkeit 0,228 weniger als 13 Personen enthalten, die für Herrn Schmidt sind. Die Entscheidungsvorschrift wird dann also das Komitee irrtümlicherweise dazu bringen, einen sehr kostspieligen Wahlkampf zu führen.

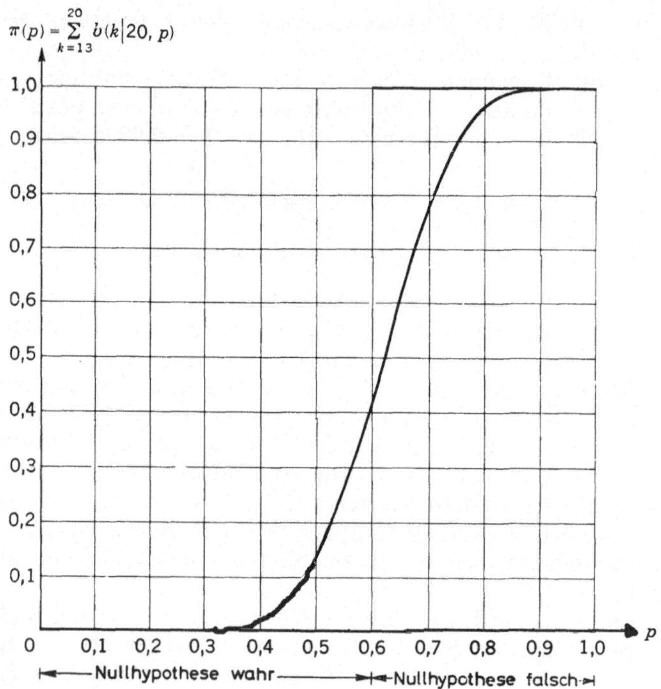

Bild 28. Graph einer Wirkungsfunktionen zum Testen einer Hypothese

Das Komitee ist daher an einer Entscheidungsvorschrift interessiert, bei der die Fehler der ersten und der zweiten Art kleiner als bei der eben erwähnten Vorschrift sind. Wir wollen untersuchen, was dabei geschieht, wenn wir den Stichprobenumfang $n = 20$ fest lassen. Die einzig vernünftigen Vorschriften, die das Komitees ins Auge fassen kann, werden von der folgenden Form sein:

> Verwirf die Nullhypothese (daß $p \leqq 0{,}60$ ist)
> dann und nur dann, wenn die Anzahl der Personen unter den 20 Personen, die für Herrn Schmidt sind, wenigstens eine gewisse Zahl, z.B. die Zahl c, erreicht.

Jede Wahl von c bestimmt eine Entscheidungsvorschrift. Die Vorschrift für $c = 13$ ist bereits besprochen. Um die verschiedenen möglichen Vorschriften vergleichen zu können, bestimmen wir zu jeder Entscheidungsvorschrift die Wirkungsfunktion $\pi(p)$, die nach Definition die Wahrscheinlichkeit angibt, daß die Nullhypothese verworfen wird, wenn der Parameterwert p ist. Es ist

$$\pi(p) = P(X \geqq c) = \sum_{k=c}^{20} b(k|20, p).$$

Wir haben zur Berechnung von $\pi(p)$ für $p = 15, 16, 17$ unsere Tabelle der Binomialwahrscheinlichkeiten benutzt. Die gefundenen Werte bringt Tabelle 40, während Bild 29 die entsprechenden Wirkungsfunktionen zeigt.

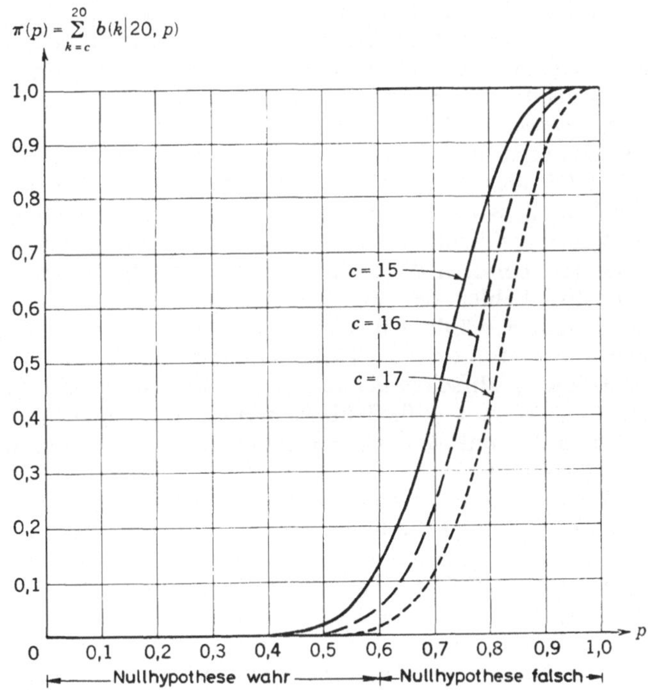

Bild 29. Darstellung von drei Wirkungsfunktionen für verschiedene Werte c.

Sowohl in der Tabelle wie beim Graphen sehen wir, daß die Wahrscheinlichkeit für einen Fehler erster Art für alle $p \leqq 0{,}6$ abnimmt, wenn c wächst, d.h. der Graph nähert sich dem idealen Graphen dort

Tabelle 40

	p	0	0,10	0,20	0,30	0,40	0,50	0,60	0,70	0,80	0,90	1
	$c = 15$	0	0+	0+	0+	0,002	0,021	0,126	0,416	0,804	0,989	1
$\pi(p)$	$c = 16$	0	0+	0+	0+	0+	0,006	0,051	0,238	0,630	0,957	1
	$c = 17$	0	0+	0+	0+	0+	0,001	0,016	0,107	0,411	0,867	1

an, wo dieser der Fehlerwahrscheinlichkeit 0 entspricht. Aber zugleich nimmt die Wahrscheinlichkeit für einen Fehler der zweiten Art zu, d.h. der Graph entfernt sich für alle $p > 0{,}60$ vom idealen Graphen nach unten weg.

Das Komitee schließt daraus, daß bei einem Stichprobenumfang von 20 nicht gleichzeitig die Wahrscheinlichkeit für einen Fehler der ersten Art und die für einen Fehler der zweiten Art erniedrigt werden kann. In einem solchen Falle ist es in der Statistik üblich, sich auf Fehler der ersten Art zu konzentrieren, die voraussetzungsgemäß schwerwiegender als die der zweiten Art sind. Das Komitee bezeichnet eine Zahl α als die *maximale* Wahrscheinlichkeit, die bei einem Fehler der ersten Art noch erlaubt sein soll. In der Praxis wählt man für α eine der Zahlen 0,01; 0,05 oder 0,10. Ist α festgesetzt, dann wird man die besondere Entscheidungsvorschrift nehmen, die nicht nur die Bedingung erfüllt, daß die Wahrscheinlichkeit für einen Fehler der ersten Art nicht den Wert α übersteigt, sondern die auch die kleinsten möglichen Wahrscheinlichkeiten für Fehler der zweiten Art liefert.

Das Komitee wähle z.B. $\alpha = 0{,}02$. Dann suchen wir in Bild 29 den Wert von c, für den die Höhe der Wirkungskurve für $p = 0{,}60$ (was die größte Wahrscheinlichkeit für einen Fehler der ersten Art gibt) nicht den Wert $\alpha = 0{,}02$ überschreitet, aber so dicht wie möglich an 0,02 herankommt. Wir finden aus dem Bild oder aus den Werten der Tabelle 40, daß $c = 17$ die geforderten Eigenschaften besitzt. So diktiert die Wahl von α durch das Komitee die Verwendung der Entscheidungsvorschrift für $c = 17$, d.h. das Komitee setzt fest, daß die Nullhypothese dann und nur dann verworfen wird, wenn die Anzahl X der Schmidt-Wähler in der Stichprobe von 20 Personen größer oder gleich 17 ist ($X \geqq 17$). Obgleich nun für das Komitee eine sehr hohe Wahrscheinlichkeit besteht, einen Fehler der zweiten Art zu begehen (nämlich Geld für einen viel zu umfangreichen Wahlkampf auszugeben), so hat es die Gewißheit, daß nur eine Wahrscheinlichkeit von 2% für einen Fehler der ersten Art (nämlich einen zu schwachen Wahlkampf für Herrn Schmidt zu führen) besteht.

Es sei nun angenommen, daß das Komitee nicht derartig große Fehlerwahrscheinlichkeiten der zweiten Art riskieren will. So finden wir z.B.

aus Tabelle 40 für $p = 0{,}70$ die Wahrscheinlichkeit $P(X \geqq 17) = 0{,}107$. Es besteht also eine Wahrscheinlichkeit von beinahe 90%, daß die Nullhypothese (und damit die Geldverschwendung für einen unnötig kostspieligen Wahlkampf) angenommen wird, selbst wenn Herr Schmidt 70% der Wähler auf seiner Seite hat. Was kann getan werden, um das maximale Fehlerrisiko $\alpha = 0{,}02$ zu erhalten und zur selben Zeit das Risiko für Fehler der zweiten Art herabzusetzen?
Mit dem Stichprobenumfang $n = 20$ ist dies nicht möglich. Sind aber größere Stichproben zugelassen, so können die Fehlerrisiken sowohl der ersten wie die der zweiten Art überprüft werden. Wir veranschaulichen dies an Stichproben vom Umfang $n = 50$, $n = 100$ und $n = 300$. Unsere Entscheidungvorschrift kann allgemein so ausgesprochen werden:

Eine Stichprobe von n Personen wird aus der gesamten Wahlbevölkerung entnommen. Es sei X die Zufallsveränderliche, deren Wert die Zahl der Personen unter den n Personen ist, die für Herrn Schmidt stimmen. Verwirf die Nullhypothese (daß $p \leqq 0{,}60$) dann und nur dann, wenn $X \geqq c$, wobei c so bestimmt ist, daß die maximale Wahrscheinlichkeit für einen Fehler der ersten Art nicht einen vorgeschriebenen Wert α überschreitet (wir nehmen an, daß das Komitee $\alpha = 0{,}02$ wählt) und die Wahrscheinlichkeiten für Fehler der zweiten Art so klein wie möglich sind.

Aus der vorhergehenden Erörterung kann der Leser entnehmen, wie c bestimmt werden kann. Setze zunächst $p = 0{,}60$, denn für diesen Wert ist die Wahrscheinlichkeit für einen Fehler der ersten Art am größten. Jede Zahl c, für die $P(X \geqq c)$ nicht α überschreitet, für die also

$$\sum_{k=c}^{n} b(k \mid n; 0{,}60) \leqq \alpha, \tag{2.1}$$

ist, wird eine Entscheidungsvorschrift liefern, deren maximale Wahrscheinlichkeit für einen Fehler erster Art höchstens α ist. Um nun auch die Wahrscheinlichkeit für einen Fehler zweiter Art möglichst klein zu machen, suchen wir den kleinsten Wert von c, der die Ungleichung (2.1) erfüllt. Anders ausgedrückt, wir wählen als c den kleinsten Wert in der Menge

$$\left\{x \,\middle|\, \sum_{k=x}^{n} b\left(k \,\middle|\, n; 0{,}60\right) \leqq \alpha\right\}. \tag{2.2}$$

Wir nehmen an, daß α so gewählt ist, daß $b(n|n; 0{,}60) \leqq \alpha$. Die Menge in (2.2) enthält daher die Zahl n und ist nicht leer. Diese Menge, die

die Werte von X enthält, für die die Nullhypothese verworfen wird, heißt die *kritische Menge* (*critical set*) der Werte von X für eine gegebene Entscheidungsvorschrift.

Mit Hilfe der Tabelle 37 kann der Leser bestätigen, daß für $\alpha = 0{,}02$ und $n = 20$ der auf diese Weise bestimmte Wert von c gleich 17 ist, wie wir es bereits in Tabelle 40 und in Bild 29 gesehen haben. Indem wir umfangreichere Tabellen für die binomialen Summenwahrscheinlichkeiten verwenden, finden wir analog für $\alpha = 0{,}02$ die kleinsten Werte für c, die (2.1) befriedigen; es ist $c = 38$ für $n = 50$; $c = 71$ für $n = 100$ und $c = 198$ für $n = 300$. Wir haben daher vier Entscheidungsvorschriften, alle bestimmt durch den vom Komitee festgesetzten Wert $\alpha = 0{,}02$ als die maximal tragbare Wahrscheinlichkeit für einen Fehler erster Art. Tabelle 41 gibt Werte der Wirkungsfunktion für die vier Vorschrif-

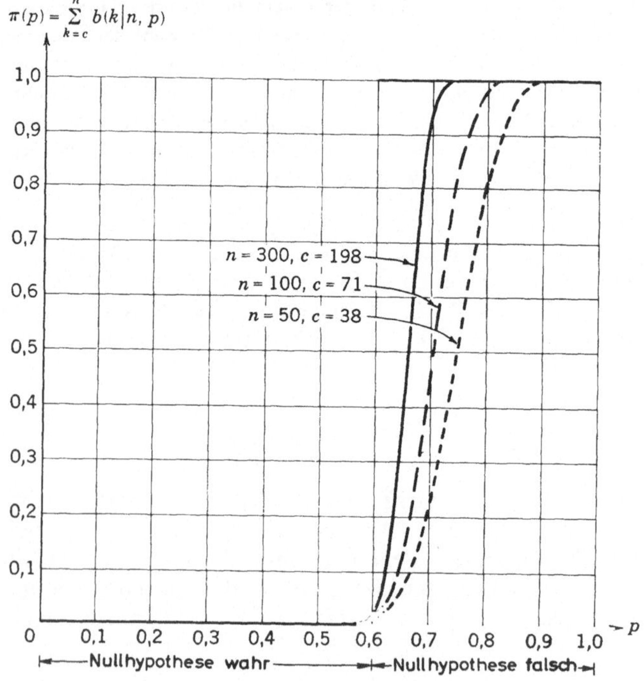

Bild 30. Abhängigkeit der Wirkungsfunktion vom Stichprobenumfang

ten. Zum Vergleich mit Bild 29 sind in Bild 30 die drei zugehörigen Graphen für die Stichprobenumfänge $n = 50$, 100 und 300 gezeichnet. Wie erwartet, nimmt das Risiko, einen Fehler der zweiten Art zu begehen, ab, wenn der Stichprobenumfang wächst, d.h. für jedes $p > 0{,}60$ nähern sich die Kurven dem idealen Graphen, für den die Wahrscheinlichkeit für einen Fehler zweiter Art null ist, wenn n zunimmt. Aus Tabelle 41 entnehmen wir, daß für $n = 300$ die Wahrscheinlichkeit bei $p = 0{,}70$, wenigstens 198 für Herrn Schmidt stimmende Personen zu finden, 0,941 beträgt, so daß die Wahrscheinlichkeit für einen Fehler der zweiten Art auf 0,059 reduziert ist. Wir haben so gezeigt, wie das Komitee ihre maximal tragbare Wahrscheinlichkeit für einen Fehler erster Art auf $\alpha = 0{,}02$ halten kann und gleichzeitig die Risiken für Fehler zweiter Art kontrollieren kann, indem nur eine genügend große Stichprobe aus der gesamten Wählerschaft entnommen wird.

Tabelle 41

	p		0,50	0,60	0,70	0,80	0,90	1
$\pi(p)$	$n = 20$,	$c = 17$	0,001	0,016	0,107	0,411	0,867	1
	$n = 50$,	$c = 38$	0+	0,013	0,223	0,814	0,999	1
	$n = 100$,	$c = 71$	0+	0,015	0,462	0,989	1−	1
	$n = 300$,	$c = 198$	0+	0,019	0,941	1−	1−	1

Am Schluß unserer Erörterung kehren wir zu der einfachen Entscheidungsvorschrift mit $n = 20$ und $c = 17$ zurück, damit wir Tabelle 37 gebrauchen können. Da c als kleinste Zahl in der durch (2.2) definierten Menge gewählt wird, wissen wir, daß

$$P(X \geqq x) = \sum_{k=x}^{20} b(k \mid 20; 0{,}60) \leqq 0{,}02 \quad \text{für alle} \quad x \geqq 17\,, \tag{2.3}$$

und

$$P(X \geqq x) = \sum_{k=x}^{20} b(k \mid 20; 0{,}60) > 0{,}02 \quad \text{für alle} \quad x < 17\,. \tag{2.4}$$

Zum Verständnis der Methode des Testens von Hypothesen ist die Bestimmung von Entscheidungsvorschriften und Wirkungsfunktionen nützlich; es ist jedoch praktisch nicht nötig, diese Bestimmungen durchzuführen, wenn man nur zu entscheiden wünscht, ob die Nullhypothese auf Grund eines experimentellen Befundes anzunehmen oder abzulehnen ist.

Das Ergebnis der Abstimmung der 20 Wähler ist das Eintreten des Ereignisses $X = x$, wobei x eine ganze Zahl von 0 (niemand für Schmidt) bis 20 (alle für Schmidt) ist. Je größer der Wert von X, desto ungünstiger ist das Abstimmungsergebnis für die Nullhypothese $p \leqq 0{,}60$. Die Zahl $P(X \geqq x)$, berechnet für den Grenzlinienwert $p = 0{,}60$, ist die Wahrscheinlichkeit, einen Wert für X zu erhalten, der wenigstens so ungünstig für die Nullhypothese ist wie der wirklich beobachtete Wert; er heißt die *statistische Zulässigkeit* (*statistical significance*) oder die *Zulässigkeitsschranke* (*descriptive level of significance*) des beobachteten Ereignisses $X = x$.

Nach (2.3) und (2.4) wird die Nullhypothese verworfen, wenn die Zulässigkeitsschranke von $X = x$ kleiner oder gleich $\alpha = 0{,}02$ ist, da x dann größer oder gleich 17 sein muß; ist die Zulässigkeitsschranke von $X = x$ größer als $\alpha = 0{,}02$, dann wird die Nullhypothese angenommen, da x dann kleiner als 17 ist. Ein Wert von X, der zum Verwerfen der Nullhypothese führt, heißt für die Schranke $\alpha = 0{,}02$ (oder für die 2%-Zulässigkeitsschranke) zulässig (*significant at the level* $\alpha = 0{,}02$); ein Wert von X, der zur Annahme der Nullhypothese führt, ist nicht für die Schranke $\alpha = 0{,}02$ zulässig. Das Testen der Zulässigkeit des beobachteten Wertes von X für die Schranke α, d.h. die Berechnung von $P(X \geqq x)$ für $p = 0{,}60$ und der Vergleich mit α, ist daher ein Weg, die zu wählende Maßnahme zu bestimmen, ohne zuerst die Entscheidungsvorschrift und ihre Wirkungsfunktion zu ermitteln. Aus diesem Grunde werden die Tests statistischer Hypothesen oft als *Zulässigkeitstests* (*tests of significance*) bezeichnet.

Um diese Ideen zu veranschaulichen, sei angenommen, daß das Komitee entschieden hat, eine Stichprobe von $n = 20$ Personen vorzunehmen, und daß es $\alpha = 0{,}02$ als maximal tragbare Wahrscheinlichkeit für einen Fehler erster Art festgesetzt hat. Die 20 Personen werden befragt, und es tritt das Ereignis $X = 16$ ein, d.h. 16 Personen sind für Herrn Schmidt. Mit $p = 0{,}60$ finden wir aus Tabelle 37

$$P(X \geqq 16) = 0{,}051 .$$

Da $0{,}051 > 0{,}02$ ist, ist das beobachtete Ereignis $X = 16$ nicht zulässig für die 2%-Zulässigkeitsschranke und das Komitee nimmt daher die Nullhypothese an. Hätte das Komitee $\alpha = 0{,}06$ festgesetzt, dann würde der gleiche Wert von X sicher für die 6%-Zulässigkeitsschranke (da $0{,}051 < 0{,}06$) sein und würde daher zum Verwerfen der Nullhypothese führen. Durch ein größeres α erhöht das Komitee die Chancen, die Nullhypothese zu verwerfen. Dabei wird natürlich die Chance, einen Fehler erster Art zu machen, erhöht*).

*) Bei den Zulässigkeitstests können offensichtlich Fehler gemacht werden. Sie bergen also Gefahren und sind mit Vorsicht zu behandeln.

Wir haben damit bei einem besonderen Problem alles erörtert; bei anderen Problemen nehmen Nullhypothesen, Entscheidungsvorschriften und Zulässigkeitstests andere Formen an. Nichtsdestoweniger wird ein Verstehen dieses Abschnitts den Leser in den Stand setzen, eine Fülle von Problemen dieser Art zu behandeln, denen die Binomialverteilung zugrunde liegt. *Diese* Hypothese kann jeder durch die Bearbeitung der folgenden Übungen testen.

Übungen

2.1

Es sei das im Text behandelte Entscheindungsproblem betrachtet und angenommen, daß das Komitee seine Entscheidung auf Grund einer Stichprobe von $n = 20$ Personen fällt. Wie im Text bezeichne α die maximal tragbare Wahrscheinlichkeit für einen Fehler erster Art.

a) Welche Entscheidungsvorschrift ist festgesetzt, wenn $\alpha = 0$? Wie groß ist dann die Wahrscheinlichkeit für einen Fehler der zweiten Art für alle $p > 0{,}60$? Zeichne für diese Vorschrift den Graphen der Wirkungsfunktion.

b) Das Komitee verlangt, daß die Wahrscheinlichkeit für einen Fehler zweiter Art für alle $p > 0{,}60$ null sein soll. Welches α wird festgesetzt? Zeichne den Graphen der Wirkungsfunktion für diese Entscheidungsvorschrift.

c) Welche Entscheidungsvorschrift ist festgesetzt, wenn $\alpha = 0{,}10$? Wie groß ist für diese Entscheidungsvorschrift die Wahrscheinlichkeit für einen Fehler zweiter Art, wenn $p = 0{,}70$? Wenn $p = 0{,}80$? Wie groß ist die Wahrscheinlichkeit für einen Fehler erster Art, wenn $\alpha = 0{,}50$?

d) Das Komitee hat beschlossen, wie in c) $\alpha = 0{,}10$ zu verwenden, und findet, daß 75% der Personen in der Stichprobe für Herrn Schmidt sind. Wie groß ist die Zulässigkeitsschranke dieses beobachteten Ereignisses? Wird das Komitee einen sehr kostspieligen Wahlkampf wagen oder nicht?

e) Das Komitee entscheidet sich für $\alpha = 0{,}01$. Wie viele Personen in der 20-Personen-Stichprobe müssen für Herrn Schmidt sein, bevor das beobachtete Ereignis zulässig für die Schranke 0,01 ist?

2.2

Das Komitee beschließt eine Stichprobe von 10 Personen und setzt $\alpha = 0{,}05$. Bestimme die Entscheidungsvorschrift und zeichne den Graphen ihrer Wirkungsfunktion.

2.3

Um den Einfluß von Anstrengungen zu untersuchen, wurde folgender Versuch gemacht. 20 Studenten wurde das Binden eines Seemannsknotens auf zwei verschiedene Arten beigebracht. Die eine Hälfte lernte die Methode A zuerst, die andere Hälfte der Studenten die Methode B. Später, nach einem anstrengenden Arbeitstag und abendlichen Prüfungen, wurde jeder Student aufgefordert, den Knoten zu binden.

Man vermutete, daß jeder unter dem Banne der Anstrengungen zur erstgelernten Methode, den Knoten zu binden, zurückkehren würde. Jeder wurde danach als Treffer (falls er seine erste Methode benutzte) oder als Niete (falls er die zweite Methode verwendete) klassifiziert. Es darf angenommen werden, daß dies Experiment als eine Menge von 20 Bernoulli-Versuchen idealisiert werden kann, wobei die Wahrscheinlichkeit p für Treffer in jedem Versuch unbekannt ist.
Es sei angenommen, daß die Nullhypothese die Tatsache ausdrückt, daß kein Rückgriff auf das erste Verfahren vorliegt, d.h. daß beide Methoden gleich häufig verwendet werden. (Fälle wie diese erklären das Wort „Nullhypothese"; Die Nullhypothese behauptet, daß die Anstrengung *keine* Wirkung hat.) Die Gegenhypothese stellt fest, daß ein Rückgriff vorliegt, d.h. daß es wahrscheinlicher ist, daß die zuerst gelernte als daß die zweite Methode verwendet wird.

a) Formuliere diese Hypothesen mit Hilfe von p und bestimme die Entscheidungsvorschrift, wenn $\alpha = 0{,}05$, d.h. wenn ein Fehler erster Art mit einer Wahrscheinlichkeit von höchstens 0,05 auftritt.

b) Es sei nun angenommen, daß 15 der 20 Studenten die zuerst gelernte Methode des Knotens verwenden. Wie groß ist die Zulässigkeitsschranke des beobachteten Ergebnisses? Ist es zulässig für die 5%-Schranke? Für die 1%-Schranke?

2.4

Bestimme eine Entscheidungsvorschrift, um die Nullhypothese $p = 0{,}20$ gegen die Gegenhypothese $p = 0{,}60$ zu testen. Dabei sei eine Stichprobe vom Umfang $n = 10$ und eine maximal tragbare Wahrscheinlichkeit 0,05 für einen Fehler erster Art angenommen. Wie groß ist die wirkliche Wahrscheinlichkeit für einen Fehler erster Art bei diesem Test? Mit welcher Wahrscheinlichkeit wird bei $p = 0{,}60$ fälschlicherweise die Nullhypothese angenommen?

2.5

Der Produktionschef einer Firma schlägt in einem Bericht die Einstellung von zusätzlichen Reparatur-Handwerkern vor. Seine Schlußfolgerungen basieren auf der Annahme, daß im Mittel 20% der Maschinen der Firma täglich eine Durchsicht erfordern, d.h. die Wahrscheinlichkeit, daß eine Maschine an einem Tage (Maschinen-Tag) einen Handwerker braucht, beträgt 0,20. Der Direktor der Firma will diese Annahme prüfen, da die Schlußfolgerungen davon abhängen, ob die angenommenen 20% zu hoch oder zu niedrig sind. Es sei (unrealistisch, aber für die Verwendung der Tabelle 37 passend gemacht) angenommen, daß nur 20 Maschinen-Tage beobachtet werden, und daß der Direktor ein höchstens 10%iges Risiko auf sich nehmen will, die Annahme zu verwerfen, wenn sie zutrifft ($\alpha = 0{,}10$).

a) Formuliere eine Null- und eine Gegenhypothese und erkläre die Anwendungsmöglichkeit der Binomialverteilung (d.h. definiere Versuch, Experiment, Niete usw.)

b) Setze eine vernünftige Entscheidungsvorschrift für das Testen der Nullhypothese fest.

c) An den 20 beobachteten „Maschinentagen" wurden 7 Reparaturarbeiten nötig, Wie groß ist die Zulässigkeitsschranke für dieses Ereignis? Ist es zulässig bei einer 0,10-Schranke?

d) Zeichne zu der Wirkungsfunktion der Entscheidungsvorschrift in b) den Graphen und in der gleichen Figur auch den Graphen einer idealen Entscheidungsvorschrift, bei der die Wahrscheinlichkeiten für beide Arten von Fehlern null sind.

2.6
Ein Haarwasser-Fabrikant behauptet, daß sein Erzeugnis in wenigstens 70% aller Fälle Kahlköpfigkeit heilt, wenn es nach seinen Anweisungen gebraucht wird. Formuliere eine Null- und Gegenhypothese, um diese Behauptung zu testen. Bestimme eine Entscheidungsvorschrift unter der Annahme, daß die maximal tragbare Wahrscheinlichkeit für einen Fehler erster Art $\alpha = 0{,}05$ ist. Verwende einen Stichprobenumfang $n = 20$.

3. Beispiel einer Entscheidung bei Unsicherheit

Untersuchungen von der im vorigen Abschnitt besprochenen Art können weiter ausgeführt und realistischer gestaltet werden, wenn wir den Verlusten, die bei den verschiedenen Arten von Fehlern entstehen, Zahlenwerte zuordnen. Wir wollen ferner darauf hinweisen, daß Stichproben Unkosten verursachen, die bei einer Vergrößerung des Stichprobenumfangs höher werden, als es die damit verbundene Verkleinerung der Fehlerwahrscheinlichkeit wert ist. Kurz gesagt: Statistische Untersuchungen bilden die Grundlage für Maßnahmen, die Entscheidungen sind deshalb in Hinblick auf alle sich ergebenden Folgen zu treffen.

Wir wollen nun ein besonders einfaches Problem erörtern, das wir mit unseren besherigen mathematischen Mitteln lösen können.

Bevor jede Produktion anläuft, muß die für die Produktion bestimmte Maschine durch einen Einrichter eingestellt werden. Bei jedem Produktionsgang werden 500 Stücke hergestellt, die nach gut oder schlecht klassifiziert werden können. Auf Grund seiner Erfahrungen nimmt der Hersteller an, daß die Produktion der 500 Stück als ein Bernoulli-Prozeß behandelt werden kann, bei dem die Wahrscheinlichkeit p für ein schlechtes Stück für jedes Stück gleich ist (p mittlerer Bruchteil der schlechten Stücke). Vor jedem Produktionsgang müssen vom Einrichter zwei Einstellungen an der Maschine sehr genau vorgenommen werden, damit diese auf Grund sonstiger mechanischer Grenzen ihren besten Wert $p = 0{,}01$ erreicht. Wird jedoch nur eine Einstellung genau durchgeführt, dann wird der mittlere Anteil an unbrauchbaren Stücken $p = 0{,}10$, fallen beide Einstellungen ungenau aus, dann ist $p = 0{,}20$. Wir haben also drei Zustandsformen der Maschine. Auf Grund früherer Berichte schätzt der Hersteller, daß der Einrichter in 80% der Fälle beide Einstellungen richtig durchführt, nur eine Einstellung genau in 15% der Fälle und beide Einstellungen ungenau in 5% der Fälle. Tabelle 42 faßt dies zusammen.

Tabelle 42

Zustand der Maschine	Wahrscheinlichkeit für ein unbrauchbares Teil bei diesem Zustand der Maschine	Wahrscheinlichkeit für diesen Zustand
I. Beide Einstellungen richtig	0,01	0,80
II. Nur eine Einstellung richtig	0,10	0,15
III. Beide Einstellungen ungenau	0,20	0,05

Jeder der 500 produzierten Stücke wird schließlich in ein Endprodukt eingebaut, aber die schlechten Stücke benötigen dafür noch eine vorherige Nachbearbeitung von Hand, die je Stück 5 DM kostet. Das bedeutet, daß eine ungenau eingerichtete Maschine durch die schlechten Stücke recht hohe Kosten verursacht.
Der Hersteller kann jedoch vor jedem Produktionsgang einen Spezialmechanikermeister mit dem Einrichten der Maschine beauftragen. Dadurch kann die Maschine sicher in den Zustand I gebracht werden, bei dem der mittlere Anteil der schlechten Stücke seinen Minimalwert $p = 0{,}01$ annimmt. Das Einrichten durch den Meister kostet jedoch 50 DM. Wenn der gewöhnliche Einrichter die Maschine bereits in den Zustand I gebracht hat, so würden diese 50 DM einen Verlust bedeuten. Hat andererseits der Einrichter die eine oder beide Einstellungen verfehlt, dann wird die Ersparnis der Kosten für den Meister mehr als aufgewogen durch die Kosten bei der Verwendung der schlechten Stücke.

Der Hersteller faßt daher folgenden Plan ins Auge, um die Kosten herabzusetzen. Nachdem der Einrichter die Maschine eingestellt hat, läßt er zunächst zehn Probestücke herstellen, bevor der eigentliche Produktionsgang beginnt. Ist die Anzahl der schlechten Stücke in dieser Stichprobe „hoch", dann ruft er den Meister, ist sie „gering", dann läßt er die Produktion ohne ein weiteres Nacheinrichten anlaufen. Die Unkosten für die Herstellung der Stichprobe und die Prüfung dieser Stücke betragen 2 DM je Stück.

Der Hersteller kann nun zwei mögliche Entscheidungen treffen:

1. Das „Anlaufen" der vom Einrichter eingestellten Maschine befehlen, ohne den Mechanikermeister zu rufen.

2. Den Meister holen lassen und ihn mit der „Nachjustierung" der Maschine betrauen, damit der mittlere Anteil der schlechten Stücke sicher $p = 0{,}01$ wird.

Der Hersteller, der die mittleren Kosten für den ganzen Produktionsgang so niedrig wie möglich halten will, hat folgende Fragen:

1. Soll die Entscheidung über Anlaufen oder Nachjustierung ohne Stichprobe oder auf Grund einer Stichprobe, deren Prüfung Kosten verursacht, vorgenommen werden?
2. Welche Entscheidung wird getroffen, wenn keine Stichprobe hergestellt wird?
3. Wie groß wählt man die Stichprobe, d.h. aus wieviel Stück soll die Stichprobe bestehen, falls eine solche angefertigt wird? (Wir nehmen dabei an, daß alle diese Stücke geprüft werden.) Welche Entscheidungsvorschrift soll festgelegt werden, d.h. welche der beiden Entscheidungen soll je nach dem Ausfall der Stichprobe, wie er durch die Anzahl der schlechten Stücke darin angegeben werden kann, getroffen werden?

Durch Beantwortung dieser Fragen erhält der Hersteller eine Regel, wie er sich angesichts der Ungewißheit über den Zustand der Maschine verhalten soll. Diese Regel wird das Optimum darstellen in der Weise, daß sie im Mittel die Kosten für den gesamten Produktionsgang möglichst niedrig macht.

Wir betrachten zunächst die Kosten, die im Falle entstehen, wenn keine vorherige Stichprobe vorgenommen wird. Die Maschine läuft also an, und wir nehmen für einen Augenblick einmal an, daß ihr Einstellungszustand, d.h. p, bekannt sei. Dann beträgt die Anzahl der in einem Arbeitsgang hergestellten schlechten Stücke im Mittel $500p$, die mittleren Kosten dafür also $500p \cdot 5 = 2500p$ DM. So berechnen wir für jeden möglichen Zustand der Maschine die mittleren Kosten. Sie sind in Spalte 3 der Tabelle 43 angegeben. Es sei nun vor dem Anlaufen der Maschine eine Justierung durch einen Meister vorgenommen, so daß $p = 0{,}01$ wird. Dann enthält der Ausstoß jedes Arbeitsganges $500p = 5$ schlechte Stücke. In diesem Falle betragen die Kosten also unabhängig von der vorherigen Einstellung der Maschine durch den Einrichter stets $5 \cdot 5 = 25$ DM, zu denen noch 50 DM für den Meister kommen, macht zusammen 75 DM. Diese Zahlen finden sich in der vierten Spalte der Tabelle 43.

Befindet sich also die Maschine im Zustand I, dann ist es besser (d.h. verursacht im Mittel weniger Unkosten), sie sofort anlaufen zu lassen. Ist sie dagegen im Zustand II oder III, dann würde vorheriges Nachjustieren vorteilhafter sein. Die Sternchen an den Zahlen der Tabelle 43 kennzeichnen die mittleren Kosten der besseren Entscheidung, wenn

Tabelle 43

Zustand der Maschine	Wahrscheinlichkeit der schlechten Stücke	Mittlere Kosten, verursacht durch die schlechten Stücke, wenn die Maschine		Verlust beim sofortigen Anlaufen der Maschine	Verlust, wenn Maschine nachjustiert wurde	Wahrscheinlichkeit für diesen Zustand
		sofort anläuft	nachjustiert wird			
I	0,01	25*DM	75 DM	0 DM	50 DM	0,80
II	0,10	250 „	75* „	175 „	0 „	0,15
III	0,20	500 „	75* „	425 „	0 „	0,05

der Zustand der Maschine bekannt ist. Aber gerade die genaue Kenntnis des Zustandes der Maschine ist *nicht* erhältlich. Ist von der Maschine bekannt, daß sie sich im Zustand I befindet, dann ist sofortiges Anlaufenlassen die bessere Entscheidung, und dies kostet im Mittel 25 DM. Da dies die bessere Entscheidung für den Zustand I ist, ist der Verlust, der beim Anlaufenlassen durch das Fehlen vollkommener Information entsteht, gleich null; der Verlust, der aber durch Nachjustieren anstelle des Anlaufens ensteht, beträgt 75 DM (die mittleren Kosten für das Justieren) minus der mittleren Kosten im Falle der besseren Entscheidung, ist also gleich 50 DM. Ist die Maschine im Zustand II, dann ist Nachjustieren ratsamer. Entscheidet man sich statt dessen für sofortiges Anlaufen der Maschine, dann ist der Verlust 250 DM (Kosten im Falle des Anlaufens der Maschine) minus 75 DM (Kosten im Falle der besseren Entscheidung), also gleich 175 DM. In dieser Weise sind die Verluste in der vierten und fünften Spalte der Tabelle 43 ausgerechnet.

Der Verlust beim Anlaufen der Maschine beträgt also 0 DM, 175 DM, oder 425 DM mit den Wahrscheinlichkeiten 0,80; 0,15 bzw. 0,05 für die Zustände der Maschine. Daher gilt

mittlerer Verlust beim sofortigen Anlaufen der Maschine

$$0 \cdot 0{,}80 + 175 \cdot 0{,}15 + 425 \cdot 0{,}05 = 47{,}50\,\text{DM}$$

Analog findet man:

mittlerer Verlust bei Nachjustierung der Maschine

$$50 \cdot 0{,}80 + 0 \cdot 0{,}15 + 0 \cdot 0{,}05 = 40{,}00\ \text{DM}.$$

Wir schließen daraus, daß, wenn keine Stichprobe befohlen wird, der mittlere Verlust bei sofortigem Anlaufen der Maschine nach dem Einstellen um 7,50 DM höher ist je Arbeitsgang als bei vorherigem Nachjustieren. Der Hersteller wird sich aus diesem Grunde entschließen, stets den Meister vor dem Anlaufen der Maschine zum Justieren zu holen, weil er dadurch im Mittel 7,50 DM je Arbeitsgang weniger Kosten hat als im anderen Falle.

Obgleich Nachjustieren besser ist, so betragen immerhin die Kosten hierfür im Mittel 40 DM je Arbeitsgang. Diese 40 DM stellen die *mittleren Kosten (infolge) der Unsicherheit (mean cost of uncertainty)* dieses Problems dar, und der Hersteller würde jeden Preis bis zu 40 DM zahlen, um eine (praktisch nicht erreichbare) sichere Kenntnis von p zu erhalten. Mit anderen Worten, seine Kosten würden je Arbeitsgang weniger als 40 DM betragen, wenn er den genauen Wert von p wüßte, er also für jeden Zustand die bessere Entscheidung treffen könnte, z.B. eine Nachjustierung nur im Falle $p = 0{,}10$ oder $p = 0{,}20$ anzuordnen brauchte, wo es sich auszahlt.
Die Unsicherheit kann nun etwas durch die Überprüfung einer Stichprobe gemildert werden. Diese Überprüfung kostet jedoch für jedes von der Maschine hergestellte Stück 2 DM. Wie wenden uns jetzt der Frage zu, ob die eben berechneten mittleren Kosten von 40 DM dadurch gesenkt werden können, daß vor der Entscheidung eine Stichprobe entnommen wird.
Wir lassen dazu Entscheidungsvorschriften der folgenden Form zu:

> Ordne eine Stichprobe von n Stück an. Es sei die Zufallsveränderliche X die Anzahl der schlechten Stücke unter diesen n Stücken. Im Falle $X \geqq c$ ist nachzujustieren, wobei c eine noch zu bezeichnende Zahl sein soll, im Falle $X < c$ ist sofortiges Anlaufen der Maschine anzuordnen.

Jede Wahl von n und c bestimmt eine derartige Vorschrift, die wir die (n, c)-Entscheidungsvorschrift nennen wollen. Die (5,1)-Entscheidungsvorschrift gilt also für Stichproben vom Umfang 5; die Entscheidung zum Nachjustieren wird dann und nur dann getroffen, wenn wenigstens 1 Stück darunter schlecht ist.
Wir wollen nun zeigen, wie bei einer solchen Entscheidungsvorschrift der mittlere Verlust zu berechnen ist. Wir erläutern dazu die Herstellung der Tabelle 44 für die (5,1)-Vorschrift. *Eine ähnliche Betrachtung läßt sich für eine beliebige (n, c)-Entscheidungsvorschrift durchführen.*
Die Spalten 1 und 2 sind klar. Die Spalte 3 wird direkt aus der Tabelle 37 der binomialen Summenwahrscheinlichkeiten erhalten. Gemäß der (5,1)-Vorschrift wird die Entscheidung zur Nachjustierung dann getroffen, wenn die Anzahl X der Treffer (schlechten Stücke) in den $n = 5$ Bernoulli-Versuchen, die die Stichprobe bilden, wenigstens 1 ist. Für $p = 0{,}01$ finden wir $P(X \geqq 1) = 0{,}049$. Analog lesen wir aus der Binomialtabelle $P(X \geqq 1) = 0{,}410$ für $p = 0{,}10$ und $P(X \geqq 1) = 0{,}672$ für $p = 0{,}20$ ab. Damit ist die Spalte 3 vollständig. Die Wahrscheinlichkeit, daß die (5,1)-Vorschrift zur Entscheidung des Anlaufens der Maschine führt, ist 1 minus der Wahrscheinlichkeit, daß sie zur Entscheidung der Nachjustierung führt. Die Werte der Spalte 4 erhält man daher direkt aus denen der Spalte 3 durch Subtrahieren von 1.

Tabelle 44

1) Zustand der Maschine	2) Wahrscheinlichkeit für ein schlechtes Stück	3) Wahrscheinlichkeit für den Entschluß zum Nachjustieren	4) Wahrscheinlichkeit für den Entschluß zum sofortigen Anlaufen	5) Wahrscheinlichkeit für einen falschen Entschluß	6) Verlust infolge falscher Entscheidung	7) Mittlerer Verlust infolge falscher Entscheidung	8) Mittlerer Gesamtverlust infolge falscher Entscheidung
I	0,01	0,049	0,951	0,049	50 DM	2,45 DM	12,45 DM
II	0,10	0,410	0,590	0,590	175 „	103,25 „	113,25 „
III	0,20	0,672	0,328	0,328	425 „	139,40 „	149,40 „

Mittlerer Verlust infolge der Verwendung der (5,1)-Entscheidungsvorschrift $= 12{,}45 \cdot 0{,}80 + 113{,}25 \cdot 0{,}15 + 149{,}40 \cdot 0{,}05 = 34{,}42$ DM

Die Wahrscheinlichkeit einer falschen Entscheidung in Spalte 5 ist lediglich die Wahrscheinlichkeit, daß die Entscheidungsvorschrift zur Nachjustierung im Falle $p = 0{,}01$ (wenn sofortiges Anlaufen besser gewesen wäre) und zum sofortigen Anlaufen im Falle $p = 0{,}10$ oder $p = 0{,}20$ (wenn vorheriges Nachjustieren besser gewesen wäre) führt.

Der Verlust infolge falscher Entscheidung ist bereits in Tabelle 43 berechnet, so daß Spalte 6 sofort hingeschrieben werden kann.

Die Werte der Spalte 5 werden mit denen der Spalte 6 multipliziert, um den mittleren Verlust ifnolge falscher Entscheidung zu erhalten, d.h. der mittlere Verlust (für gegebenes p) ist das Produkt aus dem Verlust und der Wahrscheinlichkeit, mit der dieser eintritt.

Schließlich addieren wir noch zum mittleren Verlust in Spalte 7 die Kosten für die Stichprobe, die 2 DM je Stück, also insgesamt 10 DM betragen. So ergeben sich die Werte der Spalte 8, die um 10 DM höher als die der Spalte 7 sind.

Da uns (Tabelle 42) die Wahrscheinlichkeiten der drei möglichen Zustände gegeben sind, können wir nun das gesamte Mittel an Kosten auf Grund der (5,1)-Vorschrift berechnen, wie es der untere Teil der Tabelle 44 zeigt. Da dieser mittlere Verlust durch Unkosten 34,42 DM beträgt und also niedriger ist als der mittlere Verlust von 40,00 DM ohne Ansetzen einer Stichprobe, lohnt sich also, vor dem Anlaufen der Maschine eine Stichprobe vorzunehmen. Die einzig noch bleibende Frage ist die nach der bestmöglichen Entscheidungsvorschrift.

Um die beste Entscheidungsvorschrift zu finden, müssen wir das beste Paar von Werten n, dem Stichprobenumfang, und c, der kleinsten Anzahl von schlechten Stücken, die zum Nachjustieren führen, bestimmen. („Beste" Entscheidungsvorschrift bedeutet, daß bei ihr die mittleren Kosten je 500 Stück am kleinsten sind.) Wir bestimmen zunächst für vorgegebenes n den besten Wert von c, dann vergleichen wir verschiedene Werte von n, wobei zu jedem n der zugehörige beste Wert von c genommen wird. Der Leser kann jede der folgenden Angaben durch entsprechende Rechnungen wie eben bestätigen. (Dies stellt eine gute Übung dar, und wir verzichten daher auf weitere Übungen am Schluß dieses Abschnitts.)

Bei festem $n = 5$ und veränderlichem c erhalten wir für die mittleren Verluste bei der $(5,c)$-Entscheidungsvorschrift:

Entscheidungsvorschrift	(5,1)	(5,2)	(5,3)
Mittlerer Verlust	34,42	49,82	56,03 DM

Für Stichproben des Umfangs $n = 5$ ist also $c = 1$ der beste Wert. Analoge Rechnungen für $n = 4, 5, 6, 7, 8, 9$ ergeben in diesem speziellen Problem als besten Wert für c den Wert $c = 1$. (Allgemein trifft dies nicht zu.) Es ergeben sich so folgende Werte

Entscheidungs-vorschrift	(4,1)	(5,1)	(6,1)	(7,1)	(8,1)	(9,1)
Mittlerer Verlust in DM	35,49	34,42	33,87	33,73	33,94	34,45

Die (7,1)-Vorschrift liefert den niedrigsten mittleren Verlust. Diese Entscheidungsvorschrift wird also der Hersteller vorziehen. Er ordnet daher eine Stichprobe von $n = 7$ Stück vor dem Anlaufen der Maschine an. Ist mindestens ein schlechtes Stück darunter, so gibt er die 50 DM für eine Nachjustierung durch den Meister aus. Werden unter den sieben Stücken keine schlechten gefunden, so läßt er die Maschine sofort ohne Nachjustierung anlaufen. Dadurch hat er die mittleren Kosten, die durch die Unsicherheit verursacht werden, von 40,00 DM beim Fehlen einer Stichprobe (und dem ständigen Hinzuziehen des Meisters) auf 33,73 DM herabgesetzt.

Literatur

Ältere Werke

Charlier, C. V. L., Vorlesungen über die Grundzüge der mathematischen Statistik, Hamburg 1920.

Czuber, E., Wahrscheinlichkeitsrechnung und ihre Anwendung auf Fehlerausgleichung, Statistik und Lebensversicherung, Bd. 1/2, 5. Aufl., Leipzig-Berlin 1938.

Kamke, E., Einführung in die Wahrscheinlichkeitstheorie, Leipzig 1932.

Kolmogoroff, A., Grundbegriffe der Wahrscheinlichkeitsrechnung, Berlin 1933.

Mises, R. von, Wahrscheinlichkeitsrechnung und ihre Anwendungen in der Statistik und theoretischen Physik, Leipzig-Wien 1931 und New York 1945.

Rietz-Baur, Handbuch der mathematischen Statistik, Berlin-Leipzig 1930.

Neuere Literatur

Kleinere elementare Darstellungen

Athen, H., Einführung in die Statistik, Hannover 1955.

Bangen-Stender, Wahrscheinlichkeitsrechnung und mathematische Statistik, Frankfurt a.M. 1954.

Gnedenko-Chintschin, Elementare Einführung in die Wahrscheinlichkeitsrechnung, Berlin 1952.

Ineichen, R., Einführung in die elementare Statistik und Wahrscheinlichkeitsrechnung, Luzern 1962.

Kellerer, H., Statistik im modernen Wirtschafts- und Sozialleben, Hamburg 1960.

Löffler (Herausgeber), Statistik und Wahrscheinlichkeitsrechnung, I und II, Heft 3/60 und 1/62 in der Reihe „Der Mathematikunterricht", Stuttgart 1960 und 1962.

Wellnitz, K., Klassische Wahrscheinlichkeitsrechnung, Braunschweig 1961

Wigand, K., in *G. Wolff*, Handbuch der Schulmathematik, Bd. 1, Hannover und Paderborn 1960.

Größere Werke

Daeves-Beckel, Großzahlforschung und Häufigkeitsanalyse, Weinheim-Berlin 1948.

Gnedenko, B. W., Lehrbuch der Wahrscheinlichkeitsrechnung, Berlin 1962.

Hogben, L., Zahl und Zufall, München 1956.

Kappos, D. A., Strukturtheorie der Wahrscheinlichkeits-Felder und -Räume, Berlin 1960.

Krickeberg, K., Wahrscheinlichkeitstheorie, Stuttgart 1963.

Linder, A., Statistische Methoden, Basel 1951.

Renyi, A., Wahrscheinlichkeitsrechnung, Berlin 1962.
Richter, H., Wahrscheinlichkeitstheorie, Berlin 1956.
Schmetterer, B., Einführung in die mathematische Statistik, Wien 1956.
Waerden, B.L. v.d., Mathematische Statistik, Berlin 1957.
Wallis-Roberts, Methoden der Statistik, Freiburg 1959.
Wellnitz, K., Moderne Wahrscheinlichkeitsrechnung, Braunschweig 1964.

Lösungen zu den Übungen mit ungeradzahliger Nummer

I. Mengen

1.1. a) Endlich, zwei Elemente;
c) Unendlich;
e) Endlich, vier Elemente, $\{1 \to 2 \to 4 \to 3 \to 2,\ 1 \to 2 \to 3 \to 4 \to 2,\ 2 \to 4 \to 3 \to 2 \to 1,\ 2 \to 3 \to 4 \to 2 \to 1\}$;
g) Endlich, zwei Elemente, $\{2,1\}$.

1.3. Betrachte Zahlen der Form $n^2+x(n-1)(n-2)(n-3)$ und bestimme x so, daß sich für $n = 4$ die Zahl 94 ergibt. $x = 13$.

1.5. a) $\{(2, 3)\}$, der Schnittpunkt der beiden Geraden;
b) $\emptyset$, da die beiden Geraden parallel laufen, also keinen gemeinsamen Punkt besitzen;
c) $\{(x, y) \mid x+y = 5\}$, die Menge aller Punkte der Geraden mit der Gleichung $x+y = 5$, da die beiden Gleichungen dieselbe Gerade definieren.

1.7. a) $A = B$; c) $A = B$; e) $A = \{\frac{1}{2}, 2\} \neq B = \{0, \frac{1}{2}, 2\}$.

2.1. a) Auf jedem Würfel erscheint die gleiche Augenzahl;
c) Die Augensumme beträgt 4.

2.3. $B = \emptyset$.

2.5. a) Richtig;
b) Falsch, denn die einzigen Teilmengen von $\{\{1\}\}$ sind $\emptyset$ und $\{\{1\}\}$;
c) Richtig, denn die Elemente von $\{1, \{1\}\}$ sind 1 und $\{1\}$;
d) Richtig.

2.7. a) $(0, 2)$, $(0, -2)$; c) $\emptyset$; e) Oberer Halbkreis einschließlich der Punkte $(-2, 0)$ und $(2, 0)$.

2.11. $5 \cdot 4 = 20$.

2.13. $8 \cdot 8 \cdot 9 \cdot 10^4 = 5\,760\,000$.

2.15. a) 6; b) 9; c) 3; d) 6.

2.17. Die Münzen seien unterscheidbar: 2^3, 2^4, 2^n Möglichkeiten.

2.19. a) 169; b) 338; c) 169.

2.21. a) 2^3, 3^3, n^3; b) 2^r, 3^r, n^r.

3.1. $A' = \{b, c\}$, $B' = \{a, c\}$, $A \cup B = \{a, b\}$, $A \cap B = \emptyset$,
$A' \cap B' = \{c\}$, $A' \cap (A \cup B) = \{b\}$.

3.3. a) $\mathfrak{U} = \{HHH, HHZ, HZH, ZHH, HZZ, ZHZ, ZZH, ZZZ\}$,
wobei jedes Element das Ergebnis der drei Würfe der 1 Pf-, 5 Pf- und 10 Pf-Münze ist;

b) $A' = \{ZHH, ZHZ, ZZH, ZZZ\}$
$A \cup B = \{HHH, HHZ, HZZ, HZH, ZZZ\}$
$A \cap C = \{HHH, HHZ, HZH\}$
$A' \cap C = \{ZHH\}$, $(A \cap B) \cap C = \{HHH\}$.

3.5. a) 1. 54, 3. 3; b) I. $J \cap C$, III. $(J \cup N)'$ oder $J' \cap N'$.

3.7. a) $n(\mathfrak{U}) = n(A) + n(A')$; b) Man setze $B = A'$ und beachte, daß $n(A \cap B)$ zu $n(\emptyset) = 0$ wird.

3.9. 4.

3.11. $\emptyset \subseteq (A \cap B) \cap C \subseteq B \cap A = A \cap B \subseteq B \subseteq A \cup B$
$\subseteq (A \cup B) \cup C = A \cup (B \cup C) \subseteq \mathfrak{U} = \emptyset'$.

3.13. a) $P \cup B = B$ oder $P \cap B = P$ oder $P \cap B' = \emptyset$;
c) $(M \cap C) \cap W = \emptyset$;
e) $P \cap (B \cap M) \neq \emptyset$; g) $(P \cap B) \cap (I' \cap W') \neq \emptyset$;
i) $B \cup I = I$ oder $B \cap I = B$ oder $B \cap I' = \emptyset$; k) $B = I$.

4.1. 1a)

A	$\emptyset$	$A \cup \emptyset$
$\in$	$\notin$	$\in$
$\notin$	$\notin$	$\notin$

4a)

A	A'	$\mathfrak{U}$	$A \cup A'$
$\in$	$\notin$	$\in$	$\in$
$\notin$	$\in$	$\in$	$\in$

(9a)

A	B	C	$B \cap C$	$A \cup (B \cap C)$	$A \cup B$	$A \cup C$	$(A \cup B) \cap (A \cup C)$
$\in$	$\in$	$\in$	$\in$	$\in$	$\in$	$\in$	$\in$
$\in$	$\in$	$\notin$	$\notin$	$\in$	$\in$	$\in$	$\in$
$\in$	$\notin$	$\in$	$\notin$	$\in$	$\in$	$\in$	$\in$
$\in$	$\notin$	$\notin$	$\notin$	$\in$	$\in$	$\in$	$\in$
$\notin$	$\in$	$\in$	$\in$	$\in$	$\in$	$\in$	$\in$
$\notin$	$\in$	$\notin$	$\notin$	$\notin$	$\in$	$\notin$	$\notin$
$\notin$	$\notin$	$\in$	$\notin$	$\notin$	$\notin$	$\in$	$\notin$
$\notin$	$\notin$	$\notin$	$\notin$	$\notin$	$\notin$	$\notin$	$\notin$

Vergleich mit Bild 10 zeigt, daß beide Seiten durch R_1 & R_2 & R_3 & R_4 & R_5 dargestellt sind.

4.3. a)

A	B	A'	B'	$A' \cap B'$	$(A' \cap B')'$	$A \cup B$
$\in$	$\in$	$\notin$	$\notin$	$\notin$	$\in$	$\in$
$\in$	$\notin$	$\notin$	$\in$	$\notin$	$\in$	$\in$
$\notin$	$\in$	$\in$	$\notin$	$\notin$	$\in$	$\in$
$\notin$	$\notin$	$\in$	$\in$	$\in$	$\notin$	$\notin$

e)

A	B	C	A'	B'	C'	$B \cap C$	$(A' \cap (B \cap C))$	$(A' \cap (B \cap C))'$	$A \cup B'$	$A \cup B' \cup C'$
$\in$	$\in$	$\in$	$\notin$	$\notin$	$\notin$	$\in$	$\notin$	$\in$	$\in$	$\in$
$\in$	$\in$	$\notin$	$\notin$	$\notin$	$\in$	$\notin$	$\notin$	$\in$	$\in$	$\in$
$\in$	$\notin$	$\in$	$\notin$	$\in$	$\notin$	$\notin$	$\notin$	$\in$	$\in$	$\in$
$\in$	$\notin$	$\notin$	$\notin$	$\in$	$\in$	$\notin$	$\notin$	$\in$	$\in$	$\in$
$\notin$	$\in$	$\in$	$\in$	$\notin$	$\notin$	$\in$	$\in$	$\notin$	$\notin$	$\notin$
$\notin$	$\in$	$\notin$	$\in$	$\notin$	$\in$	$\notin$	$\notin$	$\in$	$\notin$	$\in$
$\notin$	$\notin$	$\in$	$\in$	$\in$	$\notin$	$\notin$	$\notin$	$\in$	$\in$	$\in$
$\notin$	$\notin$	$\notin$	$\in$	$\in$	$\in$	$\notin$	$\notin$	$\in$	$\in$	$\in$

4.5. a) Nach Bild 9 des Textes sind beide Seiten durch R_1 & R_2 & R_3 dargestellt;
b) Nach Bild 9 sind beide Seiten durch R_1 & R_2 & R_4 dargestellt;
e) Nach Bild 10 sind beide Seiten durch R_1 & R_2 & R_3 & R_4 & R_6 & R_7 & R_8 dargestellt.

4.7. a) Ist 1) $C \cup B = B$ und 2) $B \cup W = W$, dann $C \cup W = W$. *Beweis*: $C \cup W = C \cup (B \cup W) = (C \cup B) \cup W = B \cup W = W$, wegen 2), Gesetz 8a, 1) bzw. 2).

4.9. $(A \cap B) \cap (C \cap D) = [(A \cap B) \cap C] \cap D$, nach Gesetz 8b
$= [A \cap (B \cap C)] \cap D$, nach Gesetz 8b.

4.11. a) $\mathfrak{U}$, $\emptyset$; b) $\emptyset$, $\mathfrak{U}$; c) A, A', $\mathfrak{U}$, $\emptyset$; d) wie c).

5.1. a) (1,1), (1,2), (2,1), (2,2); c) (1,2), (1,3), (2,2), (2,3); e) (2,3); g) (1,2), (1,3), (2,2), (2,3).

5.3. a) Ist $A = B$, dann gilt $A \times B = A \times A = B \times A$. Die Umkehrung ist falsch. Wenn jedoch $A \times B \neq \emptyset$, d.h., wenn weder A noch B die Leermenge ist, dann ist die Umkehrung richtig;
c) Es ist $A \times B \subseteq C \times D$, wenn $A \subseteq C$ und $B \subseteq D$. *Beweis*: Wir betrachten zwei Fälle: 1. Ist $A \times B = \emptyset$, dann ist ganz klar $A \times B = \emptyset \subseteq C \times D$. 2. Ist $A \times B \neq \emptyset$, dann sei (a, b) ein beliebiges Element von $A \times B$. Da $A \subseteq C$ und $B \subseteq D$, so ist $a \in C$ und $b \in D$, also $(a, b) \in C \times D$. Wir schließen daraus, daß $A \times B \subseteq C \times D$. Die Umkehrung ist falsch; ist aber entweder $A = \emptyset$ und $B = \emptyset$ oder $A \neq \emptyset$ und $B \neq \emptyset$, dann gilt die Umkehrung.

5.5. $(A \times \mathfrak{U}) \cap (\mathfrak{U} \times B) = (A \times \mathfrak{U}) \cap ((A \cup A') \times B)$
$= (A \times \mathfrak{U}) \cap ((A \times B) \cup (A' \times B))$ nach Übung 5.4,
$= ((A \times \mathfrak{U}) \cap (A \times B)) \cup ((A \times \mathfrak{U}) \cap (A' \times B))$ wegen 9b des Theorems 4.1.
$= (A \times B) \cup \emptyset = A \times B$,
da $(A \times \mathfrak{U}) \cap (A \times B) = (A \times B)$ und $(A \times \mathfrak{U}) \cap (A' \times B) = \emptyset$.

5.7. a) Aus $a = d$, $b = e$ und $c = f$ folgt $(a, b, c) = (d, e, f)$. Umgekehrt folgt aus $(a, b, c) = (d, e, f)$ zunächst $((a, b), c) = ((d, e), f)$, daraus $(a, b) = (d, e)$ und $c = f$ und weiter $a = d$, $b = e$;

b) Sind die entsprechenden Glieder der r-Tupeln gleich, so folgt die Gleichung unmittelbar. Wir zeigen nun, daß aus $(a_1, a_2, \ldots, a_r) = (b_1, b_2, \ldots, b_r)$ umgekehrt $a_1 = b_1$, $a_2 = b_2, \ldots, a_r = b_r$ folgt für jedes ganze $r > 1$. Wir wissen aus Teil a), daß das Ergebnis für $n = 2$ und $n = 3$ stimmt. Nun nehmen wir die Richtigkeit für die ganze Zahl $k > 1$ an. Nach der Definition des geordneten $(k+1)$-Tupels ist

$$(a_1, a_2, \ldots, a_k, a_{k+1}) = (b_1, b_2, \ldots, b_k, b_{k+1})$$

gleichbedeutend mit

$$((a_1, a_2, \ldots, a_k), a_{k+1}) = ((b_1, b_2, \ldots, b_k), b_{k+1}).$$

Aus der Gleichheit bei geordneten Paaren folgt, daß $a_{k+1} = b_{k+1}$ und $(a_1, a_2, \ldots, a_k) = (b_1, b_2, \ldots, b_k)$. Nach unserer Annahme ist aber $a_1 = b_1$, $a_2 = b_2, \ldots, a_k = b_k$, so daß sich die Richtigkeit für $r = k+1$ ergibt.

II. Wahrscheinlichkeit in endlichen Ereignisräumen

1.1. a) Die Menge D in (1.3);

c) $S = \{(1,5), (1,10), (1,50), (5,1), (5,10), (5,50), (10,1), (10,5), (10,50), (50,1), (50,5), (50,10)\}$;

e) $S = \{(0,2), (1,1), (2,0)\}$, wobei (0,2) z.B. 0 Objekte im ersten und 2 Objekte im zweiten Kasten bedeutet;

g) $S = \{$www, wwm, wmw, wmm, mww, mwm, mmw, mmm$\}$;

i) $S = \{0, 1, 2, \ldots, r\}$, die Menge der auftretenden Figuren, oder genauer

$$S = \{(x_1, \ldots, x_k) \mid x_i \in A, i = 1, 2, \ldots, r\}$$

mit $A = \{\text{H}, \text{Z}\}$.

1.3. 4.

1.5. Alle geeignet mit Ausnahme von b) und e).

1.7. $S = \{1s, 1w, 2s, 2w\}$ oder $S = \{1s_1, 1w_1, 1w_2, 2s_2, 2s_3, 2w_3\}$.

2.1. a) $E = \{A_p, K_p, \ldots, 2_p\}$ c) $E = \{A_p\}$.

2.3. a) Es sei $A = \{1, 2, \ldots, 365\}$. Dann ist

$E = \{3\} \times A \times A \times \ldots \times A$ mit $(r-1)$ A's

$F = A \times \{28\} \times A \times \ldots \times A$ mit $(r-1)$ A's insgesamt

$E \cap F = \{3\} \times \{28\} \times A \times \ldots \times A$ mit $(r-2)$ A's;

b) $n(E) = n(F) = 365^{r-1}$, $n(E \cap F) = 365^{r-2}$ und $729 \cdot 365^{r-2}$ (vgl. Beispiel I.3.4).

2.5. Die Beziehungen ergeben sich sofort aus dem folgenden:

$S = \{(0,2), (1,1), (2,0)\}$, $E = \{(0,2)\}$, $F = \{(2,0)\}$, $G = \{(0,2)\}$.

3.1. a) $\frac{1}{12}$; b) $\frac{1}{18}$.

3.3. a) $S = \{$ABC, ABD, ABE, ABF, ACD, ACE, ACF, ADE, ADF, AEF, BCD, BCE, BCF, BDE, BDF, BEF, CDE, CDF, CEF, DEF$\}$, wobei jedem Elementarereignis die Wahrscheinlichkeit $\frac{1}{20}$ zugeordnet wird;

c) $\frac{1}{5}$; e) $\frac{1}{2}$.

3.5. a) Ist $S = \{\text{HHH, HHZ, HZH, ZHH, HZZ, ZHZ, ZZH, ZZZ}\}$ und jedem Elementarereignis die Wahrscheinlichkeit $\frac{1}{8}$ zugeordnet, so ist P(genau zweimal Z) $= \frac{3}{8}$;

c) Ist $S = \{(0,2), (1,1), (2,0)\}$ und jedem Elementarereignis die Wahrscheilichkeit $\frac{1}{3}$ zugeordnet, dann ist P(ein Fach leer) $= \frac{2}{3}$. Teilen wir den Elementarereignissen $\{(0,2)\}$, $\{(1,1)\}$, $\{(2,0)\}$ die Wahrscheinlichkeiten $\frac{1}{4}$, $\frac{1}{2}$ und $\frac{1}{4}$ zu, was gewöhnlich vorgezogen wird, dann ist P(ein Fach leer) $= \frac{1}{2}$;

e) Ist $S = \{(x_1, x_2, \ldots, x_r) \mid x_i \in A, i = 1, 2, \ldots, r\}$, wobei $A = \{\text{H}, \text{Z}\}$, und werden den Elementarereignissen gleiche Wahrscheinlichkeiten zugeordnet, dann ist P(alle Münzen zeigen Seite H) $= (\frac{1}{2})^r$;

g) $S = \{\text{So, Mo, Di, Mi, Do, Fr, Sa}\}$; wird jedem Elementarereignis die Wahrscheinlichkeit 1/7 zugeordnet, dann ist P(der 13. Tag fällt auf Sonntag) $= \frac{1}{7}$. In der Zeitschrift Amer. Math. Monthly, vol. **40** (1933), p. 607, findet sich ein Beweis, daß der 13. jeden Monats eher auf einen Freitag als auf jeden anderen Wochentag fällt.

3.7. $P(E \cap F) = (\frac{1}{365})^2$, $P(E \cup F) = \frac{729}{365^2}$.

3.9. a) 123, 132, 213, 231, 312, 321;

c) $P(E_1) = P(E_2) = P(E_3) = \frac{1}{3}$, $P(E_1 \cup E_2) = \frac{1}{2}$, $P(E_1 \cap E_2) = \frac{1}{6}$, $P(E_1 \cap E_2 \cap E_3) = \frac{1}{6}$, $P(E_1 \cup E_2 \cup E_3) = \frac{2}{3}$.

4.1. $P(\text{E}) = \frac{11}{12}$, 11 zu 1.

4.3. 5 zu 4.

4.5. $\frac{1}{12} \leqq P(F) \leqq \frac{3}{4}$, wobei die extremen Werte für $E \cap F = \emptyset$ und $E \cap F = E$ angenommen werden.

4.7. a) $S = \{(x, y) \mid x \in D, y \in D, x \neq y\}$, wobei D wie im Beispiel 1.3 definiert ist. Wir ordnen jedem Elementarereignis von S die Wahrscheinlichkeit $\frac{1}{2652}$ zu; b) $\frac{1}{26}$; c) 25 zu 1.

4.9. 0,8.

4.11. a) $\frac{1}{4}$; b) $\frac{1}{4}$; c) Wird eine ganze Zahl p willkürlich aus den ersten $2 \cdot 10^k$ positiven ganzen Zahlen ausgesucht, so ist für jedes $k = 1, 2, 3, \ldots$ die Wahrscheinlichkeit, daß diese durch 6 oder 8 teilbar ist, gleich $\frac{1}{4}$.

4.13. a) $P(E' \cup F') = 1 - P(E \cap F)$, die Wahrscheinlichkeit, daß E und F nicht beide eintreten;

c) $P(E' \cup F) = 1 - P(E) + P(E \cap F)$, die Wahrscheinlichkeit, daß F oder nicht E eintritt;

e) $P(E \cap F') = P(E) - P(E \cap F)$, die Wahrscheinlichkeit, daß E, aber nicht F eintritt.

4.15. Es bedeuten E_1 Ziehen einer Pik-Karte, E_2 Ziehen einer zählenden Karte, E_3 Ziehen einer Zwei. Dann ist

$P(E_1 \cup E_2 \cup E_3) = \frac{13}{52} + \frac{20}{52} + \frac{4}{52} - \frac{5}{52} - \frac{1}{52} - \frac{0}{52} + \frac{0}{52} = \frac{31}{52}$.

4.17. Das Theorem folgt unmittelbar aus Formel (4.6) und den Definitionen 4.2 und 3.3. Da E_1, E_2 und E_3 sich paarweise ausschließende Ereignisse sind, so ergibt sich

$$E_1 \cap E_2 \cap E_3 = E_1 \cap (E_2 \cap E_3) = E_1 \cap \emptyset = \emptyset.$$

4.19. Das Theorem stimmt für $k = 2$ und $k = 3$ (vgl. Theorem 4.5 und die Übung 4.17). Unter der (Induktions-) Annahme, daß es für k Ereignisse ($k > 1$) richtig, ist, müssen wir nun die Richtigkeit für $k+1$ Ereignisse daraus folgern. Es ist

$$P(E_1 \cup E_2 \cup \ldots \cup E_k \cup E_{k+1}) = P((E_1 \cup E_2 \cup \ldots \cup E_k) \cup E_{k+1}).$$

Da sich die Ereignisse $E_1, E_2, \ldots, E_{k+1}$ paarweise gegenseitig ausschließen, so folgt nach Theorem I.4.2

$$(E_1 \cup E_2 \cup \ldots \cup E_k) \cap E_{k+1} = \emptyset.$$

Nach Theorem 4.5 und unter der Annahme der Richtigkeit für k Ereignisse folgt damit für $k+1$ Ereignisse

$$P(E_1 \cup E_2 \cup \ldots \cup E_k \cup E_{k+1}) = P(E_1) + P(E_2) + \ldots + P(E_k) + P(E_{k+1}),$$

womit der Beweis erbracht ist.

4.21. a) $\frac{1}{1} - \frac{1}{2 \cdot 1} + \frac{1}{3 \cdot 2 \cdot 1} = \frac{2}{3}$; b) $\frac{1}{1} - \frac{1}{2 \cdot 1} + \frac{1}{3 \cdot 2 \cdot 1} - \frac{1}{4 \cdot 3 \cdot 2 \cdot 1} = \frac{5}{8}$;

c) Allgemein beträgt die Wahrscheinlichkeit für wenigstens ein Spiel

$$\frac{1}{1!} - \frac{1}{2!} + \frac{1}{3!} - \ldots \pm \frac{1}{N!}.$$

5.1. a) $\frac{\frac{1}{36}}{\frac{6}{36}} = \frac{1}{6}$; c) $\frac{\frac{3}{36}}{\frac{18}{36}} = \frac{1}{6}$.

5.3. $\frac{\frac{3}{27}}{\frac{21}{27}} = \frac{1}{7}$. Unser Ereignisraum enthält 10 Elemente, aber den Elementarereignissen sind nicht gleiche Wahrscheinlichkeiten zugeordnet.

5.5. $\frac{246}{321} \cdot \frac{245}{320} \approx 0{,}59$.

5.7. a) I. $\frac{1}{2}$, II. $\frac{1}{2}$;

b) I. $S = \{(x_1, \ldots, x_N) \mid x_i \in \{\mathrm{H}, \mathrm{Z}\},\ i = 1, 2, \ldots, N\}$; jedem Elementarereignis von S wird die Wahrscheinlichkeit $(\frac{1}{2})^N$ zugeordnet,

II. $\frac{2^{N-1}}{2^N} = \frac{1}{2}$, III. $\frac{(\frac{1}{2})^N}{(\frac{1}{2})^{N-1}} = \frac{1}{2}$.

5.9. $\frac{1}{6}, \frac{2}{6}, \frac{3}{6}$.

5.11. $\frac{1}{3}$.

5.13. a) 0,00359; b) $(1 - 0{,}00359) \cdot 0{,}00380 = 0{,}00379$;

c) $(1 - 0{,}00359)(1 - 0{,}00380) \cdot 0{,}00396 = 0{,}00393$.

5.15. Leite zuerst die Identität in Übung 5.16 f) her und verwende dann die Ungleichung $P(E \cap F) > P(E)P(F)$, die aus der gegebenen Ungleichung folgt.

5.17. a, b, c, d und e müssen die folgenden Gleichungen erfüllen:

$$a+b+c+d+e = 1, \quad a+b = \frac{1}{2}, \quad \frac{a}{a+b} = \frac{3}{8}, \quad \frac{c}{c+d+e} = \frac{2}{5},$$

$$\frac{d}{c+d+e} = \frac{1}{5},$$ deren einzige Lösung

$$a = \tfrac{3}{16}, \quad b = \tfrac{5}{16}, \quad c = \tfrac{1}{5}, \quad d = \tfrac{1}{10}, \quad e = \tfrac{1}{5}$$ ist.

5.19. a) Plan 1: $P(E) = \dfrac{100-x}{100} \cdot \dfrac{99-x}{99}$

Plan 2: $P(E) = 1 - \dfrac{x}{100} \cdot \dfrac{x-1}{99}$

Plan 3: $P(E) = \dfrac{100-x}{100} \cdot \dfrac{99-x}{99} + 2 \cdot \dfrac{100-x}{100} \cdot \dfrac{x}{99} \cdot \dfrac{99-x}{98}$.

6.1. a) Definiere $S = \{(x, y) | x \in C, y \in C \text{ und } x \neq y\}$, wobei $C = \{I_1, I_2, I_3, I_4, M_1, M_2\}$ die Menge der sechs Kinder ist. Ordne jedem Elementarereignis die Wahrscheinlichkeit $\frac{1}{30}$ zu. Beachte, daß in der Teilmenge E, für die das 2. Kind ein Mädchen ist, zehn Elemente vorhanden sind. Also $P(E) = \frac{1}{3}$;

b) $\frac{2}{5} \cdot \frac{4}{6} + \frac{1}{5} \cdot \frac{2}{6} = \frac{1}{3}$.

6.3. Die Wahrscheinlichkeiten sind $P(E) = 0{,}254$, $P(E') = 0{,}746$, $P(E_1 | E) = \frac{150}{254}$, $P(E_2 | E) = \frac{75}{254}$, $P(E_3 | E) = \frac{25}{254}$, $P(E_4 | E) = \frac{4}{254}$, $P(E_1 | E') = \frac{150}{746}$, $P(E_2 | E') = \frac{175}{746}$, $P(E_3 | E') = \frac{225}{746}$, $P(E_4 | E') = \frac{196}{746}$.

6.5. $\frac{2}{3}$.

6.7. $\frac{28}{31} \approx 0{,}90$.

6.9. $\frac{3}{11}$.

6.11. $\frac{1}{2}$.

6.13. Es ist $E \cap E_i \subseteq E$, $i = 1, 2, \ldots, n$ nach Definition I.3.1. Damit ist Bedingung I der Definition 6.1. bewiesen. Mit Hilfe des Theorems I.4.1 wird dann gezeigt, daß aus $E_i \cap E_j = \emptyset$ für alle $i \neq j$ $(E \cap E_i) \cap (E \cap E_j) = \emptyset$ folgt und damit Bedingung II erfüllt ist. Schließlich, da $\{E_1, \ldots, E_n\}$ eine Einteilung von S ist, so gilt, wenn x ein Element von $E \subseteq S$ ist, daß ein E_i so existiert, daß $x \in E_i$. Daher ist mit $x \in (E \cap E_i)$ die Bedingung III erfüllt.

7.1. Unabhängige Ereignisse in a) und b), abhängig in c).

7.3. a) $P(E)P(F) = \frac{5}{16} \cdot \frac{14}{16} \neq P(E \cap F) = \frac{1}{4}$;

b) Für $n = 3$ sind die Ereignisse unabhängig (vgl. Beispiel 7.3). Um das „nur dann" zu beweisen, bemerken wir, daß, wenn

$$S = \{(x_1, \ldots, x_n) \mid x_i \in \{\text{H}, \text{Z}\}, i = 1, 2, \ldots, n\}$$

und wir jedem Elementarereignis von S die Wahrscheinlichkeit $(\frac{1}{2})^n$ zuordnen, $P(E) = \dfrac{n+1}{2^n}$, $P(F) = \dfrac{2^n - 2}{2^n}$ und $P(E \cap F) = \dfrac{n}{2^n}$ ist.

Sind E und F unabhängig, dann ist

$$\frac{n+1}{2^n} \cdot \frac{2^n-2}{2^n} = \frac{n}{2^n},$$

woraus $n+1 = 2^{n-1}$ oder $n = 3$ folgt.

7.5. a) Es sei S die Menge der 7460 Frauen. $\frac{1}{7460}$; c) 0,143; e) 0,014.

7.7. Alle unabhängig.

7.9. Da $P(E) = 1$ und nach Theorem 4.2 ferner $P(E \cup F) \geqq P(E)$ ist, so folgt $P(E \cup F) = 1$. Verwende nun Theorem 4.4 zum Beweis von $P(E)P(F) = P(E \cap F)$.

7.11. Nein. Als Gegenbeispiel wähle ein Ereignis F mit $P(F) = 1$ und nimm E und G als abhängige Ereignisse an. Vgl. Übg. 7.9.

7.13. a) $P(S)\,P(A) = \frac{1}{2} \cdot \frac{1}{2} \neq P(S \cap A) = \frac{7}{46}$; b) 9.

8.1. $P(E_1)\,P(E_2) = \frac{1}{6} \cdot \frac{1}{6} = P(E_1 \cap E_2)$
$P(E_1)\,P(E_3) = \frac{1}{6} \cdot \frac{1}{2} = P(E_1 \cap E_3)$
$P(E_2)\,P(E_3) = \frac{1}{6} \cdot \frac{1}{2} = P(E_2 \cap E_3)$.
Aber $P(E_1)\,P(E_2)\,P(E_3) = \frac{1}{72} \neq P(E_1 \cap E_2 \cap E_3) = 0$.

8.3. $P((E_1 \cap E_2) \cap E_3) = P(E_1 \cap E_2 \cap E_3) = P(E_1)\,P(E_2)\,P(E_3)$, da Gleichung (8.3) gilt. Es ist aber $P(E_1)\,P(E_2) = P(E_1 \cap E_2)$ und daher $P((E_1 \cap E_2) \cap E_3) = P(E_1 \cap E_2)\,P(E_3)$. Um einzusehen, daß E_1 und E_3 nicht notwendig unabhängig sind, setze man etwa $E_2 = 0$ und für E_1 und E_3 irgendwelche abhängige Ereignisse.

8.5. Zwei Treffer; Wahrscheinlichkeit 0,46.

8.7. Nach Voraussetzung ist $P(E_1 \cap E_2) = P(E_1)\,P(E_2)$. Wir betrachten den Fall $P(E_3) = 0$. Da $0 \leqq P(E_1 \cap E_3) \leqq P(E_3) = 0$, so folgt $0 = P(E_1 \cap E_3) = P(E_1)\,P(E_3)$. Analog folgt $P(E_2 \cap E_3) = P(E_2)\,P(E_3)$ und $P(E_1 \cap E_2 \cap E_3) = P(E_1)\,P(E_2)\,P(E_3) = 0$.
Im Falle $P(E_3) = 1$ folgt, da $P(E_3) \leqq P(E_1 \cup E_3)$, daß $P(E_1 \cup E_3) = 1$. Nach Theorem 4.4 ist $P(E_1 \cap E_3) = P(E_1)P(E_3)$ und analog $P(E_2 \cap E_3) = P(E_2) \cdot P(E_3)$. Da $P(E_3) = 1$, so folgt $P(E_1 \cup E_2 \cup E_3) = 1$ und mit Hilfe des Ergebnisses von Übg. 4.14

$$P(E_1 \cap E_2 \cap E_3) = P(E_1)\,P(E_2)\,P(E_3).$$

8.9. $\frac{1}{n+1}$. Man muß beweisen, daß, wenn $E_1, E_2, \ldots, E_n$ unabhängig sind, auch die Ereignisse $E_1', E_2', \ldots, E_n'$ unabhängig sind.

8.11. 0,012.

9.1. a) Ein Ereignisraum ist $S \times S \times S$ mit $S = \{H, Z\}$, wobei jedem Elementarereignis von $S \times S \times S$ die Wahrscheinlichkeit $\frac{1}{8}$ zugeordnet ist;
b) Mit dem Ereignisraum wie unter a) ordnen wir jedem Elementarereignis, dessen 3-Tupel k H's und daher $(3-k)$ Z's enthält, die Wahrscheinlichkeit $p^k q^{3-k}$ zu.

9.3. Der Ereignisraum ist $S \times S \times \ldots \times S$ (10 S), wobei $S = \{$richtig, falsch$\}$. $(\frac{1}{6})^k\,(\frac{5}{6})^{10-k}$ ist die Wahrscheinlichkeit, die jedem Elementarereignis zugeordnet wird, dessen 10-Tupel genau $k$mal „richtig" enthält.

$$P(9 \text{ oder } 10 \text{ mal richtig}) = 51 \cdot (\tfrac{1}{6})^{10} \approx 0{,}00000084.$$

9.5. 0,784.

9.7. 7.

9.9 a) $S_n \times S_{n-1}, \dfrac{1}{n(n-1)}$; b) B und D; d) B, D, A und Y.

10.1. a) $u_1 = u_2 = \frac{1}{16}$, $2v_1 = 2v_2 = \frac{6}{16}$, $w_1 = w_2 = \frac{9}{16}$;
c) $u_1 = u_2 = 1$, $2v_1 = 2v_2 = w_1 = w_2 = 0$.

10.3. a) $u_1 = \frac{1}{16}$, $2v_1 = \frac{6}{16}$, $w_1 = \frac{9}{16}$, $u_2 = \frac{324}{5041}$, $2v_2 = \frac{1908}{5041}$, $w_2 = \frac{2809}{5041}$, $f_0 = \frac{3}{4}$,
$f_1 = \frac{53}{71}$, $f_2 = \frac{16\,645}{22\,396}$.

10.5. Setzen wir $f_n = \dfrac{1}{g_n}$ in (10.12), dann erhalten wir

$$\frac{1}{g_{n+1}} = 1 - \frac{1}{1 + \dfrac{1}{g_n}} = \frac{1}{g_n + 1}.$$

Nehmen wir die Kehrwerte, so ergibt sich (10.14).

III. Kombinatorik

1.1. a) 56; c) 126; e) 1260.

1.3. a) 0,13; c) 0,16.

1.5. a) $\binom{n}{2}$; b) $\binom{n}{2} - n$.

1.7. 432516.

1.9. a) $\binom{n}{4}$; b) $3\binom{n}{3}$; c) $\binom{n}{2}$; d) Die Lösung von $6\binom{n}{4} = \binom{n}{4} + 3\binom{n}{3} + \binom{n}{2}$ ergibt $n = 6$.

1.11. a) $\dfrac{2 \cdot 5!5!}{10!} = \dfrac{1}{126}$; b) Das gleiche wie a).

1.13. a) $\frac{8}{19}$; b) $\frac{11}{19}$.

1.15. a) 0,251; b) 0,215; c) 0,633.

1.17. $\dbinom{8}{2,\,3,\,3} \left(\dfrac{1}{6}\right)^2 \left(\dfrac{1}{6}\right)^3 \left(\dfrac{1}{6}\right)^3 \approx 0{,}00033$.

1.19. 0,13.

1.21. $p_0 = 0{,}16$, $p_1 = 0{,}31$, $p_2 = 0{,}29$, $p_3 = 0{,}16$, $p_4 = 0{,}06$, $p_5 = 0{,}00$, wobei p_n die auf zwei Dezimalen berechnete Wahrscheinlichkeit ist, daß die Stichprobe genau n defekte Transistoren enthält.

1.23. a) $\dfrac{8\dbinom{7}{1,\,4,\,2}}{\dbinom{11}{1,\,4,\,4,\,2}} = \dfrac{4}{165}$; b) $\dfrac{6\dbinom{5}{2}}{\dbinom{9}{4,\,3,\,2}} = \dfrac{1}{21}$; c) $\dfrac{4\dbinom{3}{1}}{\dbinom{7}{4,\,2,\,1}} = \dfrac{4}{35}$.

1.25. Die Anzahl der verschiedenen Arten von Pokerblättern sei angegeben. a) 1 302 540; b) 123 552; c) 54 912; d) 10 200; e) 5108; f) 3744; g) 624; h) 40. Die verlangte Wahrscheinlichkeit ergibt sich hieraus, indem man diese Zahlen durch die Gesamtzahl 2 598 960 aller möglichen Pokerblätter dividiert.

1.27. a) $S = S_1 \times S_1 \times S_1 \times S_1$, aber die Wahrscheinlichkeiten werden den Elementarereignissen nicht nach der Produktregel zugeordnet. Die Kenntnis eines Blattes ändert im allgemeinen die Wahrscheinlichkeit für die Zusammensetzung eines anderen Blattes;

b) $\dfrac{\binom{4}{1}\binom{48}{12}\binom{39}{13}\binom{26}{13}\binom{13}{13}}{\binom{52}{13}\binom{39}{13}\binom{26}{13}\binom{13}{13}} = \dfrac{\binom{4}{1}\binom{48}{12}}{\binom{52}{13}}$, wobei der letzte Bruch zugleich die Antwort von c) ist;

d) Wende Formel II.9.8 für $P(E_1) = P(C_1)$ an.

1.29. a) $\dfrac{4!\binom{13}{5}\binom{13}{4}\binom{13}{3}\binom{13}{1}}{\binom{52}{13}} \approx 13;$ b) $\dfrac{\frac{4!}{2!}\binom{13}{4}\binom{13}{4}\binom{13}{3}\binom{13}{2}}{\binom{52}{13}} \approx 0{,}21;$

c) $\dfrac{\frac{4!}{3!}\binom{13}{4}\binom{13}{3}^3}{\binom{52}{13}} \approx 0{,}11 .$

1.31. Nach voriger Übung ist die Wahrscheinlichkeit, daß Dame fällt, $0{,}407+\frac{1}{4}\cdot 0{,}497 = 0{,}531$, die Quote dafür ist $53 : 47$ oder $1{,}13 : 1$.

2.1. a) $p^5+5p^4q+10p^3q^2+10p^2q^3+5pq^4+q^5$;
c) $a^4-12a^3b+54a^2b^2-108ab^3+81b^4$.

2.3. a) 1,072; b) 1,219; c) 0,922.

2.5. a) $r\binom{n}{r} = \dfrac{rn!}{r!(n-r)!} = \dfrac{rn(n-1)!}{r(r-1)!\,(n-r)!} = n\binom{n-1}{r-1};$

c) $$\binom{n-1}{r-1} + \binom{n-1}{r} = \frac{(n-1)!}{(r-1)!\,(n-r)!} + \frac{(n-1)!}{r!\,(n-r-1)!} = \frac{r(n-1)!+(n-r)(n-1)!}{r!\,(n-r)!} = \binom{n}{r}.$$

2.7. $$\binom{n}{r+1} = \frac{n!}{(r+1)!\,(n-r-1)!} = \frac{n!\,(n-r)}{(r+1)r!\,(n-r)(n-r-1)!} = \frac{n-r}{r+1}\binom{n}{r}.$$

2.9. a) $\binom{x}{r} = \dfrac{(x)_r}{r!} = \dfrac{x(x-1)(x-2)\dots(x-r+1)}{r!}$. Ist x eine ganze Zahl mit

$0 \leqq x < r$, dann ist der Zähler null. Also ist $\binom{x}{r} = 0$ wie in Gleichung (2.10) definiert. Ist $x \geqq r$, so erhalten wir durch Erweitern mit $(x-r)!$ wie früher definiert $\binom{x}{r} = \dfrac{x!}{r!(x-r)!}$.

2.11. a) 1; b) 252; c) 12 600.

IV. Zufallsveränderliche

1.1. a) $f(x) = \frac{1}{8}, \frac{3}{8}, \frac{3}{8}, \frac{1}{8}$ für $x = 0, 1, 2, 3$; sonst $f(x) = 0$;
b) $F(x) = 0$ für $x < 0$, $F(x) = \frac{1}{8}$ für $0 \leqq x < 1$, $F(x) = \frac{4}{8}$ für $1 \leqq x < 2$, $F(x) = \frac{7}{8}$ für $2 \leqq x < 3$, $F(x) = 1$ für $x \geqq 3$.

1.3. a) $f(x) = \frac{15}{70}, \frac{40}{70}, \frac{15}{70}$ für $x = 0, 1, 2$, sonst $f(x) = 0$;
b) $F(x) = 0$ für $x < 0$, $F(x) = \frac{15}{70}$ für $0 \leqq x < 1$, $F(x) = \frac{55}{70}$ für $1 \leqq x < 2$, $F(x) = 1$ für $x \geqq 2$.

1.5. a) $k = \frac{1}{6}$; b) $\frac{1}{2}, 1, \frac{1}{3}$; c) 2; d) $F(x) = 0$ für $x < 0$, $F(x) = \frac{1}{6}$ für $0 \leqq x < 1$, $F(x) = \frac{1}{2}$ für $1 \leqq x < 2$, $F(x) = 1$ für $x \geqq 2$.

1.7. b) $\frac{1}{2}, \frac{1}{4}, \frac{5}{12}, \frac{1}{2}, \frac{2}{3}, \frac{2}{3}, 1, \frac{1}{6}$;
c) $f(x) = \frac{1}{4}, \frac{1}{4}, \frac{1}{6}, \frac{1}{3}$ für $x = -1, 1, 2, 3$; anderenfalls $f(x) = 0$.

1.9. $f(x) = \dfrac{\binom{13}{x}\binom{39}{13-x}}{\binom{52}{13}}$ für $x = 0, 1, \ldots, 13$. Es ist $f(x) = 0{,}013$; $0{,}080$; $0{,}206$; $0{,}286$; $0{,}239$; $0{,}125$; $0{,}042$; $0{,}009$; $0{,}001$ für $x = 0, 1, 2, 3, 4, 5, 6, 7, 8$ und $f(x) = 0$ für alle anderen x.

1.11. a) Das Ereignis $(X \leqq b)$ ist die Vereinigung der beiden sich gegenseitig ausschließenden Ereignisse $(X \leqq a)$ und $(a < X \leqq b)$. Also $F(b) = F(a) + P(a < X \leqq b)$, woraus das Ergebnis folgt;
c) Das Ereignis $(a \leqq X \leqq b)$ ist die Vereinigung der sich gegenseitig ausschließenden Ereignisse $(a \leqq X < b)$ und $(X = b)$. Unter Verwendung des Ergebnisses in (b) folgt

$$F(b) - F(a) + f(a) = P(a \leqq X < b) + f(b).$$

1.13. a) X_1 und X_2 sind nicht gleich, da sie verschiedene Bereiche haben; aber ihre Wahrscheinlichkeitsfunktionen sind beide durch f gegeben, wobei $f(1) = f(2) = \frac{1}{2}$ und $f(x) = 0$, wenn $x \neq 1$ oder 2;
b) Es sei $S = \{o_1, o_2, \ldots, o_n\}$ irgendeine Menge mit wenigstens zwei Elementen. Zu den Elementarereignissen von S ist eine Wahrscheinlichkeitsverteilung so anzugeben, daß ein Elementarereignis, z.B. $\{o_1\}$, die Wahrscheinlichkeit $\frac{1}{2}$ hat. Definiere X durch $X(o_1) = 1$, $X(o_j) = 2$ für $j \neq 1$. Dann hat X die

in a) definierte Wahrscheinlichkeitsverteilung f. Für jede (der unendlich vielen) Möglichkeiten der Wahl von S erhalten wir eine andere Zufallsveränderliche X.

2.1. a) $\frac{3}{2}$; b) $E(Y) = -1{,}5 \cdot \frac{1}{8} - 0{,}5 \cdot \frac{3}{8} + 0{,}5 \cdot \frac{3}{8} + 1{,}5 \cdot \frac{1}{8} = 0$;
c) $E(Z) = \frac{3}{4}$.

2.3. $E(X) = -0{,}05$ DM.

2.5. 1.

2.7. a) Mittlerer Gewinn (in Pf) -80, 50, 100, 90, wenn der Vorrat 0, 1, 2, 3 Blumen beträgt;
b) Wenigstens 1 DM.

2.9. $b = 1{,}04$, $E(Y) = 0$.

2.11. 20 DM.

2.13. $E(X^2) = \frac{329}{6}$, $[E(X)]^2 = 49$.

2.15. a) $f(-e) = \frac{125}{216}$, $f(e) = \frac{75}{216}$, $f(2e) = \frac{15}{216}$, $f(3e) = \frac{1}{216}$;

b) $E(X) = \dfrac{-17e}{216} = -0{,}08$ für $e = 1$.

2.17. $E(X) = 3$.

2.19. a) $P(X_1 = k) = \frac{1}{10}$ für $k = 0, 1, \ldots, 9$
$P(X_2 = k) = \frac{1}{20}$ für $k = -3, -2, \ldots, 3, 4$
$P(X_2 = k) = \frac{3}{20}$ für $k = 5, 6$,
$P(X_2 = k) = \frac{1}{10}$ für $k = 7, 8, 9$;
b) $E(X_1) = 4{,}50$ DM, $E(X_2) = 4{,}25$ DM, man wähle also (1).

2.21. a) Eindeutig, wenn $p \neq F(x_k)$ für $k = 1, 2, \ldots, N$. Gibt es einen möglichen Wert x_k von X, für den $F(x_k) = p$, dann existieren unendlich viele Medianen.

2.23. Aus der Annahme folgt, daß, wenn $a + d_j$ ein möglicher Wert von X für jeden d_j ist, dies auch für $a - d_j$ zutrifft und $f(a+d_j) = f(a-d_j)$ gilt. Es mögen nun p derartige Paare existeren. Dann gilt

$$E(X) = af(a) + \sum_{j=1}^{p} (a+d_j) f(a+d_j) + \sum_{j=1}^{p} (a-d_j)(a-d_j)$$
$$= a\Big[f(a) + \sum_{j=1}^{p} f(a+d_j) + \sum_{j=1}^{p} f(a-d_j)\Big] = a,$$

da die Summe in Klammern die Summe der $f(x_k)$ für alle mögliche Werte x_k von X und daher gleich 1 ist.

3.1. $\mu_X = \frac{3}{4}$, $\sigma_X^2 = \frac{3}{16}$, $\sigma_X = 0{,}43$,
$\mu_Y = 7000$, $\sigma_Y^2 = 4\,500\,000$, $\sigma_Y = 2121$,
$\mu_Z = \frac{7}{4}$, $\sigma_Z^2 = \frac{19}{16}$, $\sigma_Z = 1{,}09$.

3.3. $\sigma_Z^2 = \frac{35}{6}$, $\sigma_X = 2{,}41$.

3.5. a) $\mathrm{Var}(X_k) = \frac{k}{4}$; b) $\mathrm{Var}(X_k) = kp(1-p)$.

3.7. a) 2504; b) 16; c) 4; d) 4; e) 2.

3.9. Aus Theorem 2.1 findet man

$$E(Y) = \sum_{k=1}^{N} (a+bx_k+cx_k^2)f(x_k) = a+bE(X)+cE(X^2)$$

Nun ist (3.10) zu verwenden.

3.11. a) Es seien f, g, h Wahrscheinlichkeitsfunktionen von X entsprechend den Methoden 1, 2 und 3. Dann ist $f(1) = 1$, $g(0) = \frac{8}{27}$, $g(1) = \frac{12}{27}$, $g(2) = \frac{6}{27}$, $g(3) = \frac{1}{27}$, $h(0) = \frac{2}{6}$, $h(1) = \frac{3}{6}$, $h(3) = \frac{1}{6}$;

b) $E(X) = 1$ bei jeder Methode;

c) Die Streuungen von X bei diesen drei Methoden sind 0, $\frac{1}{3}\sqrt{6}$ und 1.

3.13. Die mittleren absoluten Abweichungen für X_1, X_2, X_3, X_4 sind 0,8125; 2,3125; 0,8125; 1,625.

3.15. a) $-1{,}5$; 0; 0,3; b) 80, 90, 96, 113.

3.17. In jeden Fall ist nach der Tschebyscheff-Ungleichung die Wahrscheinlichkeit für $z = 1{,}5$ größer als $\frac{5}{9}$ und für $z = 2$ größer als $\frac{3}{4}$. Die wirklichen Wahrscheinlichkeiten sind für $z = 1{,}5$ und $z = 2$: a) 1,1; b) $\frac{5}{6}$, $\frac{17}{18}$; c) $\frac{7}{8}$, 1.

3.19. $z = \sqrt{2}, \sqrt{10}, \sqrt{20}$, 10.

4.1.

z \ y	0	1	2	3	$P(Z = z)$
1	0	$\frac{3}{8}$	$\frac{3}{8}$	0	$\frac{3}{4}$
3	$\frac{1}{8}$	0	0	$\frac{1}{8}$	$\frac{1}{4}$
$P(Y = y)$	$\frac{1}{8}$	$\frac{3}{8}$	$\frac{3}{8}$	$\frac{3}{8}$	1

Y und Z sind abhängig.

4.3.

x \ y	0	1	2	3	$P(X = x)$
0	0	$\frac{6}{27}$	0	0	$\frac{2}{9}$
1	$\frac{6}{27}$	$\frac{6}{27}$	$\frac{6}{27}$	0	$\frac{6}{9}$
2	$\frac{2}{27}$	0	0	$\frac{1}{27}$	$\frac{1}{9}$
$P(Y = y)$	$\frac{8}{27}$	$\frac{12}{27}$	$\frac{6}{27}$	$\frac{1}{27}$	1

X und Y sind abhängig.

4.5. $h(x,y) = \dfrac{\binom{13}{x}\binom{13}{y}\binom{26}{13-x-y}}{\binom{52}{13}}$, wenn x und y nichtnegative ganze Zahlen mit $x+y \leqq 13$ sind; anderenfalls ist $h(x,y) = 0$. X und Y sind abhängig, da $h(13{,}13) = 0$, aber $P(X = 13) = P(Y = 13) = \dfrac{1}{\binom{52}{13}}$, so daß $h(13{,}13) \neq f(13)g(13)$.

4.7. Die Unabhängigkeit folgt aus dem Theorem 4.2, wenn man die 4 Würfe als zwei unabhängige Versuche von je zwei Würfen ansieht.

4.9. a)

x \ y	1	2	3	4	5	$P(X = x)$
1	$\frac{1}{25}$	$\frac{1}{25}$	$\frac{1}{25}$	$\frac{1}{25}$	$\frac{1}{25}$	$\frac{1}{5}$
2	0	$\frac{1}{20}$	$\frac{1}{20}$	$\frac{1}{20}$	$\frac{1}{20}$	$\frac{1}{5}$
3	0	0	$\frac{1}{15}$	$\frac{1}{15}$	$\frac{1}{15}$	$\frac{1}{5}$
4	0	0	0	$\frac{1}{10}$	$\frac{1}{10}$	$\frac{1}{5}$
5	0	0	0	0	$\frac{1}{5}$	$\frac{1}{5}$
$P(Y = y)$	$\frac{12}{300}$	$\frac{27}{300}$	$\frac{47}{300}$	$\frac{77}{300}$	$\frac{137}{300}$	1

c) $P(Y = y \mid X = 3) = \frac{1}{3}$ für $y = 3, 4, 5$;

d) $P(X = x \mid Y = 3) = \frac{12}{47}, \frac{15}{47}, \frac{20}{47}$ für $x = 1, 2, 3$;

e) $\frac{7}{15}$, $\frac{163}{300}$.

4.11.

$$P(X \leqq x, Z \leqq z) = \begin{cases} 0, & \text{wenn } x < 0 \text{ oder } z < 1 \\ \frac{3}{8}, & \text{,, } 0 \leqq x < 1 \text{ und } 1 \leqq z < 3 \\ \frac{1}{2}, & \text{,, } 0 \leqq x < 1 \text{ und } 3 \leqq z \\ \frac{3}{4}, & \text{,, } 1 \leqq x \text{ und } 1 \leqq z < 3 \\ 1, & \text{,, } 1 \leqq x \text{ und } 3 \leqq z. \end{cases}$$

4.13. Benutze die Bezeichnung der Tabelle 29, setze $c_{ij} = \dfrac{f(x_j)}{f(x_i)}$ und zeige, daß für $k = 1{,}2, \ldots, N$ $h(x_j, y_k) = c_{ij}\, h(x_i, y_k)$, wenn X und Y unabhängig sind.

4.15. c) X besitze genau zwei mögliche Werte, die sich nur im Vorzeichen unterscheiden, z.B. $+1$ und -1, Y sei irgendeine Zufallsveränderliche. so daß X und Y abhängig sind. Da X^2 nur einen möglichen Wert hat, sind X^2 und Y^2 unabhängig.

5.1. a) Es sei $f(x) = P(X+Y = x)$. Dann ist $f(x) = 0{,}1$; 0.2; 0.3; 0.4 für $x = 2$ 3, 4, 5, anderenfalls $f(x) = 0$. $E(X + Y) = 4$;

b) $g(x) = P(XY = x)$. Dann $g(x) = 0{,}1;\ 0{,}2;\ 0{,}1;\ 0{,}2;\ 0{,}4$ für $x = 1, 2, 3, 4, 6$, anderenfalls $g(x) = 0$. $E(XY) = 4$.

5.3. a) Nicht für alle X, Y richtig. Falsch für die Zufallsveränderlichen in Übung 5.2.a). Richtig z.B. für $Y = X$;

c) Falsch für die Zufallsveränderlichen der Übung 5.2.c). Wahr für $Y = X$;

e) Wahr für alle X, Y.

5.5. a) 80 und 13; b) 20 und 13; c) 210 und $\sqrt{1396}$.

5.7. a) $Y(o_k) = b$ für alle $o_k \in S$, d.h. Y ist eine konstante Funktion. Man beachte, daß unsere Bezeichnung nicht zwischen einer konstanten Funktion und dem konstanten Wert, den sie annimmt, unterscheidet;

b) Y ist die Funktion, die für alle $o_k \in S$ gleich a ist. Nach Übung 4.10 sind X und Y unabhängig.

5.9. Verallgemeinere Theorem 5.1 auf Funktionen von n Zufallsveränderlichen und zeige, daß

$$E(X_1 X_2 \dots X_n) = \sum v_1 v_2 \dots v_n\, h(v_1, v_2, \dots, v_n),$$

wobei $h(v_1, v_2, \dots, v_n) = P(X_1 = v_1, X_2 = v_2, \dots, X_n = v_n)$ und die Summe sich über alle möglichen Werte v_1 von X_1, v_2 von X_2, ..., v_n von X_n erstreckt. Nach Definition 4.4 ist

$$h(v_1, v_2, \dots, v_n) = f_1(v_1)\, f_2(v_2) \dots f_n(v_n),$$

wo f_k die Wahrscheinlichkeitsfunktion von X_k ist. Nun kann wie in Theorem 5.4 für $n = 2$ die Summe als ein Produkt von n Summen $\Sigma v_k f_k(v_k)$ für $k = 1, 2, \dots, n$ geschrieben werden. Da die $k$te Summe, erstreckt über alle möglichen Werte v_k von X_k, gleich $E(X_k)$ ist, so folgt das Ergebnis. (Bemerkung: Der Beweis kann auch durch vollständige Induktion geliefert werden. Dabei benötigt man folgenden Satz: Sind $X_1, X_2, \dots, X_n$ unabhängig und ist $Y = X_1 X_2 \dots X_{n-1}$, dann sind Y und X_n unabhängig. Dies kann in ähnlicher Weise bewiesen werden wie bei der Lösung der Übung 5.11a.)

5.11. a) x und y seien irgendwelche Zahlen. Dann ist

$$P(Y_k = y, X_{k+1} = x) = \sum P(X_1 = v_1, \dots, X_k = v_k, X_{k+1} = x),$$

wobei die Summation über alle Werte v_1 von X_1, ..., v_k von X_k mit

$$a_1 v_1 + \dots + a_k v_k = y$$

zu erstrecken ist. Mit Hilfe der Definition 4.4 erhält man daraus

$$P(Y_k = y, X_{k+1} = x) = \sum P(X_1 = v_1) \cdots P(X_k = v_k)\, P(X_{k+1} = x).$$

Da x in bezug auf diese Summation eine Konstante ist, kann der Ausdruck $P(X_{k+1} = x)$ vor das Summationszeichen gezogen werden. Die verbleibende Summe ist aber gerade $P(Y_k = y)$. Es folgt

$$P(Y_k = y, X_{k+1} = x) = P(Y_k = y)\, P(X_{k+1} = x),$$

womit die Unabhängigkeit von Y_k und X_{k+1} bewiesen ist;

b) Es sei N die Menge der positiven ganzen Zahlen, für die das Theorem richtig ist. Durch Theorem 3.3 und (5.10) kennen wir seine Richtigkeit bereits für $1 \in N$

und $2 \in N$. Nun nehmen wir an, daß $k \in N$ und zeigen, daß $(k+1) \in N$ für jede positive ganze Zahl k. Sind die $k+1$ Zufallsveränderlichen $X_1, \ldots, X_{k+1}$ unabhängig, dann sind nach a) auch Y_k und X_{k+1} unabhängig. Daher ist nach (5.10)

$$\mathrm{Var}(Y_k + a_{k+1}X_{k+1}) = \mathrm{Var}(Y_k) + a_{k+1}^2 \mathrm{Var}(X_{k+1}).$$

Verwende nun die Induktionsannahme, daß $k \in N$, um $\mathrm{Var}(Y_k)$ zu entwickeln, und zeige so, daß $(k+1) \in N$. Damit ist der Beweis erbracht.

5.13. a) $\mu_X = 1$, $\sigma_X = \dfrac{1}{\sqrt{2}}$;

b) Die Wahrscheinlichkeitsfunktion von $\bar{X}$ für Stichproben des Umfanges 2 ist gegeben durch

$\bar{x}$	0	$\frac{1}{2}$	1	$\frac{3}{2}$	2
$P(\bar{X} = \bar{x})$	$\frac{1}{16}$	$\frac{4}{16}$	$\frac{6}{16}$	$\frac{4}{16}$	$\frac{1}{16}$

$\mu_{\bar{X}} - 1$ und $\sigma_{\bar{X}} = \frac{1}{2}$;

c) Die Wahrscheinlichkeitsfunktion von $\bar{X}$ für Stichproben des Umfanges 3 liefert die folgende Tabelle:

$\bar{x}$	0	$\frac{1}{3}$	$\frac{2}{3}$	1	$\frac{4}{3}$	$\frac{5}{3}$	2
$P(\bar{X} = \bar{x})$	$\frac{1}{64}$	$\frac{6}{64}$	$\frac{15}{64}$	$\frac{20}{64}$	$\frac{15}{64}$	$\frac{6}{64}$	$\frac{1}{64}$

$\mu_{\bar{X}} = 1$, $\sigma_{\bar{X}}^2 = \frac{1}{6}$.

5.15. a) $\mu_{\bar{X}} = 5450$ DM, $\sigma_{\bar{X}}^2 = 3\,322\,500$, $\sigma_{\bar{X}} = 1823$ DM;

b) Die Wahrscheinlichkeitsfunktion von $\bar{X}$ ist gegeben durch

$\bar{x}$	3500	4250	5000	5500	6250	7000	7500	8250	9000
$P(\bar{X} = \bar{x})$	0,09	0,24	0,16	0,12	0,22	0,08	0,04	0,04	0,01

$\mu_{\bar{X}} = 5450$ DM, $\sigma_{\bar{X}}^2 = 1\,661\,250$, $\sigma_{\bar{X}} = 1289$ DM.

6.1. Schreibe μ_j für $E(X_j)$ und verwende die Definition der Varianz zusammen mit (5.4) um

$$\mathrm{Var}(X_1 + \ldots + X_n) = E([(X_1 - \mu_1) + \ldots + (X_n - \mu_n)]^2)$$

zu erhalten. Berechne das Quadrat und führe mit Hilfe der Definitionen 3.1 und 6.1 den Beweis zuende.

6.3. Mit $f(\bar{x}) = P(\bar{X} = \bar{x})$ erhalten wir $f(\bar{x}) = 0{,}1$; $0{,}4$; $0{,}2$; $0{,}1$; $0{,}2$ für $\bar{x} = \frac{280}{3}, \frac{310}{3}, \frac{330}{3}, \frac{340}{3}, \frac{360}{3}$ und anderenfalls $f(\bar{x}) = 0$; $E(\bar{X}) = 108$, $\mathrm{Var}(\bar{X}) = \frac{188}{3}$; c) $f(\bar{x}) = 1$ für $\bar{x} = 108$, anderenfalls $f(\bar{x}) = 0$; $E(\bar{X}) = 108$, $\mathrm{Var}(\bar{X}) = 0$.

6.5. $\sigma_{\bar{X}} = 74{,}63$ DM. Das gesuchte Intervall, das sich vom Mittel aus um die dreifache Streuung nach beiden Seiten erstreckt, reicht von 4776 DM bis 5224 DM.

6.7. Setze $\frac{\sigma_X^2}{n_1} \cdot \frac{N-n_1}{N-1} = \frac{1}{4} \cdot \frac{\sigma_X^2}{n} \frac{N-n}{N-1}$ und löse nach n_1 auf.

6.9. Zeige, daß $\operatorname{Var}(X \pm Y) = \sigma_X^2 + \sigma_Y^2 \pm 2\varrho(X, Y)\sigma_X\sigma_Y$.
Daraus folgt die Behauptung unmittelbar.

6.11. a)

x \ y	0	1	$P(X = x)$
0	$\frac{3}{8}$	$\frac{3}{8}$	$\frac{3}{4}$
1	$\frac{1}{8}$	$\frac{1}{8}$	$\frac{1}{4}$
$P(Y = y)$	$\frac{1}{2}$	$\frac{1}{2}$	1

$\varrho(X, Y) = 0$,
X und Y unabhängig.

b)

x \ y	0	1	$P(X = x)$
0	$\frac{17}{24}$	$\frac{1}{24}$	$\frac{3}{4}$
1	$\frac{1}{8}$	$\frac{1}{8}$	$\frac{1}{4}$
$P(Y = y)$	$\frac{5}{6}$	$\frac{1}{6}$	1

$\varrho(X, Y) = \frac{2}{\sqrt{15}} = 0{,}52$
X und Y abhängig.

6.13. $\varrho(X, Y) = 0$. (X und Y sind abhängig, aber nicht korreliert).

6.15.

x \ y	0	1	2	3	4	$P(X = x)$
0	$\frac{1}{16}$	$\frac{2}{16}$	$\frac{1}{16}$	0	0	$\frac{1}{4}$
1	0	$\frac{2}{16}$	$\frac{4}{16}$	$\frac{2}{16}$	0	$\frac{2}{4}$
2	0	0	$\frac{1}{1}$	$\frac{2}{16}$	$\frac{1}{16}$	$\frac{1}{4}$
$P(Y = y)$	$\frac{1}{16}$	$\frac{4}{16}$	$\frac{6}{16}$	$\frac{4}{16}$	$\frac{1}{16}$	1

$\varrho(X, Y) = \frac{\sqrt{2}}{2} = 0{,}71$.

6.17.

$$\varrho_m = \begin{cases} -1, & \text{wenn } m < 0 \\ 0, & \text{,, } m = 0 \\ 1, & \text{,, } m > 0\,. \end{cases}$$

6.19. Ohne Einbuße an Allgemeinheit (vgl. Übg. 6.18) können wir annehmen, daß X und Y beide die möglichen Werte 0 und 1 haben. Dann ist $E(X) = P(X = 1)$, $E(Y) = P(Y = 1)$, $E(XY) = P(X = 1,\ Y = 1)$, so daß aus $\operatorname{Cov}(X, Y) = 0$ folgt

$$P(X = 1, Y = 1) = P(X = 1)\, P(Y = 1)\,.$$

Dann zeige man, daß die drei anderen verbundenen Wahrscheinlichkeiten ebenfalls Produkte der entsprechenden Randwahrscheinlichkeiten sind.

V. Binomialverteilung und einige Anwendungen

1.1. Wahrscheinlichkeiten sind a) 0,107 und b) 0,069.

1.3. 0,028.

1.5. Mit Hilfe des Theorems 1.2 findet man $p = 0{,}60$ und $n = 20$. Die gesuchten Wahrscheinlichkeiten sind a) 0,998; b) 0,126; c) 0,245.

1.7. a) 0,772; b) 0,746; c) $p = 0{,}376$.

1.9. $n \geqq 69$.

1.11. Entsprechend der Werte p in Tabelle 37 betragen die Wahrscheinlichkeiten, das Los anzunehmen:

a) 0,983; 0,736; 0,392; 0,069; 0,008; 0,001; 0,000;

c) 0,904; 0,599; 0,349; 0,107; 0,028; 0,006; 0,001.

1.13. a) Nach (1.3) ist

$$b(n-k \mid n, 1-p) = \binom{n}{n-k}(1-p)^{n-k} p^{n-(n-k)}; \text{ beachte } \binom{n}{n-k} = \binom{n}{k};$$

b) Nach a) ist

$$\sum_{k=r}^{n} b(k \mid n, p) = \sum_{k=r}^{n} b(n-k \mid n, 1-p) = \sum_{k=0}^{n-r} b(k \mid n, 1-p).$$

1.15.

	$n = 5$	$n = 10$	$n = 20$	Näherungswerte der Normalkurve
$P(-1 \leqq T_n^* \leqq 1)$	0,409	0,772	0,598	0,68
$P(-2 \leqq T_n^* \leqq 2)$	0,942	0,967	0,956	0,95
$P(-3 \leqq T_n^* \leqq 3)$	0,993	0,994	0,997	0,997

1.17. $G(t) = \sum_{k=0}^{n} \binom{n}{k} (pt)^k q^{n-k} = (q+pt)^n$ nach dem binomischen Satz.

2.1. a) Nimm die Nullhypothese an, wenn $X \geqq 0$, d.h. nimm sie an, gleichgültig, welches Ergebnis aus der Stichprobe von 20 erhalten wird. Die Wahrscheinlichkeit für einen Fehler zweiter Art ist dann 1;

b) Verwirf die Nullhypothese, gleichgültig, welchen Wert X annimmt. Dann ist $\alpha = 1$;

c) Verwirf die Nullhypothese dann und nur dann, wenn $X \geqq 16$. Aus Tabelle 40 finden wir für $c = 16$ die Werte $1 - \pi(0{,}70) = 0{,}762$; $1 - \pi(0{,}80) = 0{,}370$; $\pi(0{,}50) = 0{,}006$;

d) 0,126; es wird die Nullhypothese annehmen und den kostspieligen Wahlkampf wagen;

e) $P(X \geqq 17) = 0{,}016$ und $P(X \geqq 18) = 0{,}004$; es müssen daher wenigstens 18 für Herrn Schmidt sein.

2.3. a) Nullhypothese $p = 0{,}5$, Gegenhypothese $p > 0{,}5$. Aus Tabelle 37 finden wir

$$P(X \geqq 14) = 0{,}058, \quad P(X \geqq 15) = 0{,}021.$$

Verwirf also die Nullhypothese dann und nur dann, wenn X, die Anzahl derjenigen, die auf die erste Methode zurückgreifen, wenigstens 15 ist;

b) Zulässig bei einer 5%-Schranke, da $P(X \geqq 15) = 0{,}021 < 0{,}05$ ist. Nicht zulässig bei einer 1%-Schranke.

2.5. a) Ein Versuch (z.B. Beobachtung einer Maschine einen Tag lang) ergibt entweder Treffer (Maschine muß repariert werden) oder Niete (Maschine bedarf keiner Reparatur). Nullhypothese $p = 0{,}2$; Gegenhypothese $p \neq 0{,}20$;

b) Da die mittlere Zahl der Treffer $np = 4$ ist, wenn die Nullhypothese richtig ist, verwerfen wir die Nullhypothese, wenn X, die Anzahl der beobachteten Treffer, entweder viel kleiner oder viel größer als 4 ist, d.h. wir verwerfen die Nullhypothese dann und nur dann, wenn entweder $X \leqq 4-d$ oder $X \geqq 4+d$, wobei d die kleinste erlaubte Abweichung des X vom Mittel sein soll. Der Wert von d ist bestimmt, wenn wir fordern, daß die Wahrscheinlichkeit für einen Fehler erster Art nicht größer als 0,10, aber so nah wie möglich gleich 0,10 sein soll. Diese Fehlerwahrscheinlichkeit ist $P(X \leqq 4-d) + P(X \geqq 4+d)$, berechnet für $p = 0{,}20$. Wenn $d = 3$, ist die Wahrscheinlichkeit größer als 0,10, ist $d = 4$, ist sie kleiner als 0,10 (nach Tabelle 37). Verwirf daher die Nullhypothese dann und nur dann, wenn $X = 0$ oder $X \geqq 8$. Dieser Test wird ein zweiseitiger Test (two-tailed test) genannt;

c) Die Wahrscheinlichkeit, daß X von seinem Mittel in beiden Richtungen um soviel abweicht wie der beobachtete Wert, ist $P(X \leqq 1) + P(X \geqq 7) = 0{,}069 + 0{,}087 = 0{,}156$; daher nicht zulässig bei einer 0,10-Schranke;

d) Für die ideale Entscheidungsvorschrift gilt $\pi(p) = 0$, wenn $0 = 0{,}20$, $\pi(p) = 1$, wenn $p \neq 0{,}20$.

Register

Verzeichnis der Beispiele

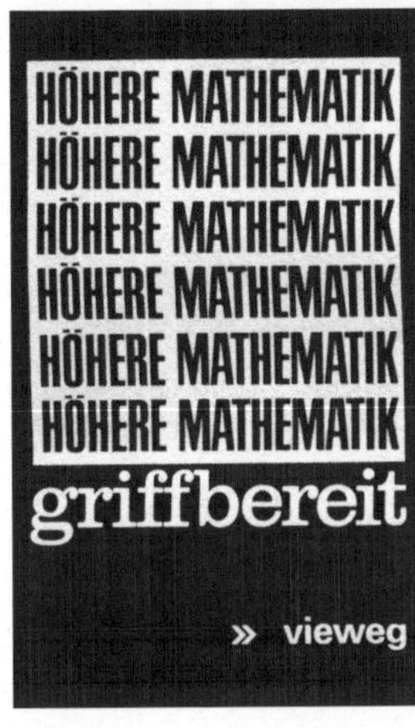

HÖHERE MATHEMATIK griffbereit

Definitionen – Theoreme – Beispiele

von M. Ja. Wygodski. (In deutscher Sprache herausgegeben von Ferdinand Cap.) Mit 483 Abbildungen, 15 Tabellen. – Braunschweig: Vieweg 1973. 775 Seiten. 12 X 19 cm. gbd.

ISBN 3 528 08309 3

Die Mathematisierung aller Wissenschaften schreitet voran. In den Naturwissenschaften und in der Technik ist die Mathematik längst zu einem unentbehrlichen Hilfsmittel geworden. Dies berücksichtigt die heutige Mathematikausbildung an den Hochschulen in vielen Fällen noch nicht hinreichend: Die theoretische Durchdringung mathematischer Methoden nimmt einen wesentlich höheren Rang ein als ihre praktische Anwendung. Vor allem in der Physik und Chemie, im Maschinenbau, in der Elektrotechnik und in den Sozial- und Wirtschaftswissenschaften führt dies zu Schwierigkeiten während des Studiums und in der späteren Praxis.

Als mathematisches Arbeitsbuch, das den genannten Problemen begegnet, versteht sich dieser Band. Er bietet das Grundwissen der höheren Mathematik „griffbereit" gespeichert an. Alle Begriffe, Definitionen, Sätze und Regeln sind thematisch geordnet und übersichtlich dargestellt. Neu ist, und das ist eine besonders geglückte Bereicherung, daß durchgerechnete Beispiele alle Regeln begleiten. Sie erklären die Anwendung der Regeln, zeigen ihren Gültigkeitsbereich und weisen auf Fehlerquellen hin. Ein stark gegliedertes Inhaltsverzeichnis und ein umfangreiches Register machen diese Neuerscheinung gleichzeitig zu einem wertvollen Nachschlagewerk.

Die Akzente dieses Buches sind so gesetzt, daß es sich bewußt an den Naturwissenschaftler und Ingenieur – an alle Anwender mathematischer Verfahren – wendet und nicht so sehr an den Mathematiker selbst. Aber auch Schüler der Kollegstufe und Studenten aller Disziplinen werden die „Höhere Mathematik griffbereit" mit Erfolg bei der täglichen Arbeit einsetzen.